计算机组成原理

沈美娥　崔世泉　王铁峰　王　欣　编著

北京理工大学出版社
BEIJING INSTITUTE OF TECHNOLOGY PRESS

内 容 简 介

本书共分两部分内容——简明数字逻辑和计算机组成原理。数字逻辑内容占全书的三分之一，计算机组成原理内容占三分之二。上篇“简明数字逻辑”的主要内容是：第 1 章概论、第 2 章逻辑代数和逻辑门电路、第 3 章组合逻辑电路、第 4 章时序逻辑电路、第 5 章只读存储器与可编程逻辑器件。下篇“计算机组成原理”的主要内容是：第 6 章存储器组织、第 7 章运算器、第 8 章指令系统、第 9 章控制器设计原理、第 10 章输入/输出系统、第 11 章并行计算机体系结构简介。

本书加入了最新知识，如超线程技术、双内核技术，内存发展趋势等。最后一章介绍了集群机的概念，它是云计算的硬件基础内容。

本书可作为信息与计算科学、软件工程、管理与信息系统、管理科学等新专业的教材，也可作为计算机专业的教材，同时也可供从事计算机专业的工程技术人员及各类自学人员参考。

图书在版编目（CIP）数据

计算机组成原理 / 沈美娥等编著. —北京：北京理工大学出版社，2018. 1（2023.8重印）
ISBN 978-7-5682-5177-8

Ⅰ. ①计…　Ⅱ. ①沈…　Ⅲ. ①计算机组成原理-教材　Ⅳ. ①TP301

中国版本图书馆 CIP 数据核字（2018）第 002116 号

出版发行 / 北京理工大学出版社有限责任公司
社　　址 / 北京市海淀区中关村南大街 5 号
邮　　编 / 100081
电　　话 / (010)68914775(总编室)
(010)82562903(教材售后服务热线)
(010)68944723(其他图书服务热线)
网　　址 / http://www. bitpress. com. cn
经　　销 / 全国各地新华书店
印　　刷 / 北京虎彩文化传播有限公司
开　　本 / 787 毫米×1092 毫米　1/16
印　　张 / 15. 5
字　　数 / 364 千字
版　　次 / 2018 年 1 月第 1 版　2023 年 8 月第 4 次印刷
定　　价 / 38. 00 元

责任编辑 / 李秀梅
文案编辑 / 李秀梅
责任校对 / 周瑞红
责任印制 / 王美丽

图书出现印装质量问题，请拨打售后服务热线，本社负责调换

前言

近十年来计算机技术取得巨大进步，为适应计算机教育发展，各学校现在普遍开设了信息与计算科学、软件工程、管理与信息系统、管理科学等新专业，很多学校的这些专业都开设了“计算机组成原理”课程，但不开设“数字逻辑”课程（在计算机专业，“数字逻辑”课程是学习“计算机组成原理”课程必需先修的课程），这使得这些专业的“计算机组成原理”课程非常难讲，许多教师不得不加一些数字逻辑知识，本教材就是为了适应这种新形式编写的。编写这本教材的几位作者都是教这几门新专业课程的现任教师，他们经过几年的摸索编写了这本新教材。它包括简明数字逻辑知识和计算机组成原理知识的二合一内容。“简明数字逻辑”部分以计算机组成原理所涉及的内容为主，不同于专门的数字逻辑教材，只作简单介绍，以够用为准。“计算机组成原理”部分的内容选取原则是脱离具体机型，博采众家之长，围绕基本组成结构展开。教材内容紧跟计算机技术发展的最新潮流，体现最新进展和最新研究方向，同时把原有的基本内容精简，做到少而精。

本教材系统地介绍了计算机各个部分的组成结构与基本工作原理。主要内容是：设计计算机各组成部分所需的数字逻辑知识层内容——组合逻辑电路、时序逻辑电路、可编程器件，计算机组成原理内容——存储器体系、运算方法和运算器、指令系统、控制器、输入/输出系统。另外本教材的最大特点是把当今计算机各组成部分的最新研究进展介绍给读者，例如主存储器的最新研究领域是磁性主内存条（磁性随机访问存储器 MRAM），专家预测它将来有可能取代半导体主内存条；又如 CPU 的发展趋势，人们不再强调主频越快越好，而是采用双核 CPU。本教材的最后一章介绍并行计算机，并把最先进的集群机作为介绍内容，同时把一些专家认为的第六代超级计算机所具有的特征介绍给读者，所以本教材也适合计算机专业的学生使用。

本教材分上、下两篇，上篇为“简明数字逻辑”，下篇为“计算机组成原理”。上篇共 5 章，第 1 章概述、第 2 章逻辑代数和逻辑门电路、第 3 章组合逻辑电路、第 4 章时序逻辑电路、第 5 章只读存储器与可编程逻辑器件；下篇共 6 章，第 6 章存储器组织、第 7 章运算器、第 8 章指令系统、第 9 章控制器设计原理、第 10 章输入/输出系统、第 11 章并行计算机体系结构简介。

本教材另一特点是参考学时为50～60学时。由于教育部强调21世纪教学以创新为主，加强实验环节，减少课堂学时，增加实验学时，所以专业基础课的现有学时大多在50学时左右，比以前的70～80学时大大减少。本教材特别适合50学时左右的“计算机组成原理”课程教学。

本教材上篇的第1章、第5章和第9章由沈美娥编写，第2章、第4章和第6章由王铁峰编写，第3章和第7章由王欣编写。以上三位编者为北京信息科技大学教师。

本教材还邀请到中国石油北京中油瑞飞信息技术有限责任公司信息标准部的崔世泉参与编写教材，崔世泉长期从事计算机系统工程设计工作，包括系统集成、网络集成、软硬件协同等，同时追踪计算机新技术发展并应用于工作中。基于此特长编写了第6章6.3节、第9章9.8节、第8章、第10章和第11章。

几位编者虽然从事计算机组成原理教学工作多年，但我们知道自己的水平有限，而计算机技术又不断发展，故书中难免有错误和不足，恳切希望同行们和广大读者，特别是使用本教材的教师和学生多提宝贵意见，让我们取得更大进步。

编　者

2017年7月

目录

上篇　简明数字逻辑

下篇 计算机组成原理

上　篇

简明数字逻辑

第1章 概论

1.1 计算机历史

1.1.1 第一代电子管计算机

为现代计算机奠定理论基础的英国人布尔（Boole. George），在20世纪创立了“布尔代数”。20世纪初，Ecclers和Jordan两位工程师用电子管组成了双稳态触发器，生产了记忆元件，可以用来表示“1”和“0”，这就为现代计算机打下了物质基础。被计算机科学界普遍认可的第一台计算机，是1946年在美国宾夕法尼亚大学实验室诞生的，称为电子数值积分计算机（Electronic Numerical Integrator and Computer——ENIAC）。它由18 000个电子管和1 500个继电器组成，重达30吨，功耗为150 kW，只有20个寄存器能存储数据。它的运算速度只有5 000千次/秒，没有软件，需要靠6 000个开关和众多插座来编程进行运算。ENIAC项目组的一个研究人员冯·诺依曼（John von Neuman）发现用大量的开关、插头来编程十分费时，且极不灵活，他提出程序可以用数字形式和数据一起在计算机内存中表示，并提出用二进制替代十进制。

冯·诺依曼设计的计算机由五个基本部分组成：存储器、运算器、控制器以及输入/输出设备，如图1-1所示。首先将编好的程序和数据由输入设备送入存储器中，再将指令从存储器中取出送往控制器进行解释分析，根据指令中的内容产生各种控制信号，自动控制计算机中的所有部件，按时间顺序完成指令内容。这就是冯·诺依曼程序控制的概念，也是当今绝大多数计算机所遵循的规则。

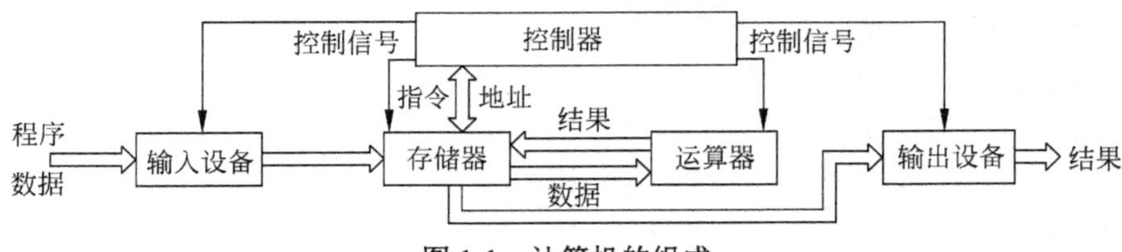

图1-1 计算机的组成

第一代计算机硬件采用电子管（体积大、功耗大）为基本器件，软件主要为汇编语言。其应用于1945—1958年。这一时期的计算机主要为军事与国防技术服务，重点发挥计算机的计算能力，帮助人们解决复杂的计算问题。

1953 年，IBM 开始研制计算机，并在几年时间里发展壮大，成为领头企业，IBM 在 1958 年推出了最后一台电子管大型机产品 709。在第一代计算机中，IBM 的成功产品是 IBM650 小型机，其销售量超过千台，在当时已是很了不起了。1958 年，中国科学院计算研究所成功研制出我国第一台小型电子管通用计算机“103 机”（八一型）。

1.1.2 第二代晶体管计算机

晶体管早在 1948 年，由贝尔实验室的 John Barrdeen、Walter Brattain 和 William Shockley 发明。晶体管与电子管相比具有体积小、功耗低、工作速度快等许多优点，因此晶体管计算机被称为第二代计算机，主要用于 1958—1965 年间。第二代计算机不仅在硬件上得到更新，在软件上也有了大的发展，主要体现在高级语言的使用上，如 Algol 高级语言、COBOL 和 FORTRAN 高级语言，它们使计算机编程更容易。另外某些机器上出现了操作系统（OS）。

第二代计算机在应用上取得了发展，它不仅用于科学计算，还能进行数据处理，如在第二代计算机上运行的 COBOL 语言就是数据处理应用高级程序并成功进入商业领域、大学和政府部门。这一时期出现了新的职业，如程序员、分析员和计算机系统专家，同时，整个软件产业也由此诞生。

IBM7094 是第二代计算机的代表之一，其在科学计算领域成为主力机型，它的机器周期为 2 μs，有字长为 36 位的 32 KB 核心内存。为了面向商业，IBM 还开发了 IBM1041 机型，该机型比 IBM7094 便宜很多，是商业领域的主要机器，它能读/写磁带、读卡和打卡，输出性能较好。

1965 年，中国科学院成功研制出第一台大型晶体管计算机“109 乙”，之后推出“109 丙”，该机在“两弹”试验中发挥了重要作用。

1.1.3 第三代集成电路计算机

1958 年，美国的工程师 Jack Kilby 发明了集成电路 IC 芯片，将三种电子元件结合到一片小小的硅片上，在单个芯片上可集成几十个晶体管，然后封装。这个发明在 1964 年开始被大规模采用，当时集成水平能达到几十、几百，在后期达到几千。集成电路的采用使计算机硬件体积变得更小，速度更快，可靠性更高（焊点数成倍减少是原因之一）。集成电路按集成度划分，可分为小规模集成电路（SSI，每片数十器件）、中规模集成电路（MSI，每片数百器件）、大规模集成电路（LSI，每片数千器件）。

第三代集成电路计算机的应用时间为 1965—1973 年，在这一时期，不仅硬件方面有了历史性突破，软件水平也大大提高，操作系统已普遍采用，计算机的应用领域已非常广泛。同时计算机开始走上通用化、系列化道路。IBM360 是最早采用集成电路的通用计算机，也是影响最大的计算机，它为后来的计算机体系结构奠定了基础。

IBM360 可同时满足科学计算和商务处理两方面的需求，改变了 IBM7094 只能用于科学计算，而 IBM1041 只能用于商业的单一化局面，走向了通用化。IBM360 共有 6 种机型，它们使用相同的汇编语言，其处理能力是递增的。为低型号机写的软件在高型号机上运行没有问题，计算机只存在内存不足问题，这样就出现了系列化计算机。IBM360 共有 30、40、50、

60、65 和 75 六个型号的机型，30 型号对应 IBM1041，75 型号对应 IBM7094。

1.1.4 第四代超大规模集成电路计算机

超大规模集成电路（VLSI，器件数目在 1 万以上）技术使得一个芯片上能集成几万、几十万，甚至百万个晶体管，目前单个芯片上所集成的晶体管数目已达到几亿。有了 VLSI 技术后，可以把第三代计算机的运算器和控制器等部件集中在一个芯片上，这就是后来的 CPU（中央处理器），CPU 芯片的出现开创了个人计算机的时代。

第四代超大规模集成电路计算机大约从 1973 年发展到现在，时间跨度非常大，集成度也有天壤之别。为什么计算机的发展还停留在第四代计算机上呢？原因是第四代计算机的性能大大提高，可以运行大型软件，人们可以编写出智能软件，所以第四代计算机趋向智能化。正是因为第四代计算机有了智能化特征，人们不再考虑硬件的集成度指标，而将第五代计算机定义为智能型计算机。从智能型计算机的角度衡量，当前的计算机当然还称不上智能，所以其仍属于第四代计算机。另外，第四代计算机的主存储器用半导体存储器取代了磁芯存储器，它的容量按照摩尔定律以每 18 个月翻一番的速度发展。

第四代计算机发展中的伟大成就是个人计算机的诞生。IBM 于 1981 年推出个人计算机，其成为历史上最畅销的计算机。由于 IBM 个人计算机设计的开放性，许多公司同样可以生产个人计算机，从而推动了新行业的发展，让成千上万人拥有了自己的计算机。第四代计算机发展的另一成果是网络的出现，它的迅猛发展使人们的生活方式、文化活动等许多方面发生了变化，网络目前已成为人们生活的一部分。

随着第四代计算机的发展，该领域的企业排序发生了变化，英特尔（Intel）公司和微软（Microsoft）公司打败了世界上最大的 IBM 公司，成为世界上计算机产业的领导公司。

1.2 计算机系统的层次结构

从不同的角度分析，计算机系统可以有几种划分层次的方法，本书只介绍最基本、最普遍的划分方法。计算机系统可分为应用层、系统层和硬件层三层，如图 1-2 所示。

硬件层是整个计算机系统的基础和核心，所有的功能最终由此层完成。硬件层又细分成硬件设计和硬件电路。硬件设计包括：计算机各部件组成的设计、指令系统设计、微程序控制器设计等，再把它们用数字逻辑设计实现，以便最后生成硬件电路。计算机硬件设计中最重要的设计是指令系统设计和微程序控制器设计。指令系统也称为机器语言，它所提供的是那些计算机硬件可以读懂，并可以直接操纵计算机硬件工作的二进制信息。当前计算机的控制器多采用微程序控制器，其功能是将一条机器指令（由 0 和 1 组成的二进制代码）对应为一系列由微指令组成的微

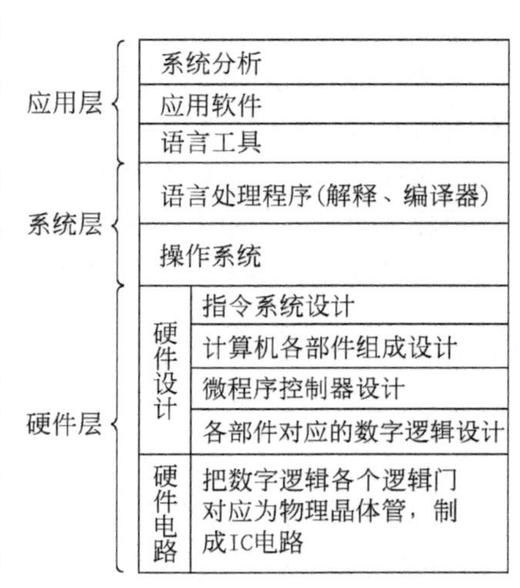

图 1-2 计算机系统的层次结构

程序（也是二进制代码），顺序发出控制命令，控制各逻辑门的打开与关闭，让数据按规定的方向和顺序在硬件部件之间流动，完成指令功能。除了硬件设计人员，人们一般不关心设计流程，因为它是透明的。硬件电路就是具体的集成电路、印制电路板（PCB）等，这个实现是非常复杂的，本书不作介绍。硬件设计的最后内容就是把各种部件功能用数字逻辑内容（电路图）表现出来，再把数字逻辑内容转成硬件电路，整个硬件设计就完成了。计算机组成原理只涉及硬件层的硬件设计部分，其他内容则在相应课程中介绍，所以“计算机组成原理”课程的内容对应于计算机系统中的硬件知识部分。

系统层主要包括操作系统和语言处理程序，语言处理程序即编译器或解释器。操作系统是最主要的系统软件，它控制其他程序的运行，管理系统资源，并且为用户提供操作界面。简单的操作系统如DOS，较复杂的操作系统有UNIX、Linux和Windows XP等。高级语言的源程序可以通过两种方法转换成机器语言（目标程序），一种是通过编译程序在运行之前将源程序转换成机器语言；另一种是通过解释程序进行解释执行，即逐行解释并主动执行源程序的语句。编译程序和解释程序现称为编译器和解释器，它们通常由系统程序员来编写，因为他们熟知硬件对应的机器语言。

应用层包括系统分析、应用软件和语言工具。系统分析是系统分析人员根据对任务的需求分析，设计算法，构建数学模型，并根据数学模型和算法进行概要设计和详细设计。语言工具是程序设计语言，称为高级语言，如C、C++、VC、Java、C#、Delphi和VB等，还有各种数据库语言，以及各种环境平台，它们为各种应用软件提供了丰富的工具。应用软件是面向用户应用的功能软件，编程人员根据用户要求，选择适当的工具编写应用程序，如MIS系统（管理信息系统）、印刷排版软件、多媒体软件、数据处理软件、控制软件、事务处理软件、游戏软件等。

计算机系统是由硬件与软件两部分组成的，简单地说，硬件是看得见摸得着的东西，剩下的就是软件。在早期，计算机系统设计时，硬件设计不考虑软件问题，只考虑一些硬件特性，而软件是在硬件开发完成后，针对具体的硬件条件编写的，所以当硬件更新后，软件就不能用了，必须重新编写。自从IBM360系列推出后，硬件与软件设计开始相互影响，硬件设计要考虑软件的继承性，软件设计要考虑充分发挥硬件特性及通用性。目前CPU的设计一定要考虑当今的软件技术，以更好地配合软件来发挥CPU的效用，反之也一样。如在2005年，软件技术成熟了，已支持双内核CPU的运行，于是人们推出台式机的双内核CPU，而双内核CPU技术早就用在了高端服务器上，只不过这些软件只适合在服务器上运行。台式机的双内核CPU一定要有软件支持，否则它与单内核CPU没有什么区别，因此各软件开发商必须提早设计并行执行软件，以适应双内核CPU；而台式机的双内核CPU也一定要在多数软件支持它的时候被推出，否则就是浪费。

1.3 超级计算机发展史

超级计算机是指某一时期性能最好的计算机。第四代计算机从1973年到现在已四十几年没有再向前发展，原因是第五代计算机要求智能化，这在短期内是无法实现的，而超级计算机多出现在20世纪80年代（超大规模集成电路出现）以后，已经历了五代。在超大规模集成电路出现前，没有真正意义上的超级计算机。另外，超级计算机不能超越时代去比较，如现在的 Intel P_4 CPU 就比第二代超级计算机快几十倍。

计算机自问世以来，一直采用冯•诺依曼体系结构，超级计算机也沿用该体系向前发展，其大致经历了以下五个阶段：

第一代，早期的单处理器系统。比如 ENIAC、UNIVAC、CDC7600、IBM360 等，都是当时最好的计算机，CPU 由一个大机柜组成，而不是现在的 CPU 芯片（没有出现超大规模集成电路）。它们只是计算机的雏形，但是当时堪称第一代超级计算机。

第二代，向量处理系统。20 世纪 70 年代末、80 年代初，向量处理机（Vector Processor）成为当时超级计算机的主流，在商业上取得很大成功。其代表机型有 Cray-1、C90、T90、NEC-Sx2、XMP 和中国的“银河一号”等，称为第二代超级计算机。Cray-1 首次引入了流水线概念，给后来的 RISC 体系结构一个重要启发，有关向量处理系统在本书最后有详细介绍。

第三代，大规模并行处理系统（Massively Parallel Processor，MPP）。它是多计算机系统，采用标准的高性能 CPU，由几十台，甚至几千台计算机组成一个超级计算机，并使用高性能专用互联网络连接，属于分布式体系结构。以 IBMSP2、Intel Option Red、Cray T3E 和中国的“曙光 3000”等为代表，称为大规模并行处理系统（MPP），也称为第三代超级计算机。

第四代，共享内存处理系统。它是多处理器系统，在 20 世纪 90 年代初期，这种新兴的共享内存的结构开始出现并受到欢迎。多处理器系统把几十片 CPU 到几千片 CPU 组成一个超级计算机，CPU 共享一个地址空间，由一个操作系统管理。它主要存在内存一致性问题，如几个 CPU 在某一时刻试图读同一个字或写同一个内存地址。其代表机型有 Sun E1000/15000、SGI Origin 2000/3000、中国的“银河三号”“神威一号”等，称为第四代超级计算机。

第五代，机群系统（也称集群系统）。20 世纪 90 年代中、后期，开始出现了许多用廉价组件拼凑起来的集群机（Cluster），其也是多计算机系统，每个计算机系统由 Intel 或 AMD 的普通 CPU 和主板组成。集群系统的兴起得益于近年来 CPU、内存条、主板、网络等产品在小型化、高速性、价格、通用性等方面的快速发展。其代表机型有洛期阿拉莫斯宾实验室的 Avalon、中国的“曙光 4000”系列等。本书最后一章对此有详细介绍。

MPP 与第五代集群系统在体系结构上是同构的，均属于分布内存处理方式，区别在于是否采用价廉物美的普通组件。

习 题

1.1 电子计算机是什么时候诞生的？有什么特点？

1.2 冯•诺依曼型计算机的主要设计思想是什么？它包括哪些主要组成部分？

1.3 计算机共经历了几个发展阶段？各代计算机的硬件与软件的主要特点是什么？

1.4 什么叫硬件？什么叫软件？

1.5 计算机系统可分为哪几个层次？

1.6 简述计算机系统每个层次的主要内容。

1.7 计算机系统各层次之间的相互联系是什么？

1.8 操作系统的作用是什么？说出目前常用的几个操作系统。

1.9 超级计算机已经经历了几个发展阶段？第三代计算机与第五代计算机的相同之处与不同之处分别是什么？

第 2 章 逻辑代数和逻辑门电路

逻辑代数是分析和设计数字系统电路的基本数学工具。逻辑门电路是数字系统电路最基本的单元电路，通过它可实现复杂的数字系统电路设计。

2.1 逻辑关系和逻辑门电路

逻辑代数中的变量称为逻辑变量。和普通代数一样，逻辑代数也用字母表示变量。但与普通代数不同的是，逻辑代数中任何变量的取值只能是“0”或“1”两种，而且，这里的“0”或“1”不再像普通代数那样具有数值大小的含义，而是表示所研究问题的两个相互对立的逻辑状态，如逻辑判断的“真”和“假”、“是”与“非”等。它们在数字电路中可表示电压的“高”与“低”。

表示条件的逻辑变量为输入变量，表示结果的逻辑变量为输出变量，而描述输入、输出变量之间逻辑关系的表达式称为逻辑函数或逻辑表达式。

逻辑代数研究逻辑变量之间的运算关系，逻辑变量之间的运算称为逻辑运算。逻辑代数中共有三种最基本的逻辑运算：“与”运算、“或”运算及“非”运算。

2.1.1 逻辑“与”及“与”门

“与”运算（and）：当决定某一事件的所有条件同时具备时，结果才发生，这种关系称为“与”运算关系。其运算符为“ • ”或“∧”。

“与”运算是一个二元运算，任意两个变量 A、B 的“与”运算关系可表示为：$F=A \cdot B$ 或 $F=A \wedge B$。

上式读作 F 等于 A 与 B，这里 A、B、F 都是逻辑变量，其中 A、B 是进行“与”运算的变量（输入变量），F 是运算结果（输出变量）。为了方便起见，“与”运算符可以省略，即 $F=A \cdot B$ 及 $F=A \wedge B$ 可写成 $F=A\,B$。

任意 n 个变量（A_1，A_2，…，A_n）的“与”运算可表示为：$F=A_1A_2\cdots A_n$。

图 2-1 所示为“与”逻辑关系电路。设灯亮为逻辑“1”，灯灭为逻辑“0”，开关闭合为逻辑“1”，开关断开为逻辑“0”，则灯 F 亮的条件是：开关 A、B 都闭合。将这种关系写成逻辑表达式为 $F=A\,B$。

逻辑“与”的含义是：只有输入变量 A、B 都为 1 时，输出变量 F 才为 1；反之，只要 A、B 中有一个为 0，F 便为 0。表 2-1 为“与”逻辑真值表。

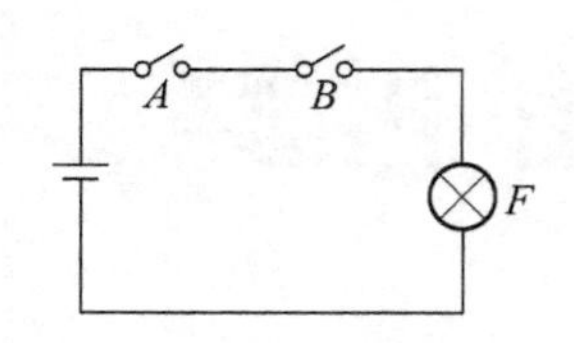

图 2-1 “与”逻辑关系电路

表 2-1 “与”逻辑真值表

输入变量		输出变量
A	*B*	*F*
0	0	0
0	1	0
1	0	0
1	1	1

能实现“与”逻辑功能的数字电路称为“与”门（and gate），它是逻辑电路中最基本的一种门电路，它的电路符号如图 2-2 所示。

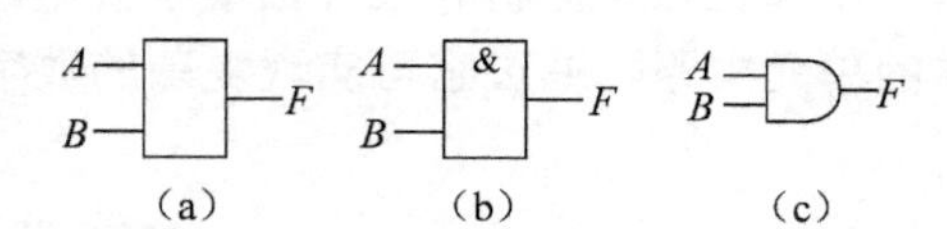

图 2-2 “与”门的电路符号

(a) 部颁符号；(b) 国颁符号；(c) 国际符号

2.1.2 逻辑“或”及“或”门

“或”运算（or）：决定某一事件的各个条件中只要有一个条件成立，结果就发生。这种关系称为“或”运算关系。其运算符为“+”或“∨”。

“或”运算（or）也是一个二元运算，任意两个变量 A、B 的“或”运算关系可表示为：$F=A+B$ 或 $F=A\vee B$。

上式读作 F 等于 A 或 B，这里 A、B 都是逻辑变量，其中 A、B 是进行“或”运算的输入变量，F 是输出变量。

任意 n 个变量（A_1，A_2，…，A_n）的“或”运算可表示为：$F=A_1+A_2+\cdots+A_n$。

图 2-3 所示为“或”逻辑关系电路。灯 F 亮的条件是：开关 A、B 中至少有一个闭合。将这种关系写成逻辑表达式为 $F=A+B$。

这里的“+”是“或”运算符，不是普通代数中的加号。逻辑“或”的含义是：只要输入变量 A、B 中有一个或一个以上为 1，输出变量 F 就为 1；反之，只有 A、B 全为 0 时，F 才为 0。表 2-2 为“或”逻辑真值表。

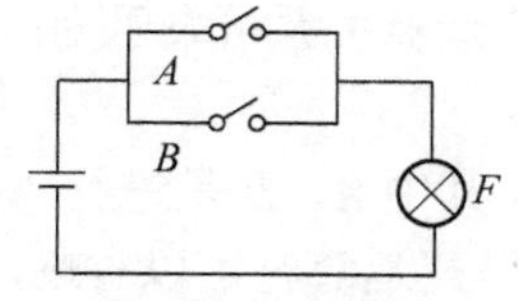

图 2-3 “或”逻辑关系电路

表 2-2 “或”逻辑真值表

A	*B*	*F*
0	0	0
0	1	1
1	0	1
1	1	1

能实现“或”逻辑功能的数字电路称为“或”门（or gate），它也是逻辑电路中最基本的一种门电路，它的电路符号如图 2-4 所示。

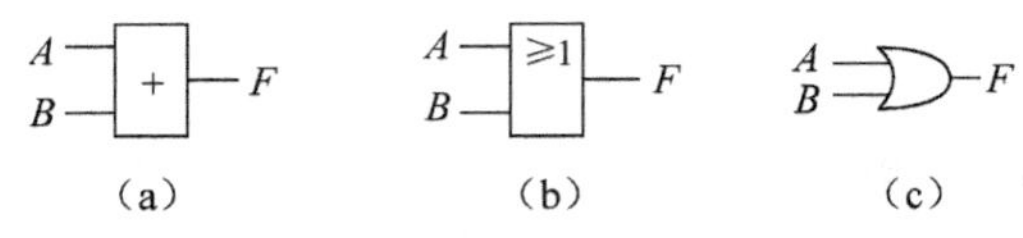

图 2-4 “或”门的电路符号

(a) 部颁符号；(b) 国颁符号；(c) 国际符号

2.1.3 逻辑“非”及“非”门

对单个变量进行逻辑否定称为“非”运算（not），或叫“反相”运算，也称“求补”。“非”的含义是：若 A=1，则 $\overline{A}$=0；反之，若 A=0，则 $\overline{A}$=1。

图 2-5 所示为“非”逻辑关系电路。灯 F 亮的条件是：开关 A 断开。这种关系写成逻辑表达式为 $F=\overline{A}$。

这里变量上的“¯”是“非”运算符，读作“非”或者“反”。

表 2-3“非”逻辑真值表。

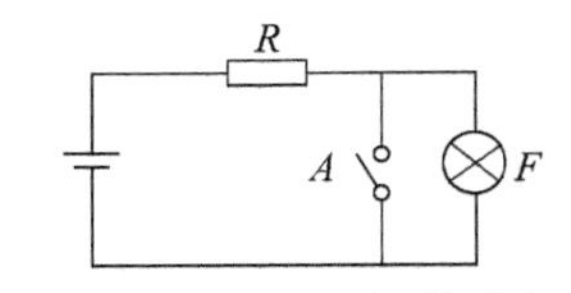

图 2-5 “非”逻辑关系电路

表 2-3 “非”逻辑真值表

A	F
0	1
1	0

能实现“非”逻辑功能的数字电路称为“非”门（not gate），它也是逻辑电路中最基本的一种门电路，它的电路符号如图 2-6 所示。

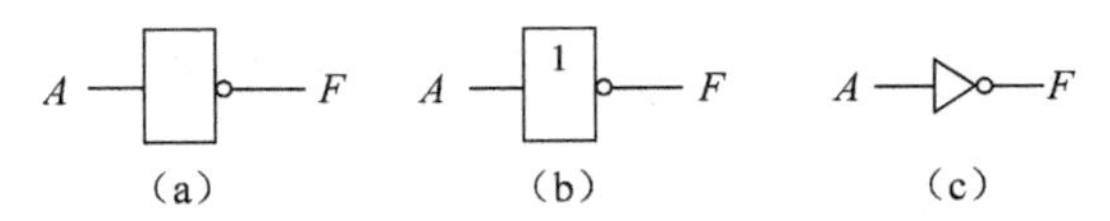

图 2-6 “非”门的电路符号

(a) 部颁符号；(b) 国颁符号；(c) 国际符号

2.1.4 复合逻辑及复合门

“与”“或”“非”三种基本逻辑运算组合后，可生成许多复合逻辑运算，并有相应门电路与之对应。在数字电路的实际应用中，使用更广泛的是“与非”门、“或非”门、“与或非”门和“异或”门等复合门电路。

1. “与非”逻辑和“与非”门

“与非”逻辑是由“与”逻辑和“非”逻辑复合而成的，其表达式如下：

$$F=\overline{AB}$$

实现“与非”逻辑功能的电路称为“与非”门。2 变量“与非”门的电路符号如图 2-7 所示，跟“与”门的符号相比，“与非”门的输出有个小圈，这就是取非的意思。2 变量“与非”门的真值表见表 2-4。

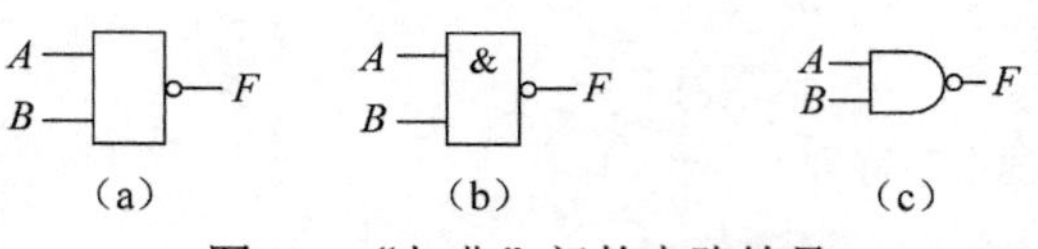

图 2-7 “与非”门的电路符号

（a）部颁符号；（b）国颁符号；（c）国际符号

表 2-4 “与非”逻辑真值表

A	B	F
0	0	1
0	1	1
1	0	1
1	1	0

2.“或非”逻辑和“或非”门

“或非”逻辑是由“或”逻辑和“非”逻辑复合而成的，其表达式如下：

$$F=\overline{A+B}$$

实现“或非”逻辑功能的电路称为“或非”门。2 变量“或非”门的电路符号如图 2-8 所示，其比“或”门的输出多了个小圈，代表取非含义。2 变量“或非”门的真值表见表 2-5。

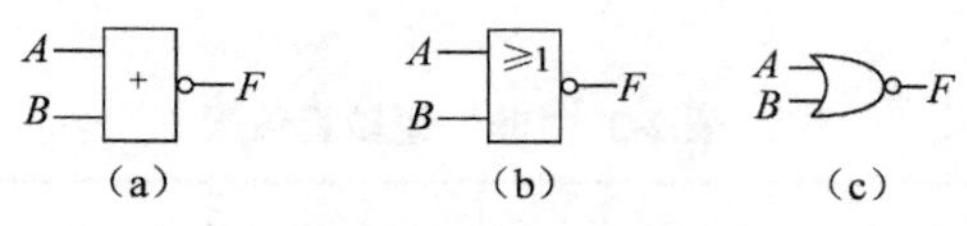

图 2-8 “或非”门的电路符号

（a）部颁符号；（b）国颁符号；（c）国际符号

表 2-5 “或非”逻辑真值表

A	B	F
0	0	1
0	1	0
1	0	0
1	1	0

3.“与或非”逻辑和“与或非”门

“与或非”逻辑是由“与”逻辑、“或”逻辑和“非”逻辑复合而成的，其表达式如下：

$$F=\overline{AB+CD}$$

“与或非”逻辑的逻辑关系可描述为：当各组“与”中至少有一组全部输入为 1 时，输出才为 0。实现“与或非”逻辑功能的电路称为“与或非”门。“与或非”门的电路符号如图 2-9 所示。它的逻辑运算顺序为先“与”，再“或”，最后“非”。

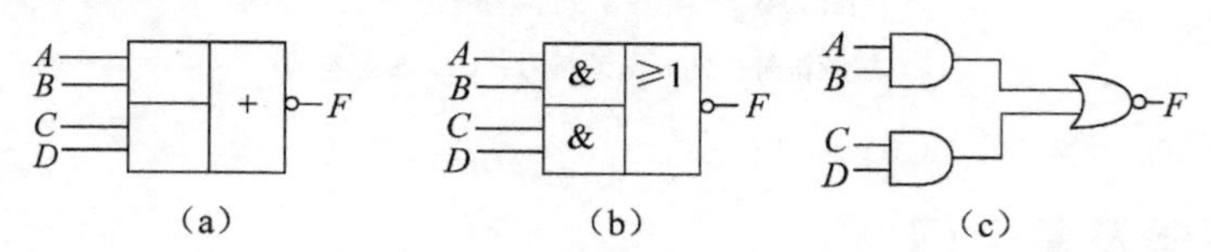

图 2-9 “与或非”门的电路符号

（a）部颁符号；（b）国颁符号；（c）国际符号

4.“异或”逻辑和“异或”门

有两个输入变量的“异或”逻辑定义为：两输入值相异（不同），输出为 1；两输入值相同，输出为 0。其表达式如下：

$$F=A\oplus B=A\overline{B}+\overline{A}B$$

表达式中的“⊕”为“异或”运算符，它表示在两个输入变量中，各取一个原变量和另一个反变量，相“与”后再相“或”。与之对应的电路称为“异或”门。“异或”门的电路符号如图 2-10 所示。它的真值表见表 2-6。

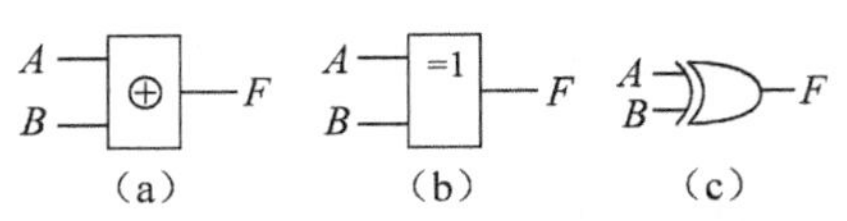

（a）（b）（c）

图 2-10 “异或”门的电路符号

（a）部颁符号；（b）国颁符号；（c）国际符号

表 2-6 “异或”逻辑真值表

A B	F
0 0	0
0 1	1
1 0	1
1 1	0

有 3 个输入变量的“异或”逻辑表达式为：

$$\begin{aligned}F &= A\oplus B\oplus C=(A\overline{B}+\overline{A}B)\oplus C=(A\overline{B}+\overline{A}B)\overline{C}+(\overline{A\overline{B}+\overline{A}B})C\\&=A\overline{B}\overline{C}+\overline{A}B\overline{C}+(\overline{A}+B)(A+\overline{B})C\\&=A\overline{B}\overline{C}+\overline{A}B\overline{C}+\overline{A}AC+\overline{A}\overline{B}C+ABC+B\overline{B}C\\&=A\overline{B}\overline{C}+\overline{A}B\overline{C}+\overline{A}\overline{B}C+ABC\end{aligned}$$

“异或”门常用在判断输入变量中“1”的个数是否为奇数的电路中。它也常用于求补电路中，特别是 CPU 中的运算器电路。

和“异或”门相对应的是“同或”门。“同或”门的电路符号如图 2-11 所示，其真值表见表 2-7。其表达式如下：

$$F=A\odot B=A\,B+\overline{A}\overline{B}$$

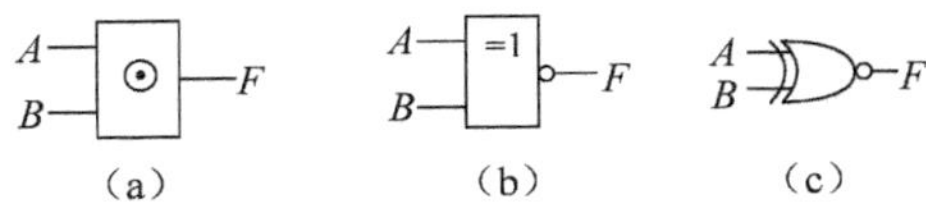

（a）（b）（c）

图 2-11 “同或”门的电路符号

（a）部颁符号；（b）国颁符号；（c）国际符号

表 2-7 “同或”逻辑真值表

A B	F
0 0	1
0 1	0
1 0	0
1 1	1

将“异或”门和“同或”门真值表对照比较，可得出两者互为逆运算，即：

$$\overline{A\oplus B}=A\odot B，\overline{A\odot B}=A\oplus B$$

5. 三态门

在总线结构的计算机系统中，各个逻辑部件是挂在同一根数据总线上的。为了使各逻辑部件在总线上相互分时传送信号而互不干扰，就要求各部件有三态输出门电路，简称三态门（three state gate）。所谓三态门就是门的输出不仅有正常的高电平和低电平两种状态，还具有第三种状态——高阻抗输出状态，当逻辑部件不向总线发送信息时该状态起到与总线断开的作用。

三态门的电路符号如图 2-12 所示，其真值表见表 2-8。

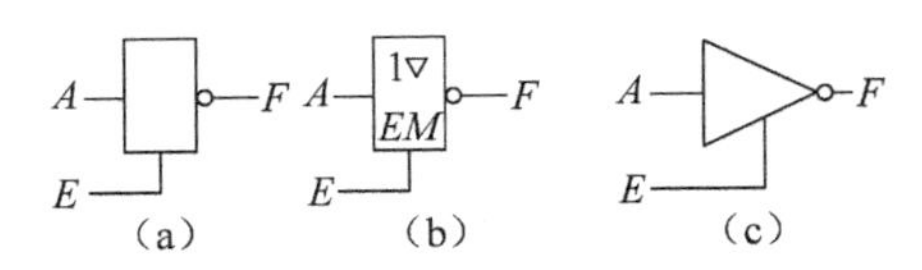

（a）（b）（c）

图 2-12 三态门电路符号

（a）部颁符号；（b）国颁符号；（c）国际符号

表 2-8 三态逻辑真值表

E A	F
0 0	高阻
0 1	高阻
1 0	1
1 1	0

当 E=0 时，三态门输出为高阻，与 A 的取值无关；当 E=1 时，三态门正常工作，输出 $F=\overline{A}$。

2.2 逻辑代数的基本定律

2.2.1 逻辑函数的“相等”概念

和普通代数一样，逻辑代数中也有两个函数“相等”问题。设有函数 F 和 G，它们的变量相同，即

$$F = f(A_1, A_2, \ldots, A_n)$$
$$G = g(A_1, A_2, \ldots, A_n)$$

如果对应于变量 $A_1A_2\cdots A_n$ 的任何一组取值，函数 F 和 G 的值均相同，则称函数 F 和 G 是相等的，记为 F=G。

由定义可知，如果两个逻辑函数相等，则它们的真值表也一定相同。反之，若两个函数的真值表相同，则这两个函数一定相等。因此，要判别两个函数是否相等，只要列出两个函数的真值表并进行比较，若两表相同，则两函数相等。

例 2-1 已知两个逻辑函数 $F = \overline{A}\bullet\overline{B}$，$G = \overline{A+B}$，证明 $F = G$。

证明 作 F、G 的真值表，见表 2-9。由表可知，对于变量的任何一组取值，F 和 G 的值均相同，所以 F=G，也即 $\overline{A}\bullet\overline{B} = \overline{A+B}$。

表 2-9 F、G 的真值表

A B	$F = \overline{A}\bullet\overline{B}$	$G = \overline{A+B}$
0 0	1	1
0 1	0	0
1 0	0	0
1 1	0	0

2.2.2 逻辑代数的基本定律

逻辑代数有“与”“或”“非”三种基本运算，它们的运算次序为“非”“与”“或”。逻辑代数有一套完整的公理系统——基本定律，这些基本定律是逻辑函数的化简和逻辑电路分析、设计的数学基础。

（1）交换律：

$$A + B = B + A$$
$$AB = BA$$

（2）结合律：

$$A+(B+C) = (A+B) +C$$

$$A(BC) = (AB)C$$

（3）分配律：

$$A(B+C) = AB+AC$$
$$A+BC = (A+B)(A+C)$$

（4）0-1 律：

$$A+0=A，A+1=1$$
$$A \cdot 0=0，A \cdot 1=A$$

（5）互补律：

$$A+\overline{A}=1$$
$$A\overline{A}=0$$

（6）重叠律：

$$A+A=A$$
$$AA=A$$

（7）双重否定律：

$$\overline{\overline{A}}=A$$

（8）吸收律：

$$A+AB=A$$
$$A(A+B)=A$$
$$A+\overline{A}B = A+B$$
$$A(\overline{A}+B) = AB$$
$$AB+A\overline{B} = A$$

（9）反演律：

$$\overline{A+B} = \overline{A} \bullet \overline{B}$$
$$\overline{AB} = \overline{A}+\overline{B}$$

（10）包含律：

$$AB+\overline{A}C+BC = AB+\overline{A}C$$
$$(A+B)(\overline{A}+C)(B+C) = (A+B)(\overline{A}+C)$$

以上基本定律都可以通过真值表得到验证。通常简单的基本定律只能用真值表验证，而复杂一些的基本定律可以用简单的基本定律推导证明。下面举几例。

例 2-2 证明吸收律：$A+\overline{A}B = A+B$。

证明 左 $= A+\overline{A}B$

$= A \bullet 1+\overline{A}B$ （0-1 律）

$= A(B+\overline{B})+\overline{A}B$ （互补律）

$= AB+A\overline{B}+\overline{A}B$ （分配律）

$= \underline{AB}+\underline{A\overline{B}}+\underline{\underline{\overline{A}B}}+\underline{\underline{AB}}$ （重叠律）

$= A(B+\overline{B})+B(\overline{A}+A)$ （分配律）

$= A \bullet 1+B \bullet 1$ （互补律）

$= A+B =$ 右 （0-1 律）

例 2-3 证明包含律：$AB+\overline{A}C+BC=AB+\overline{A}C$。

证明 左 $=AB+\overline{A}C+BC$

$=AB+\overline{A}C+(A+\overline{A})BC$ （0-1 律、互补律）

$=AB+\overline{A}C+ABC+\overline{A}BC$ （分配律、交换律）

$=AB(1+C)+\overline{A}C(1+B)$ （分配律）

$=AB+\overline{A}C=$ 右 （0-1 律）

例 2-4 证明吸收律：$A+AB=A$。

证明 左 $=A+AB$

$=A\cdot 1+AB$ （0-1 律）

$=A(1+B)$ （分配律）

$=A\cdot 1$ （0-1 律）

$=A=$ 右 （0-1 律）

2.3 逻辑函数的化简

函数表达式简单，对应的电路就简单，否则相反，因此要在设计电路的过程中尽量使表达式简单，这样可以少用元器件，降低成本。通过逻辑函数的化简方法，可对函数表达式进行化简。化简方法有许多种，本书只介绍代数化简法和卡诺图化简法。

2.3.1 逻辑函数的标准“与或”式和最简式

在数字电路设计中，常使用“与或”式，再将“与或”式化简成最简“与或”式。在化简当中要用到“标准‘与或’式”的概念，最终目的是获得最简式（本书指最简“与或”式）。

1.“与或”式

一个函数表达式中，包含若干个“与”项，其中每个“与”项可有一个或多个以原变量或反变量形式出现的字母，这些“与”项以逻辑“或”的形式连在一起，称为“与或”式，如：

$$F(A,B,C)=\overline{A}+BC+A\overline{B}C$$

2. 最小项和标准“与或”式

一个含有 n 个变量的逻辑函数的“与或”式，若其中每个“与”项都包含 n 个变量（每个变量或以其原变量形式，或以其反变量形式在“与”项中出现并且仅出现一次，称为最小项），这种“与”项称为最小项，全部由最小项组成的“与或”式便称为标准“与或”式，如：

$$F(A,B,C)=\overline{A}\overline{B}\overline{C}+A\overline{B}C+ABC$$

下式不是标准“与或”式，因其中一个“与”项不是最小项：

$$F(A,B,C)=\overline{A}\overline{B}\overline{C}+A\overline{B}+ABC$$

3 变量函数可构成 8 个最小项：$\overline{A}\overline{B}\overline{C}$、$\overline{A}\overline{B}C$、$\overline{A}B\overline{C}$、$\overline{A}BC$、$A\overline{B}\overline{C}$、$A\overline{B}C$、$AB\overline{C}$、$ABC$。这 8 个最小项的特点是：

（1）每个最小项都有 3 个因子变量；

（2）每个变量都以原变量或反变量的形式，作为一个因子在“与”项中出现且仅出现一次。

1 个变量 A 有 2 个最小项：$\overline{A}$、A。

2 个变量 A、B 有 4 个最小项：$\overline{A}\overline{B}$、$\overline{A}B$、$A\overline{B}$、AB。

3 个变量 A、B、C 有 8 个最小项：$\overline{A}\overline{B}\overline{C}$、…、$ABC$。

4 个变量 A、B、C、D 有 16 个最小项：$\overline{A}\overline{B}\overline{C}\overline{D}$、…、$ABCD$。

一个含有 n 个变量的逻辑函数，有 2^n 个最小项，它的标准“与或”式可以包含全部最小项，也可以包含部分最小项，通常只包含部分最小项。为方便起见，常用 m_i 来表示最小项，其中 i 为 0～2^n−1 中的任一数，其确定原则为：最小项中的变量按规定顺序排列，其中的原变量记作 1，反变量记作 0，所得的 n 位二进制数所对应的十进制数值便为最小项的下标值 i，如：

$$F(A,B,C) = \underset{000}{\underline{\overline{A}\overline{B}\overline{C}}} + \underset{101}{\underline{A\overline{B}C}} + \underset{111}{\underline{ABC}}$$

$$= m_0 + m_5 + m_7$$

$$= \sum^3 m（0，5，7）$$

其中“Σ”表示累计的“或”运算，括号中的数字表示最小项的下标值。“$\sum^3$”表示此函数是 3 变量函数。

3. 最小项的性质

表 2-10 列出了 3 个变量 A、B、C 全部最小项的真值表，从表中可看出最小项有下列性质：

表 2-10　3 变量函数最小项真值表

A　B　C	$m_0\overline{A}\overline{B}\overline{C}$	$m_1\overline{A}\overline{B}C$	$m_2\overline{A}B\overline{C}$	$m_3\overline{A}BC$	$m_4A\overline{B}\overline{C}$	$m_5A\overline{B}C$	$m_6AB\overline{C}$	m_7ABC
0　0　0	1	0	0	0	0	0	0	0
0　0　1	0	1	0	0	0	0	0	0
0　1　0	0	0	1	0	0	0	0	0
0　1　1	0	0	0	1	0	0	0	0
1　0　0	0	0	0	0	1	0	0	0
1　0　1	0	0	0	0	0	1	0	0
1　1　0	0	0	0	0	0	0	1	0
1　1　1	0	0	0	0	0	0	0	1

（1）对于某一最小项 m_i，仅有一组变量的取值能使之为 1，其余任何变量取值的组合均使之为 0。如最小项 $A\overline{B}C$（m_5），仅当变量 A、B、C 取值组合为 101 时，$A\overline{B}C$（m_5）才为 1，在其余 7 种取值情况下 $A\overline{B}C$ 都为 0。

（2）任何两个最小项之“与”恒为 0，即 $m_i \cdot m_j \equiv 0$（$i \neq j$）。

（3）全体最小项之“或”恒为 1。

4. 最简表达式的基本形式

最简表达式的定义是：所含项数最少，且每项中所含变量数最少。简言之，最简表达式不能再化简。最简表达式的基本形式有“与或”式、“与非-与非”式、“与或非”式、“或与”式、“或非-或非”式等五种。同一函数可以用 5 种形式之一来表示。5 种基本形式如下：

（1）“与或”式：$F(A,B,C,D)=A\overline{C}+BD$；

（2）“与非-与非”式：$F(A,B,C,D)=\overline{\overline{A\overline{C}}\cdot\overline{BD}}$；

（3）“与或非”式：$F(A,B,C,D)=\overline{\overline{A}\overline{B}+\overline{B}C+\overline{A}\overline{D}+C\overline{D}}$；

（4）“或与”式：$F(A,B,C,D)=(A+B)(B+\overline{C})(A+D)(\overline{C}+D)$；

（5）“或非-或非”式：$F(A,B,C,D)=\overline{\overline{A+B}+\overline{B+\overline{C}}+\overline{A+D}+\overline{\overline{C}+D}}$。

上面 5 种形式的后 4 种都是从“与或”式（$F(A,B,C,D)=A\overline{C}+BD$）转换过来的，函数是同一个。在实际设计中常使用的是“与或”式，通过它推导公式并化简，再根据所选的逻辑门电路，把化简的“与或”式转换成其余 4 种形式之一，以便电路实现。当然也可以不转换，而用“与”门和“或”门实现“与或”式。下面介绍表达式的转换方法。

（1）“与或”式→“与非-与非”式。

方法：对“与或”式求两次反，再用反演律展开。

例 2-5 写出 $F=A\overline{C}+BD$ 的最简“与非-与非”式。

解

$$F=\overline{\overline{F}}=\overline{\overline{A\overline{C}+BD}}=\overline{\overline{A\overline{C}}\cdot\overline{BD}}$$

（2）“与或”式→“与或非”式。

方法：先对 F 的“与或”式求反，展开后化简得到 $\overline{F}$ 的最简“与或”式；再对 $\overline{F}$ 的“与或”式求反，即得到 F 的最简“与或非”式。

例 2-6 写出 $F=A\overline{C}+BD$ 的最简“与或非”式。

解

$$\overline{F}=\overline{A\overline{C}+BD}=(\overline{A}+C)(\overline{B}+\overline{D})=\overline{A}\overline{B}+\overline{A}\overline{D}+\overline{B}C+C\overline{D}$$

$$F=\overline{\overline{F}}=\overline{\overline{A}\overline{B}+\overline{A}\overline{D}+\overline{B}C+C\overline{D}}$$

（3）“与或”式→“或与”式。

方法：先对 F 的“与或”式求反，展开后化简得到 $\overline{F}$ 的最简“与或“式；再对 $\overline{F}$ 的“与或”式求反，展开后化简得到 $\overline{\overline{F}}$（即 F）的最简“或与”式。

例 2-7 写出 $F=A\overline{C}+BD$ 的最简“或与”式。

解

$$\overline{F}=\overline{A\overline{C}+BD}=(\overline{A}+C)(\overline{B}+\overline{D})=\overline{A}\overline{B}+\overline{A}\overline{D}+\overline{B}C+C\overline{D}$$

$$F=\overline{\overline{F}}=\overline{\overline{A}\overline{B}+\overline{A}\overline{D}+\overline{B}C+C\overline{D}}=(A+B)(A+D)(B+\overline{C})(\overline{C}+D)$$

（4）“与或”式→“或非-或非”式。

方法：先对“与或”式求出“或与”式，再对“或与”式两次求反，用反演律展开，可得到对应的“或非-或非”式。

例 2-8 写出 $F=A\overline{C}+BD$ 的最简“或非-或非”式。

解 $$F = A\bar{C} + BD = (A+B)(A+D)(B+\bar{C})(\bar{C}+D)$$

$$F = \bar{\bar{F}} = \overline{\overline{(A+B)(A+D)(B+\bar{C})(\bar{C}+D)}} = \overline{\overline{A+B}+\overline{A+D}+\overline{B+\bar{\bar{C}}}+\overline{\bar{\bar{C}}+D}}$$

2.3.2 逻辑函数的公式化简法

公式化简法，就是在“与或”式的基础上，利用公式和定理，消去表达式中多余的乘积项和每个乘积项中多余的因子，求出函数的最简“与或”式。经常使用的方法归纳如下。

1. 并项法

利用公式 $AB + A\bar{B} = A$ 将两项合并，消去一个变量。

例 2-9 化简函数 $F = ABC + AB\bar{C} + \bar{A}B$。

解 $F = \underline{ABC} + \underline{AB\bar{C}} + \bar{A}B$

$= AB + \bar{A}B$ （分配律）

$= B$

2. 吸收法

利用公式 $A+AB=A$，吸收掉多余项目 AB。

例 2-10 化简函数 $F = \overline{AB} + \bar{A}D + \bar{B}E$。

解 $F = \bar{A} + \bar{B} + \bar{A}D + \bar{B}E$ （反演律）

$= \bar{A} + \bar{B} + \bar{B}E$ （吸收律）

$= \bar{A} + \bar{B}$ （吸收律）

例 2-11 化简函数 $F = A\bar{C} + A\bar{B}\bar{C} + BC$。

解 $F = (A\bar{C}) + (A\bar{C})\bar{B} + BC$ （将 $A\bar{C}$ 看成一个变量）

$= A\bar{C} + BC$ （吸收律）

3. 消去法

利用公式 $A + \bar{A}B = A + B$，消去与项 $\bar{A}B$ 中的多余因子 $\bar{A}$。

例 2-12 化简函数 $F = AB + \bar{A}C + \bar{B}C$。

解 $F = AB + (\bar{A} + \bar{B})C$ （分配律）

$= AB + \overline{AB}C$ （反演律）

$= AB + C$ （吸收律）

4. 配项消项法

利用公式 $AB + \bar{A}C + BC = AB + \bar{A}C$，在函数中先增加 BC 多余项，以消除更多的 BC 位置多余项。

例 2-13 化简函数 $F = A\bar{C} + \bar{B}C + \bar{A}C + B\bar{C}$。

解 $\bar{A}C + B\bar{C} = \bar{A}C + B\bar{C} + \bar{A}B$ （反用包含律）

$F = \underline{A\bar{C}} + \bar{B}C + \bar{A}C + \underline{B\bar{C}} + \underline{\bar{A}B}$ （反用包含律）

$= A\bar{C} + \underline{\bar{A}B} + \underline{\bar{B}C} + \underline{\bar{A}C}$ （包含律）

$= A\bar{C} + \bar{A}B + \bar{B}C$ （包含律）

5. 综合法

例 2-14 化简函数 $F = AD + A\overline{D} + AB + \overline{A}C + BD + ACEF + \overline{B}E + DEF$。

解 利用并项法 $AD + A\overline{D} = A$，得

$$F = A + AB + \overline{A}C + BD + ACEF + \overline{B}E + DEF$$

利用吸收法 $A + AB + ACEF = A$，得

$$F = A + \overline{A}C + BD + \overline{B}E + DEF$$

利用消去法 $A + \overline{A}C = A + C$，得

$$F = A + C + BD + \overline{B}E + DEF$$

利用消项法 $BD + \overline{B}E + DEF = BD + \overline{B}E$，得

$$F = A + C + BD + \overline{B}E$$

使用公式化简法必须熟悉基本公式，并且有一定技巧。它的缺点是化简方向不明确，化简的结果稍微复杂一点则不知其是否为最简，比较盲目，因此出现了卡诺图化简法。

2.3.3 逻辑函数的卡诺图化简法

卡诺图化简法是将逻辑函数用图形的方式进行化简的方法，因此它比较直观，容易判断结果是否最简。但当变量超过 6 个，图形复杂时，该方法就没有实用价值了。受篇幅限制，本书只介绍到五变量化简。

1. 卡诺图的构成

卡诺图是把真值表图形化的结果。在卡诺图中，每一个小方格代表一个最小项，若有 n 个变量则用 2^n 个小方格代表全部最小项。

2～5 变量卡诺图如图 2-13 所示，其中 2～4 变量的卡诺图各占一幅图，5 变量卡诺图由两幅图 32 个小方格构成。方格子区域外围标注着所有变量的文字和全部组合状态的二进制代码，每个小方格里标注的十进制数字代表对应最小项代号。卡诺图的构成有以下特点：

（1）n 变量的卡诺图有 2^n 个小方格，每个小方格对应一个最小项。

（2）每个变量的原、反变量把卡诺图等分为两部分，即这两部分的小方格数目相同。

（3）卡诺图上每两个相邻小方格所代表的最小项只有一个变量相异。

卡诺图这种特殊的方格排列顺序，就是使相应小方格相邻，再利用相邻性进行化简。在卡诺图上小方格相邻有以下三种情况：

（1）有一条公共边的两个小方格是相邻的，如图 2-13（c）中 m_5 与 m_4 相邻，m_5 与 m_{13} 相邻，但 m_4 与 m_{13} 不相邻。

（2）两端相邻，即同一卡诺图中分别处于行（或列）两端的小方格是相邻的，如图 2-13（c）中 m_4 与 m_6 相邻，m_0 与 m_2 相邻，但 m_2 与 m_4 不相邻；m_1 与 m_9 相邻，m_2 与 m_{10} 相邻，但 m_2 与 m_{11} 不相邻。

（3）重叠相邻，它出现在 5 变量卡诺图中，将左、右两个半幅以中线对折重叠，则上、下相对的小方格是相邻的，如图 2-13（d）中 m_{16} 与 m_{20} 相邻。

2. 逻辑函数在卡诺图上的体现

1）标准“与或”式在卡诺图上的表示

因构成标准“与或”式的每一个最小项，其逻辑取值都是使函数值为 1 的最小项，所以填入

时，在每个最小项对应的小方格中填上“1”就表示该最小项能使函数值为1，如图2-14（a）所示。

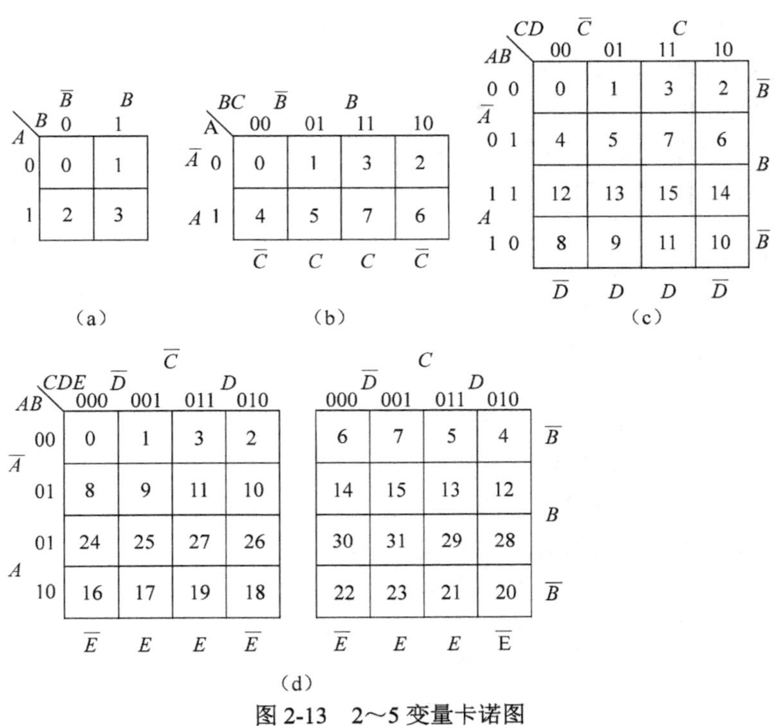

图2-13 2～5变量卡诺图

（a）2变量；（b）3变量；（c）4变量；（d）5变量

2）一般“与或”式在卡诺图上的表示

先确定“与或”式中的一个“与”项，在该“与”项变量因子对应卡诺图外围变量因子相交的公共小方格中填入“1”；完成“与或”式中其余“与”项的填入。例如：$F = A + B\overline{C} + \overline{A}\overline{B}\overline{C}$，“与”项$A$只有一个变量，占有4个小方格（即最小项4、5、6、7）；“与”项$B\overline{C}$，在卡诺图上是B变量与$\overline{C}$变量相交公共部分，为2号最小项和6号最小项，6号最小项前面已填入，此次不用再填入；“与”项$\overline{A}\overline{B}\overline{C}$，是$\overline{A}$变量与$\overline{B}$变量相交的公共区域，再与$\overline{C}$相交的公共区域，为0号最小项，填入“1”。结果如图2-14（b）所示。

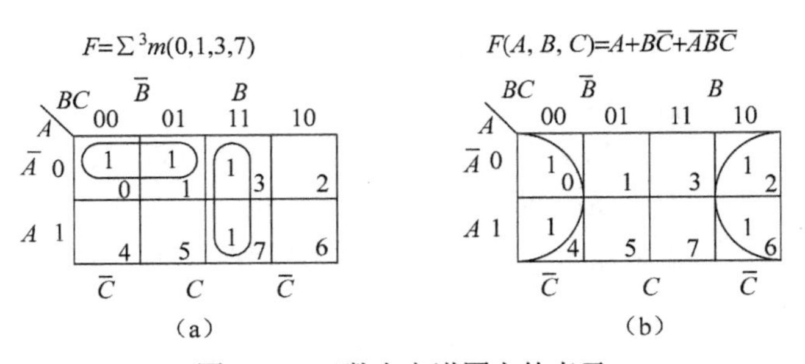

图2-14 函数在卡诺图上的表示

（a）标准“与或”式；（b）一般“与或”式

3. 利用卡诺图进行函数化简的合并规则

当把函数表示在卡诺图上之后，可利用卡诺图的相邻性，进行消项合并。若标有两个“1”的小方格相邻，则可消去一项。例如：图 2-14（a）中 3 号最小项与 7 号最小项相邻，可写成 $\overline{A}BC+ABC=(\overline{A}+A)BC=BC$，原来有两个“与”项，现在为一个“与”项，并且此“与”项中只含有两个变量因子。公式依据为 $AB+A\overline{B}=A$，依此类推：4 个两两相邻的小方格，可合并为一项，消去 2 个变量。例如：图 2-14（b）中 0 号与 4 号相邻，2 号与 6 号相邻，“0 号与 4 号”与“2 号与 6 号”又相邻，可进一步化简，写为 $\overline{A}\overline{B}\overline{C}+A\overline{B}\overline{C}=\overline{B}\overline{C}$，$\overline{A}B\overline{C}+AB\overline{C}=B\overline{C}$，$\overline{B}\overline{C}+B\overline{C}=\overline{C}$。

8 个标“1”的相邻小方格，可合并为更大项，消去 3 个变量。

16 个标“1”的相邻小方格，可合并为更大项，消去 4 个变量。

注意　合并的小方格数一定是 2^n 个，不能是简单偶数。

4. 卡诺图的化简步骤

在讨论卡诺图化简的具体步骤之前，先定义几个概念。

（1）蕴含项——在函数的“与或”表达式中，每个“与”项称为该函数的蕴含项（implicate）。由蕴含项的定义知，函数卡诺图中填“1”的小方格所对应的最小项以及由 2^i 个填“1”的相邻最小项合并后形成的合并项都是函数的蕴含项。

（2）质蕴含项——若函数的一个蕴含项不是该函数中其他蕴含项的一个子集，或者说，它不包含在函数的其他蕴含项中，则该蕴含项称为质蕴含项（prime implicate）。显然，从卡诺图上看，按照相邻最小项合并规则得到的独立圈（即不包含在其他圈内的圈）所对应的乘积项都是质蕴含项。这里特别强调其独立性。

（3）必要质蕴含项——如果函数的一个质蕴含项包含了一个不被其他任何质蕴含项所包含的填“1”的最小项，则称此质蕴含项为必要质蕴含项。显然，函数的最简式中必须首先包含必要质蕴含项。

根据以上讨论，可将卡诺图化简逻辑函数的步骤归纳如下：

第一步：将给定函数表示在卡诺图上。

第二步：在卡诺图上找出全部质蕴含项。

第三步：从全部质蕴含项中找出所有必要质蕴含项。

第四步：若 F 的全部必要质蕴含项还不能覆盖函数的所有最小项，则从剩余质蕴含项中选取“所需质蕴含项”，以构成 F 的最简式。

下面举例说明化简过程。

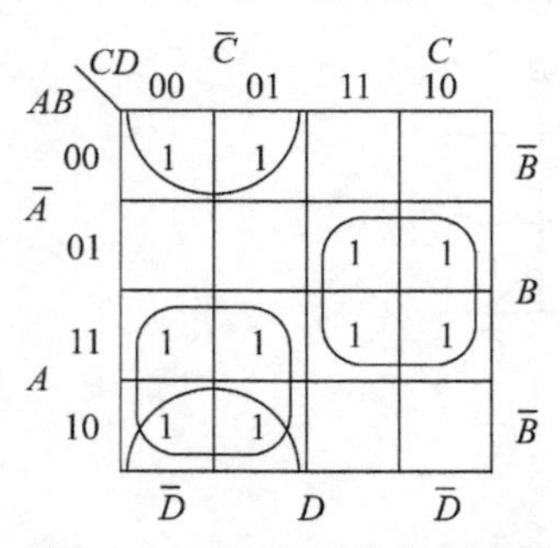

图 2-15　例 2-15 的卡诺图

例 2-15　用卡诺图法化简函数 $F=\sum^4 m$（0，1，6，7，8，9，12，13，14，15）。

第一步：将函数 F 表示在卡诺图上，如图 2-15 所示。

第二步：在卡诺图上找出全部质蕴含项，最大限度地按 2^i 个小方格合并画圈，得到如下质蕴含项：AB、$A\overline{C}$、$\overline{B}\overline{C}$、BC，共 4 个圈。

第三步：找出所有必要质蕴含项。由必要质蕴含项的概念知道质蕴含项 AB 不包含独立 1 格（其他项都不包含的 1 格），所以 AB 不是必要质蕴含项，可去掉。剩下的 3 个质蕴含项都包含独立

1 格，所以都是必要质蕴含项。

F 的最简式为：

$$F = A\overline{C} + \overline{B}\overline{C} + BC$$

例 2-16 用卡诺图法化简函数 $F=\Sigma^4 m$（0、2、4、5、6、7、8、10、13、15）。

第一步：将函数 F 表达在卡诺图上，如图 2-16 所示。

第二步：在卡诺图上找出全部质蕴含项，共有 $\overline{A}B$、$\overline{B}\overline{D}$、BD、$\overline{A}\overline{D}$ 4 项。

第三步：找出所有必要质蕴含项，本例中 $\overline{A}B$、$\overline{B}\overline{D}$、BD 是必要质蕴含项，$\overline{A}\overline{D}$ 不是。

F 的最简式为：

$$F = \overline{A}B + \overline{B}\overline{D} + BD$$

例 2-17 用卡诺图法化简函数 $F=\Sigma^4 m$（1，5，6，7，11，12，13，15）。

第一步：将函数 F 表达在卡诺图上，如图 2-17 所示。

第二步：找出全部质蕴含项，共有 $\overline{A}\overline{C}D$、$AB\overline{C}$、$ACD$、$\overline{A}BC$、$BD$ 5 项。

第三步：找出所有必要质蕴含项，本例中为 $\overline{A}\overline{C}D$、$AB\overline{C}$、$ACD$、$\overline{A}BC$ 4 项，而大圈 BD 不是必要质蕴含项，它不包含一个独立小方格。这是 4 变量函数化简中比较特殊的一例。

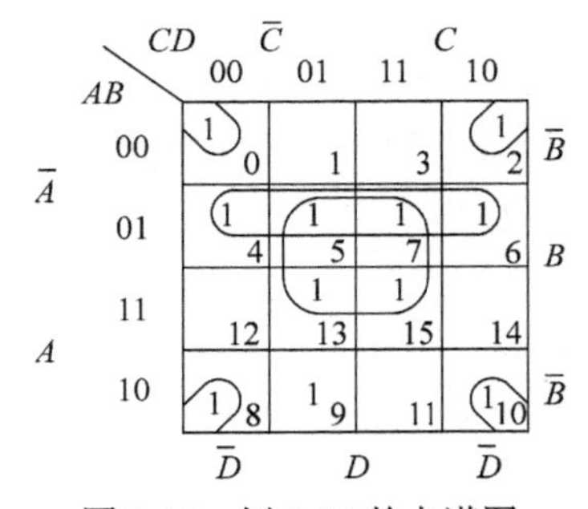

图 2-16 例 2-16 的卡诺图

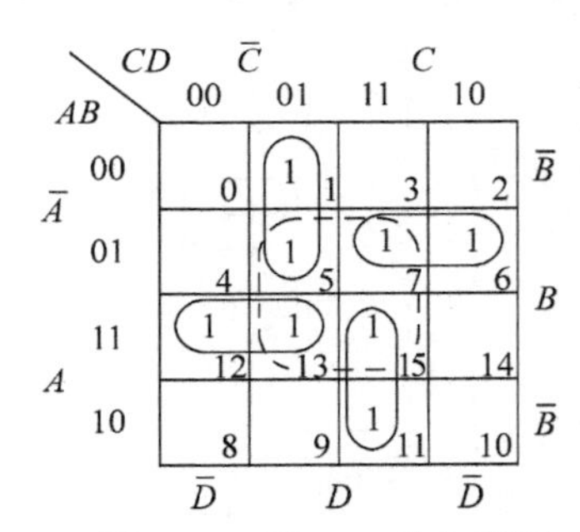

图 2-17 例 2-17 的卡诺图

例 2-18 用卡诺图法化简函数 $F(A,B,C,D) = B\overline{D} + AC + BCD + \overline{A}\overline{B}C$。

第一步：把原有函数的卡诺图复原，如图 2-18（a）所示。

第二步：在原有卡诺图上重新画圈，找出质蕴含项，再找出必要质蕴含项，如图 2-18（b）所示。

第三步：写出函数 $F = C + B\overline{D}$。

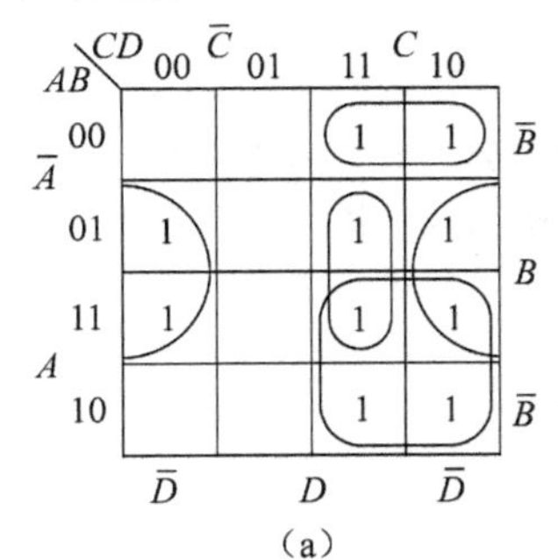

（a）

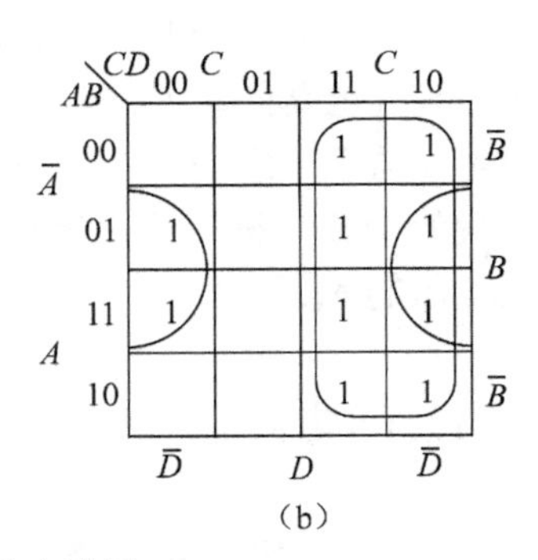

（b）

图 2-18 例 2-18 的卡诺图

（a）复原卡诺图；（b）重新画图

卡诺图化简方法，在最早期计算机电路设计中经常使用，目的是降低成本。由于现代硬件技术发展迅速，浪费一些门电路对成本无影响，另外经卡诺图化简后，电路就不再保持设计者原有的逻辑设计思路，为后续设计带来困难，因此现在人们很少使用卡诺图。

2.4 常用 TTL 门电路芯片

2.4.1 TTL“与非”门单元电路

TTL“与非”门是 TTL 逻辑门的基本形式，典型的 TTL“与非”门电路结构如图 2-19 所示。该电路由输入级、倒相级、输出级三部分组成。

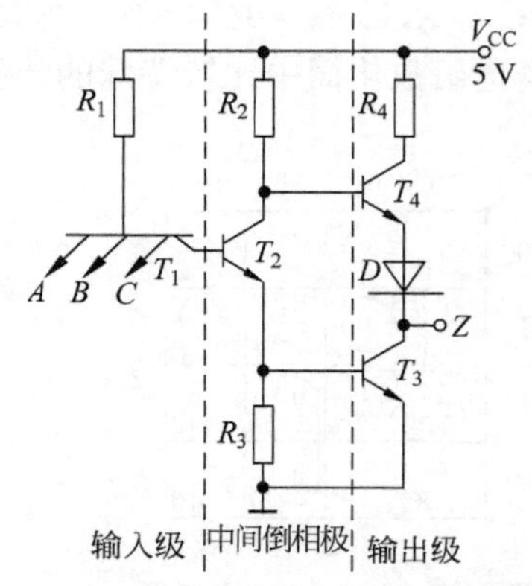

图 2-19 典型的 TTL“与非”门电路结构

输入级由多发射极三极管 T_1 和电阻 R_1 构成。多发射极三极管相当于基极、集电极分别连在一起的多个三极管，它的作用等效于逻辑“与”的功能。

倒相极由三极管 T_2 和电阻 R_2、R_3 构成。其通过 T_2 的集电极和发射极，提供两个相位相反的信号，以满足输出级互补工作的要求。

输出级是由三极管 T_3、T_4，二极管 D 和电阻 R_4 构成的“推拉式”电路。当 T_3 导通时，T_4 和 D 截止；反之，T_3 截止时，T_4 和 D 导通。倒相级和输出级的作用等效于逻辑“非”的功能。

该电路内部的详细工作原理和工作过程不再介绍，请参考有关书籍。它的逻辑特性表现为：当 T_1 发射极 A、B、C 中有任一输入为低电平（代表逻辑值“0”）时，Z 端输出为高电平（代表逻辑值“1”）；当 T_1 发射极输入全为 1 时，Z 端输出为 0，从而实现了“与非”门的功能。

在使用 TTL 电路时要注意输入端悬空问题，即输入端 A、B、C 悬空不接入高电平或低电平时，TTL 电路输入端相当于接“1”电平。

TTL 门电路的扇入系数 N_I 和扇出系数 N_O 是电路中的一个主要参数。一个门电路允许的输入端数目，称为该门电路的扇入系数 N_I，一般门电路的扇入系数为 1～5，最多不超过 8。门电路的输出端允许与下一级的多个门电路输入端连接，一个门电路的输出端所能连接的下一级门电路输入端的个数，称为该门电路的扇出系数 N_O，也称为负载能力。一般门电路的 N_O 为 8，功率驱动门的 N_O 可达 25。

2.4.2 常用 TTL 门电路芯片

小规模集成电路（简称 SSI）是指每片在 10 门以下的集成芯片，这种芯片中的门，如“与”门、“或”门、“与非”门等都是独立的，相互间并不连接，需要时用户在芯片外用线连接。目前，TTL 电路被广泛地应用于中小规模电路中，这种电路的功耗较大，不适于做成大规模集成电路。TTL 门电路种类繁多，本书只列出几个最常用的芯片，如图 2-20 所示。

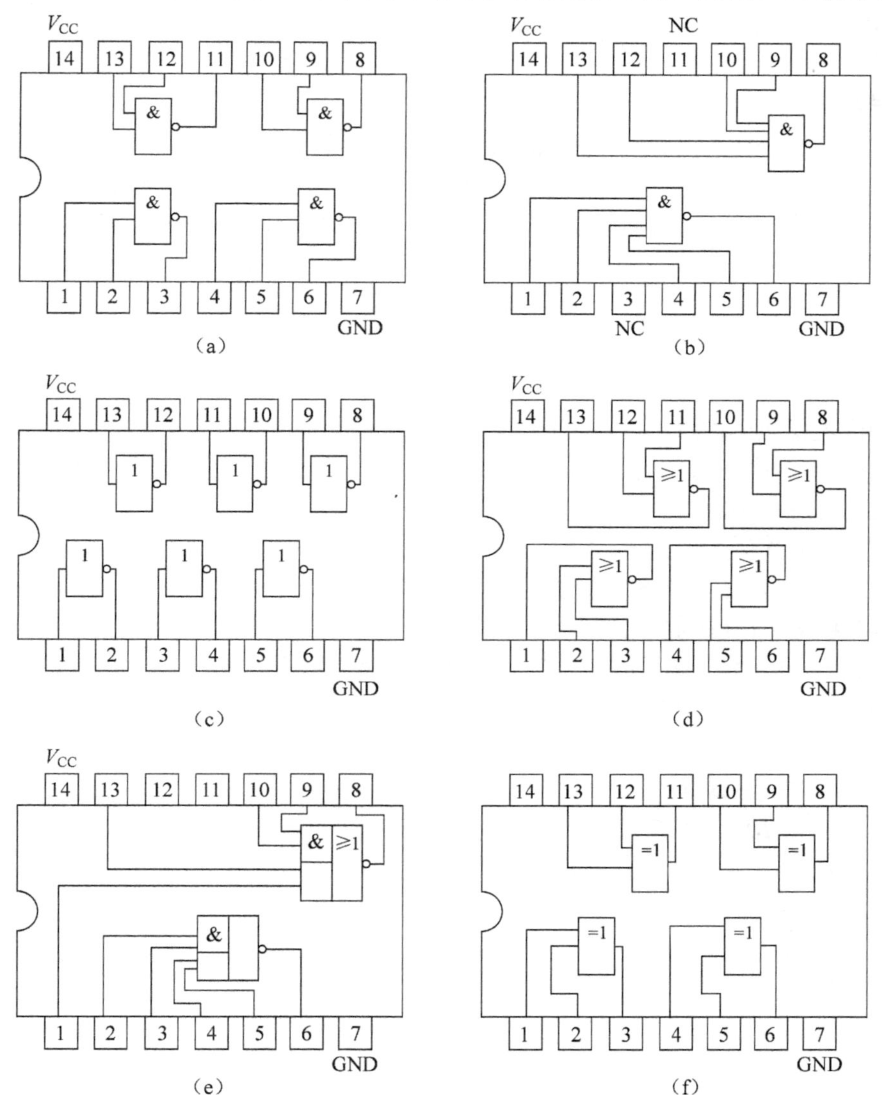

图 2-20 几种常用的 TTL 门电路芯片

（a）TTL7400；（b）TTL7420；（c）TTL7406；（d）TTL7402；（e）TTL7451；（f）TTL7486

1）“与非”门芯片

常用的“与非”门芯片有 74 系列的 7400 和 7420 等。7400 由 4 个 2 输入“与非”门构成，其引脚图如图 2-20（a）所示。7420 由两个 4 输入“与非”门构成，其引脚如图 2-20（b）所示。图中 V_{CC} 为电源引脚，GND 为接地引脚，NC 为空引脚。

2）“非”门芯片

7406 芯片引脚如图 2-20（c）所示，该芯片内集成了 6 个“非”门。

3）“或非”门芯片

7402 芯片引脚图如图 2-20（d）所示，该芯片内集成了 4 个 2 输入“或非”门。

4）“与或非”门芯片

7451 芯片引脚图如图 2-20（e）所示，该芯片内集成了 2 个 4 输入“与或非”门，有空余管脚没用。

5）“异或”门芯片

7486 芯片引脚如图 2-20（f）所示，该芯片内集成了 4 个 2 输入“异或”门。

与 TTL 制造工艺不同的另一类电路为 MOS 产品，它在中大规模集成电路中广泛应用，在数字系统应用中已占据主导地位。受篇幅限制本书对 MOS 产品不再介绍。

习　题

2.1　用真值表证明等式：$\overline{\overline{A}+\overline{B}+\overline{C}}=ABC$ 。

2.2　用基本定律证明下列等式：

（1）$\overline{A\overline{B}+\overline{A}B}=AB+\overline{A}\overline{B}$ ；

（2）$AB+BCD+\overline{A}C+\overline{B}C=AB+C$ ；

（3）$AB(C+D)+D+\overline{D}(A+B)(\overline{B}+\overline{C})=A+B\overline{C}+D$ ；

（4）$A\overline{B}+B\overline{C}+C\overline{A}=\overline{A}B+\overline{B}C+\overline{C}A$ 。

2.3　TTL“与非”门和“或非”门的多余输入端分别该怎么处理？为什么？

2.4　用代数法化简下列函数为“与或”式：

（1）$F=A+B+C+A\overline{B}\overline{C}$ ；

（2）$F=A\overline{B}+B+BCD$ ；

（3）$F=A\overline{B}+BD+DCE+\overline{A}D$ ；

（4）$F=BC+D+\overline{D}(\overline{B}+\overline{C})(DA+B)$ ；

（5）$F=AB+\overline{A}C+\overline{B}C$ ；

（6）$F=A+\overline{\overline{B}+\overline{C}\overline{D}}+A+\overline{\overline{A}\overline{B}\overline{D}}$ ；

（7）$F=0\oplus A$ ；

（8）$F=1\oplus A$ ；

（9）$F=(A\oplus B)C+ABC+\overline{A}\overline{B}$ 。

2.5　用卡诺图法化简下列函数为“与或”式：

（1）$F(A,B,C)=\sum m(0,2,4,5)$ ；

（2）$F(A,B,C)=\sum m(3,5,6,7)$ ；

（3）$F=(A,B,C,D)=\sum m(0,3,5,7,8,9,10,11,13,15)$ ；

（4）$F=(A,B,C,D)=\sum m(0,3,4,6,7,9,12,14,15)$ ；

（5）$F=\overline{A}\overline{B}\overline{C}+A\overline{B}CD+A\overline{B}+A\overline{D}+A\overline{B}C+B\overline{C}$ ；

（6）$F=A\overline{B}+B\overline{C}+C\overline{A}+\overline{A}B+\overline{B}C+\overline{C}A$ ；

（7）$F=AC+BC+\overline{B}D+\overline{C}D+AB$ 。

第3章 组合逻辑电路

在数字系统中，逻辑电路按功能可分为组合逻辑电路和时序逻辑电路两大类。本章介绍组合逻辑电路。

所谓组合逻辑电路，从电路结构上看，就是由门电路组成的输出到输入之间没有任何反馈的电路。其一般形式如图3-1所示。图中$X_1,X_2,\cdots,X_n$为输入信号，$F_1,F_2,\cdots,F_m$为输出函数。

图 3-1　组合逻辑电路的一般形式

组合逻辑电路的特点是：电路在任何时刻的稳定输出仅与该时刻的输入有关，而与该时刻以前的输入无关（或者说与输入信号作用前的电路状态无关）。这说明组合逻辑电路不具有记忆功能。因此，组合逻辑电路的任一输出函数可表示为：

$$F_i=f(X_1, X_2, \cdots, X_i, \cdots, X_n)\ (i=1, 2, \cdots, m)$$

对于组合逻辑电路，要讨论的基本问题是组合逻辑电路的分析与设计。组合逻辑电路的分析，就是根据给定的组合逻辑电路，应用逻辑函数来描述它的工作，找出电路输出与输入之间的关系，判别其所实现的逻辑功能，了解其设计思想，评定设计是否合理、经济等。组合逻辑电路的设计，就是根据已经确定的逻辑功能要求，寻求一个满足此功能要求的组合逻辑电路的过程。分析与设计是两个相反的过程。

本章先讨论组合逻辑电路的分析与设计方法，然后介绍常用组合逻辑电路，如译码器、编码器、数据选择器等。

3.1　组合逻辑电路的分析

组合逻辑电路分析的目的是：研究给定电路的设计思想，评价原电路的技术、经济指标，以便修改和完善原设计，或者根据实际情况更换器件等。

3.1.1　分析方法

（1）根据给定的组合逻辑电路，写出电路的输出函数表达式。

（2）进行化简，求输出函数的最简“与或”式。

（3）列写输出函数真值表，为分析逻辑功能做好准备。

（4）进行功能说明，并评价电路。一般来说，真值表一旦列出，则电路的输入、输出关系即明确。这时可根据真值表概括出电路所实现的功能，并可对原电路设计方案进行评定或提出改进意见和改进方案等。

上述分析步骤是就一般情况而言的，在实际中应灵活进行，不一定每步都是必需的。

3.1.2 分析举例

例 3-1 分析图 3-2（a）所示的组合逻辑电路。

解 （1）写出输出函数表达式：

$$F=\overline{\overline{AC}\cdot\overline{\bar{A}+B}+\bar{B}\oplus C}$$

（2）进行化简，采用公式法：

$$F=\overline{(\bar{A}+\bar{C})(A\cdot\bar{B})+\bar{B}\bar{C}+BC}=\overline{A\bar{B}\bar{C}+\bar{B}\bar{C}+BC}$$

$$=\overline{\bar{B}\bar{C}+BC}=\overline{A\odot B}=B\oplus C$$

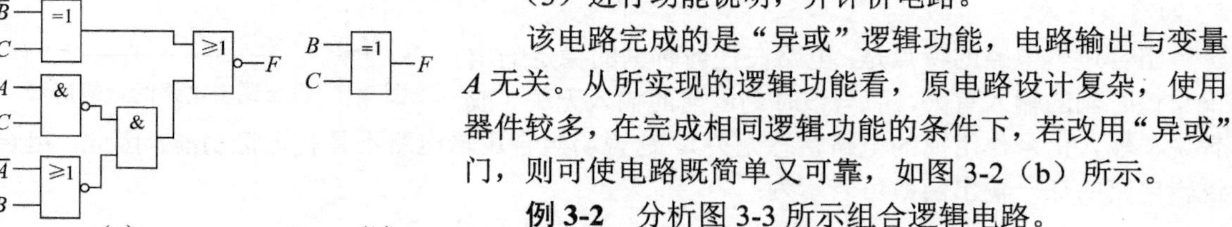

图 3-2 例 3-1 的电路及等效电路

（3）进行功能说明，并评价电路。

该电路完成的是“异或”逻辑功能，电路输出与变量 A 无关。从所实现的逻辑功能看，原电路设计复杂，使用器件较多，在完成相同逻辑功能的条件下，若改用“异或”门，则可使电路既简单又可靠，如图 3-2（b）所示。

例 3-2 分析图 3-3 所示组合逻辑电路。

解 （1）根据电路写出函数表达式：

$$F=Z_1+Z_2=ABC+\overline{A+B+C}$$

（2）对该表达式进行化简：

$$F=ABC+\bar{A}\bar{B}\bar{C}$$

（3）列写函数真值表，见表 3-1。

（4）从真值表中可以看出，当 A、B、C 三个输入一致时（或者全为 0，或者全为 1），输出才为 1，否则输出为 0。所以，这个组合逻辑电路具有检测“输入是否一致”的功能，也称为“不一致电路”。

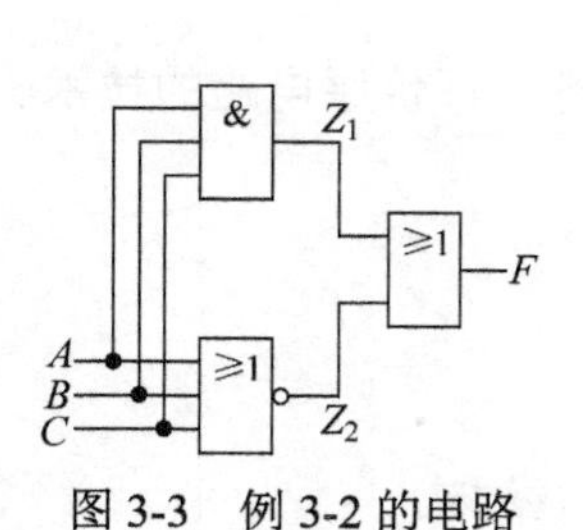

图 3-3 例 3-2 的电路

表 3-1 例 3-2 的真值表

A	B	C	F
0	0	0	1
0	0	1	0
0	1	0	0
0	1	1	0
1	0	0	0
1	0	1	0
1	1	0	0
1	1	1	1

3.2 组合逻辑电路的设计

3.2.1 组合逻辑电路设计方法

组合逻辑电路设计的一般步骤如下：

（1）进行逻辑抽象。

① 确定所描述事物的输入变量个数和输出变量个数。

② 把输入变量与输出变量之间的关系用真值表表示，根据因果关系，填充二进制取值。

（2）进行化简。

① 输入变量比较少时，用卡诺图化简。

② 用公式化简。

③ 用其他方法，如 Q–M 化简法（本书不介绍）。

（3）逻辑函数变换。

根据指定的门电路类型，将化简的“与或”式变成所需的“与非-与非”式、“与或非”式，或“或非-或非”式等，也可不变换，只用“与”门和“或”门实现“与或”式。

（4）画逻辑电路图。

根据最后形成的逻辑表达式，画出逻辑电路图。

3.2.2 组合逻辑电路设计举例

例 3-3 设计一个供三人使用的少数服从多数的表决电路，并用“与非”门实现。

解 （1）由题意可知，三人代表三个输入变量，通过与否的结果为一个输出变量。三个输入变量用字母 A、B、C 表示，输出用 F 表示。列出真值表，见表 3-2，输入变量“1”表示同意，输入变量“0”表示不同意；输出变量“1”表示通过，输出变量“0”表示不通过。

（2）用卡诺图化简真值表，如图 3-4 所示，得到化简函数：

$$F=AB+BC+AC$$

表 3-2 例 3-3 的真值表

A	B	C	F
0	0	0	0
0	0	1	0
0	1	0	0
0	1	1	1
1	0	0	0
1	0	1	1
1	1	0	1
1	1	1	1

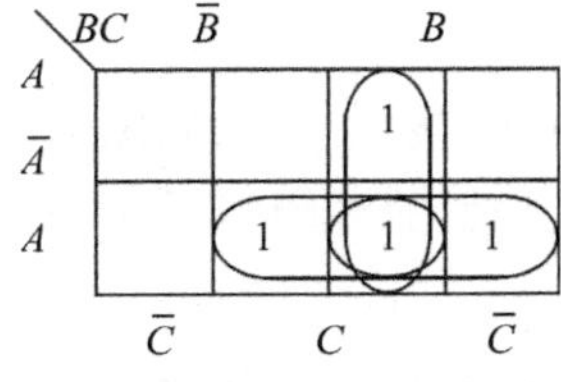

图 3-4 例 3-3 的卡诺图

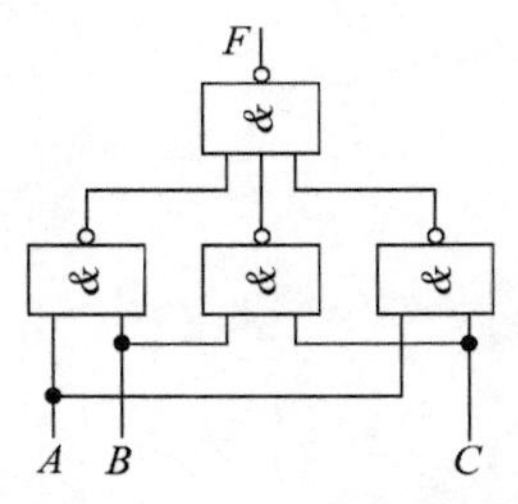

图 3-5　例 3-3 的电路图

（3）把化简的“与或”式转换成“与非-与非”式：

$$F=\overline{\overline{AB+BC+AC}}=\overline{\overline{AB}\cdot\overline{BC}\cdot\overline{AC}}\qquad（反演律）$$

（4）组合逻辑电路图如图 3-5 所示。

例 3-4　设计 1 位全加器。

设计要求：两个一位的二进制数相加，当每两位相加时，考虑比它们低一位来的进位，即相当于三个一位的二进制数相加。

解　（1）由题意可知，输入变量为 3 个，即加数 B、被加数 A、低位进位 C；输出变量为 2 个，即全加和 S、全加进位 C'。一位全加器的真值表见表 3-3。第四行的解读为，加数 B 为 1，低位进位 C 有进位为 1，被加数 A 为 0,相加后本位和为 0，同时向高位产生进位 C'为 1。

（2）用卡诺图法化简。分别作出 S 和 C'的卡诺图，如图 3-6 所示。

表 3-3　全加真值表

A	B	C	S	C'
0	0	0	0	0
0	0	1	1	0
0	1	0	1	0
0	1	1	0	1
1	0	0	1	0
1	0	1	0	1
1	1	0	0	1
1	1	1	1	1

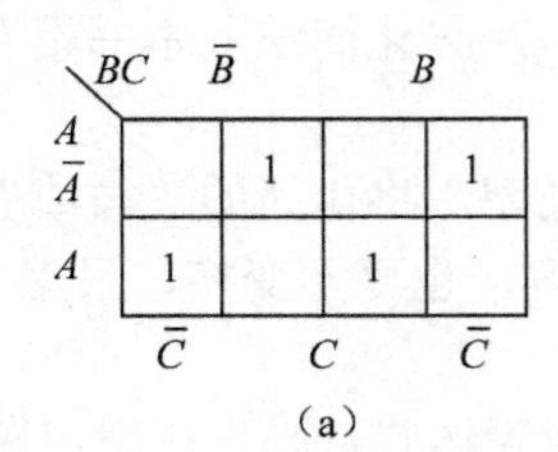

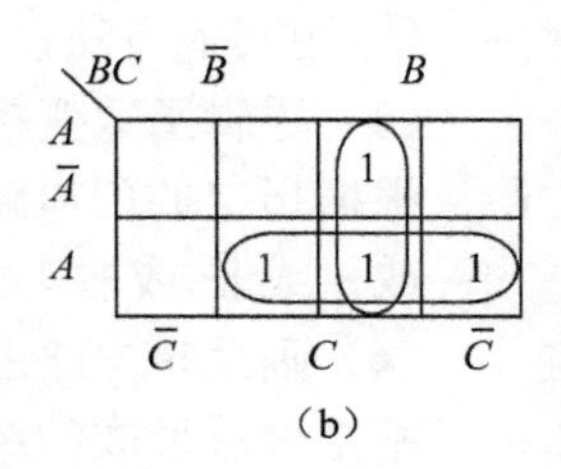

图 3-6　例 3-4 的卡诺图

（a）S 的卡诺图；（b）C' 的卡诺图

由图 3-6（a）可见，因没有相邻项而不能进一步合并化简，所以 S 的表达式已为最简的“与或”式，图 3-6（b）可以化简，表达式为：

$$S=\bar{A}\bar{B}C+\bar{A}B\bar{C}+A\bar{B}\bar{C}+ABC$$

$$C'=AB+AC+BC$$

（3）把表达式转化为“与-非-与非”式：

$$S=\bar{A}\bar{B}C+\bar{A}B\bar{C}+A\bar{B}\bar{C}+ABC$$

$$=\overline{\overline{\bar{A}\bar{B}C+\bar{A}B\bar{C}+A\bar{B}\bar{C}+ABC}}=\overline{\overline{\bar{A}\bar{B}C}\cdot\overline{\bar{A}B\bar{C}}\cdot\overline{A\bar{B}\bar{C}}\cdot\overline{ABC}}$$

$$C'=AB+AC+BC$$

$$=\overline{\overline{AB+AC+BC}}=\overline{\overline{AB}\cdot\overline{AC}\cdot\overline{BC}}$$

（4）组合逻辑电路图如图 3-7 所示。

（5）全加器的逻辑符号可用图 3-8 来表示。以后将更多地用全加器的逻辑符号来代表全加器。

例 3-5　A、B、C、D 为 4 个二进制输入变量，设计一个电路：

（1）当 $8\leqslant X\leqslant 13$ 时，输出 F_1 为 1；

（2）当 $2 \leqslant X < 10$ 时，输出 F_2 为1。

电路用“与非”门实现。

注：X 指 A、B、C、D 四个二进制变量的相应十进制值。

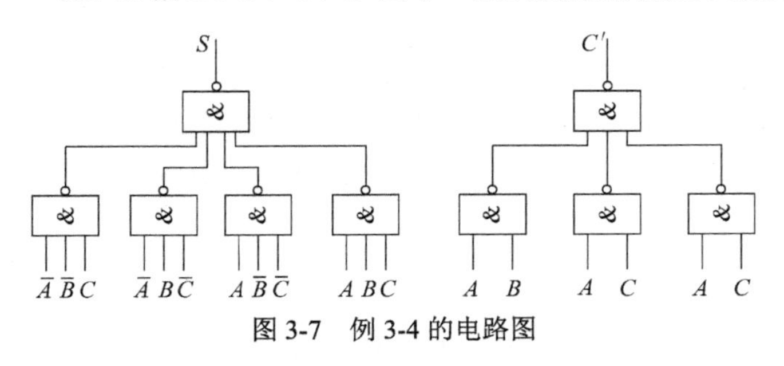

图 3-7 例 3-4 的电路图

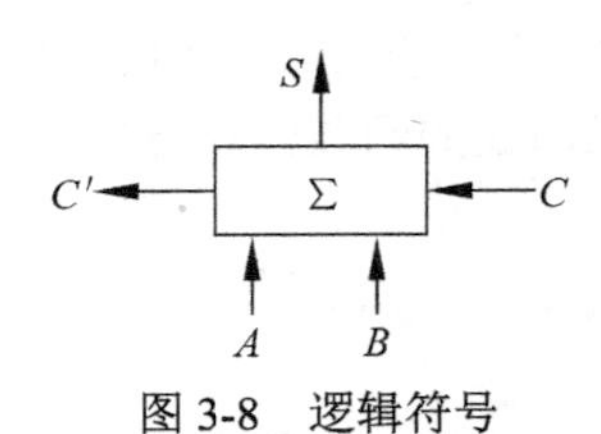

图 3-8 逻辑符号

解 （1）由题意可知，输入变量为 4 个，输出变量为 2 个。列出反映它们之间关系的真值表，见表 3-4。

（2）用卡诺图化简真值表，如图 3-9 所示，得化简函数：

$$F_1 = A\bar{B} + A\bar{C},\quad F_2 = \bar{A}B + \bar{A}C + A\bar{B}\bar{C}$$

（3）将函数式转换成“与非-与非”式：

$$F_1 = \overline{\overline{A\bar{B}} \cdot \overline{A\bar{C}}},\quad F_2 = \overline{\overline{\bar{A}C} \cdot \overline{\bar{A}B} \cdot \overline{A\bar{B}\bar{C}}}$$

（4）电路图如图 3-10 所示。

表 3-4 例 3-5 的真值表

A	B	C	D	F_1	F_2
0	0	0	0	0	0
0	0	0	1	0	0
0	0	1	0	0	1
0	0	1	1	0	1
0	1	0	0	0	1
0	1	0	1	0	1
0	1	1	0	0	1
0	1	1	1	0	1
1	0	0	0	1	1
1	0	0	1	1	1
1	0	1	0	1	0
1	0	1	1	1	0
1	1	0	0	1	0
1	1	0	1	1	0
1	1	1	0	0	0
1	1	1	1	0	0

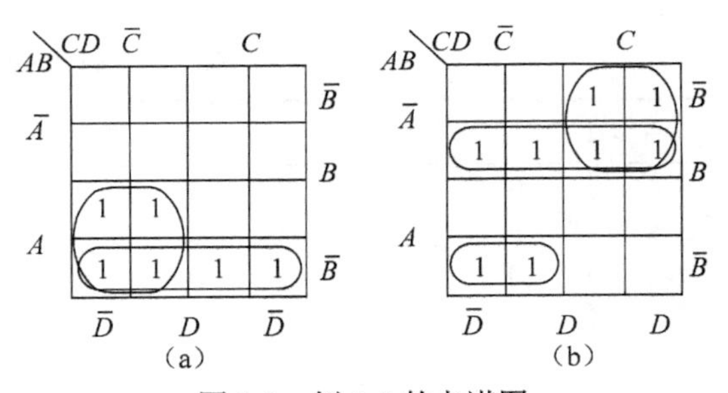

图 3-9 例 3-5 的卡诺图

（a）F_1 的卡诺图；（b）F_2 的卡诺图

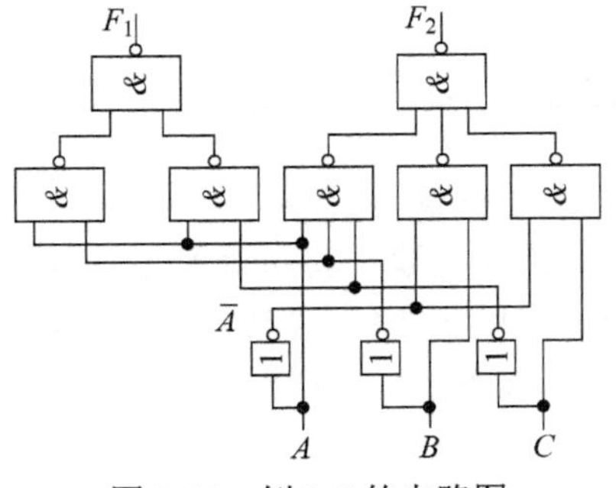

图 3-10 例 3-5 的电路图

3.3 中规模集成电路逻辑部件

中规模集成电路通常能完成部分相对独立的逻辑功能，其设计思想与小规模集成电路完全不同。前面所介绍的都属于小规模集成电路，而本节要介绍的是中规模集成电路设计思想：把问题的函数式推导成中规模集成电路固有的函数表达式形式，再利用中规模器件实现。

3.3.1 编码器

把较多的信息用简短的二进制表示称为编码，实现它的硬件称为编码器。在数字系统中，“编码”常指将十进制数或字符转换成二进制代码。例如各类 BCD 码编码器，就是将 0～9 这些十进制数字转换成对应的 4 位 BCD 码的组合电路。

表 3-5 列出了一个简化的 BCD 码编码器的真值表。D_0～D_9 10 个输入变量代表键盘数字 0～9，因是键盘输入，任何时刻仅允许一位有效，符合这种条件的输入组合只有真值表中所列的 10 种取值，故可以直接写出每一个输出信号的最简“与或”式：

$$A = D_1+D_3+D_5+D_7+D_9$$
$$B = D_2+D_3+D_6+D_7$$
$$C = D_4+D_5+D_6+D_7$$
$$D = D_8+D_9$$

表 3-5 BCD 码编码器的真值表

D_9	D_8	D_7	D_6	D_5	D_4	D_3	D_2	D_1	D_0	D	C	B	A
0	0	0	0	0	0	0	0	0	1	0	0	0	0
0	0	0	0	0	0	0	0	1	0	0	0	0	1
0	0	0	0	0	0	0	1	0	0	0	0	1	0
0	0	0	0	0	0	1	0	0	0	0	0	1	1
0	0	0	0	0	1	0	0	0	0	0	1	0	0
0	0	0	0	1	0	0	0	0	0	0	1	0	1
0	0	0	1	0	0	0	0	0	0	0	1	1	0
0	0	1	0	0	0	0	0	0	0	0	1	1	1
0	1	0	0	0	0	0	0	0	0	1	0	0	0
1	0	0	0	0	0	0	0	0	0	1	0	0	1

由以上逻辑表达式，可画出图 3-11 所示的 BCD 码编码器的逻辑电路图。

上述 BCD 码编码器的输入信号是互相排斥的。在优先编码器中则不同，其允许几个信号同时输入，但是电路只对其中优先级别最高的进行编码，不理睬级别低的信号，或者说级别低的信号不起作用，这样的电路叫优先编码器。优先级别的高低，完全由设计人员根据各个输入信号轻重缓急情况决定。

74148 是一个典型的 8 线-3 线优先编码器，表 3-6 给出了它的真值表。从真值表中可以看出，74148 的输入信号 $\overline{I}_0$～$\overline{I}_7$ 和输出信号 $\overline{Y}_0$、$\overline{Y}_1$、$\overline{Y}_2$ 均用反码表示。

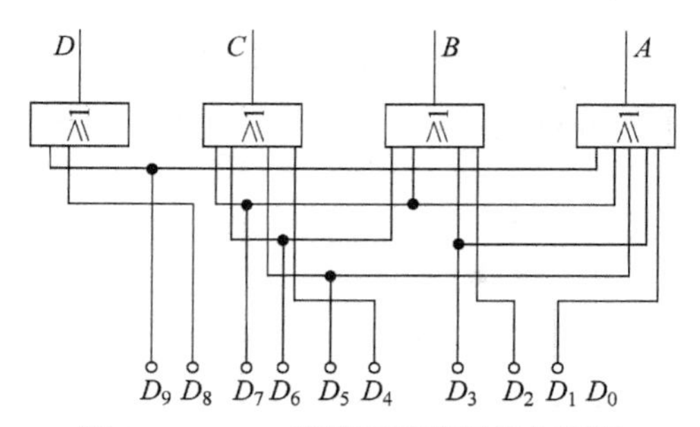

图 3-11 BCD 码编码器的逻辑电路图

表 3-6 集成 8 线-3 线优先编码器的真值表

输入									输出				
$\overline{ST}$	$\overline{I}_7$	$\overline{I}_6$	$\overline{I}_5$	$\overline{I}_4$	$\overline{I}_3$	$\overline{I}_2$	$\overline{I}_1$	$\overline{I}_0$	$\overline{Y}_2$	$\overline{Y}_1$	$\overline{Y}_0$	$\overline{Y}_{EX}$	$\overline{Y}_S$
1	×	×	×	×	×	×	×	×	1	1	1	1	1
0	1	1	1	1	1	1	1	1	1	1	1	1	0
0	0	×	×	×	×	×	×	×	0	0	0	0	1
0	1	0	×	×	×	×	×	×	0	0	1	0	1
0	1	1	0	×	×	×	×	×	0	1	0	0	1
0	1	1	1	0	×	×	×	×	0	1	1	0	1
0	1	1	1	1	0	×	×	×	1	0	0	0	1
0	1	1	1	1	1	0	×	×	1	0	1	0	1
0	1	1	1	1	1	1	0	×	1	1	0	0	1
0	1	1	1	1	1	1	1	0	1	1	1	0	1

74148 的输入中，优先级从$\overline{I}_0$到$\overline{I}_7$逐级递增，即$\overline{I}_0$的优先级最低，$\overline{I}_7$的优先级最高。例如当输入中$\overline{I}_7$有效（“0”有效）时，无论$\overline{I}_0$～$\overline{I}_6$是否有效（真值表中用“×”表示），编码器均按$\overline{I}_7$编码，使输出为对应“7”的二进制码的反码“000”；又如，当输入中$\overline{I}_6$有效，但$\overline{I}_7$无效时，无论$\overline{I}_0$～$\overline{I}_5$是否有效，编码器均按$\overline{I}_6$编码，使输出为对应“6”的二进制码的反码“001”；其余以此类推。当所有输入都无效时，输出为对应“0”的二进制码的反码“111”。

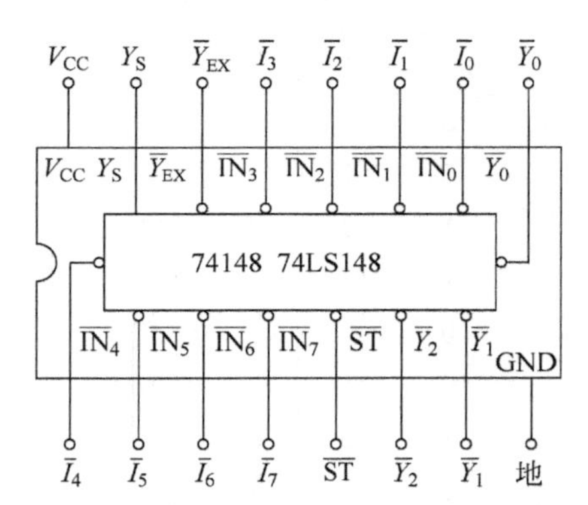

图 3-12 8 线-3 线优先编码器的芯片引脚图

图 3-12 所示是 TTL 集成 8 线-3 线优先编码器的芯片引脚图。$\overline{ST}$为选通输入端，当$\overline{ST}$=0 时允许编码；当$\overline{ST}$=1 时输出$\overline{Y}_2$、$\overline{Y}_1$、$\overline{Y}_0$和Y_S、$\overline{Y}_{EX}$均被封锁，编码被禁止。Y_S是选通输出端，级联应用时，高位片的Y_S端与低位片的$\overline{ST}$端连接起来，可以扩展优先编码功能。$\overline{Y}_{EX}$为优先扩展输出端，级联应用时可作输出位的扩展端。

3.3.2 译码器及其应用

1. 译码器

译码是编码的逆过程，在编码时，每一种二进制代码状态，都被赋予了特定的含义，即都表示一个确定的信号或者对象。把代码状态的特定含义“翻译”出来的过程叫作译码，实现译码操作的电路称为译码器。译码器是一个多输出的组合逻辑电路，每一个输出唯一地对应一个特定的输入组合。常用的译码器有二进制译码器、二～十进制译码器和显示译码器。本节主要介绍二进制译码器的原理及其应用，其他类型译码器请参考其他书籍。

二进制译码器的输入是表示某种信息的二进制代码，对于某个特定的输入代码，多个输出中只有唯一的一个呈现有效电平，其余输出均呈现无效电平，以此表示翻译出来的不同信息。有效电平和无效电平是相对而言的，若定义“1”为有效电平，则“0”便为无效电平，反之亦然。因为每一组输入组合（即一组二进制代码）对应一个输出端，所以输入 n 位二进制代码的译码器，必然有 2^n 个输出端。如 3 位输入的译码器，就有 8 个输出端，这种译码器也称为 3 线-8 线译码器（简称 3-8 译码器）。

表 3-7 给出了基本 3-8 译码器的真值表，从表中可以看出，3 个输入 A_0～A_2 的 8 种组合中的每一种，都唯一地使 Z_0～$Z_7$8 个输出中的一个为 1，由此列出译码器的逻辑表达式如下：

$$Z_0=\overline{A}_2\overline{A}_1\overline{A}_0,\quad Z_1=\overline{A}_2\overline{A}_1A_0$$
$$Z_2=\overline{A}_2A_1\overline{A}_0,\quad Z_3=\overline{A}_2A_1A_0$$
$$Z_4=A_2\overline{A}_1\overline{A}_0,\quad Z_5=A_2\overline{A}_1A_0$$
$$Z_6=A_2A_1\overline{A}_0,\quad Z_7=A_2A_1A_0$$

根据真值表和表达式，画出 3-8 译码器的逻辑电路图，如图 3-13 所示。图中每个与非门的 3 个输入，分别接 A_0～A_2 的 8 种组合之一。对于任何一种输入组合，Z_0～$Z_7$8 个输出中仅有一个为 1。

表 3-7 3-8 译码器的真值表

A_2	A_1	A_0	Z_0	Z_1	Z_2	Z_3
0	0	0	1	0	0	0
0	0	1	0	1	0	0
0	1	0	0	0	1	0
0	1	1	0	0	0	1
1	0	0	0	0	0	0
1	0	1	0	0	0	0
1	1	0	0	0	0	0
1	1	1	0	0	0	0

A_2	A_1	A_0	Z_4	Z_5	Z_6	Z_7
0	0	0	0	0	0	0
0	0	1	0	0	0	0
0	1	0	0	0	0	0
0	1	1	0	0	0	0
1	0	0	1	0	0	0
1	0	1	0	1	0	0
1	1	0	0	0	1	0
1	1	1	0	0	0	1

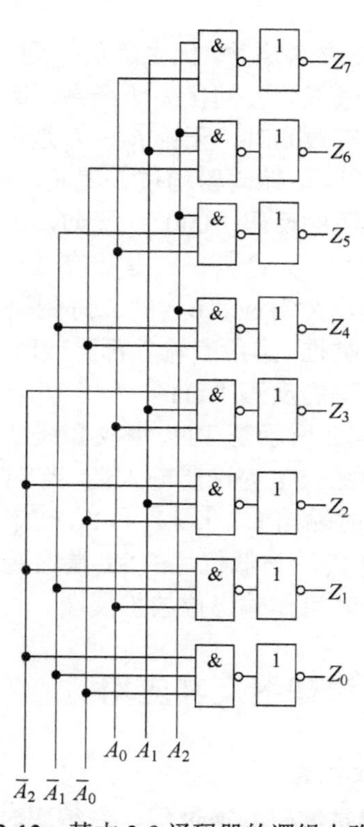

图 3-13 基本 3-8 译码器的逻辑电路图

74138是常用的中规模集成电路3-8译码器，其真值表见表3-8。图3-14(a)所示为74138的逻辑电路图，图3-14（b）所示为逻辑符号，图3-14（c）所示为74138芯片管脚图。

表3-8 74138译码器的真值表

G_1	$\overline{G}_{2A}+\overline{G}_{2B}$	A_2	A_1	A_0	$\overline{Y}_0$	$\overline{Y}_1$	$\overline{Y}_2$	$\overline{Y}_3$	$\overline{Y}_4$	$\overline{Y}_5$	$\overline{Y}_6$	$\overline{Y}_7$
×	1	×	×	×	1	1	1	1	1	1	1	1
0	×	×	×	×	1	1	1	1	1	1	1	1
1	0	0	0	0	0	1	1	1	1	1	1	1
1	0	0	0	1	1	0	1	1	1	1	1	1
1	0	0	1	0	1	1	0	1	1	1	1	1
1	0	0	1	1	1	1	1	0	1	1	1	1
1	0	1	0	0	1	1	1	1	0	1	1	1
1	0	1	0	1	1	1	1	1	1	0	1	1
1	0	1	1	0	1	1	1	1	1	1	0	1
1	0	1	1	1	1	1	1	1	1	1	1	0

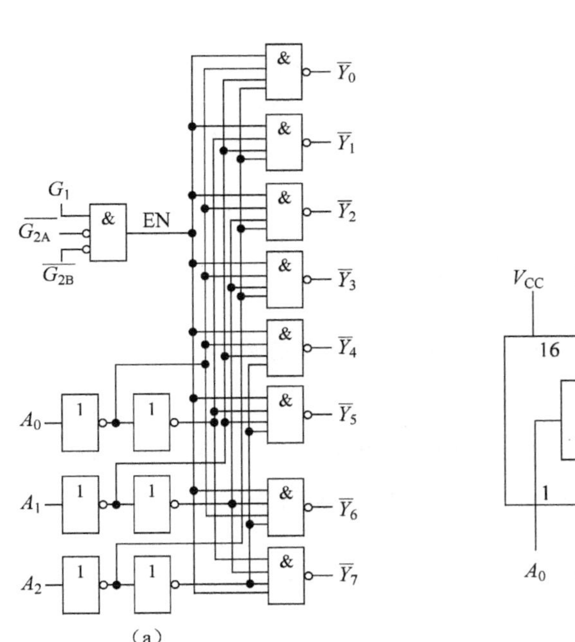

（a）

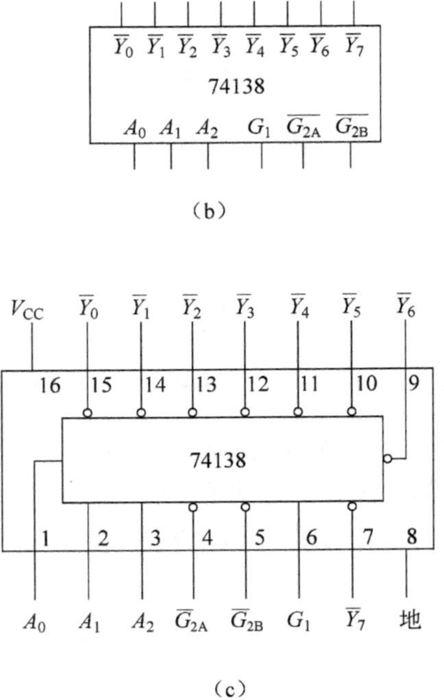

（c）

图3-14 74138的逻辑电路图、逻辑符号和芯片管脚图

（a）逻辑电路图；（b）逻辑符号；（c）芯片管脚图

从逻辑图中可以看出，74138与图3-13所示的基本3-8译码器相似。不同的是，74138的输出直接从“与非”门引出，其间不经过“非”门，因此输出$\overline{Y}_0$～$\overline{Y}_7$均为反码，即输出0为有效，输出1为无效。$\overline{Y}_i$里的“¯”只是强调变量的有效值为0，并无“非”运算

的含义。

74138 具有使能（Enable）控制端 G_1、$\overline{G}_{2A}$ 和 $\overline{G}_{2B}$，它们的组合用于控制译码器的“选通”和“禁止”。从逻辑电路图中可以看出：

$$\mathrm{EN}=G_1\cdot\overline{\overline{G}_{2A}}\cdot\overline{\overline{G}_{2B}}=G_1\cdot\overline{\overline{G}_{2A}+\overline{G}_{2B}}$$

EN 连接到所有“与非”门的一个输入端上，仅当 G_1=1 并且 $\overline{G}_{2A}=\overline{G}_{2B}=0$ 时，EN 才为 1，8 个输出“与非”门被选通，处于“工作”状态，由输入 A_0～A_2 来确定 $\overline{Y}_0$～$\overline{Y}_7$ 哪个被译中（即哪个输出为 0）；当 EN=0 时，所有“与非”门输出为 1，即 $\overline{Y}_0$～$\overline{Y}_7$ 输出均为 1，译码器处于“禁止”状态。$\overline{G}_{2A}$ 和 $\overline{G}_{2B}$ 都是逻辑变量的符号名，其上的“¯”只是强调变量起作用时的有效值为 0。

设置 3 个控制端的原因是，它们除了能更灵活、有效地控制译码器的工作状态外，还可以利用它们实现译码器的扩展。图 3-15 所示为由两片 74138 译码器芯片扩展而成的 4-16 译码器。输入的 4 位二进制代码中，当 A_3=0 时，片Ⅰ的 $\overline{G}_{2A}=0$，工作，片Ⅱ的 G_1=0，被禁止，输出 $\overline{Y}_0$～$\overline{Y}_7$ 是 $0A_2A_1A_0$ 的译码；当 A_3=1 时，片Ⅰ的 $\overline{G}_{2A}=1$，被禁止，片Ⅱ的 G_1=1，工作，输出 $\overline{Y}_8$～$\overline{Y}_{15}$ 是 $1A_2A_1A_0$ 的译码。整个级联电路的使能端由 E 控制，当 E=0 时，4-16 译码器电路工作，完成对输入的 4 位二进制代码 $A_3A_2A_1A_0$ 的译码；当 E=1 时，4-16 译码器电路被禁止，输出 $\overline{Y}_0$～$\overline{Y}_{15}$ 均为 1。

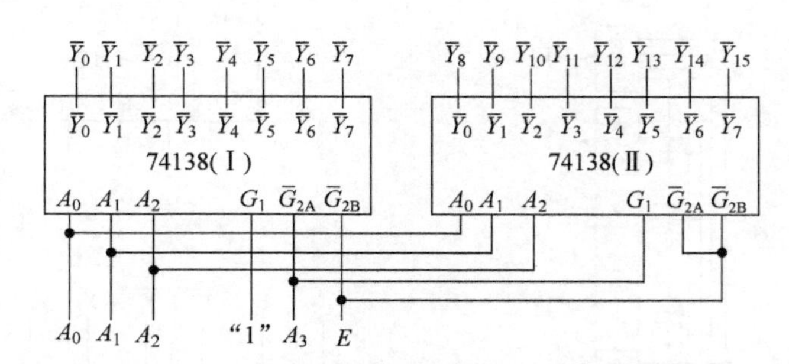

图 3-15　用两片 74138 扩展成 4-16 译码器的连接图

2. 用译码器实现组合逻辑函数

任何组合逻辑函数都可以表示成最小项之和的标准形式，那么利用两次取反的方法就会很容易地得到其由最小项构成的“与非-与非”表达式，例如函数 $F=AB+BC+\overline{A}\overline{B}$ 的标准“与或”表达式为

$$F=\overline{A}\overline{B}\overline{C}+\overline{A}\overline{B}C+\overline{A}BC+AB\overline{C}+ABC=m_0+m_1+m_3+m_6+m_7$$

两次对 F 取反并用反演律得

$$F=\overline{\overline{F}}=\overline{\overline{m_0+m_1+m_3+m_6+m_7}}=\overline{\overline{m}_0\cdot\overline{m}_1\cdot\overline{m}_3\cdot\overline{m}_6\cdot\overline{m}_7}$$

74138 译码器的输入端 A_0、A_1、A_2 分别接输入变量 C、B、A，则译码器输出分别为

$$\overline{Y}_0=\overline{\overline{A}_2\overline{A}_1\overline{A}_0}=\overline{\overline{A}\overline{B}\overline{C}}=\overline{m}_0\text{，}\quad \overline{Y}_1=\overline{\overline{A}_2\overline{A}_1A_0}=\overline{\overline{A}\overline{B}C}=\overline{m}_1$$

$$\overline{Y}_2=\overline{\overline{A}_2A_1\overline{A}_0}=\overline{\overline{A}B\overline{C}}=\overline{m}_2\text{，}\quad \overline{Y}_3=\overline{\overline{A}_2A_1A_0}=\overline{\overline{A}BC}=\overline{m}_3$$

$$\overline{Y}_4=\overline{A_2\overline{A}_1\overline{A}_0}=\overline{A\overline{B}\overline{C}}=\overline{m}_4\text{，}\quad \overline{Y}_5=\overline{A_2\overline{A}_1A_0}=\overline{A\overline{B}C}=\overline{m}_5$$

$$\overline{Y}_6=\overline{A_2A_1\overline{A}_0}=\overline{AB\overline{C}}=\overline{m}_6\text{，}\quad \overline{Y}_7=\overline{A_2A_1A_0}=\overline{ABC}=\overline{m}_7$$

综上所述，函数的标准“与非-与非”表达式，就是由译码器相应的输出相“与”再“非”而得到，即利用二进制译码器和“与非”门可以实现任何组合逻辑函数，尤其适合有多个输出的组合逻辑电路。

例 3-6 用 3-8 译码器及“与非”门实现函数 $F=AB+AC+BC$。

解 $F=AB+AC+BC=\overline{A}BC+A\overline{B}C+AB\overline{C}+ABC$

$=m_3+m_5+m_6+m_7$

$$F=\overline{\overline{F}}=\overline{\overline{m_3+m_5+m_6+m_7}}=\overline{\overline{m}_3\cdot\overline{m}_5\cdot\overline{m}_6\cdot\overline{m}_7}=\overline{\overline{y}_3\cdot\overline{y}_5\cdot\overline{y}_6\cdot\overline{y}_7}$$

实现电路图如图 3-16 所示。

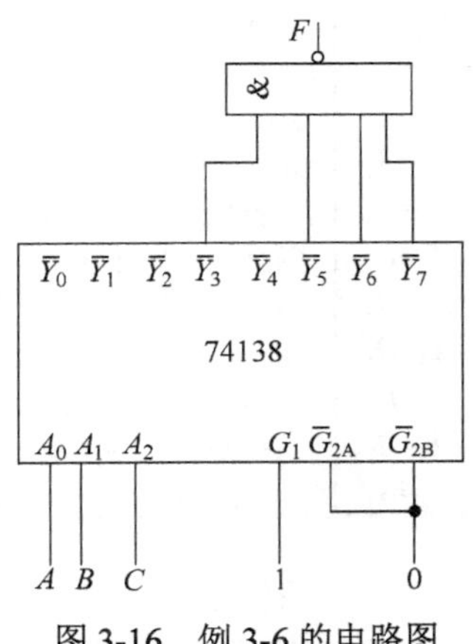

图 3-16 例 3-6 的电路图

3.3.3 数值比较器

能够对两个数值进行大小比较的组合逻辑电路称为比较器。

1. 一位数值比较器

表 3-9 列出了一位数值比较器的真值表，从真值表中可以看出，该比较器有 2 个一位输入变量 A、B，以及 3 个比较结果输出 F_1、F_2、F_3。当 $A>B$ 时，$F_1=1$；当 $A=B$ 时，$F_2=1$；当 $A<B$ 时，$F_3=1$。根据真值表可写出三个输出函数的表达式如下：

$$F_1=A\overline{B}\text{，}\quad F_2=\overline{A}\overline{B}+AB=\overline{A\overline{B}+\overline{A}B}\text{，}\quad F_3=\overline{A}B$$

由表达式画出一位数值比较器的逻辑电路图，如图 3-17 所示。

表 3-9 一位二进制比较器的真值表

A	B	F_1	F_2	F_3
0	0	0	1	0
0	1	0	0	1
1	0	1	0	0
1	1	0	1	0

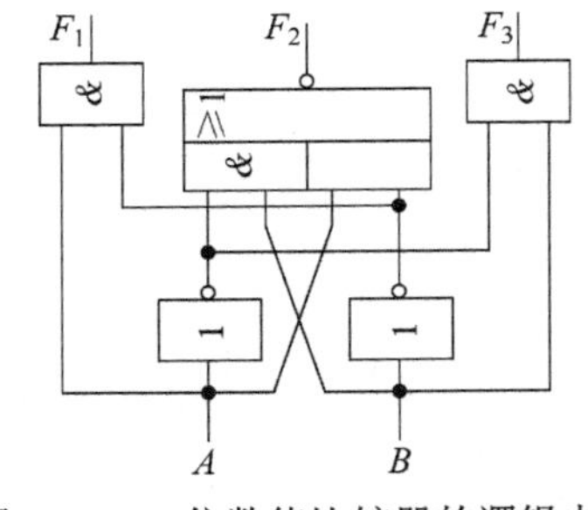

图 3-17 一位数值比较器的逻辑电路

2. 四位数值比较器

四位数值比较器由四个一位数值比较器组成，用于对两个四位二进制数值 A（$A_3A_2A_1A_0$）和 B（$B_3B_2B_1B_0$）的各位从高到低进行比较，4 对 8 个输入变量为 A_3B_3、A_2B_2、A_1B_1、A_0B_0，3 个输出变量为 $A>B$（A 大于 B）、$A=B$（A 等于 B）、$A<B$（A 小于 B）。其真值表见表 3-10。

表 3-10　带级联输入的四位数值比较器的真值表

比较输入				级联输入			输　出		
A_3，B_3	A_2，B_2	A_1，B_1	A_0，B_0	$A>B$	$A<B$	$A=B$	$A>B$	$A<B$	$A=B$
$A_3>B_3$	×	×	×	×	×	×	1	0	0
$A_3<B_3$	×	×	×	×	×	×	0	1	0
$A_3=B_3$	$A_2>B_2$	×	×	×	×	×	1	0	0
$A_3=B_3$	$A_2<B_2$	×	×	×	×	×	0	1	0
$A_3=B_3$	$A_2=B_2$	$A_1>B_1$	×	×	×	×	1	0	0
$A_3=B_3$	$A_2=B_2$	$A_1<B_1$	×	×	×	×	0	1	0
$A_3=B_3$	$A_2=B_2$	$A_1=B_1$	$A_0>B_0$	×	×	×	1	0	0
$A_3=B_3$	$A_2=B_2$	$A_1=B_1$	$A_0<B_0$	×	×	×	0	1	0
$A_3=B_3$	$A_2=B_2$	$A_1=B_1$	$A_0=B_0$	1	0	0	1	0	0
$A_3=B_3$	$A_2=B_2$	$A_1=B_1$	$A_0=B_0$	0	1	0	0	1	0
$A_3=B_3$	$A_2=B_2$	$A_1=B_1$	$A_0=B_0$	0	0	1	0	0	1

两个四位二进制数相比，高位的比较结果起着决定性作用，即高位不等便可确定两数大小，高位相等再进行低一位的比较，所有位均相等才表示两数相等。当 $A_3>B_3$（即 $A_3=1$，$B_3=0$）时，无论其余数位为何值，结果总为 $A>B$，所以输出“$A>B$” = 1；当 $A_3<B_3$（即 $A_3=0$，$B_3=1$）时，无论其余数位为何值，结果总为 $A<B$，所以输出“$A<B$” =1；当 $A_3=B_3$ 时，则要根据 A_2、B_2 的值来确定两数的大小，其余以此类推。四位数值比较器的逻辑表达式如下：

$$A>B=A_3>B_3+(A_3=B_3)\cdot A_2>B_2+(A_3=B_3)\cdot(A_2=B_2)\cdot A_1>B_1+$$
$$(A_3=B_3)\cdot(A_2=B_2)\cdot(A_1=B_1)\cdot A_0>B_0$$
$$A<B=A_3<B_3+(A_3=B_3)\cdot \mathrm{A}_2>B_2+(A_3=B_3)\cdot(A_2=B_2)\cdot A_1>B_1+$$
$$(A_3=B_3)\cdot(A_2=B_2)\cdot(A_1=B_1)\cdot A_0>B_0$$
$$A=B=(A_3=B_3)\cdot(A_2=B_2)\cdot(A_1=B_1)\cdot(A_0=B_0)$$

根据上述逻辑表达式，可用 4 个一位数值比较器及“与”门、“或”门构成图 3-18 所示

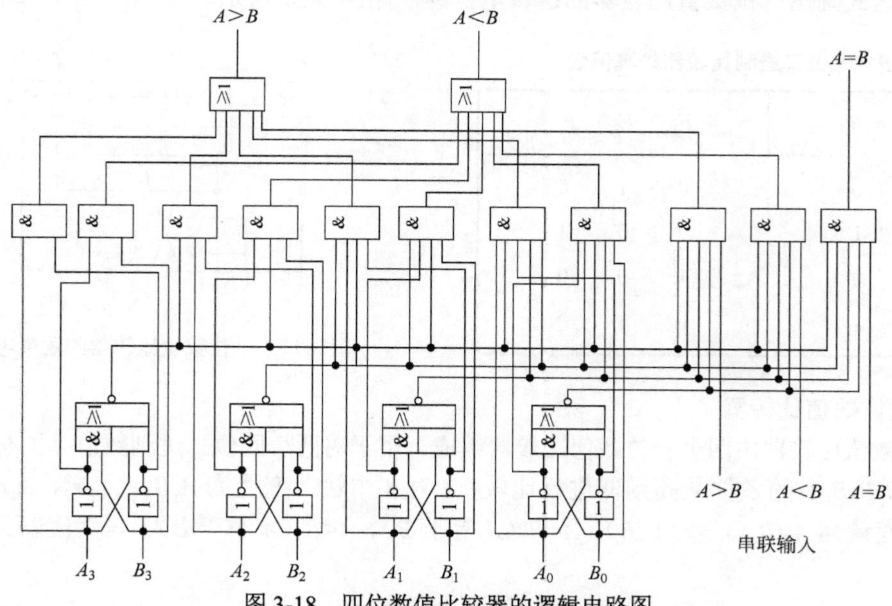

图 3-18　四位数值比较器的逻辑电路图

的四位数值比较器电路。这个电路是中规模集成电路四位数值比较器HC85的内部结构，HC85的芯片引脚如图3-19（a）所示，它的逻辑符号如图3-19（b）所示。HC是用COMS材料制作的集成电路。

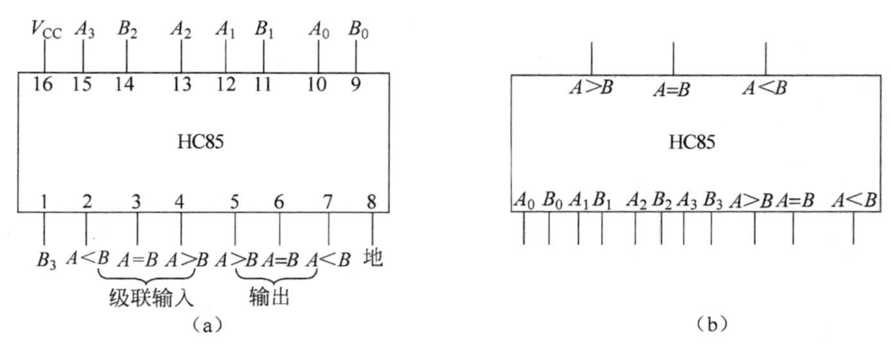

图3-19 HC85芯片和逻辑符号

（a）HC85芯片；（b）逻辑符号

四位数值比较器电路图中，还有三个用于扩展的级联输入端“$A>B$”“$A<B$”“$A=B$”，其逻辑功能相当于把低四位的比较结果传给高四位，当高四位比较都相等时，整个数组的比较值由低四位的比较结果决定。

例3-7 用两片HC85构成八位数值比较器。

解 连接图如图3-20所示。比较器总的输出由高位HC85芯片Ⅱ的输出确定，低位芯片Ⅰ的输出连到高位芯片的级联输入端。若参与比较的两个八位二进制数的高四位不相等，比较结果由高位芯片单独确定，与低位芯片无关；若两个八位二进制数的高四位相等，则比较结果由级联输入确定，也即由低位芯片的比较结果确定。低位芯片的级联输入端设置为“$A>B$”=0，“$A<B$”=0，“$A=B$”=1。

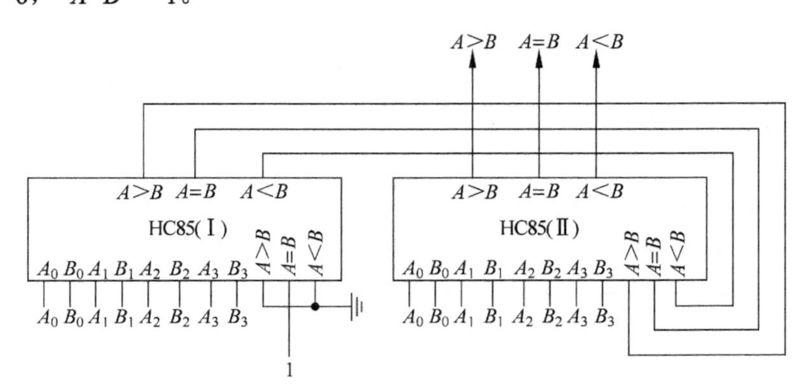

图3-20 用两片HC85构成的八位数值比较器

3.3.4 数据选择器及其应用

将多路输入数据选择一路到输出端的电路称为数据选择器，也叫多路选择器或多路开关。数据选择器都已做成中规模集成电路形式，常用的有四2选1（即一个集成块中有四个相同的 2 选 1 数据选择器）、双 4 选 1、8 选 1 和 16 选 1 等几种数据选择器。为了能扩展使用，每个数据选择器都带有一个选通控制端 $\overline{S}$ 。

1. 数据选择器

1）4 选 1 多路选择器

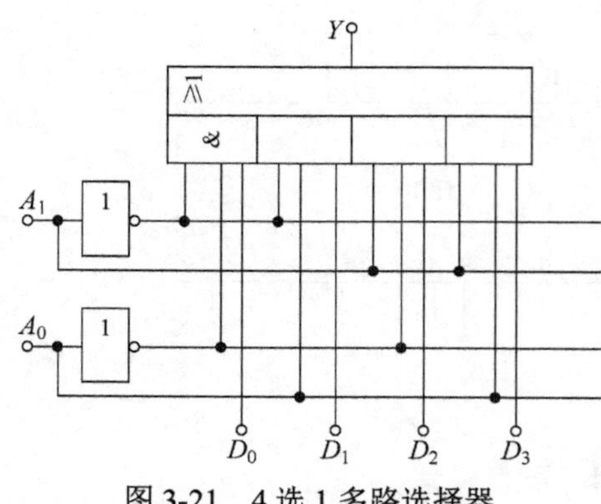

图 3-21　4 选 1 多路选择器

4 选 1 多路选择器如图 3-21 所示，其中 A_1A_0 是选择控制端，D_3～D_0 是数据输入端，Y 是输出端。由图可写出其输出表达式：

$$Y = \overline{A}_1\overline{A}_0 \cdot D_0 + \overline{A}_1A_0 \cdot D_1 + A_1\overline{A}_0 \cdot D_2 + A_1A_0 \cdot D_3$$

随着 A_1A_0 取值的不同，“与或”门中被打开的“与”门也随之变化，而只有加在打开“与”门输入端的数据才能传送到输出端。例如 A_1A_0=10 时，第三个“与”门打开，这样把对应的 D_2 数据传送到输出端 Y 上。4 选 1 多路选择器的真值表见表 3-11。4 选 1 多路选择器的逻辑符号如图 3-22 所示。

表 3-11　4 选 1 多路选择器的真值表

输　入			输　出
A_1	A_0	D	Y
0	0	D_0	D_0
0	1	D_1	D_1
1	0	D_2	D_2
1	1	D_3	D_3

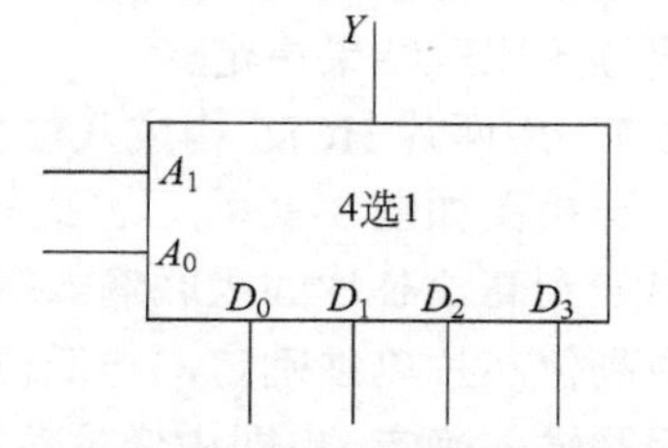

图 3-22　4 选 1 多路选择器的逻辑符号

2）8 选 1 数据选择器

74151 是由一个中规模集成电路构成的 8 选 1 数据选择器，其真值表见表 3-12，其逻辑电路图、芯片引脚图和逻辑符号如图 3-23 所示。

表 3-12　8 选 1 数据选择器的真值表

输　入					输　出	
D	A_2	A_1	A_0	$\overline{S}$	Y	$\overline{Y}$
×	×	×	×	1	0	1
D_0	0	0	0	0	D_0	$\overline{D_0}$
$D1$	0	0	1	0	D_1	$\overline{D_1}$
D_2	0	1	0	0	D_2	$\overline{D_2}$
D_3	0	1	1	0	D_3	$\overline{D_3}$
D_4	1	0	0	0	D_4	$\overline{D_4}$
D_5	1	0	1	0	D_5	$\overline{D_5}$
D_6	1	1	0	0	D_6	$\overline{D_6}$
D_7	1	1	1	0	D_7	$\overline{D_7}$

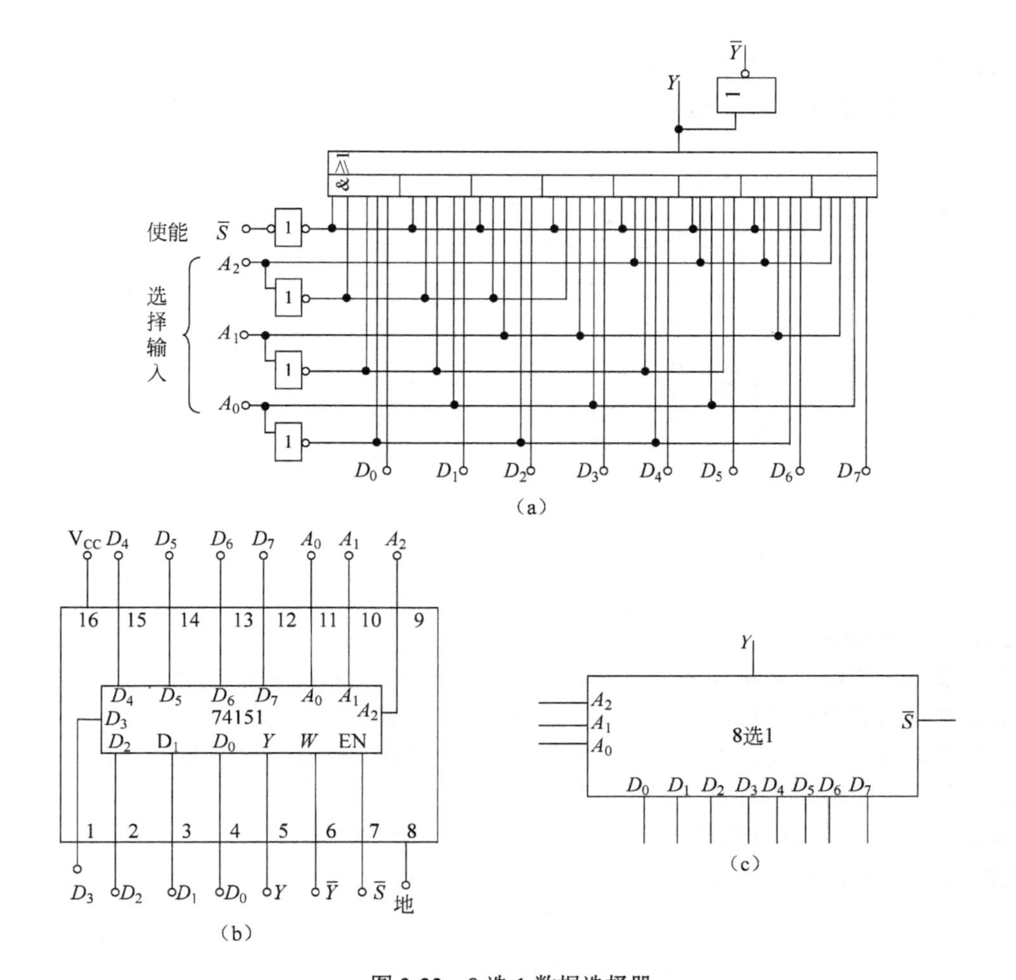

图 3-23　8 选 1 数据选择器

（a）逻辑电路图；（b）芯片引脚图；（c）逻辑符号

当选通输入端$\overline{S}=1$时，“与或”门的各个“与”单元被封锁，输出 Y=0，此时数据选择器的输出与任何输入数据无关。当$\overline{S}=0$时，“与或”门中的各“与”单元开启，输出 Y 的表达式为：

$$
\begin{aligned}
Y &= \overline{A}_2\overline{A}_1\overline{A}_0D_0 + \overline{A}_2\overline{A}_1A_0D_1 + \overline{A}_2A_1\overline{A}_0D_2 + \overline{A}_2A_1A_0D_3 + \\
&\quad A_2\overline{A}_1\overline{A}_0D_4 + A_2\overline{A}_1A_0D_5 + A_2A_1\overline{A}_0D_6 + A_2A_1A_0D_7 \\
&= m_0D_0 + m_1D_1 + m_2D_2 + m_3D_3 + m_4D_4 + m_5D_5 + m_6D_6 + m_7D_7
\end{aligned}
$$

由数据选择器和逻辑表达式可以看出，当地址 $A_2A_1A_0$ 选择输入使某个最小项 m_i 为 1 时，数据选择器的输出 Y 便为对应的输入数据 D_i，由此便实现了数据选择的功能。例如，当 $A_2A_1A_0$=110 时，m_6=1，这样把对应的 D_6 数据传送到输出端 Y 上。

例 3-8　用两片 74151 连接成 16 选 1 数据选择器。

解　16 选 1 数据选择器如图 3-24 所示。

当 A_3=0 时，$\overline{S}_1=0$，$\overline{S}_2=1$，片 2 禁止，片 1 选通工作，则

$$
Y = Y_1 = \overline{A}_3\overline{A}_2\overline{A}_1\overline{A}_0D_0 + \overline{A}_3\overline{A}_2\overline{A}_1A_0D_1 + \overline{A}_3\overline{A}_2A_1\overline{A}_0D_1 + \cdots + \overline{A}_3A_2A_1A_0D_7
$$

当A_3=1 时，$\overline{S_1}=1$，$\overline{S_2}=0$，片 2 选通，片 1 禁止，则

$$Y=Y_2=A_3\overline{A_2}\,\overline{A_1}\,\overline{A_0}D_8+A_3\overline{A_2}\,\overline{A_1}A_0D_9+A_3\overline{A_2}A_1\overline{A_0}D_{10}+\cdots+A_3A_2A_1A_0D_{15}$$

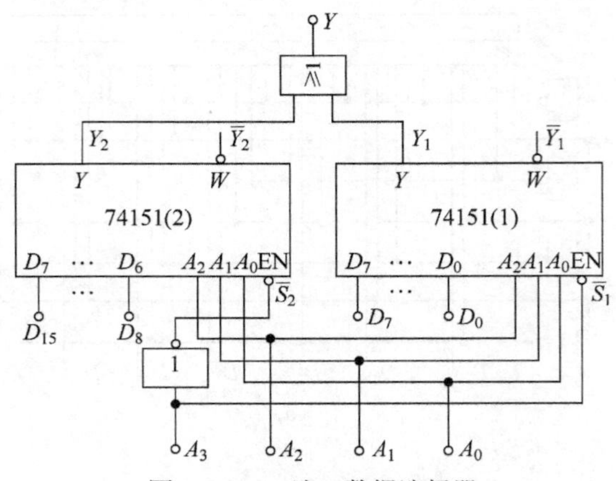

图 3-24　16 选 1 数据选择器

2. 数据选择器的应用

中规模电路变得非常便宜之后，电路设计者常用数据选择器来实现组合逻辑函数。其基本方法是把逻辑函数向选择器的固有表达式推导，使逻辑函数与选择器的固有表达式一致，这样就利用数据选择器实现逻辑函数。由于数据选择器的固有表达式是标准“与或”式，而将逻辑函数推导成标准“与或”式是一件比较容易的事情，所以很容易实现。

例 3-9　用 8 选 1 数据选择器实现 3 变量函数 $F=AB+AC+BC$。

解　先将逻辑函数转换成标准“与或”式：

$$\begin{aligned}F&=AB+AC+BC=AB(C+\overline{C})+AC(B+\overline{B})+BC(A+\overline{A})\\&=ABC+AB\overline{C}+ABC+A\overline{B}C+ABC+\overline{A}BC\\&=\overline{A}BC+A\overline{B}C+AB\overline{C}+ABC\end{aligned}$$

8 选 1 数据选择器的表达式 Y 为：

$$\begin{aligned}Y=&\overline{A}_2\overline{A}_1\overline{A}_0D_0+\overline{A}_2\overline{A}_1A_0D_1+\overline{A}_2A_1\overline{A}_0D_2+\overline{A}_2A_1A_0D_3+\\&A_2\overline{A}_1\overline{A}_0D_4+A_2\overline{A}_1A_0D_5+A_2A_1\overline{A}_0D_6+A_2A_1A_0D_7\end{aligned}$$

把 F 推导成 Y 的形式：

$$F=\overline{A}\,\overline{B}\,\overline{C}\cdot0+\overline{A}\,\overline{B}C\cdot0+\overline{A}B\overline{C}\cdot0+\overline{A}BC\cdot1+A\overline{B}\,\overline{C}\cdot0+A\overline{B}C\cdot1+AB\overline{C}\cdot1+ABC\cdot1$$

因 F 原有标准“与或”式中没有 $\overline{A}\,\overline{B}\,\overline{C}$ 项，因此要“与” 0，才不影响 F 的值；$\overline{A}\,\overline{B}C$、$\overline{A}B\overline{C}$、$A\overline{B}\,\overline{C}$、$A\overline{B}\,\overline{C}$ 同理。原有 F 中有 $\overline{A}BC$ 项，所以“与” 1，也不影响 F 的值；$A\overline{B}C$、$AB\overline{C}$、ABC 同理。经过改造 F，使 F 与 Y 的形式一致，只要对照比较两式，可知 $A_2=A$、$A_1=B$、$A_0=C$，$D_0=0$、$D_1=0$、$D_2=0$、$D_3=1$，$D_4=0$、$D_5=1$、$D_6=1$、$D_7=1$，所有变量都可一一对应。

令 $A_2=A$、$A_1=B$、$A_0=C$，令 $D_0=D_1=D_2=D_4=0$，$D_3=D_5=D_6=D_7=1$，此时，数据选择器的输出 Y 与所需函数的输出 F 完全一致，据此画出图 3-25 所示的电路连接图，便可实现函数 $F=AB+AC+BC$。

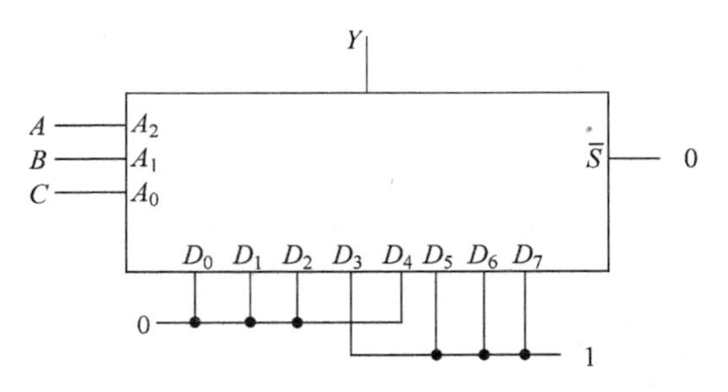

图 3-25 例 3-9 的电路连接图

本例也可通过卡诺图，先把函数 $F=AB+AB+BC$ 展开在卡诺图上，再在卡诺图上标出 1，写出标准“与或”式。这样不容易出错。

例 3-10 用多路数据选择器实现函数 $F=\sum(0,1,3,5,6,7)$。

解 $F=\sum(0,1,3,5,6,7)$

$$=\overline{A}\overline{B}\overline{C}+\overline{A}\overline{B}C+\overline{A}BC+A\overline{B}C+AB\overline{C}+ABC$$

8 选 1 数据选择器的表达式是：

$$Y=\overline{A}_2\overline{A}_1\overline{A}_0\cdot D_0+\overline{A}_2\overline{A}_1A_0D_1+\overline{A}_2A_1\overline{A}_0D_2+\overline{A}_2A_1A_0D_3+$$
$$A_2\overline{A}_1\overline{A}_0\cdot D_4+A_2\overline{A}_1A_0D_5+A_2A_1\overline{A}_0D_6+A_2A_1A_0D_7$$

显然令 $A_2=A$，$A_1=B$，$A_0=C$，且令 $D_0=D_1=D_3=D_5=D_6=D_7=1$，$D_2=D_4=0$，则有

$$F=\overline{A}\overline{B}\overline{C}\cdot 1+\overline{A}\overline{B}C\cdot 1+\overline{A}B\overline{C}\cdot 0+\overline{A}BC\cdot 1+$$
$$A\overline{B}\overline{C}\cdot 0+A\overline{B}C\cdot 1+AB\overline{C}\cdot 1+ABC\cdot 1$$

实现电路如图 3-26 所示。

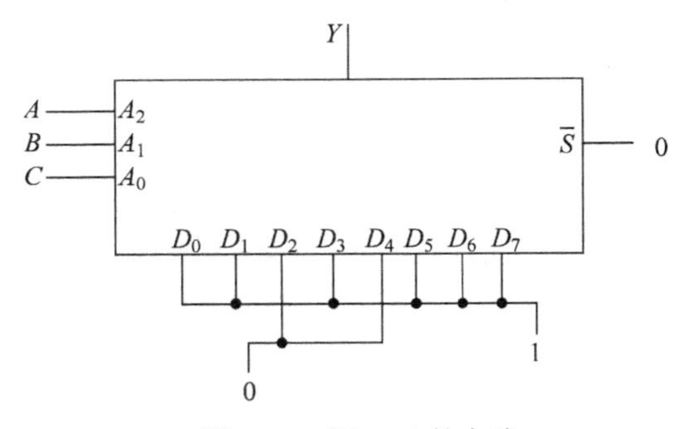

图 3-26 例 3-10 的电路

3.3.5 组合逻辑电路举例

在数据流式磁带机中，广泛采用 GCR（4/5）编码。它的基本方式是将 4 位一组的数据码整体转换成 5 位一组的记录码；在数据码中连续 0 的个数不受限制，但在转换后的记录码中，连续 0 的个数不超过 2 个；将转换后的记录码按 NRZ1 制（一种写入电流格式）记入磁带中。

例 3-11 GCR 编码见表 3-13，用组合逻辑电路实现 GCR 编码转换电路，如图 3-27 所示。

解 根据题意可知，输入变量为数据码 A、B、C、D 4 个，输出为 $F_1 \sim F_5$ 5 个输出函数，记录码为 F_1、F_2、F_3、F_4、F_5。

表 3-13 GCR（4/5）转换表

数据码				记录码					数据码				记录码					数据码				记录码				
A	B	C	D	F_1	F_2	F_3	F_4	F_5	A	B	C	D	F_1	F_2	F_3	F_4	F_5	A	B	C	D	F_1	F_2	F_3	F_4	F_5
0	0	0	0	1	1	0	0	1	0	1	1	0	1	0	1	1	0	1	1	0	0	1	1	1	1	0
0	0	0	1	1	1	0	1	1	0	1	1	1	1	0	1	1	1	1	1	0	1	0	1	1	0	1
0	0	1	0	1	0	0	1	0	1	0	0	0	1	1	0	1	0	1	1	1	0	0	1	1	1	0
0	0	1	1	1	1	1	0	1	1	0	0	1	0	1	0	0	1	1	1	1	1	0	1	1	1	1
0	1	0	0	1	0	1	0	1	1	0	1	0	0	1	0	1	0									
0	1	0	1	1	0	1	0	1	1	0	1	1	0	1	0	1	1									

分别求出 $F_1 \sim F_5$ 5 个输出函数的卡诺图，并写出最简式。5 个函数的卡诺图如图 3-28 所示。

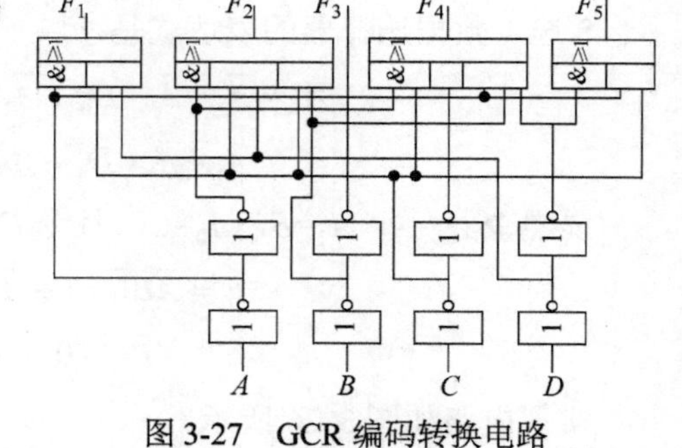

图 3-27 GCR 编码转换电路

由卡诺图得出 $F_1 \sim F_5$ 的最简表达式为：

$$F_1 = \overline{A} + \overline{C}\overline{D}$$

$$F_2 = A + \overline{C}\overline{D} + \overline{B}\overline{C}$$

$$F_3 = B$$

$$F_4 = C + A\overline{D} + \overline{A}\overline{B}D$$

$$F_5 = D + \overline{A}\overline{C}$$

输出F_1的卡诺图

输出F_2的卡诺图

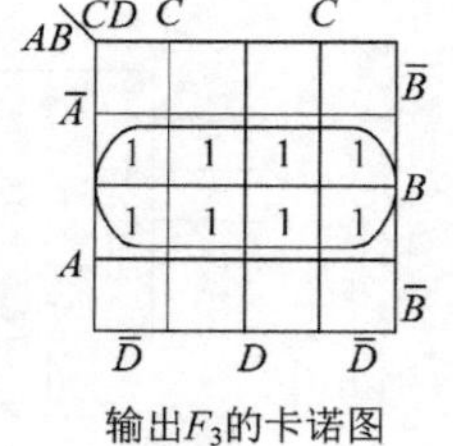

输出F_3的卡诺图

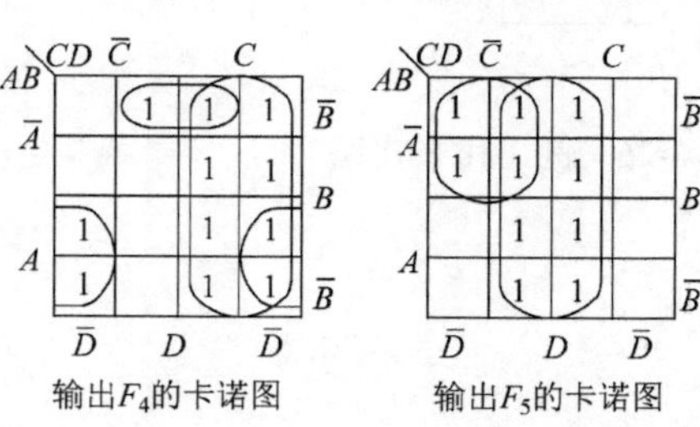

输出F_4的卡诺图　输出F_5的卡诺图

图 3-28 例 3-11 的卡诺图

例 3-12 用 74LS08“与”门和 74LS32“或”门，实现函数 $F=AC+AB+BC$ 的电路设计，画出连线图。

解 $F=AC+AB+BC$ 已是最简形式，其逻辑电路如图 3-29 所示。

$F=AC+AB+BC$ 的芯片连线图如图 3-30 所示。

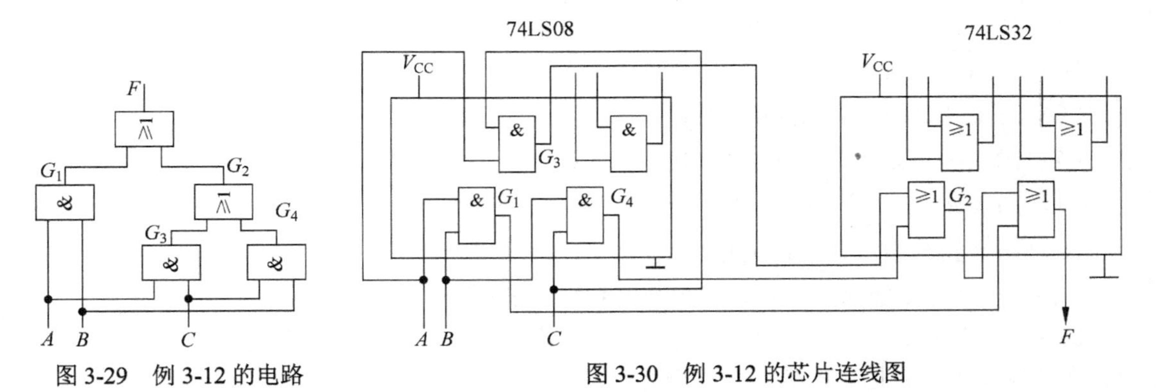

图 3-29 例 3-12 的电路　　图 3-30 例 3-12 的芯片连线图

习　题

3.1 化简下列函数，并用“与非”门实现逻辑电路：

（1）$F = AB + \overline{A}C + (\overline{A} + B)(A + \overline{C})$；

（2）$F(A,B,C,D) = \sum m(0,2,8,10,14,15)$；

（3）$F = A\overline{B} + A\overline{C}D + \overline{A}C$；

（4）$F = (A,B,C,D) = \sum m(0,2,6,7,10,13,14,15)$。

3.2 只有原变量存在，用“与非”门设计实现下列函数的逻辑电路：

（1）$F = \overline{A}B + A\overline{C} + A\overline{B}$；

（2）$F = \overline{A}B + A\overline{B}$；

（3）$F = AB\overline{C} + \overline{A}BC$。

3.3 试用“与非”门设计一个 4 变量多数表决电路，当 A、B、C、D 中有 3 个或 3 个以上为 1 时，输出 F 为 1，否则输出为 0。

3.4 有一个具有 4 输入变量 A、B、C、D 的函数，当四位二进制输入能被 3 整除时，F 函数输出为 1，否则为 0。用适当门电路实现此函数。

3.5 用“与非”门设计一个 3 输入变量的奇数个 1 检验位产生电路。

3.6 用“与非”门设计一个 4 输入变量的非一致性电路。

3.7 用“与非”门设计一个 3 输入变量的一致性电路。

3.8 用“异或”门设计 8 位二进制奇检测电路——代码中有奇数个“1”时输出为 1，否则输出 0。

3.9 用“异或”门设计一个路灯控制电路，要求能在 4 个不同的地方独立控制灯的亮/灭。注：当一个地方开关按下为亮灯时，另一地开关按下就为灭灯。

3.10 用二进制译码器 74138 和“与非”门设计实现一个全减器电路。

3.11 用二进制译码器 74138 和“与非”门实现下列逻辑函数，并画出连线图：

（1）$F = A\overline{B} + B\overline{C} + \overline{A}C$；

（2） $F = ABC + \overline{A}(B + C)$；

（3） $F = A\overline{C} + C\overline{B} + \overline{A}BC + A\overline{B}C$；

（4） $F = \overline{(A + B)(\overline{A} + \overline{C})}$；

（5） $F(A,B,C) = \sum m(2,3,4,5,7)$；

（6） $F(A,B,C,D) = \sum m(0,2,6,8,10)$；

（7） $F(A,B,C) = \sum m(1,2,4,7)$；

（8） $F(A,B,C,D) = \sum m(7,8,13,14)$。

3.12 用 8 选 1 数据选择器实现 3 输入变量奇数检验位产生电路。

3.13 三人按少数服从多数原则对某事进行表决，但其中一人有决定权，即只要此人同意，不论同意者是否达到多数，表决仍将通过。试用 74151 8 选 1 数据选择器实现。

3.14 用 3 片 HC85 构成 12 位二进制数值比较器

3.15 设计一个 4 输入变量的带优先级编码器，输入变量分别为 I_0、I_1、I_2、I_3，优先级顺序为 $I_0 > I_1 > I_2 > I_3$。用适当门电路实现。

3.16 用数据选择器 74151 分别实现下列逻辑函数，并画出连线图：

（1） $F(A,B,C) = \sum m(0,1,5,7)$；

（2） $F(A,B,C) = \sum m(3,5,6,7)$；

（3） $F(A,B,C) = \sum m(2,3,4,7)$；

（4） $F(A,B,C,D) = \sum m(0,5,8,9,10,11,14,15)$；

（5） $F = ABC + \overline{ABC}$；

（6） $F = (A \oplus B)C + ABC + \overline{A}\overline{B}$；

（7） $F = \overline{A}B + B\overline{C} + \overline{A}C$。

第4章 时序逻辑电路

时序逻辑电路与组合逻辑电路不同，它的输出不仅与逻辑电路的当前输入情况有关，而且还与以前的输入情况有关，或者说与逻辑电路的历史情况有关。所以，为实现时序电路的逻辑功能，就必须在电路的内部增加一些具有存储记忆功能的器件，用以把曾经输入过的信息保存下来，这个器件叫触发器。有了触发器之后，可用它来设计时序逻辑电路中常用的“计数器”“寄存器”“移位器”等时序器件。

4.1 触　发　器

触发器的种类很多，按时钟控制方式来分，有电位触发、边沿触发、主-从触发等方式的触发器；按功能分类，有RS触发器、D触发器、JK触发器等。同一功能的触发器可以由不同触发方式来实现。对使用者来说，在选用触发器时，触发方式是必须考虑的因素。因为相同功能的触发器，若触发方式选用不当，系统是不能达到预期设计要求的。

4.1.1 用“与非”门组成的基本RS触发器

触发器是在一定的输入条件下具有两种稳定状态的电路或器件。在某一时间内，触发器只能处于一种稳定状态，只有在一定的触发信号的作用下，触发器才能翻转到另一种稳定状态。RS触发器是构成其他各种功能的触发器的基本组成部分，所以又叫基本RS触发器。它可由两个“与非”门交叉耦合构成，如图4-1所示。两个“与非”门本身并不具有记忆功能，但Q到G_1门的输入反馈线和$\overline{Q}$到G_2门的输入反馈线，构成交叉耦合电路，此电路具有记忆功能。在图4-1中，$\overline{R}$和$\overline{S}$为触发器的两个输入端，其中$\overline{R}$为复位端，又称置“0”端，$\overline{S}$为置位端，又称置“1”端。

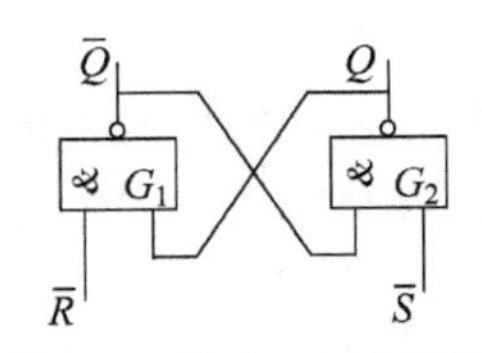

图4-1　基本RS触发器

Q和$\overline{Q}$为触发器的两个输出端，这两个输出端的逻辑电平总是相反的，即若$Q=0$，则$\overline{Q}=1$；若$Q=1$，则$\overline{Q}=0$。可见，这个电路有两个稳定状态，并用它来记忆或存储一位二进制信息。一般的，当$Q=1$，$\overline{Q}=0$时，称触发器处于“1”状态，或说触发器中寄存了“1”信息；当$Q=0$，$\overline{Q}=1$时，称触发器处于“0”状态，或说触发器中寄存了“0”信息。基本RS触发器的工作原理如下：

（1）当$\overline{R}=0$，$\overline{S}=1$时，无论触发器原来处于哪种状态，因为$\overline{R}=0$，就必有G_1门的输出$\overline{Q}$=1；$\overline{Q}$的“1”电平反馈到G_2门的输入端，而由于G_2门的另一端$\overline{S}=1$，从而G_2门的输出$Q=0$。Q端输出的“0”电平又反馈到G_1门的输入端，使G_1门输出的“1”保持不变。最后使该触发器置成稳定的“0”状态（$Q=0$，$\overline{Q}=1$）。

（2）当$\overline{R}=1$，$\overline{S}=0$时，因为$\overline{S}=0$，G_2门的输出Q=1；Q的“1”电平又反馈给G_1门，G_1门的两个输入端此时都为“1”，则G_1门的输出$\overline{Q}=0$，最终将使触发器置成稳定的“1”状态，（$Q=1$，$\overline{Q}=0$）。

（3）当$\overline{R}=\overline{S}$=1时，触发器的两个输出端的电平将由$G_1$门和$G_2$门各自的反馈输入条件来确定。若此时$Q=0$，$\overline{Q}=1$，$Q$=0反馈到$G_1$门输入端，使$G_1$门的输出$\overline{Q}=1$；$\overline{Q}=1$又反馈给$G_2$门的输入端，使$G_2$门的输出$Q=0$，这样循环往复，只要$\overline{R}=\overline{S}$=1不变，$Q$始终为0，$\overline{Q}$为1。若此时$Q=1$，$\overline{Q}=0$，用同样的分析方法，可知$Q$始终为1，$\overline{Q}$为0。这种状况称为保持触发器原来状态不变。正是在这种状态下，触发器能把以前的信息记忆下来，保持不变。

（4）当$\overline{R}$和$\overline{S}$均为0时，两个“与非”门的输出端Q和$\overline{Q}$均为1，这就破坏了触发器应具有相反输出的正常逻辑特性。在基本RS触发器中，$\overline{R}=\overline{S}$=0的情况是不允许出现的，这种状态会给触发器带来不确定性输出错误。

归纳上述分析，可以得到基本RS触发器输入、输出逻辑关系真值表，见表4-1。基本RS触发器的逻辑符号如图4-2所示，图中的$\overline{R}$和$\overline{S}$输入端带有小圆圈，表示该触发器为低电平触发。

表4-1 基本RS触发器的真值表

$\overline{R}$	$\overline{S}$	Q	$\overline{Q}$
0	0	不允许	不允许
0	1	0	1
1	0	1	0
1	1	Q（不变）	$\overline{Q}$不变

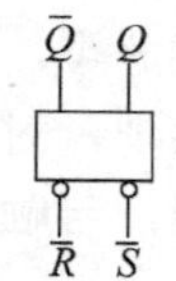

图4-2 基本RS触发器的逻辑符号

4.1.2 用“与非”门组成的钟控触发器

在实际应用中，人们往往希望触发器的输入信号仅在一定时间内起作用，而不是输入信号一变，触发器的状态立即发生变化。这就需要对触发器的输入信号起作用的时间进行控制。具有时钟脉冲CP（Clock Pulse）输入控制端的触发器称为钟控触发器，也称为同步触发器。钟控触发器状态的变化不仅取决于输入信号的变化，还取决于时钟脉冲CP的作用。这样，数字系统中的多个钟控触发器就可以在统一的CP信号的控制下协调地工作。

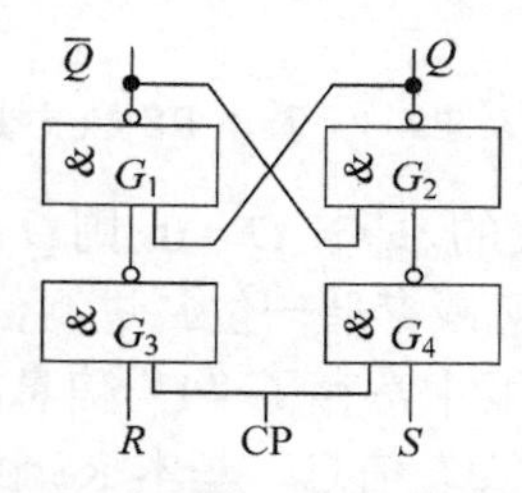

图4-3 钟控RS触发器

1. 钟控RS触发器

钟控RS触发是在基本RS触发器的基础上，再增加两个“与非”门，并引入一个时钟脉冲CP来控制触发器的翻转动作。钟控RS触发器如图4-3所示。

钟控 RS 触发器的 CP 脉冲为正脉冲。在 CP 脉冲没有到来时，由于该输入端总是处于低电平，G_3 和 G_4 门被封锁，此时，无论 R、S 端输入什么信号，G_3 和 G_4 门的输出都是“1”，使上面的基本 RS 触发器的状态保持不变（处于记忆状态）；当 CP 脉冲到来时，CP 端为高电平，这时 R、S 端的输入信号就能通过 G_3 或 G_4 门去触发基本 RS 触发器，使它置“1”或置“0”。也就是说，对于钟控 RS 触发器，时钟脉冲 CP 只控制触发器的翻转时间，而触发器到底被置成什么状态，是由 R、S 的输入条件决定的。

钟控 RS 触发器的输入、输出逻辑关系真值表见表 4-2。从电路分析得出 R=S=0 时，其输出状态保持不变，但它与 CP=0 时保持不变的意义不一样。钟控 RS 触发器在 R=S=1 时，为不允许输入条件。它的逻辑符号如图 4-4 所示。

表 4-2　钟控 RS 触发器的真值表

CP	R	S	Q
0	×	×	不变（记忆）
1	0	0	Q（保持）
1	0	1	1
1	1	0	0
1	1	1	不允许

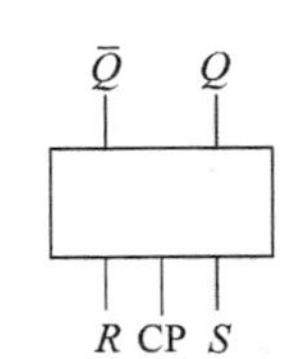

图 4-4　钟控 RS 触发器的逻辑符号

2. 钟控 D 触发器

在钟控 RS 触发器的 R 和 S 端之间加一个“非”门，使它们保持互补关系，并使 S 作为唯一的一个输入信号端 D，就得到图 4-5 所示的钟控 D 触发器电路。

当 CP=0 时，G_3 和 G_4 门被封锁，触发器状态保持不变（记忆状态）。当 CP=1 时，若 D=1，则 R=0，S=1，此时，G_3 门的输出端为“1”，G_4 门的输出端为“0”，触发器状态为“1”；若 D=0，则 R=1，S=0，触发器状态为“0”，也即当 CP 有效时，触发器状态由输入信号 D 确定。由于钟控 D 触发器在输入端加了一个非门，使 R 与 S 输入必为互补，不能同时为 1，所以 D 触发器就不存在“不允许”状况，即没有约束条件。钟控 D 触发器的输入、输出逻辑关系真值表见表 4-3。真值表输出使用了 Q^{n+1} 符号，它表示次态含义。

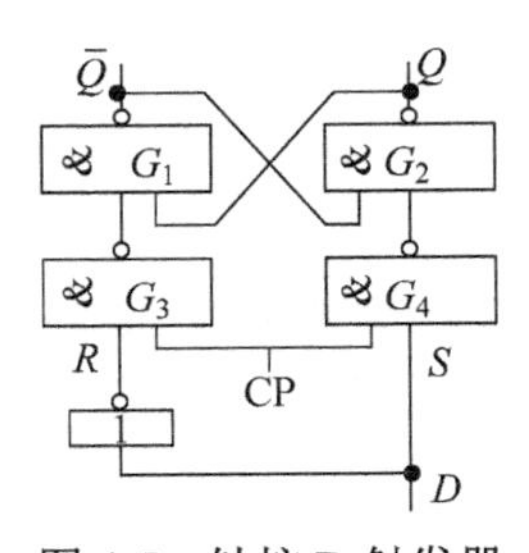

图 4-5　钟控 D 触发器

表 4-3　钟控 D 触发器的真值表

CP	D	Q^{n+1}
0	×	不变（记忆）
1	0	0
1	1	1

针对触发器的一次翻转，把触发器在脉冲作用前的状态叫触发器的现态（present state），常用 Q 表示；把触发器在脉冲作用后的翻转状态（改变状态）叫触发器的次态（next state），常用 Q^{n+1} 表示。表 4-3 也可称为钟控 D 触发器的次态真值表。根据钟控 D 触发器的真值表，可以得出钟控 D 触发器的次态方程，也称特征方程：

$$Q^{n+1} = D$$

此方程的含义为，在脉冲的作用下，钟控 D 触发器的次态（下一个状态）由此时数据输入端 D 决定。

表 4-4 是钟控 D 触发器激励表，也称驱动表，它用表格的形式反映了触发器为达到一定的转移状态，所需的输入条件。激励表实际上是功能真值表的逆关系，可从真值表转换得到，它适用于时序逻辑电路的设计。钟控 D 触发器的逻辑符号如图 4-6 所示。

表 4-4　钟控 D 触发器的激励表

$Q \to Q^{n+1}$	D
0→0	0
0→1	1
1→0	0
1→1	1

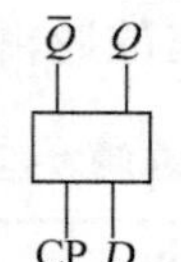

图 4-6　钟控 D 触发器的逻辑符号

3. 钟控 JK 触发器

钟控 RS 触发器对输入 R、S 有明确的限制，即 R、S 不能同时为 1，否则输出状态将不确定。在钟控 RS 触发器的基础上加上两条交叉反馈线，如图 4-7 所示，就构成了钟控 JK 触发器，同时取消了不能同时为 1 的限制，克服了钟控 RS 触发器的缺点。

它是利用 Q 和 $\overline{Q}$ 不可能同时为 1 的特点，将它们交叉反馈到下面的输入门 G_3 和 G_4，以此对 CP 脉冲起导引作用，从而避免输出状态不定的现象，并将原来钟控 RS 触发器的输出端 S 改用 J 表示，输入端 R 改用 K 表示，故称 JK 触发器。它的工作原理如下：

（1）当 J=0，K=0/J=0，K=1/J=1，K=0 时，其逻辑功能与钟控 RS 触发器完全相同。

（2）当 J=1，K=1 时，如果该触发器现态为 1（$Q = 1$，$\overline{Q} = 0$），那么当 CP 脉冲到来时，则 G_3 门因输入均为 1 而 G_3 输出为 0，使触发器 G_1 门输出为 1，从而使 G_2 门输出也为 0，G_2 门从 1 翻转成 0，即次态为 0。如果现态为 0，则当 CP 脉冲到来时，G_4 门因输入均为 1，而 G_4 门输出为 0，导致触发器 G_2 门输出翻转为 1，即次态为 1。这就是说，钟控 JK 触发器由于导引电路的作用，当输入条件 J、K 同时为 1 时，在 CP 脉冲的作用下总要翻转成相反的状态，即 $Q^{n+1}=\overline{Q}$。

综上所述，钟控 JK 触发器的输入与输出关系真值表见表 4-5，根据真值表可以得出钟控 JK 触发器的次态方程为：

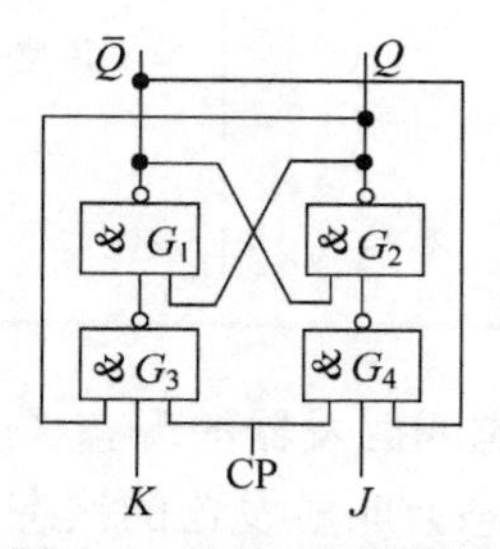

图 4-7　钟控 JK 触发器

表 4-5　钟控 JK 触发器的真值表

J	K	Q^{n+1}
0	0	Q
0	1	0
1	0	1
1	1	$\overline{Q}$

$$
\begin{aligned}
Q^{n+1} &= \bar{J}\bar{K}Q + J\bar{K} + JK\bar{Q} \\
&= \bar{J}\bar{K}Q + J\bar{K}(Q+\bar{Q}) + JK\bar{Q} \qquad \text{(0-1 律)} \\
&= \underline{\bar{J}\bar{K}Q} + \underline{J\bar{K}Q} + \underline{\underline{J\bar{K}\bar{Q}}} + \underline{\underline{JK\bar{Q}}} \\
&= (\bar{J}+J)\bar{K}Q + (\bar{K}+K)J\bar{Q} \\
&= \bar{K}Q + J\bar{Q} \\
&= J\bar{Q} + \bar{K}Q
\end{aligned}
$$

即

$$Q^{n+1} = J\bar{Q} + \bar{K}Q$$

钟控 JK 触发器的逻辑符号如图 4-8 所示，它的激励表见表 4-6。

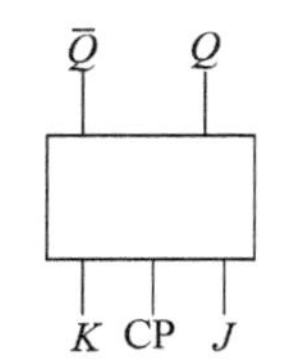

图 4-8 钟控 JK 触发器的逻辑符号

表 4-6 钟控 JK 触发器的激励表

Q	→	Q^{n+1}	J	K
0	→	0	0	×
0	→	1	1	×
1	→	0	×	1
1	→	1	×	0

钟控 JK 触发器存在空翻问题，当 $J=K=1$，CP = 1 期间，触发器将自行发生连续的翻转。因为一旦触发器由 0→1 后，由于反馈线的作用，就具备了 1→0 变化的条件；而由 1→0 后，也就具备了 0→1 变化的条件，这样 CP=1 期间过长时，虽然输入信号没有发生变化，但触发器仍发生多次翻转的现象称为触发器的空翻。这种电路的 JK 触发器为避免空翻，必须对 CP 宽度（CP=1 的时间长度）的要求极其苛刻，即触发器可靠工作的 CP 脉冲宽度必须大于 2 个“与非”门延时，而小于 3 个“与非”门延时。如果小于 2 个“与非”门延时，则会“触而不变”，而如果大于 3 个“与非”门延时，则会发生空翻现象。由于存在这些苛刻的要求，它不可能有实际使用价值。

4.1.3 边沿触发器

上节介绍的几种钟控触发器均采用电位触发方式，在 CP = 1 期间，只要输入值有变化，输出值也随着改变，这就是电位触发器特性。

如果输入信号不变，触发器输出值应固定在某值上，但有外界干扰信号使输入信号改变时，触发器可能接收此错误信号，造成触发器输出错误，使触发器的可靠性降低。为彻底解决在 CP=1 期间，触发器由于输入信号的变化而产生多次变值输出，或钟控 JK 触发器空翻现象，人们研究出了边沿触发器。

边沿触发器是指触发器对输入信号的接收发生在时钟脉冲的边沿时刻（上升沿或下降沿），并据此时的输入决定输出的相应状态。也就是说，触发器只有在时钟 CP 的某一规定跳变（正跳变或负跳变）到来时，才接收输入信号，而在 CP = 1 期间，触发器不接收输入信号，因而输入信号的变化也就不会引起触发器的状态变化，从而避免了电位触发器的弊病。

实现边沿触发的方法通常有两种：一种是利用触发器内部门电路的延迟时间的不同来实

现，如常见的负沿触发的 JK 触发器；第二种是利用直流反馈原理，即维持阻塞原理来实现，如常见的正边沿触发的 D 触发器。

无论采用何种触发方式以及内部电路组成有何不同，触发器的次态方程（特征方程）、真值表、激励表与上节相应的触发器是完全一致的。

1. 负边沿触发的 JK 触发器

如图 4-9 所示，它是利用门电路的传输延迟时间实现边沿触发的。这个电路包含一个由“与或非”门 G_1 和 G_2 组成的基本 RS 触发器和两个输入控制门 G_3 和 G_4。而且，设计时让门 G_3 和 G_4 的传输延迟时间大于基本 RS 触发器的翻转时间。下面分析该触发器的工作情况：

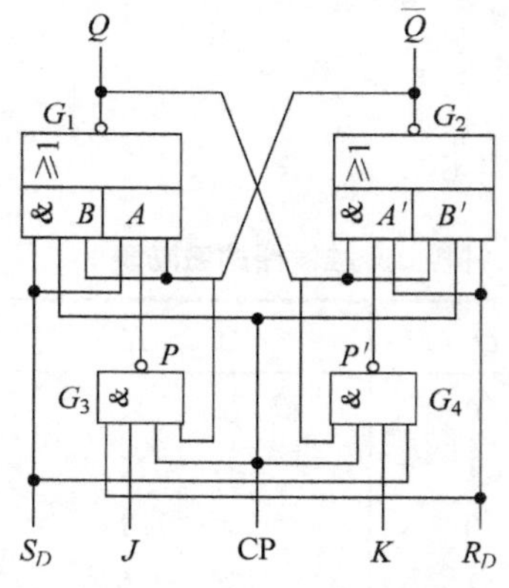

图 4-9 边沿 JK 触发器

通常情况下，$S_D=R_D=1$。只有强制清零与置“1”时除外，所以下面的分析始终认为 $S_D=R_D=1$。

设触发器的初始状态为 $Q=0$，$\overline{Q}=1$。当 CP = 0 时，门 B、B'、G_3 和 G_4 同时被封锁。而由于 G_3、G_4 的输出 P、P' 两端为高电平，门 A、A' 是打开的，因此基本 RS 触发器的状态通过 A、A' 得以保持。

CP 变为高电平以后，门 B、B' 首先解除封锁，基本 RS 触发器可以通过 B、B' 继续保持原状态不变。若此时输入为 $J=1$，$K=0$，则经过门 G_3、G_4 的传输延迟时间以后 $P=0$，$P'=1$，门 A、A' 均不导通，对基本 RS 触发器的状态没有影响。

当 CP 下降沿到达时，门 B、B' 立即被封锁，但由于门 G_3、G_4 存在传输延迟时间，所以 P、P' 的电平不会马上改变。因此，在瞬间出现 A、B 各有一个输入端为低电平的状态，使 $Q=1$，并经过门 A' 使 $\overline{Q}=0$。由于 G_3 的传输延迟时间足够长，可以保证在 P 点的低电平消失之前 $\overline{Q}$ 的低电平已反馈到了门 A，所以在 P 点的低电平消失以后触发器获得的“1”状态仍将保持下去。

经过门 G_3、G_4 的传输延迟时间以后，P 和 P' 都变为高电平，但对基本 RS 触发器的状态并无影响。同时，CP 的低电平已将门 G_3、G_4 封锁，J、K 状态即使发生变化也不会影响触发器的状态。

这种触发器大大提高了抗干扰能力，工作可靠。集成产品 74112、74114、74113 等都属于这类触发器。图 4-10 所示为该类触发器的逻辑符号，它的功能表见表 4-7 所示。“∧”符号代表边沿触发，CP 的“0”代表低电平起作用，“↓”代表下降沿起作用。

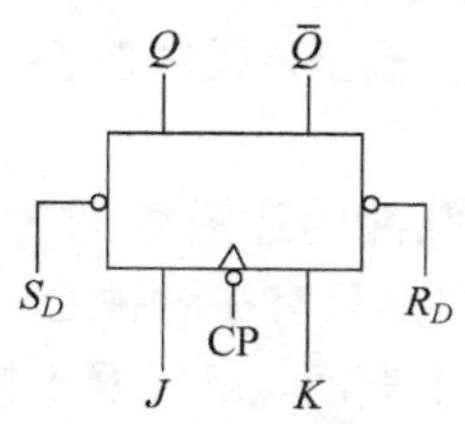

图 4-10 边沿 JK 触发器的逻辑符号

表 4-7 边沿 JK 触发器的功能表

S_D	R_D	CP	J	K	Q^{n+1}	$\overline{Q}^{n+1}$
0	1	×	×	×	1	0
1	0	×	×	×	0	1
0	0	×	×	×	1*	1*
1	1	↓	0	0	Q	$\overline{Q}$
1	1	↓	0	1	0	1
1	1	↓	1	0	1	0
1	1	↓	1	1	$\overline{Q}$	Q

2. 维持-阻塞D触发器

维持-阻塞D触发器如图4-11所示。图中的D为数据输入端，R_D和S_D为清零端和置“1”端，在不强制清零和置“1”的情况下，其均保持高电平，让触发器工作。其工作原理分析如下：

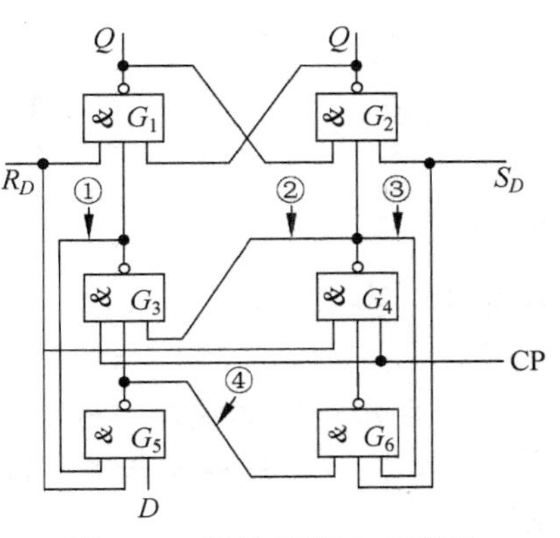

图4-11 维持-阻塞D触发器

在时钟脉冲没有到来（CP = 0）时，G_3、G_4门均输出高电平，触发器输出Q与$\overline{Q}$将保持原有状态不变。

当CP = 1时（从0→1短过程），可分为两种情况：

（1）设CP = 1到来之前，数据输入D = 0，因CP此时还为零，可推出G_5输出为1，G_6输出为0（G_6门的3个输入此时全为1）。当CP脉冲到来（CP由0→1）时，G_3的全部输入变为1，因此G_3的输出由1变为0，将触发器置成“0”状态，即$Q^{n+1} = D = 0$；同时G_3输出的“0”电平经过①号线反馈到G_5的输入端，将G_5门封锁，使得CP = 1期间，无论D端的输入状态变化几次都能保持G_5输出为1不变，进而保持G_3输出的“0”信号不变，所以把①号线称为置“0”维持线。另外，由于G_5输出的“1”经④号线反馈到G_6的输入，使G_6输出为0，进而使G_4输出保持为1不变，这就起到了阻止G_6置“1”的作用，因此称④号线为置“1”阻塞线。

（2）设CP = 1到来之前，数据输入D = 1，因CP此时还为零，可推出G_5输出为0，则G_6输出为1。当CP由0变1后，由于G_4的全部输入均为1，G_4输出由1变0，将触发器置“1”，即$Q^{n+1} = D = 1$；同时G_4输出的“0”经③号线反馈到G_6门的输入端，维持G_6的输出为1不变，进而维持G_4输出的“0”信号不变。由于③号线起到了对触发器置“1”的维持作用，所以称之为置“1”维持线。另外，G_4输出的“0”经②号线又反馈到G_3的输入，封锁G_3门，以阻止置“0”信号的产生，因此称它为置“0”阻塞线。所以在CP = 1期间，D端输入的变化只能引起G_5输出的变化，但不能通过G_3门和G_6门去影响已为1的触发器。

从上面的分析中可看到，维持-阻塞D触发器是在时钟脉冲的上升边沿将D输入端的数据可靠地置入，并且在上升边沿过后的时钟脉冲期间内，D的输入值可以随意改变，触发器的输出状态仍以时钟脉冲上升边沿时所采样的值为准，所以它是边沿触发器的一种。

此类集成产品有7474。图4-12所为该类触发器的逻辑符号，它的功能表见表4-8。表中“↑”代表上升沿触发。

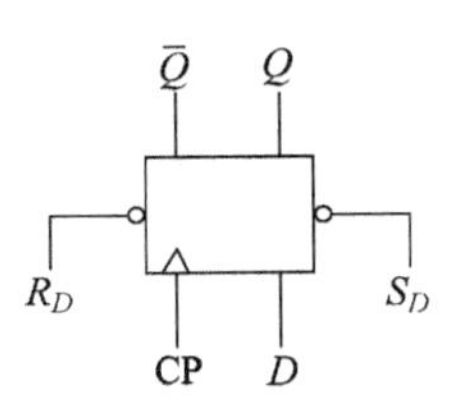

图4-12 维持-阻塞D触发器的逻辑符号

表4-8 维持-阻塞D触发器的功能表

S_D	R_D	CP	D	Q^{n+1}	$\overline{Q}^{n+1}$
0	1	×	×	1	0
1	0	×	×	0	1
0	0	×	×	1*	1*
1	1	↑	H	1	0
1	1	↑	L	0	1
1	1	L	×	Q	$\overline{Q}$

注：“*”表示使用禁止状态。

4.2 寄存器和移位器

4.2.1 寄存器

寄存器是用来暂存二进制代码的电路。它能实现对数据的接收、清零、保存和输出等功能，它分为锁存器和基本寄存器。寄存器主要由触发器和一些控制门组成，结构比较简单。

1. 锁存器

锁存器是将若干个电位式触发器的触发控制端连接在一起，由一个公共的时钟信号 CP 来控制，而每个触发器的数据输入端各自接收数据。

图 4-13 所示是一个四位锁存器的逻辑电路，图中四个电位式 D 触发器可以寄存四位二进制数据。当 CP 为高电位时，D_1～D_4 数据可分别送入各自的触发器中，使 Q_1～Q_4 的状态与输入数据一致，从而达到锁存数据的目的。当 CP 为低电位时，触发器状态保持不变。图中的触发器为 4.1.2 节中所介绍的触发器类型。

从寄存数据的角度来看，锁存器和寄存器的功能是相同的，两者的区别仅在于锁存器中的触发器采用电位式触发器，而寄存器中的触发器采用脉冲边沿触发器。因此，它们有各自不同的适用场合，这取决于触发信号和数据之间的时间关系。如果有效数据的稳定滞后于触发信号，则只能使用电位控制的锁存器；如果有效数据的稳定先于触发信号，且要求同步操作，则需用脉冲边沿控制的寄存器。

集成芯片 74LS373 等就属于这类触发器，它的逻辑电路如图 4-14 所示，其功能表见表 4-9。图 4-15 是它的芯片引脚图。74LS373 是带有输出三态门的锁存器。

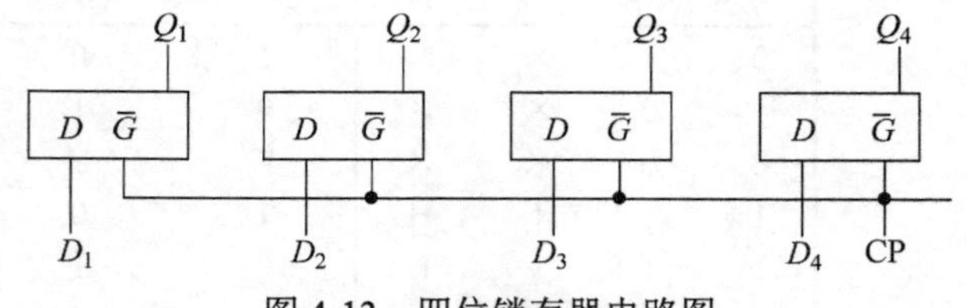

图 4-13　四位锁存器电路图

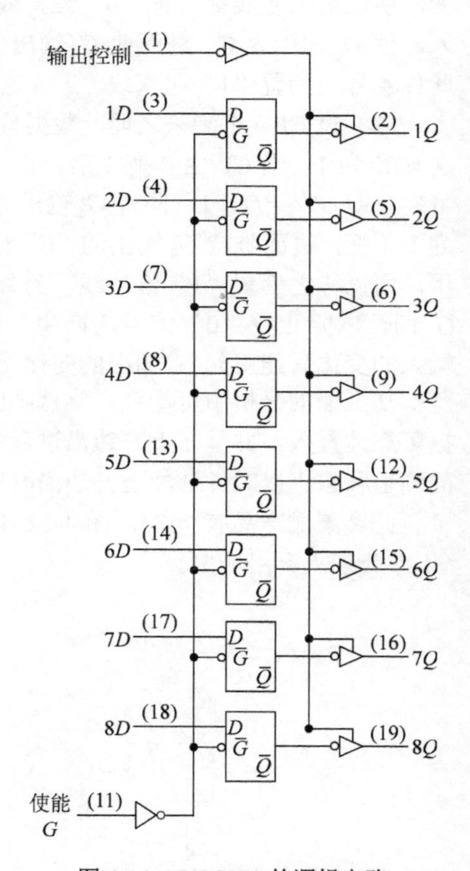

图 4-14　74LS373 的逻辑电路

表 4-9 74LS373 的功能表

输出控制	使能 G	D	输出
L	H	H	H
L	H	L	L
L	L	×	Q
H	×	×	Z
注：Q 为保持，Z 为高阻。			

2. 基本寄存器

通常所说的寄存器指的就是基本寄存器。n 位寄存器一般由 n 个时钟控制端连接在一起的维持-阻塞 D 触发器构成。图 4-16 所示是一个带公共时钟和复位的四位寄存器的逻辑电路。该寄存器由 4 个上升沿触发的 D 触发器构成，在 CP 上升沿的作用下，每个触发器能接收各自数据输入端的信号。一旦寄存了这些数据，寄存器便能将它们保存，直到下一个 CP 上升沿到达，有新的数据送入为止。图中的寄存器清除信号 $\overline{\text{CLR}}$，接到每个触发器的清除端，当 $\overline{\text{CLR}}=0$ 时，所有触发器被清零。

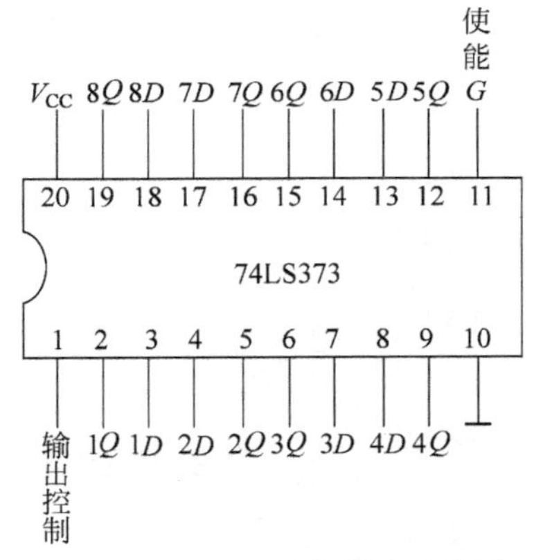

图 4-15 74LS373 的芯片引脚图

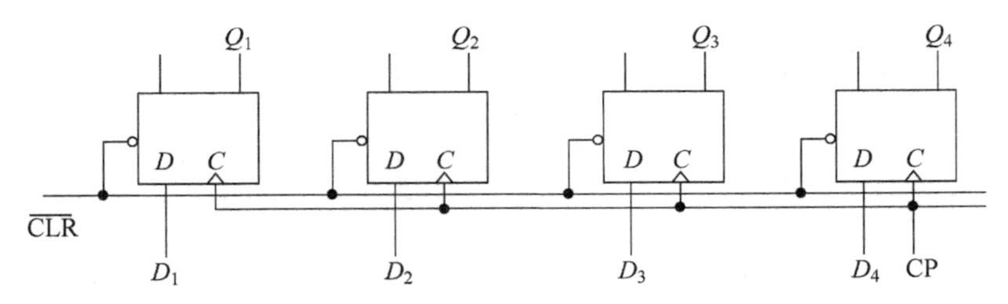

图 4-16 四位寄存器的逻辑电路

这类寄存器的集成产品有 74LS273、74LS374 等。74LS273 的逻辑电路图如图 4-17 所示，其芯片引脚图如图 4-18 所示，其功能表见表 4-10。它是一个八位寄存器，不带三态输出。

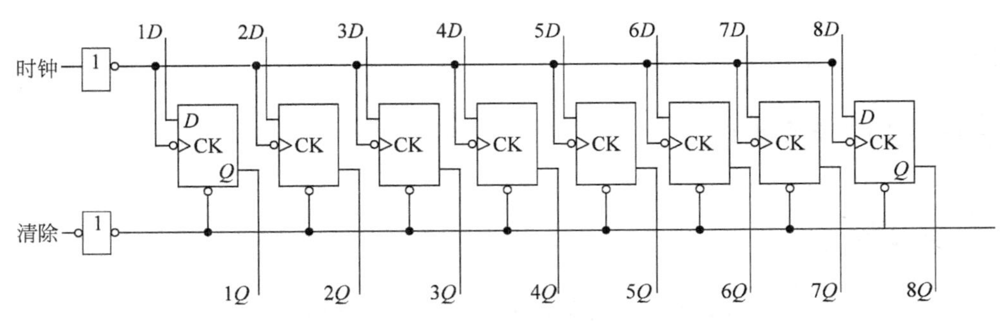

图 4-17 74LS273 的逻辑电路

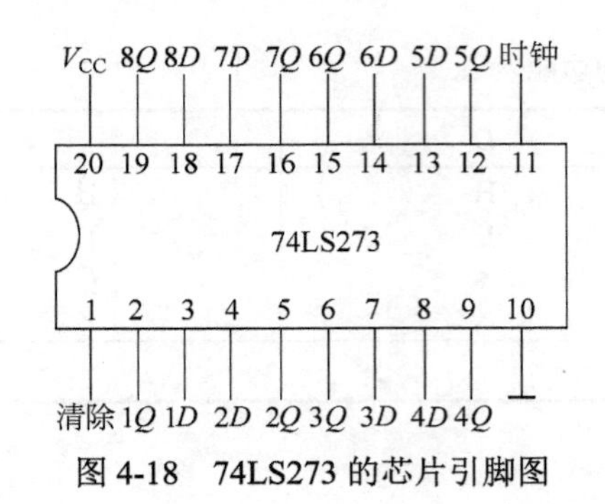

图 4-18 74LS273 的芯片引脚图

表 4-10 74LS273 的功能表

清除	时钟	D	输出 Q
L	×	×	L
H	↑	H	H
H	↑	L	L
H	L	×	Q

74LS374 是八位边沿触发的寄存器，并带有三态输出，这一点与 74LS273 不同。另外它不带清除端。它与 74LS273 都是上升沿触发。在高阻态下，输出既不能有效地给总线加负载，也不能有效地驱动总线。输出控制不影响触发器内部工作，即老数据可以保持，另外当输出被关闭时，新的数据也可以置入。74LS374 的逻辑电路如图 4-19 所示，它的功能表见表 4-11，其芯片引脚图如图 4-20 所示。

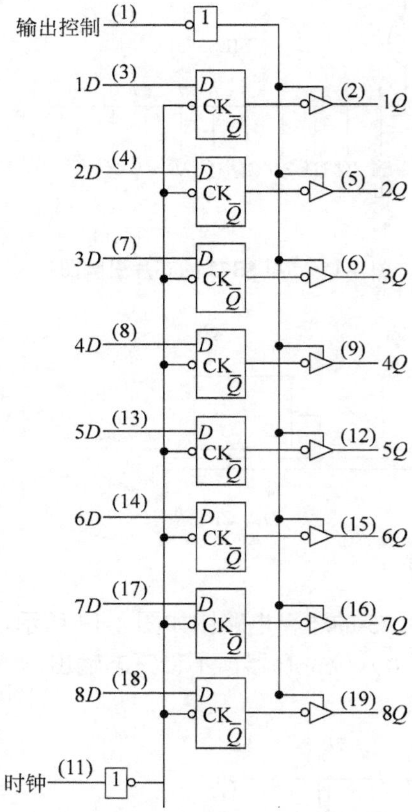

图 4-19 74LS374 的逻辑电路

表 4-11 74LS374 的功能表

输出控制	时钟	D	输出
L	↑	H	H
L	↑	L	L
L	L	×	Q
H	×	×	Z

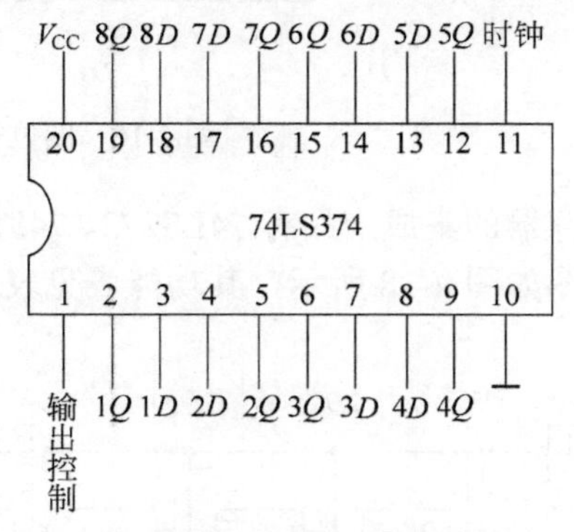

图 4-20 74LS374 的芯片引脚图

4.2.2 移位器

在时钟信号的控制下，所寄存的数据依次向左（由低位向高位）或向右（由高位向低位）移位的寄存器，称为移位器。根据移位方向的不同，移位器有左移寄存器、右移寄存器和双向移位寄存器之分。

1. 左移寄存器

图 4-21 所示为由上升沿触发的维持-阻塞 D 触发器构成的三位左移寄存器电路。

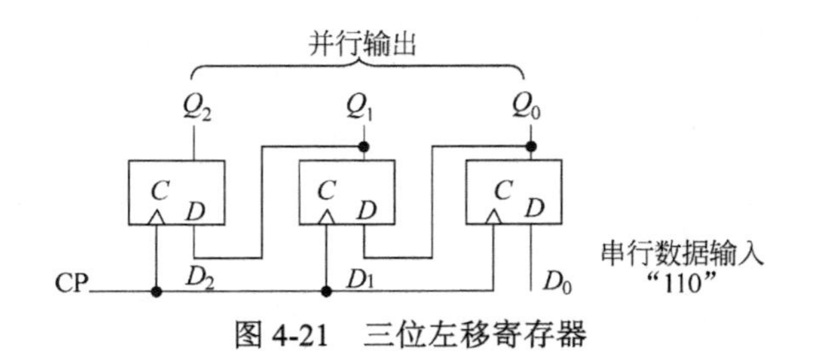

图 4-21 三位左移寄存器

触发器按 $D_{i+1}=Q_i^n$ 的规律连接，即高位触发器的数据输入端接相邻低位触发器的输出端，最低位触发器的数据输入端作为串行数据输入端，移满后，并行输出所有触发器内容。触发器的时钟脉冲输入端连接在一起，由移位时钟脉冲源 CP 的上升沿控制。各触发器的输入信号分别为 $D_2=Q_1^n$，$D_1=Q_0^n$，$D_0=D_L$（串行输入）。在 CP 上升沿到来的时刻，$Q_2^{n+1}=Q_1^n$，$Q_1^{n+1}=Q_0^n$，$Q_0^{n+1}=D_L$，也即寄存的每位数据依次向左移一位，经过 3 次脉冲移完数据输入端的 3 位二进制数。

每次传输一位数据的传输方式称为串行数据传输。利用左移寄存器可以把串行输入转换成并行输出，如将串行输入数据二进制“110”转换成并行数据输出，3 位二进制到达顺序为“1→1→0”，逐位输入左移寄存器的输入端 D_L，每输入一位数据打入一个 CP 脉冲，使已输入的数据左移一位，同时使 $Q_0^n=D_L$。经过 3 个 CP 脉冲后，寄存器中就寄存了输入的数据“110”，即 $Q_2Q_1Q_0$=110。当需要时可一次读出数据“110”，这就是调制解调器中把接收的串行数据转换成计算机要加工的并行数据的工作原理。

同理，若左移寄存器中已存有并行数据，在 CP 脉冲的作用下逐位左移并从 Q_2 端输出，便可实现将并行数据转换成串行数据的功能，这称为发送。

2. 右移寄存器

只要把左移寄存器的连接方式改换一下方向，它就成为右移寄存器，这时输入数据将从最左边一位触发器即 D_2 端送入，让 $D_1=Q_2^n$，$D_0=Q_1^n$ 即可。

集成芯片 74LS164 是八位并行输出串行右移寄存器。它的逻辑电路图如图 4-22 所示，它由 8 个边沿触发的 RS 触发器构成。其功能表见表 4-12，其芯片引脚图如图 4-23 所示。

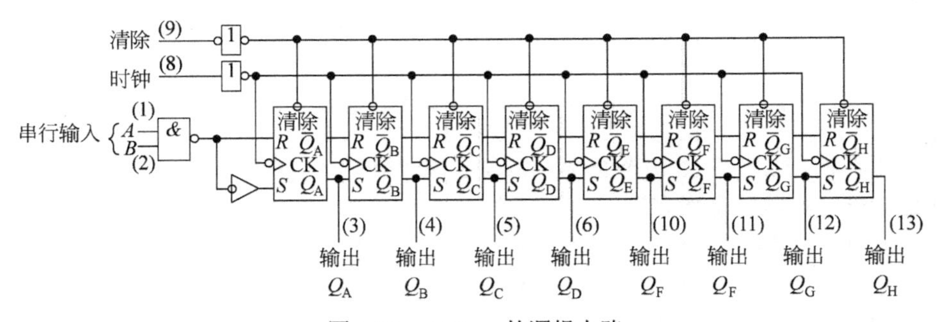

图 4-22 74S164 的逻辑电路

表 4-12　74LS164 的功能表

输　入			输　出							
清除	时钟	AB	Q_A	Q_B	Q_C	Q_D	Q_E	Q_F	Q_G	Q_H
L	×	××	L	L	L	L	L	L	L	L
H	L	××	Q_A	Q_B	Q_C	Q_D	Q_E	Q_F	Q_G	Q_H
H	↑	H H	H	Q_A	Q_B	Q_C	Q_D	Q_E	Q_F	Q_G
H	↑	L ×	L	Q_A	Q_B	Q_C	Q_D	Q_E	Q_F	Q_G
H	↑	× L	L	Q_A	Q_B	Q_C	Q_D	Q_E	Q_F	Q_G

（1）当清除端=“L”时，移位寄存器异步清零，实现清零功能。

（2）当清除端=“H”，时钟端=“L”时，移位寄存器保持状态不变，实现保持功能。

（3）当清除端=“H”，时钟端=“↑”（有上升沿）时，实现移位送入功能。

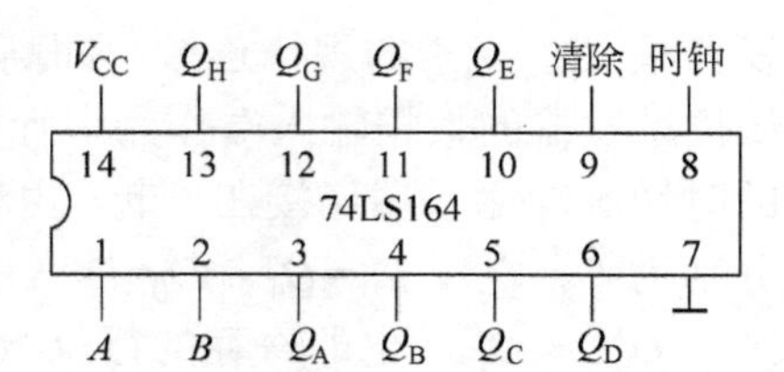

图 4-23　74LS164 的芯片引脚图

$$Q_A^{n+1}=A\cdot B,\ Q_B^{n+1}=Q_A,\ Q_C^{n+1}=Q_B,\ Q_D^{n+1}=Q_C$$
$$Q_E^{n+1}=Q_D,\ Q_F^{n+1}=Q_E,\ Q_G^{n+1}=Q_F,\ Q_H^{n+1}=Q_G$$

3. 双向移位寄存器

同时具有左移功能、右移功能的移位器称为双向移位寄存器。该类产品有很多，如 74 LS 194（四位）、74 LS 299（八位，并可置数）等，详细情况请查阅相关手册。

4. 移位器的应用

利用移位器的特性还可构成计数器和分频器。

将移位器的串行输出反馈到它的串行输入端，就构成了环形计数器。图 4-24 所示为在右移寄存器的基础上构成的三位右移环形计数器。

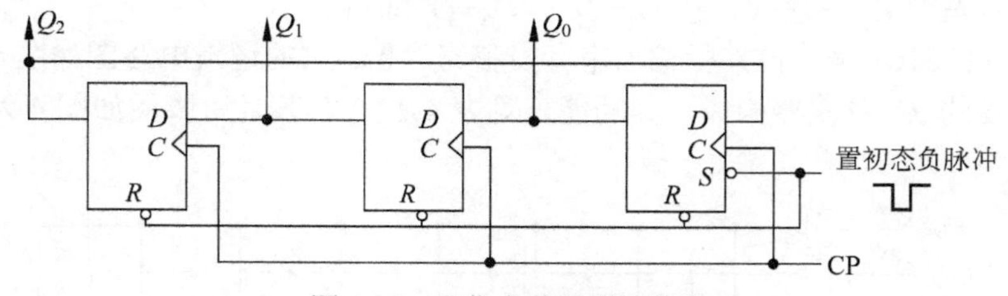

图 4-24　三位右移环形计数器

计数器工作前，加一个置初态负脉冲，使触发器初态 $Q_2Q_1Q_0$ = 0 0 0。此后，每来一个 CP 脉冲上升沿，各触发器状态循环右移一位，即 $Q_2^{n+1}=Q_1$，$Q_1^{n+1}=Q_0$，$Q_0^{n+1}=Q_2$。由于每来 3 个 CP 脉冲，电路状态就循环一周，所以这是一个模 3 计数器。另外，从该电路的工作时序图（如图 4-25 所示）可以看出，各触发器的输出信号频率均为 CP 脉冲频率的 1/3，所以这又是一个三分频电路。

若将移位器的串行反相输出反馈到它的串行输入端，就构成了扭环形计数器。图 4-26 所示为在右移寄存器的基础上构成的三位右移扭环形计数器。

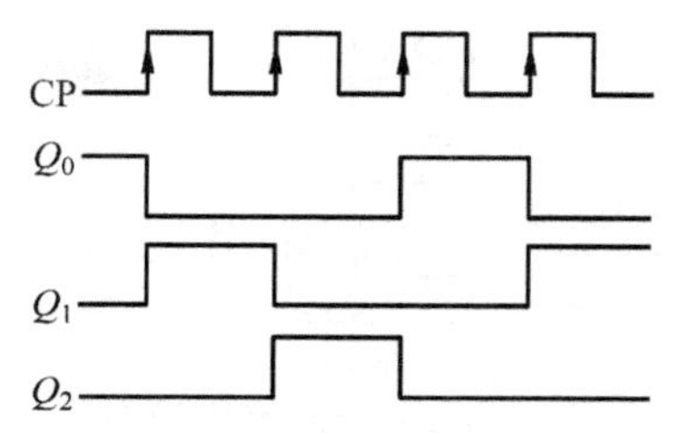

图 4-25　三位右移环形计数器的工作时序图

计数器工作前，加一个复位负脉冲，使触发器初态 $Q_2Q_1Q_0$ = 0 0 0。此后，每来一个 CP 脉冲上升沿，各触发器状态循环右移一位，即 $Q_2^{n+1}=Q_1^n$，$Q_1^{n+1}=Q_0$，$Q_0^{n+1}=\overline{Q_2}$。由于来 3 个 CP 脉冲，电路状态变为 $Q_2Q_1Q_0$ = 1 1 1，再来 3 个 CP 脉冲，电路状态循环一周，变为 $Q_2Q_1Q_0$ = 0 0 0，所以这是一个模 6 计数器，也即六分频电路。该电路的工作时序图如图 4-27 所示。

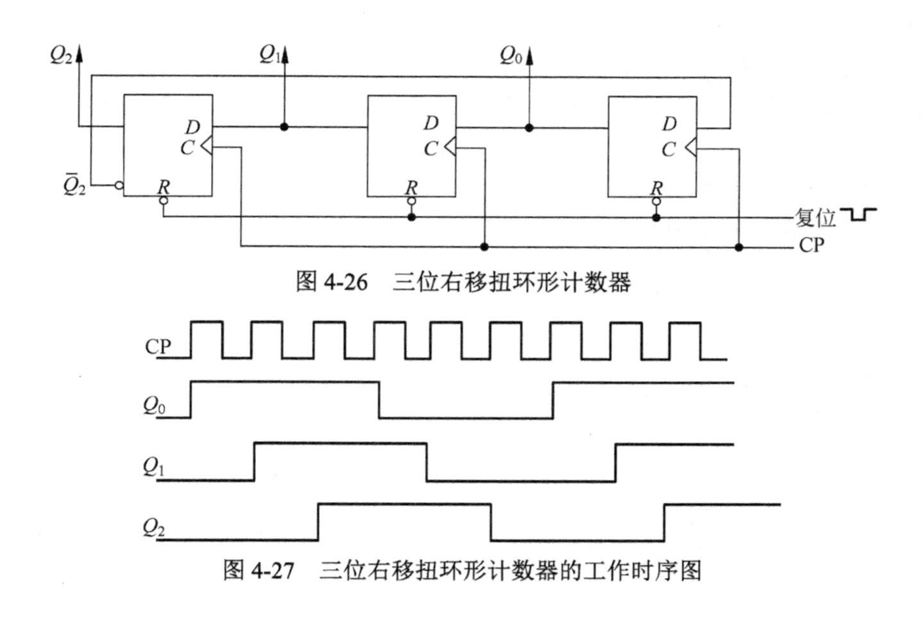

图 4-26　三位右移扭环形计数器

图 4-27　三位右移扭环形计数器的工作时序图

4.2.3　相联存储器

相联存储器是按内容查找的存储器，它可按指定内容一次找出其所在位置及其他相关内容，而与所存位置无关。相联存储器是根据某个已知内容在整个存储器各个单元中同时进行查找的，因此属于并行工作模式。它存储二进制信息的电路为 D 触发器。相联存储器结构图如图 4-28 所示，输入寄存器、屏蔽寄存器、存储体和输出寄存器的单元长度相等。输入寄存器存放待检索的内容，它与存储体所有单元同时比较，看有否与之相同的单元；若有，匹配信号有效并选择该单元内容送入输出寄存器，否则产生不匹配信号通知 CPU，另作其他处理。屏蔽寄存器是用来决定输入寄存器中的哪些内容参与检索比较，哪些内容不参与，参与的相应二进制位为 0，不参与的二进制位为 1（即屏蔽）。

由于相联存储器同时比较，它的每一位二进制信息存取电路是很复杂的，图 4-29 所示为它的一位电路结构图。

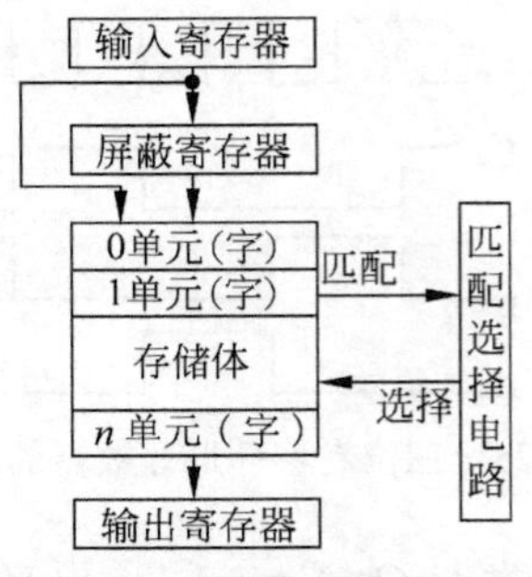

图 4-28 相联存储器结构图

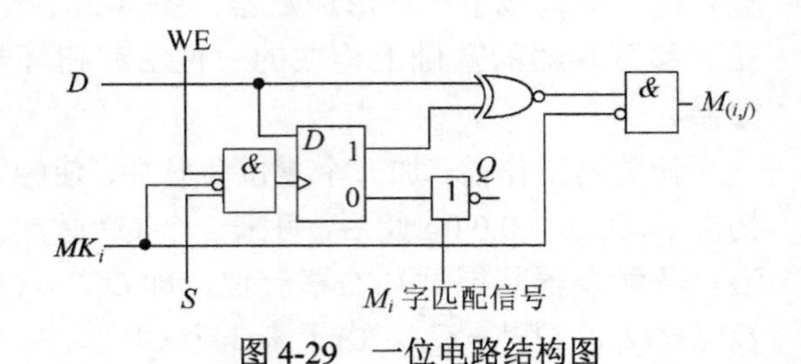

图 4-29 一位电路结构图

D 触发器用来存储数据，“异或非”门是将触发器内容与外部数据进行比较的匹配电路，比较结果出现在位匹配信号线 $M_{(i,\ j)}$ 上，$M_{(i,\ j)}$=0 表示该位不匹配，$M_{(i,\ j)}$=1 表示该位匹配。S 信号为地址译码信号，表示选择存储体的哪个单元，准备存入新数据，并配合 WE 写信号同时使用。屏蔽信号 $MK_i=0$ 表示该位参与比较，$M_{(i,\ j)}$ 的输出值由“异或非”门的值决定；$MK_i=1$ 表示该位不参与内容比较，$M_{(i,\ j)}$ 的输出值等于 1。M_i 为一个单元所有位都匹配后的单元（字）匹配信号，当 M_i=1 时，打开这个单元的所有三态门，把匹配数据送入输出寄存器中。M_0～M_n 中只能有一个 M_i=1。

一位相联存储器电路组合成相联存储器的阵列结构，如图 4-30 所示。

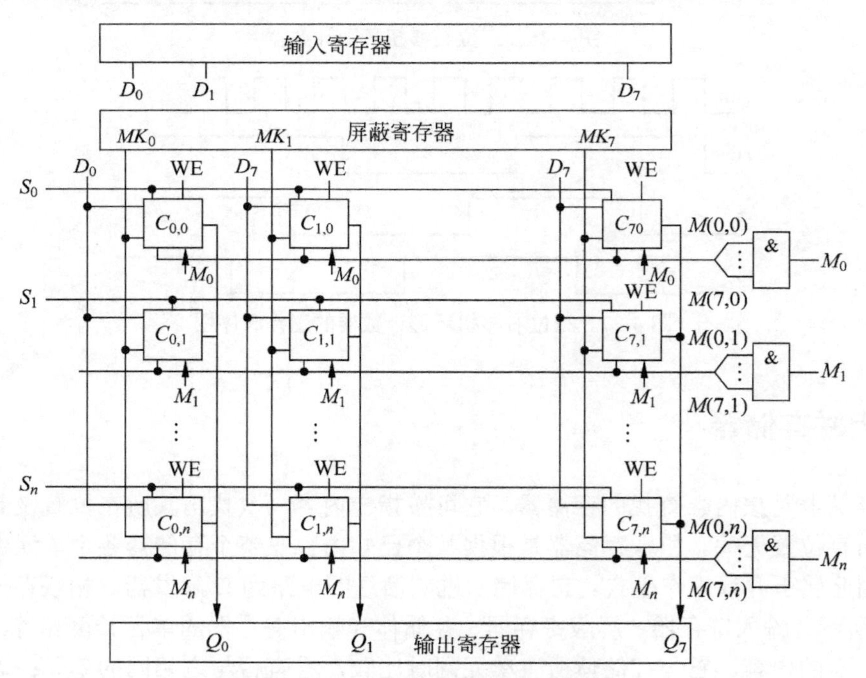

图 4-30 相联存储器的阵列结构

4×4 相联存储器的阵列结构如图 4-31 所示。由于屏蔽寄存器内容为“0 0 1 1”，屏蔽后两位，只比较高二位，比较结果是第三单元内容符合条件，把第三单元“0 1 1 1”送入输出寄存器。在比较过程中 $M_2=1$，其他为“0”，这样 M_2 把第三单元的 4 个三态门打开，送入输出寄存器。

相联存储器主要用在高速缓冲存储器和虚拟存储器的地址变换硬件部件里，该部件放在CPU中。此外其在数据库和知识库，语音识别、图像处理元件中也都有应用。

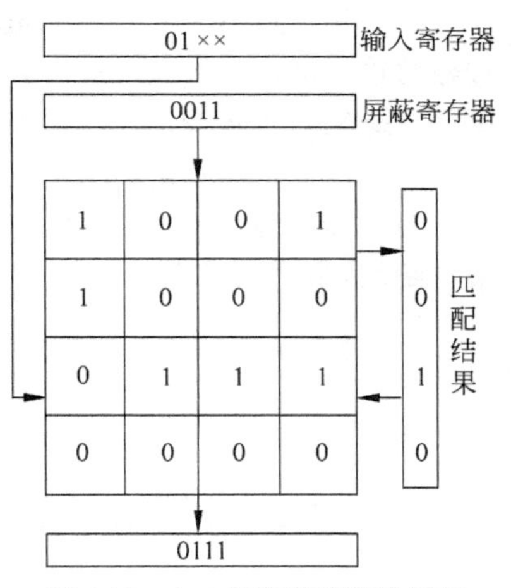

图4-31 4×4相联存储器的例子

4.2.4 用JK触发器实现寄存器

上节各种寄存器都是用D触发器实现的，用D触发器实现数据寄存功能容易实现，所以大多选用D触发器实现，但用JK触发器也能实现寄存器功能。通过以下公式推导可得：

JK触发器次态方程（特性方程）：$Q^{n+1}=J\overline{Q}+\overline{K}Q$；

D触发器次态方程（特性方程）$Q^{n+1}=D$。

令：

$$Q^{n+1}=J\overline{Q}+\overline{K}Q=D=D(\overline{Q}+Q)=D\overline{Q}+DQ=D\overline{Q}+\overline{\overline{D}}Q$$

对比JK触发器次态方程各位可得：$J=D$，$K=\overline{D}$。

用JK触发器实现D触发器的电路实现如图4-32所示，另一种实现方法如图4-33所示。

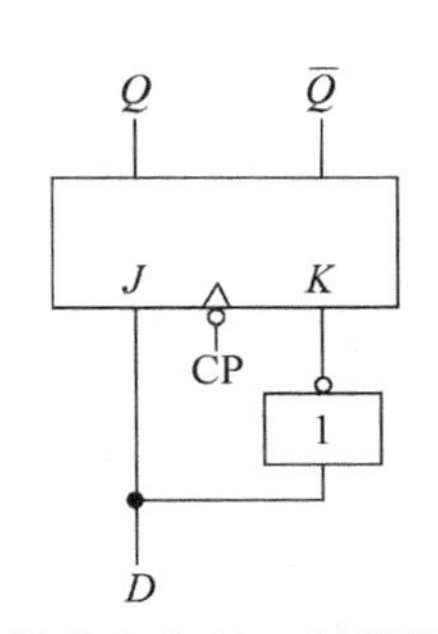

图4-32 用JK触发器实现D触发器的电路（一）

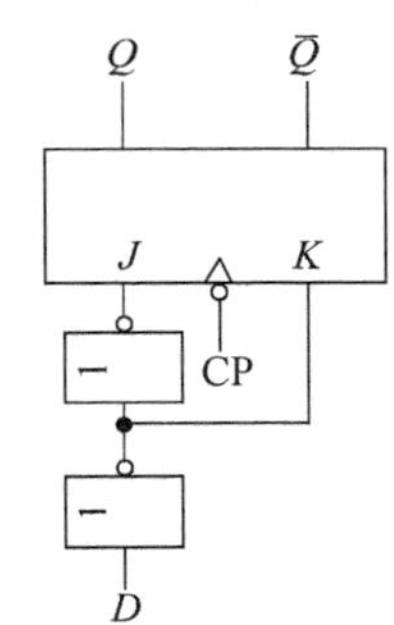

图4-33 用JK触发器实现D触发器的电路（二）

4.3 同步计数器

计数器是计算机和数字系统中常用的电路，其功能是对输入时钟脉冲的个数进行累计，累计满时电路可用它作为下一个动作的开始标识。计数器电路主要由JK触发器组成。

同步计数器是指所有触发器的时钟脉冲输入端均与同一个时钟脉冲源连接在一起，每一个触发器状态的翻转均与时钟脉冲同步进行。本节主要介绍二进制同步加法计数器、二进制同步减法计数器和二进制同步可逆计数器的设计以及集成产品，并利用产品进行更广泛的计数器的设计。

4.3.1 计数器设计

1. 二进制同步加法计数器

现以3位二进制同步加法计数器为例，说明二进制同步加法计数器的设计方法和连接规律。

第一步，画出 3 位二进制同步加法计数器状态转换图，如图 4-34 所示，其中斜线下表示计数器输出值，当计满时输出为 1，其他情况下输出为 0。3 位计数器从 000 计到 111 为一个循环。每来一次脉冲，计数器加 1。

第二步，根据状态转换图列出状态表，见表 4-13。

第三步，根据表 4-13 求状态方程，利用卡诺图分别求出 Q_0^{n+1}、Q_1^{n+1} 和 Q_2^{n+1} 的化简方程。卡诺图如图 4-35 所示。

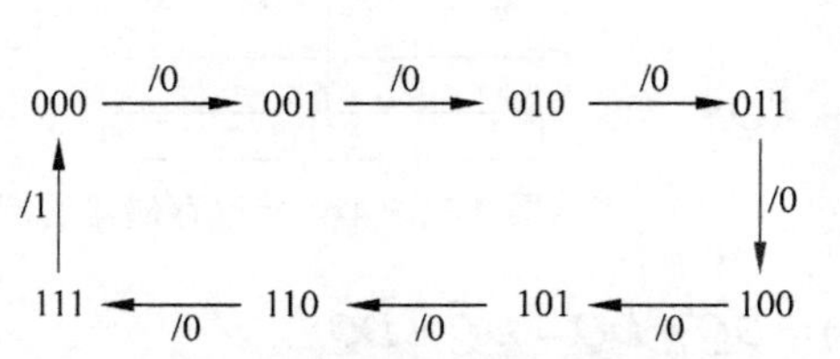

图 4-34　3 位二进制同步加法计数器状态转换图

表 4-13　3 位二进制同步加法计数器的状态表

Q_2	Q_1	Q_0	Q_2^{n+1}	Q_1^{n+1}	Q_0^{n+1}
0	0	0	0	0	1
0	0	1	0	1	0
0	1	0	0	1	1
0	1	1	1	0	0
1	0	0	1	0	1
1	0	1	1	1	0
1	1	0	1	1	1
1	1	1	0	0	0

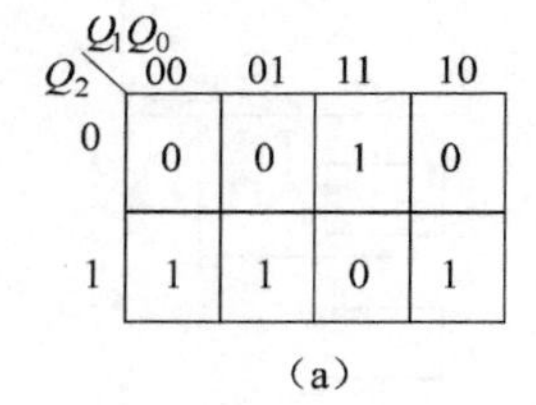

（a）

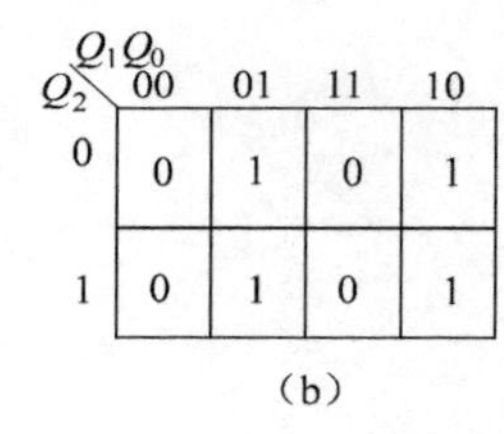

（b）

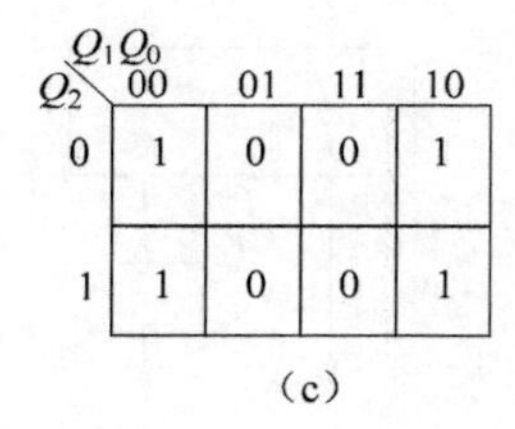

（c）

图 4-35　3 位二进制同步加法计数器的卡诺图

（a）Q_2^{n+1} 的卡诺图；（b）Q_1^{n+1} 的卡诺图；（c）Q_0^{n+1} 的卡诺图

$$Q_0^{n+1}=\overline{Q}_0$$

$$Q_1^{n+1}=\overline{Q}_1Q_0+Q_1\overline{Q}_0$$

$$Q_2^{n+1}=Q_2\overline{Q}_1+Q_2\overline{Q}_0+\overline{Q}_2Q_1Q_0$$

第四步，选用 JK 触发器设计，求驱动方程。因为 3 位二进制同步加法计数器必须采用 3 个 JK 触发器，所以要分别求出 3 个触发器的驱动方程。

JK 触发器的状态方程为

$$Q^{n+1}=J\overline{Q}+\overline{K}Q$$

变换上面 Q_0^{n+1}、Q_1^{n+1}、Q_2^{n+1} 的三个状态方程为：

$$Q_0^{n+1}=\overline{Q}_0=1\cdot\overline{Q}_0+\overline{1}\cdot Q_0$$

$$Q_1^{n+1}=\overline{Q}_1Q_0+Q_1\overline{Q}_0=Q_0\overline{Q}_1+\overline{Q}_0Q_1$$

$$Q_2^{n+1}=Q_2\overline{Q}_1+Q_2\overline{Q}_0+\overline{Q}_2Q_1Q_0=Q_1Q_0\cdot\overline{Q}_2+\overline{Q_1Q_0}\cdot Q_2$$

对比 $Q_i^{n+1}=J_i\overline{Q}_i+\overline{K}_iQ_i$，可推出驱动方程（$J_i$、$K_i$）如下：

$$J_0=K_0=1$$
$$J_1=K_1=Q_0$$
$$J_2=K_2=Q_1Q_0$$

第五步，根据驱动方程（J_i、K_i）的表达式，画出计数器的逻辑图，如图 4-36 所示，其中 $C=Q_2\cdot Q_1\cdot Q_0$ 为输出值，作为计满标识。

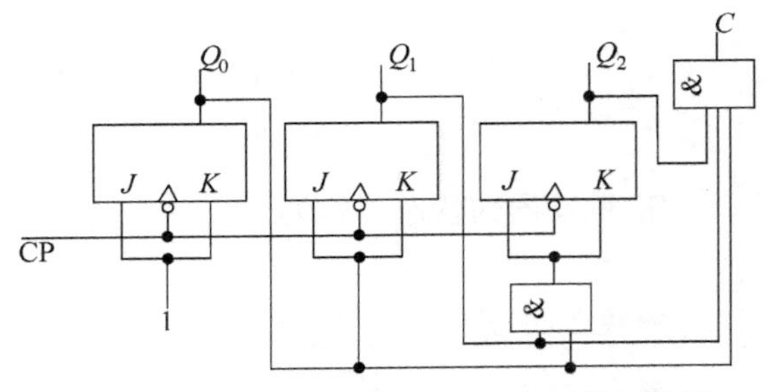

图 4-36　3 位二进制同步加法计数器的逻辑图

通过 3 位二进制同步加法计数器的设计，可以推导出 4 位二进制同步加法计数器的各驱动方程为：

$$J_0=K_0=1$$
$$J_1=K_1=Q_0$$
$$J_2=K_2=Q_1Q_0$$
$$J_3=K_3=Q_2Q_1Q_0$$

进一步推导可得出 5 位二进制同步加法计数的 $J_4=K_4=Q_3Q_2Q_1Q_0$，更多位二进制同步加法计数器依此类推。

2. 二进制同步减法计数器

现以 3 位二进制同步减法计数器为例进行介绍。

第一步，列出 3 位二进制同步减法计数器状态转换图，如图 4-37 所示，其中斜线下表示输出值，计数器从 111 减到 000 为一个循环，每来一次脉冲，计数器减 1。

第二步，根据状态转换图列出状态表，见表 4-14。

第三步，根据表 4-14 求状态方程，利用卡诺图分别求出 Q_0^{n+1}、Q_1^{n+1}、Q_2^{n+1} 的化简方程。卡诺图如图 4-38 所示。

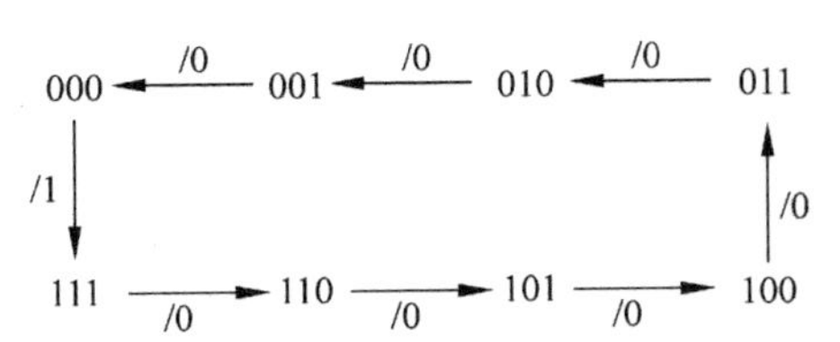

图 4-37　3 位二进制同步减法计数器状态转换图

表 4-14　3 位二进制同步减法计数器的状态表

Q_2	Q_1	Q_0	Q_2^{n+1}	Q_1^{n+1}	Q_0^{n+1}
0	0	0	1	1	1
0	0	1	0	0	0
0	1	0	0	0	1
0	1	1	0	1	0
1	0	0	0	1	1
1	0	1	1	0	0
1	1	0	1	0	1
1	1	1	1	1	0

$$Q_0^{n+1}=\overline{Q}_0$$
$$Q_1^{n+1}=\overline{Q}_1\overline{Q}_0+Q_1Q_0$$
$$Q_2^{n+1}=\overline{Q}_2\overline{Q}_1\overline{Q}_0+Q_2Q_1+Q_2Q_0$$

第四步，选用 JK 触发器设计，求驱动方程。因为 3 位二进制同步减法计数器必须采用 3 个触发器，所以要分别求出 3 个触发器的驱动方程。

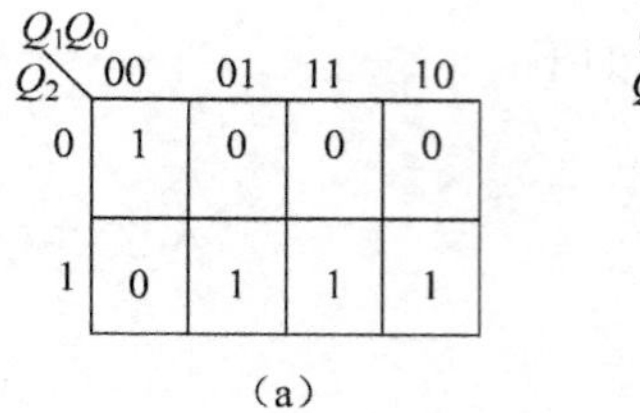

Q_2 \ Q_1Q_0	00	01	11	10
0	1	0	0	0
1	0	1	1	1

（a）

Q_2 \ Q_1Q_0	00	01	11	10
0	1	0	1	0
1	1	0	1	0

（b）

Q_2 \ Q_1Q_0	00	01	11	10
0	1	0	0	1
1	1	0	0	1

（c）

图 4-38　3 位二进制同步减法计数器的卡诺图

（a）Q_2^{n-1} 的卡诺图；（b）Q_1^{n+1} 的卡诺图；（c）Q_0^{n-1} 的卡诺图

JK 触发器的状态方程为

$$Q^{n+1}=J\overline{Q}+\overline{K}Q$$

变换上面 Q_0^{n+1}、Q_1^{n+1}、Q_2^{n+1} 三个状态方程为：

$$Q_0^{n+1}=\overline{Q}_0=1\cdot\overline{Q}_0+\overline{1}\cdot Q_0$$

$$Q_1^{n+1}=\overline{Q}_0\overline{Q}_1+\overline{\overline{Q}}_0\cdot Q_1$$

$$Q_2^{n+1}=\overline{Q}_1\overline{Q}_0\cdot\overline{Q}_2+(Q_1+Q_0)\cdot Q_2=\overline{Q}_1\overline{Q}_0\cdot\overline{Q}_2+\overline{\overline{Q}_1\overline{Q}_0}\cdot Q_2$$

比较 $Q_i^{n+1}=J_i\overline{Q}_i+\overline{K}_iQ_i$，可推出驱动方程（$J_i$、$K_i$）如下：

$$J_0=K_0=1$$

$$J_1=K_1=\overline{Q}_0$$

$$J_2=K_2=\overline{Q}_1\overline{Q}_0$$

第五步，根据驱动方程（J_i、K_i）的表达式，画出计数器的逻辑图，如图 4-39 所示。其中 $C=\overline{Q}_2\cdot\overline{Q}_1\cdot\overline{Q}_0$ 为输出值，作为减满标识。

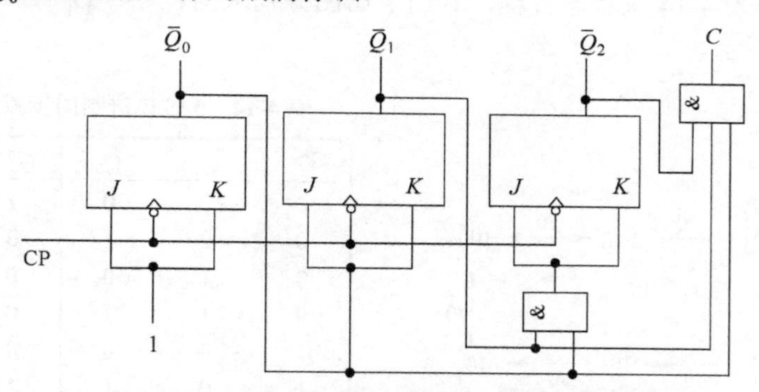

图 4-39　3 位二进制同步减法计数器的逻辑图

4 位同步减法计数器的 $J_3=K_3=\overline{Q}_2\overline{Q}_1\overline{Q}_0$，5 位同步减法计数器的 $J_4=K_4=\overline{Q}_3\overline{Q}_2\overline{Q}_1\overline{Q}_0$，更多位二进制同步减法计数器依此类推。

3. 二进制同步可逆计数器

若用 $\overline{U}/D$ 表示加减控制信号，当 $\overline{U}/D=0$ 时进行加计数，当 $\overline{U}/D=1$ 时进行减计数，综合加、减计数器的驱动方程（J_i、K_i）的表达式，可得出具有加/减功能的同步可逆计数器驱动方程：

$$J_0=K_0=1$$

$$J_1=K_1=\overline{\overline{U}/D}\cdot Q_1+\overline{U}/D\cdot\overline{Q}_1$$

$$J_2=K_2=\overline{\overline{U}/D}\cdot Q_1Q_0+\overline{U}/D\cdot\overline{Q}_1\overline{Q}_0$$

$$RC=\overline{\overline{U}/D}\cdot Q_2Q_1Q_0+\overline{U}/D\cdot\overline{Q}_2\overline{Q}_1\overline{Q}_0$$

当 $\overline{U}/D=0$ 时，$J_1=K_1=Q_1$，$J_2=K_2=Q_1Q_0$，$RC=Q_2Q_1Q_0$；当 $\overline{U}/D=1$ 时，$J_1=K_1=\overline{Q}_1$，$J_2=K_2=\overline{Q}_1\overline{Q}_0$，$R_C=\overline{Q}_2\overline{Q}_1\overline{Q}_0$。其电路如图 4-40 所示。

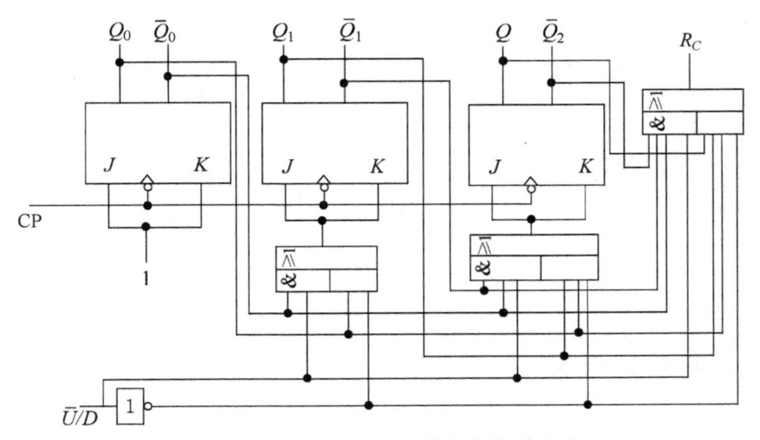

图 4-40　二进制同步可逆计数器的电路

4.3.2　计数器集成芯片介绍

图 4-41 所示为中规模集成的 4 位二进制同步计数器 74LS161 的逻辑图。这个电路除了具

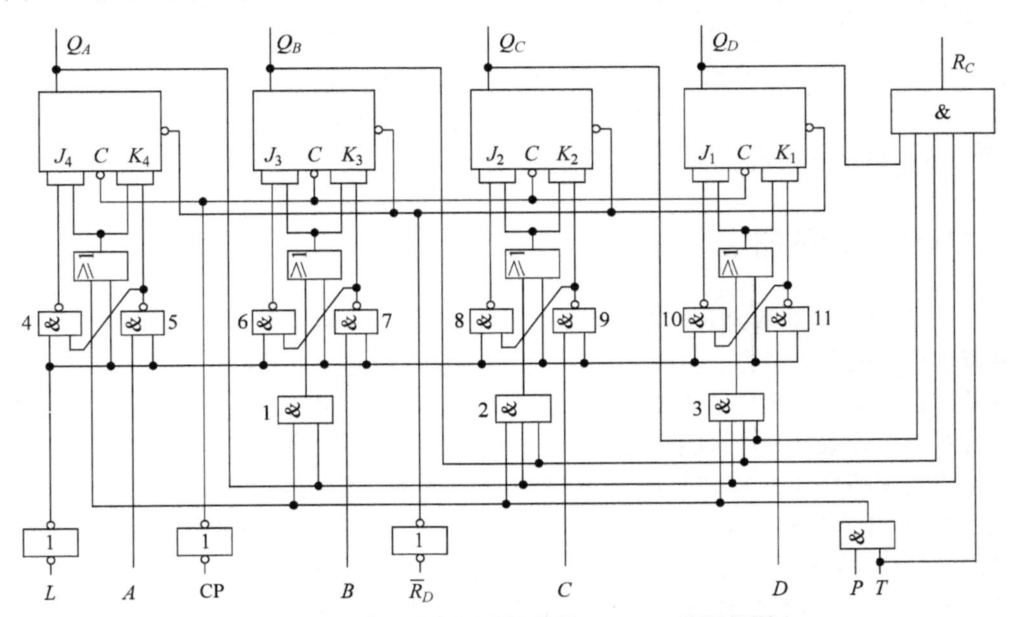

图 4-41　4 位二进制同步计数器 74LS161 的逻辑图

有二进制加法计数功能外，还具有预置数、保持和异步置零等附加功能。L 用来选择电路是执行计数还是执行预置数：当 $L=1$ 时，执行同步计数；当 $L=0$ 时，执行预置数。“与非”门 4、5 与输入 A 实现 4.2.4 小节的用 JK 触发器实现寄存器功能，与 $L=0$ 一起作预置数。“与非”门 6～11 的功能与 4、5 一样。“与门” 1、2、3 实现计数器功能。

表 4-15 为 74LS161 功能表，解释如下：

表 4-15　4 位同步二进制计数器 74LS161 功能表

输入									输出					
CP	$\overline{R}_D$	$\overline{L}$	P	T	D	C	B	A	Q_D	Q_C	Q_B	Q_A	R_C	说明
×	0	×	×	×	×	×	×	×	0	0	0	0	0	置零
↑	1	0	×	×	D	C	B	A	D	C	B	A	0	置数
×	1	1	0	×	×	×	×	×	保持					数据保持
×	1	1	×	0	×	×	×	×	保持，但 R_C=0					数据保持
↑	1	1	1	1	×	×	×	×	计数					加法计数

当 $\overline{R}_D=0$ 时，所有触发器将同时被置零，而且置零操作不受其他输入状态的影响。

当 $\overline{R}_D=1$，$\overline{L}=0$ 时，电路工作在预置数状态，此时若脉冲上升沿到来，A、B、C、D 输入到触发器中。

当 $\overline{R}_D=\overline{L}=1$，而 $P=0$、$T=1$ 时，门 1～3 被封锁，使 J_1～J_4、K_1～K_4 都为零，触发器处于保持状态不变，R_C 状态也保持不变。如果 $T=0$，则 P 不论为何状态，计数器的状态也将保持不变，但这时进位输出 R_C 等于 0。

当 $\overline{R}_D=\overline{L}=P=T=1$ 时，电路工作在计数状态，电路从 4 个触发器的现有值开始加 1 计数，直到 1111 状态，返回 0000 状态，R_C 在 1111 时输出 1，然后变到 0（只要不是 1111）。74LS161 的芯片引脚图如图 4-42 所示。

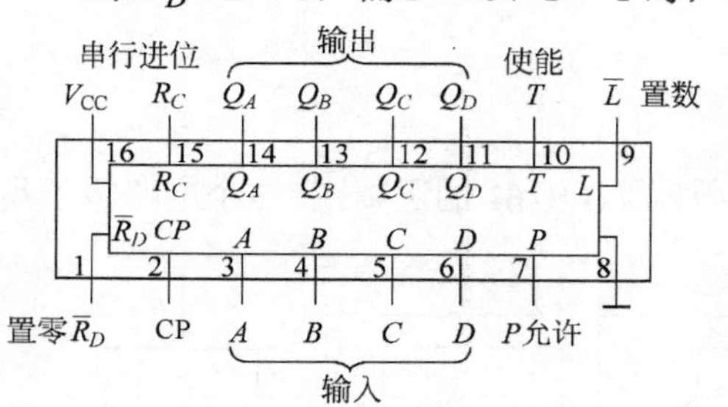

图 4-42　74LS161 的芯片引脚图

4.3.3 N 进制计数器

1. 小于单芯片计数量的 N 进制计数器

从降低成本的角度考虑，集成电路的定型产品必须有足够大的批量。因此，目前常见的计数器芯片在计数进制上只做成应用较广的几种类型，如十进制、十六进制等。在需要其他任意一种进制的计数器时，只能用已有的计数器产品经过外电路的不同连接方式得到。本节讨论以十六进制芯片（如 74LS161）为基础的小于 16 的 N 进制计数器。

例 4-1　用十六进制同步计数器 74LS161 接成十三进制同步计数器。

解　芯片 74LS161 兼有异步置零（$\overline{R}_D$）和预置数（L）功能，所以可采用置零法和置数法对计数器回零。当计数器计到 13 时，计数器回零，从零再次开始计数，这样就需要一个外接电路实现回零动作。图 4-43（a）所示电路采用的是置零法，图 4-43（b）所示电路采用的是置数法。

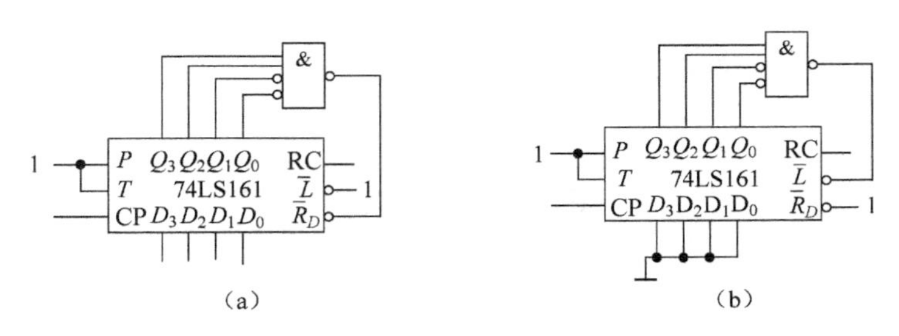

图 4-43　十三进制同步计数器连接法

（a）用置零法实现十三进制同步计数器；（b）用置数法实现十三进制同步计数器

置零功能随着计数器被置零而立即消失，所以置零信号持续时间极短，如果触发器的复位速度有快有慢，则可能动作慢的触发器还未来得及复位，置零信号已经消失，从而导致电路误动作。因此，采用这种连接法的电路可靠性不高，通常把置零信号再接一个 RS 触发器就能解决。

2. 大于单芯片计数量的 *N* 进制计数器（计数器扩展法）

当要求 N 进制计数器的 N 大于 16 时，就需要用多片 74LS161 进行级联扩展，得到相应的 N 进制计数器。

例 4-2　用两片 74LS161 计数器接成 256 进制计数器。

解　图 4-44 所示电路为 256 进制计数器。第一片的进位输出 R_C 作为第二片的 P 和 T 输入，每当第一片计成 1 1 1 1 时 R_C 变为 1，下个 CP 信号到达时第二片为计数工作状态，第二片加 1，而第一片回零为 0 0 0 0，此时第一片的 R_C 变为 0，使第二片处于保持状态；第一片每从 0 0 0 0～1 1 1 1 循环 1 次，第二片加 1，直到两片都为 1 1 1 1，计满 256 次。第一片的 P 和 T 恒接 1，始终处于计数状态，每来一次脉冲即进行加 1 操作。

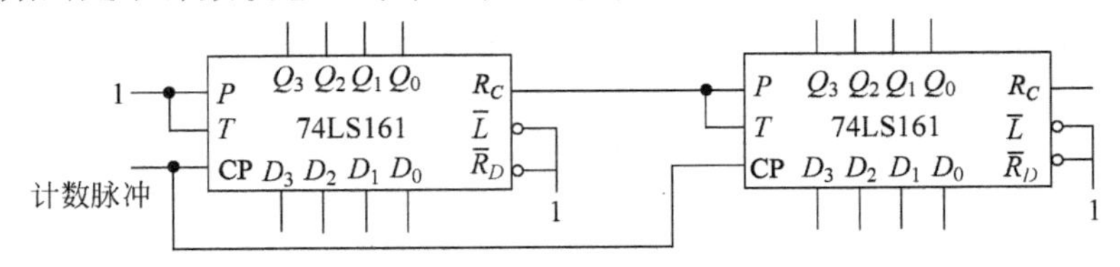

图 4-44　用两片 74LS161 级联扩展的 256 进制计数器

习　题

4.1　钟控 RS 触发器如图 4-3 所示，其输入信号波形如图 4-45 所示，请画出输出端 Q、$\overline{Q}$ 的对应波形。设触发器初态为“0”。

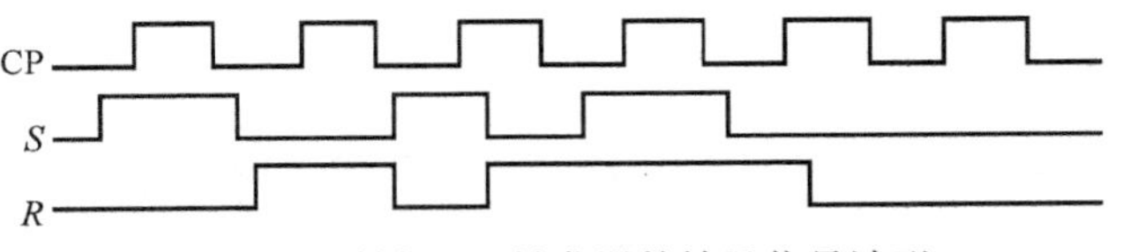

图 4-45　钟控 RS 触发器的输及信号波形

4.2　钟控 D 触发器如图 4-5 所示，其输入信号波形如图 4-46 所示，请画出输出端 Q、$\bar{Q}$ 的对应波形。设触发器初态为“0”。

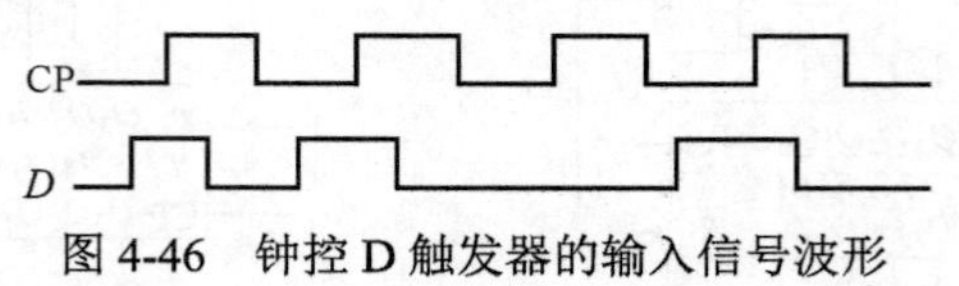

图 4-46　钟控 D 触发器的输入信号波形

4.3　负边沿触发（也称下降沿触发）的 JK 触发器的输入信号波形如图 4-47 所示，请画出输出端 Q、$\bar{Q}$ 的对应波形。设触发器初态为“0”。

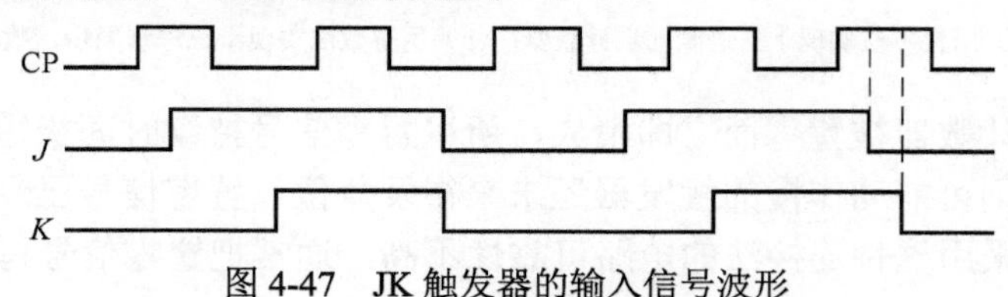

图 4-47　JK 触发器的输入信号波形

4.4　上升沿触发的维持-阻塞 D 触发器的输入信号波形如图 4-48 所示，请画出输出端 Q、$\bar{Q}$ 的对应波形。设触发器初态为“0”。

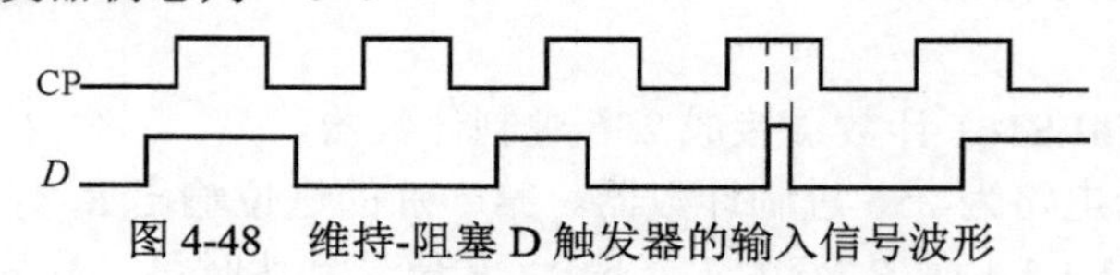

图 4-48　维持-阻塞 D 触发器的输入信号波形

4.5　设图 4-49 中各个边沿触发器的初态均为“0”，请画出连续 4 个时钟脉冲作用下输出 Q 的波形图。

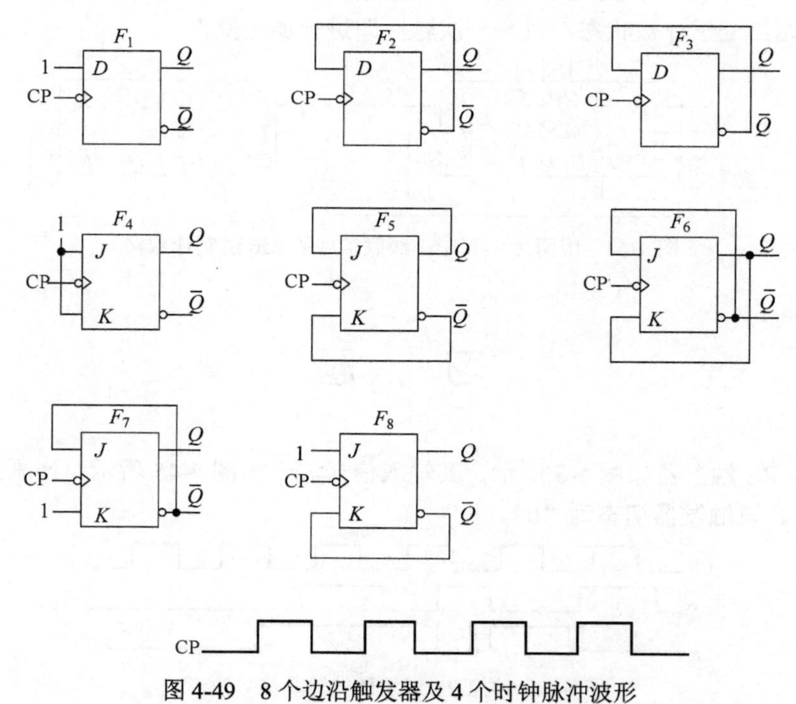

图 4-49　8 个边沿触发器及 4 个时钟脉冲波形

4.6 用D触发器及相应门，实现D触发器功能转换到JK触发器功能的设计。

4.7 用JK触发器及相应门，实现JK触发器功能转换到D触发器功能的设计。

4.8 分析图4-50所示的时序电路，并画出时序图，简述其所实现的功能。

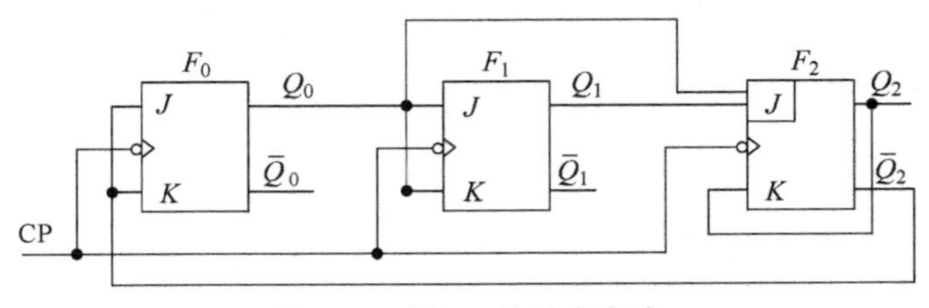

图4-50 题4.8的时序电路

4.9 分析图4-51所示的时序电路，并画出时序图。它可用作什么？设起始状态为$Q_0Q_1Q_2Q_3$=0001。

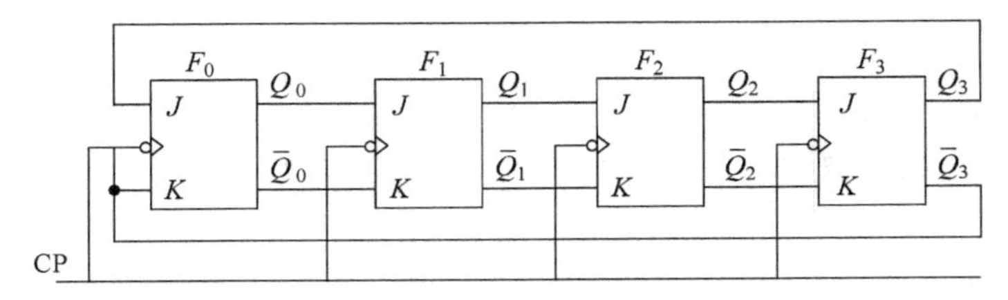

图4-51 题4.9的时序电路

4.10 用下降沿触发的边沿JK触发器，设计一个四位寄存器。

4.11 用上升沿触发的D触发器，设计一个四位右移寄存器。

4.12 用下降沿触发的边沿JK触发器和“与非”门，设计一个按自然态序进行计数的十六进制同步加法计数器。

4.13 用下降沿触发的边沿JK触发器和“与非”门，设计一个按自然态序进行计数的十六进制同步减法计数器。

4.14 用上升沿触发的D触发器和相应的门，设计一个按自然态序进行计数的八进制同步加法计数器。

4.15 用下降沿触发的边沿JK触发器和相应的门，设计一个按自然态序进行计数的五进制同步加法计数器。

4.16 分析图4-52所示电路，画出时序图，并指出它是几进制计数器。

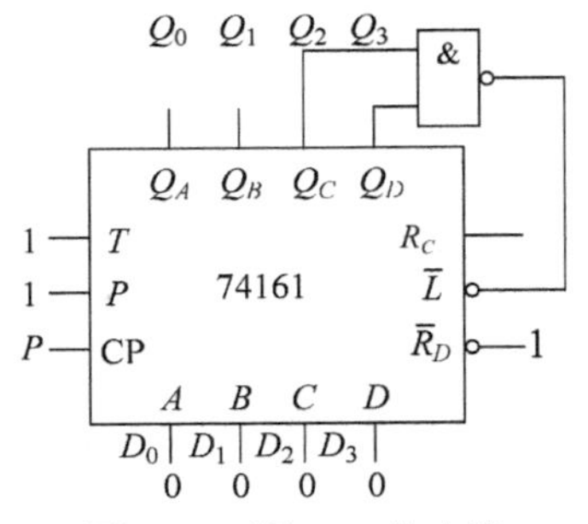

图4-52 题4.16的电路

4.17　分析图 4-53 所示电路，画出 Q_3 和 G_1 的时序图，并指出它是几进制计数器。

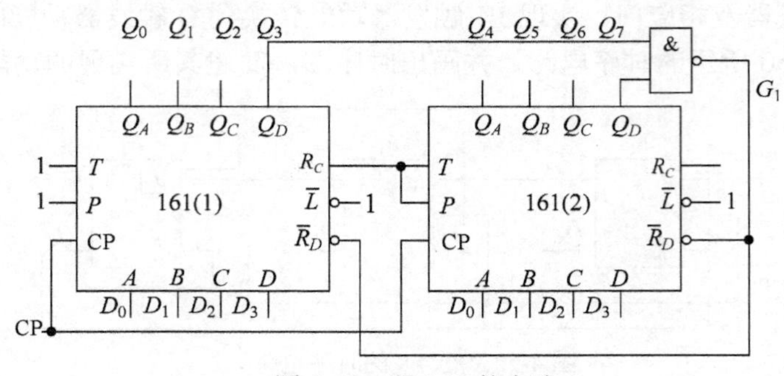

图 4-53　题 4.17 的电路

4.18　试分别画出用 74LS161 的异步清零和同步置数功能构成的下列计数器的连线图：

（1）六进制计数器；

（2）十三进制计数器；

（3）六十进制计数器；

（4）一百三十进制计数器。

第 5 章 只读存储器与可编程逻辑器件

本章主要介绍只读存储器（ROM）和可编程逻辑器件（PLD）。内容有只读存储器的功能、结构与应用，可编程逻辑器件的结构特点、工作原理和使用方法。

5.1 只读存储器（ROM）

只读存储器（Read Only Memory，ROM）因工作时其内容只能读出而得名，信息一旦写入就不能或不易再修改。按照数据写入方式的特点，只读存储器分成掩膜 ROM（MROM）、可编程 ROM（PROM）、可擦除可编程 ROM（EPROM）和电可擦除可编程 ROM（E^2PROM）四种。

掩膜 ROM 的内容是在掩膜版的控制下，由厂家在生产过程中写入的，出厂时已完全固定下来，使用时不能更改；可编程 ROM 简写为 PROM，其内容可由用户编好后写入，但只能写一次，一经写入就不能再更改；可擦除可编程 ROM 简写为 EPROM，用户使用专用设备将信息写入，写入后还可以用专门方法（如紫外线照射）将原来的内容擦除，再重新写入新内容，可反复使用；电可擦除可编程 ROM 又叫 E^2PROM，它与 EPROM 相似，只是擦除方法改为电方法，而不再使用紫外线，目前只读存储器都采用 E^2PROM，前三种都已被淘汰。

5.1.1 ROM 的结构

图 5-1 所示是 ROM 的内部结构示意，输入 n 位地址（$A_0 \cdots A_{n-2}A_{n-1}$），经地址译码器译码后，产生 2^n 个输出信号（$W_0 \cdots W_{2^n-2}W_{2^n-1}$）作为存储单元地址标记，每个单元都有一个相应的地址，例如 0 单元的地址就是 W_0，1 单元的地址就是 W_1，…，2^n-1 单元的地址就是 W_{2^n-1}，W_i 线又叫作字线。每个地址中存储的二进制数据 $D_0 \cdots D_{b-2}D_{b-1}$ 为单元的宽度。例如，若要把 1 单元存储的 b 位二进制数据读出来，则只需要令 n 位地址（$A_{n-1}A_{n-2} \cdots A_2A_1A_0$）=00…001 即可，因这时地址译码器输出的地址是 W_1=1，选中 1 单元，输出 1 单元中的 b 位二进制数据。

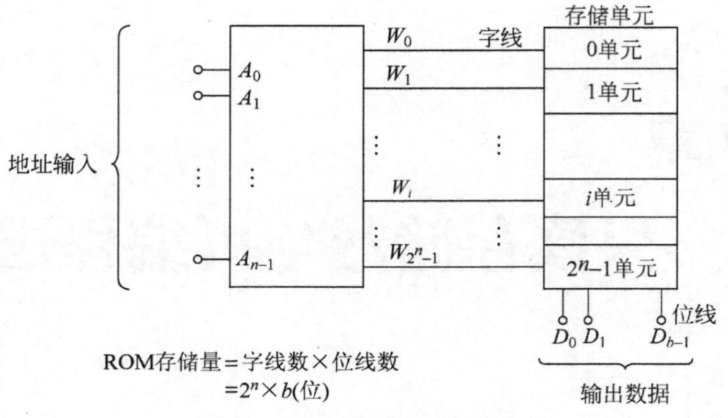

图 5-1 ROM 的内部结构示意

5.1.2 ROM 的工作原理

图 5-2 给出了一个示意性的 4×4 ROM 的电路结构和它的简化框图。图中 A_0、A_1 为地址输入线，D_0～D_3 为一个字单元的 4 根位线。电路图上半部分由二极管“与”门阵列组成的 2-4 译码器作为 ROM 的地址译码器，译码器输出为字线 W_0～W_3。ROM 的存储矩阵由电路图下半部分的二极管“或”门阵列组成。A_0、A_1 在 00～11 中取值，W_0～W_3 中必有一根被选中为 1 且唯一一根被选中。此时，若位线与该字线交叉点上跨接有二极管，则该二极管导通，使相应的位线输出为 1；若位线与该字线交叉点无二极管，则相应的位线输出为 0。例如，当 A_1=1，A_0=0 时，W_2 字线上译码器跨接的两个二极管都截止，使字线 W_2=1（此时其他字线 W_0、W_1、W_3 上译码器跨接的二极管都有导通情况，使 W_0=0，W_1=0，W_3=0），

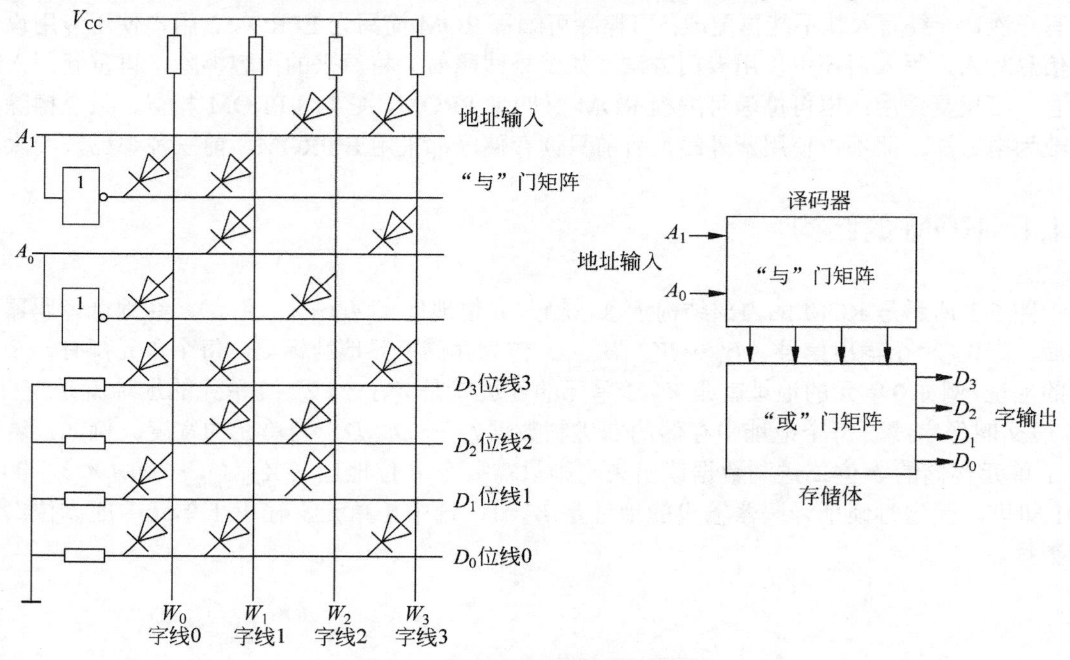

图 5-2 4×4 ROM 电路结构和框图

D_2、D_1与W_2交叉点上跨接有二极管，D_0、D_3与W_2交叉点上无二极管，输出的字单元内容$D_3D_2D_1D_0$=0110。

从存储功能来看 ROM 的结构，它由地址译码器和只读的存储矩阵两部分组成。地址译码器根据输入地址码译出相应的字线，然后从位线读出对应字单元的内容。从逻辑关系来看ROM，它是由“与”门阵列和“或”门阵列构成的组合逻辑电路。上述 ROM 的地址译码器是一个由 4 个“与”门组成的 2-4 译码器，产生A_0、A_1两个变量的 4 个最小项，存储矩阵中的 4 个“或”门将相应的最小项“或”起来产生 4 个给定的函数D_0～D_3。

将上述 4×4 ROM 的输入、输出关系用表 5-1 所示的真值表来表示，该表的行是每个地址码所对应的字单元内容，列则是 4 个输出的 2 变量函数的逻辑关系。

表 5-1　4×4ROM 的逻辑真值表

A_1	A_0	W_3	W_2	W_1	W_0	D_3	D_2	D_1	D_0
0	0	0	0	0	1	1	0	1	1
0	1	0	0	1	0	1	1	0	1
1	0	0	1	0	0	0	1	1	0
1	1	1	0	0	0	1	0	0	1

为简化设计过程，将图 5-2 中的 ROM 电路表示成图 5-3 所示的简化图，图中略去了电源、电阻、二极管等，只在“与”阵列中和“或”阵列中跨接有二极管的交叉处，加小黑点表示有二极管；而无二极管的交叉处不加小黑点，这种与 ROM 电路的真值表有一一对应关系的简化图称为“ROM 阵列逻辑图”。

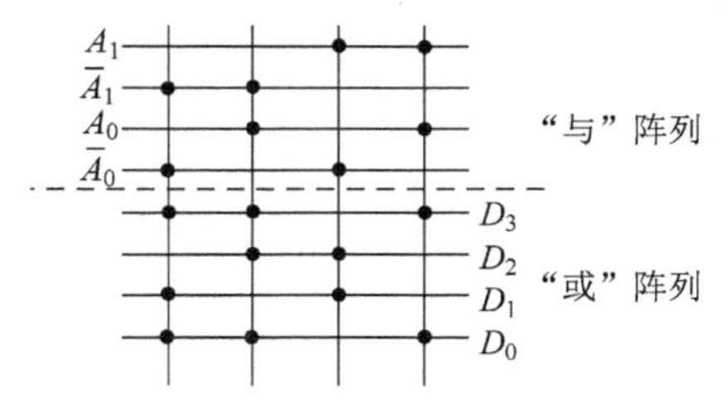

图 5-3　图 5-2 所示 ROM 电路的简化图

5.1.3　ROM 制造技术简介

ROM 存储“1”或“0”信息是靠字线、位线交叉点有无跨接二极管来实现。当有二极管跨接时，表示此交叉点存“1”；当无二极管跨接时，表示此交叉点存“0”。简单地说，ROM 就是以通与断的状态来表示消息，通表“1”，断表“0”，二极管本身不能像触发器一样存“1”或“0”信息。交叉点除了跨接二极管外，还可跨接晶体三极管、MOS 管等构成基本耦合单元。

掩膜 ROM 中的信息已经在制造过程中通过掩膜工艺存入，出厂后用户不能再对其进行修改。掩膜 ROM 材料成本低廉，但掩膜制作成本较高，适用于大批量成熟产品的定制生产。

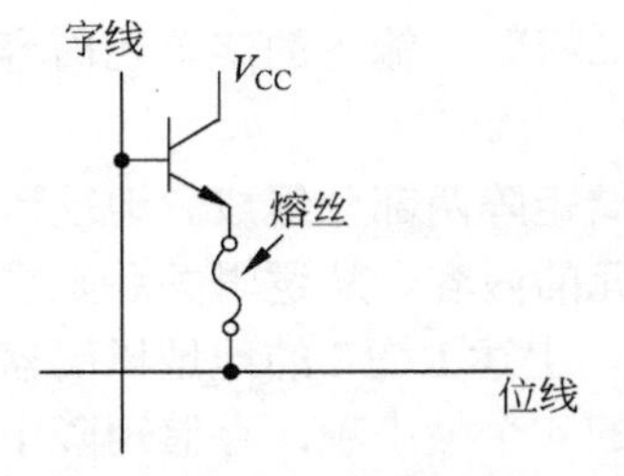

图 5-4 PROM 单元熔丝交叉点

为了使用户能够自己写入信息，人们研制出可编程 ROM，即 PROM 产品。PROM 在晶体管的发射极与列选通线之间用熔丝进行连接，从而可使用户编程写入信息。在未编程的情况下，各存储单元的内容都是“1”；用户使用专门设备，通过专用软件对交叉点编“1”或“0”，所有交叉点确定“1”或“0”后，进行烧制，即该交叉点存“1”则熔丝保留，若该交叉点存“0”则烧断此点的熔丝(对此点加高电压)，因此其称为可编程 ROM。由于熔丝烧断后不可恢复，所以 PROM 只能被用户编程一次，以后不能再修改。熔丝交叉点如图 5-4 所示。

RROM 只能写入一次信息，也不是很方便，因此人们后来又研制出了 EPROM，即可擦除可编程 ROM，用户可对其反复编程。EPROM 的基本耦合单元采用浮栅雪崩注入 MOS 管，也称 FAMOS 管。FAMOS 管的栅极完全被二氧化硅绝缘层包围，因无导线外引呈悬浮状态，故称为“浮栅”。图 5-5 所示为由 N 沟道 FAMOS 管构成的 EPROM 基本耦合单元。EPROM 出厂时，所有 FAMOS 管的浮栅不带电荷，FAMOS 管不导通，位线呈现“1”状态；若 FAMOS 管漏极 D 接高于正常工作电压的电压（+25 V），则漏-源极间瞬间产生“雪崩”击穿，浮栅累聚正电荷，使 FAMOS 管导通，位线呈现“0”状态。待高电压撤销后，由于浮栅中的电荷无处泄漏，所存信息也不会丢失。这种 EPROM 芯片上有一个石英玻璃窗口，当紫外线照射这个窗口时，所有 FAMOS 浮栅中的电荷都会消失（照射 10～20 分钟），EPROM 恢复到全“1”的初始状态，又可重新写入新的内容。写入内容的 EPROM，必须用不透光的胶布将石英玻璃窗口封住，以免所存信息丢失。

用紫外线擦除的 EPROM 虽具备可擦除重写的功能，但擦除操作复杂，擦除速度很慢。为克服这些缺点，人们又研制成了可以用电信号擦除的可编程 ROM，这就是 E^2PROM（或 EEPROM）。

在 E^2PROM 存储单元中采用一种浮栅隧道氧化层 MOS 管，简称 Flotox 管，结构如图 5-6 所示。

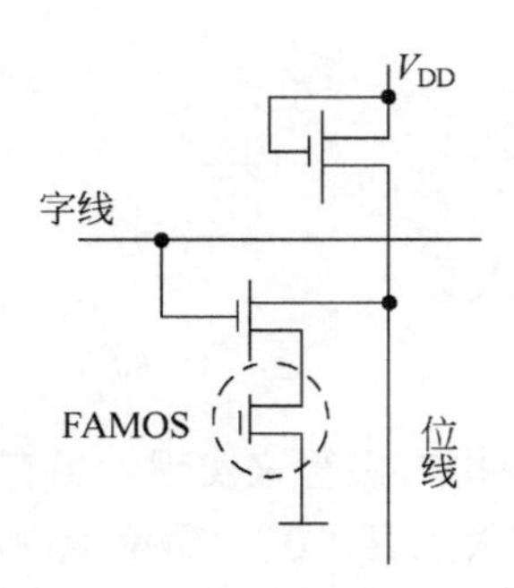

图 5-5 FAMOS 基本耦合单元

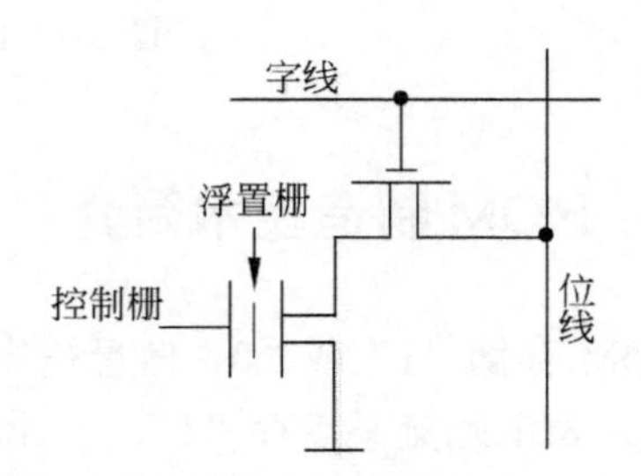

图 5-6 E^2PROM 存储单元

Flotox 管有两个栅极——控制栅和浮置栅。写“1”时对控制栅加+20 V 电压，位线接“0”电平，此时浮置栅充电，存储电荷，使 Flotox 管开启电压达到+7 V，而正常工作电压为+3 V，所以 Flotox 管不导通，表示该交叉点存“1”。写“0”时对控制栅加 0 V 电压，位线加+20 V

电压，此时浮置栅放电，没有电荷，使 Flotox 管的开启电压接近 0 V，因正常工作电压为+3 V，Flotox 管导通，使得该交叉点处于接地状态，表示存“0”，控制栅加+20 V 或 0 V 电压就是用电擦除方法，而正常读操作，控制栅为+3 V 工作电压。一个字节擦除后，所有的存储单元均为“1”状态。

E^2PROM 之后人们又研制出了快闪存储器（Flash Memory），它是当今用途广泛的只读存储器。它是在 EPROM 和 E^2PROM 制造技术的基础上发展起来的一种新型的电可擦除可编程存储器元件。它的存储单元结构与 E^2PROM 类似，主要差别是栅极氧化层厚度不同。快闪存储单元的氧化层较薄，这使其具有更好的电可擦性能。快闪存储器的擦除、重写的速度比 E^2PROM 快，初期的快闪存储器只能进行全片的擦除，不能擦除一个字节。新型快闪存储器则可以擦除一块数据，因而更适于文件存储方面的应用。

快闪存储器在 20 世纪 80 年代末期问世，在 20 世纪 90 年代后期广泛应用，随着集成度的逐年提高，在 2005 年其已达到 256 MB 的容量，专家推测，在不久的将来，它很可能成为较大容量磁性存储器（如 PC 机中的硬盘）的替代产品。

5.1.4 只读存储器（ROM）的应用

前面介绍的 ROM 中的地址译码器由“与”门阵列构成，存储矩阵由“或”门阵列构成。本节从另外一个角度重看 ROM 的构成，以便把 ROM 应用在组合逻辑电路设计中。ROM 中地址译码器的每一根字线输出，实际上就是对应地址编码的一个最小项，地址（A_0～A_n）被看成输入变量，而每一位位线输出则相当于由地址输入变量组成的最小项之和。因为任何组合逻辑电路都可以表示为最小项之和的形式，所以函数式可用 ROM 来实现，取代组合逻辑电路。

例如对于前面的 4×4 ROM 来说，由它的电路图和真值表可以列出各位位线输出与地址输入间的逻辑关系：

$$D_3 = \overline{A}_1\overline{A}_0 + \overline{A}_1A_0 + A_1A_0$$
$$D_2 = \overline{A}_1A_0 + A_1\overline{A}_0$$
$$D_1 = \overline{A}_1\overline{A}_0 + A_1\overline{A}_0$$
$$D_0 = \overline{A}_1\overline{A}_0 + \overline{A}_1A_0 + A_1A_0$$

由此可见，每一位 D_i 均为输入 A_1、A_0 的逻辑函数，ROM 确实可用作组合逻辑的函数发生器。

再举一个用 ROM 实现二进制码→格雷码转换电路的例子。表 5-2 给出了二进制码→格雷码转换对照表，将表中的二进制码 B_3～B_0 作为 ROM 译码器的地址输入，译码器输出字线 M_0～M_{15} 相当于输入变量组合的最小项，格雷码中的每一位 G_3～G_0（即 ROM 或矩阵的输出位线）相当于函数的输出变量。将每一个输出变量所对应的最小项之和在相应的字线、位线交叉处标以小黑点，便得到图 5-7 所示的二进制码→格雷码转换的 ROM 阵列逻辑图。最后，再根据 ROM 阵列逻辑图将信息“烧”入 PROM 或 EPROM，就可以实现二进制码→格雷码转换电路。

表 5-2　二进制码→格雷码转换对照表

二进制码				译码输出	格雷码			
B_3	B_2	B_1	B_0		G_3	G_2	G_1	G_0
0	0	0	0	m_0	0	0	0	0
0	0	0	1	m_1	0	0	0	1
0	0	1	0	m_2	0	0	1	1
0	0	1	1	m_3	0	0	1	0
0	1	0	0	m_4	0	1	1	0
0	1	0	1	m_5	0	1	1	1
0	1	1	0	m_6	0	1	0	1
0	1	1	1	m_7	0	1	0	0
1	0	0	0	m_8	1	1	0	0
1	0	0	1	m_9	1	1	0	1
1	0	1	0	m_{10}	1	1	1	1
1	0	1	1	m_{11}	1	1	1	0
1	1	0	0	m_{12}	1	0	1	0
1	1	0	1	m_{13}	1	0	1	1
1	1	1	0	m_{14}	1	0	0	1
1	1	1	1	m_{15}	1	0	0	0

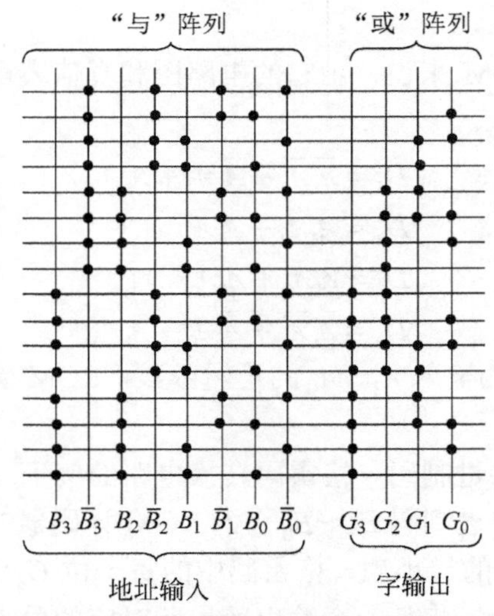

图 5-7　二进制码→格雷码制转换的 ROM 阵列逻辑图

从上述例子可以看出，用 ROM 设计组合逻辑电路的过程不需要进行函数化简，对技巧性的要求大大降低。另外，ROM 芯片的集成度远高于门电路芯片，用 ROM 实现逻辑电路可以大幅度减少所用的芯片数。再有，ROM 具有多位输入地址线和多位字长的输出位线，对于多输入、多输出的逻辑电路来其优越性更大。

5.2 可编程逻辑器件

可编程逻辑器件（Programmable Logic Device，PLD）是可由用户编程、配置的一类逻辑器件的泛称。自 20 世纪 80 年代以来，PLD 的发展非常迅速。目前生产和使用的 PLD 产品主要有可编程逻辑阵列（Programmable Logic Array，PLA）、可编程阵列逻辑（Programmable Array Logic，PAL）和通用阵列逻辑（Generic Array Logic，GAL），另外还有现场可编程门阵列（Field Programmable Gate Array，FPGA）。

20 世纪 90 年代中后期人们又推出在系统可编程（In System Programmability，ISP）产品，这种产品无须在编程器上对器件编程，即允许对焊在系统板上的器件实现在线编程，也就是通过下载电缆对印制板上的器件进行编程，从而大大提高了系统的可靠性，降低了系统成本。

5.2.1 可编程逻辑阵列（PLA）

上节介绍的各种只读存储器，从结构上可以将它们看成由一个固定的“与”门阵列（地址译码器）和一个可编程的“或”门阵列（存储矩阵）组成的器件，可用以实现各种“与-或”逻辑函数。只读存储器 ROM 采用固定的“与”门阵列作为完全地址译码器，译码器的每一根输出线对应一个最小项，n 个输入变量必须对应全部的 2^n 个最小项。ROM 存储矩阵中的存储单元，根据函数真值表或表达式最小项的要求写入相应的内容。因此，一个地址码只能读出一个存储单元，反过来一个存储单元也只能被一个地址码选中，ROM 的地址码与存储单元有一一对应的关系。这样，即使有多个存储单元的内容是相同的也必须重复存储，这对于芯片面积是一种浪费，通常用 ROM 实现函数要浪费 50%以上的芯片面积。

可编程逻辑阵列（PLA），其基本结构也是由“与”门阵列和“或”门阵列组成，但 PLA 的“与”门阵列和“或”门阵列均是可编程的。

ROM 的“与”门阵列不管函数式中是否包含所需最小项，一律给出，而 PLA 通过编程只产生所需要的乘积项，此乘积项是对函数所包含的最小项进行化简得到的，这样就使“与”逻辑阵列和“或”逻辑阵列所需要的规模大为减小，从而有效地提高了芯片的利用率。

用 PLA 进行组合逻辑电路设计时，只要将函数转换成最简“与或”式，再根据最简“与或”式画出逻辑阵列图就可以了。

以 5.1 节的二进制码→格雷码转换电路为例，用 PLA 进行组合逻辑电路设计。根据表 5-2 给出的二进制码→格雷码转换对照表列出逻辑表达式，并用卡诺图化简法转换成最简“与或”式：

$$G_3 = \sum m(8, 9, 10, 11, 12, 13, 14, 15) = B_3$$

$$G_2 = \sum m(4, 5, 6, 7, 8, 9, 10, 11) = B_3\overline{B}_2 + \overline{B}_3B_2$$

$$G_1 = \sum m(2, 3, 4, 5, 10, 11, 12, 13) = B_2\overline{B}_1 + \overline{B}_2B_1$$

$$G_0 = \sum m(1, 2, 5, 6, 9, 10, 13, 14) = B_1\overline{B}_0 + \overline{B}_1B_0$$

根据所得的最简“与或”式中出现的“与”项，列出 PLA 的“与”阵列，然后再根据表达式中的“或”关系，列出 PLA 的“或”阵列，由此便得到图 5-8 所示的 PLA 阵列逻辑图。

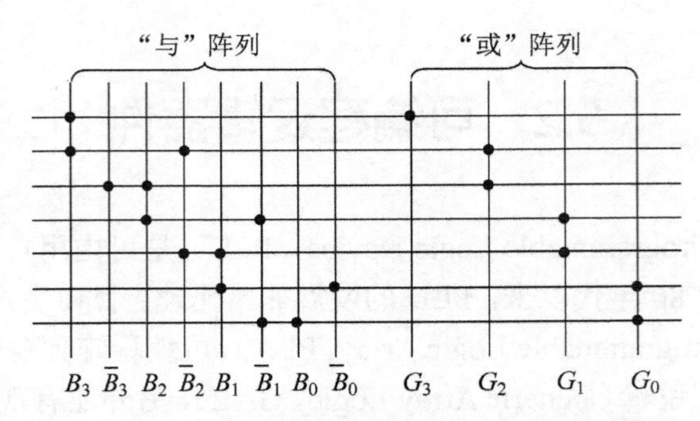

图 5-8　二进制码→格雷码转换的 PLA 阵列逻辑图

从图 5-8 中可以看出，由于最简"与或"式中共出现了 7 个"与"项，所以 PLA 的"与"阵列中只要 7 根字线（每根字线对应一个"与"项）；共有 $G_0 \sim G_3$4 个表达式，每个表达式都是"与或"形式，这样"或"阵列需要 4 根位线分别代表 $G_0 \sim G_3$。如此设计的 PLA 中，"与"阵列只需 7×8=56 个交叉点，"或"阵列需 7×4=28 个交叉点，共计 56+28=84 个交叉点，而用 ROM 需要 16×8+16×4=192 个交叉点，芯片面积可省 50%以上。

上述 PLA 只能用来实现组合逻辑电路，故称为组合 PLA。若在 PLA 中加入触发器阵列，就可用它实现时序逻辑电路，这种 PLA 称为时序 PLA。图 5-9 所示为用 PLA 和 D 触发器组成的十进制同步计数器，其中，设置了 4 个 D 触发器。4 个触发器的驱动方程如下（A 为最低位）：

$$D_A = \overline{Q}_A$$
$$D_B = \overline{Q}_A Q_B + Q_A \overline{Q}_B \overline{Q}_D$$
$$D_C = \overline{Q}_A Q_C + \overline{Q}_B Q_C + Q_A Q_B \overline{Q}_C$$
$$D_D = \overline{Q}_A Q_D + Q_A Q_B Q_C \overline{Q}_D$$

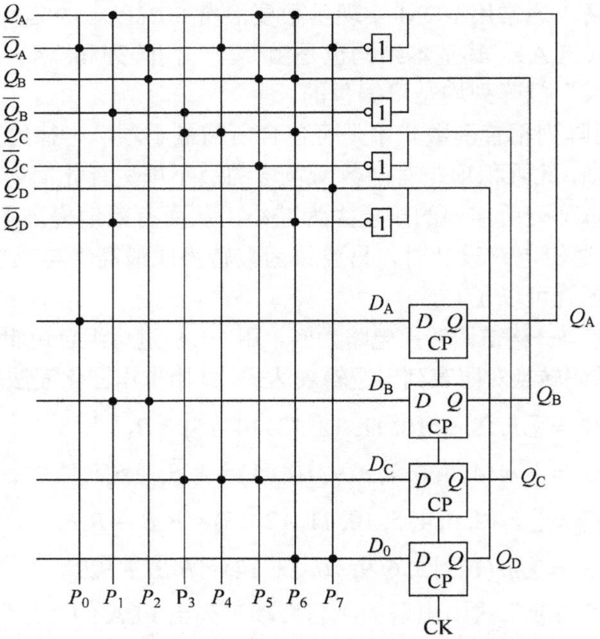

图 5-9　由 PLA 和 D 触发器组成的十进制同步计数器

"与"项为 $P_0 \sim P_7$：

$$P_0=\overline{Q}_A$$
$$P_1=Q_A\overline{Q}_B\overline{Q}_D$$
$$P_2=\overline{Q}_AQ_B$$
$$P_3=\overline{Q}_BQ_C$$
$$P_4=\overline{Q}_AQ_C$$
$$P_5=Q_AQ_B\overline{Q}_C$$
$$P_6=Q_AQ_BQ_C\overline{Q}_D$$
$$P_7=\overline{Q}_AQ_D$$

D 端的逻辑表达式为：

$$D_A=P_0$$
$$D_B=P_1+P_2$$
$$D_C=P_3+P_4+P_5$$
$$D_D=P_6+P_7$$

由于 PLA 出现较早，当时缺少成熟的编程工具和高质量的配套软件，且其速度慢、价格高，故被后来的 PAL、GAL 取代。

5.2.2 可编程阵列逻辑（PAL）简介

20 世纪 70 年代末推出的可编程阵列逻辑（PAL），在阵列控制方式上作了较大的改进。PAL 由可编程的"与"门阵列和固定的"或"门阵列构成，"或"门阵列中每个"或"门的输入与固定个数的"与"门输出（即地址输入变量的某些"与"项）相连，每个"或"门的输出是若干个"与"项之和。由于"与"门阵列是可编程的，也即"与"项的内容可由用户自行编排，所以 PAL 可用来实现各种逻辑关系。

根据输出结构类型的不同，PAL 有多种不同的型号，但它们的"与"门阵列都是类似的。组合输出型 PAL 适用于构成组合逻辑电路，常见的有"或"门输出、"或非"门输出和带互补输出端的"或"门等。"或"门的输入端一般为 2～8 个，有些输出端还可兼作输入端。寄存器输出型 PAL 适用于构成时序逻辑电路。

PAL 配有专用的编程工具和相应的汇编语言级开发软件，与早期 PLA 的手工开发方法相比有了较大的改进。

5.2.3 通用阵列逻辑（GAL）简介

虽然 PAL 给逻辑设计提供了较大的灵活性，但由于它采用的是熔丝工艺，一旦编程完成后，就不能再作修改。另外，PAL 的输出级采用固定的输出结构，对不同输出结构的需求只能通过选用不同型号的 PAL 来实现。这些都给用户带来不便。

通用逻辑阵列（GAL）是 20 世纪 80 年代推出的新型可编程逻辑器件，它的基本结构与 PAL 类似。不同之处是，GAL 采用了电可擦除（E^2CMOS）的工艺，并且它的输出结构是可编程的。

GAL 按门阵列的可编程程度，可以分为两大类。一类是与 PAL 基本结构类似的普通型 GAL 器件，它的“与”门阵列是可编程的，“或”门阵列是固定连接的，如 GAL16V8 就是这一类器件；另一类是新一代 GAL 器件，它的“与”门阵列和“或”门阵列都是可编程的，如 GAL39V18。

GAL 采用的高速 E^2CMOS 工艺，使用户可以用电气的方法在数秒内完成芯片的擦除和编程操作。另外，GAL 的输出结构采用的输出逻辑宏单元（OLMC）是可编程的，用户可以自行定义所需的输出结构和功能。因此，一片 GAL 芯片可以反复编程使用数百次，并且一种型号的 GAL 器件可以兼容数十种 PAL 器件，这给开发工作带来了极大的灵活性和方便。另外，GAL 配有丰富的计算机辅助设计软件，这使它的应用得到了更广泛的普及。

5.2.4 实例介绍

MACH 1 和 MACH 2 系列器件是 VANTIS 公司（AMD 的可编程逻辑器件公司）的第一代高密度、电可擦除、CMOS 宏阵列可编程逻辑器件，它是在 PAL、PALCE（相当于 GAL）结构的基础上发展起来的复杂可编程逻辑器件（CPLD），由多个 PAL 块和可编程开关矩阵互联而成。它采用 0.8 μm E^2CMOS 工艺制造。

1. MACH 1、2 系列器件的命名

MACH 1、2 系列器件分为商用产品和工业用产品，其命名一般由六部分组成。现以 MACH111SP-5JC 为例介绍各部分的意义，如图 5-10 所示。

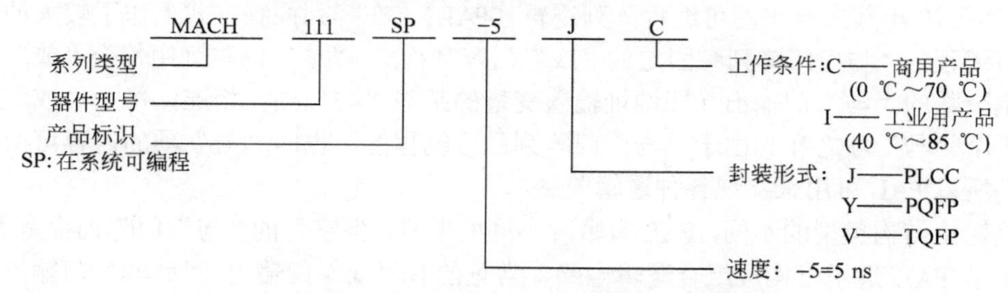

图 5-10 MACH 1、2 系列器件命名示意

1）系列类型

“MACH”表示 CMOS 高速宏阵列系列器件。

2）器件型号

该系列器件有 111、131、211、221、231 五种型号，各种器件内含的宏单元数目不同。

3）产品标识

“SP”表示在系统可编程器件，若此项空白，则表示标准器件，即无在系统可编程功能。

4）速度

“–5”表示器件的 t_{PD}=5 ns；商用器件的 t_{PD} 有 5 ns、6 ns、7 ns、10 ns、12 ns 和 15 ns 共 6 种；工业器件有 7 ns、10 ns、12 ns、14 ns 和 18 ns 共 5 种。

5）封装形式

“J”表示 PLCC 封装，“V”表示 TQFP 封装，“Y”表示 PQFP 封装。其对应引脚数不同，具体请参看有关资料。

6）工作条件

“C”表示商用器件（0 ℃～+70 ℃），“I”表示工业用器件（–40 ℃～+85 ℃）。

2. MACH 1、2 系列器件的结构

MACH 1、2 系列所有器件的基本结构均相同，区别仅为容量差别。这种结构极大地方便了设计者对设计的移植。

MACH 1、2 系列器件的基本结构如图 5-11 所示，它们由多个 PAL 块和一个可编程开关矩阵组成。每个 PAL 块内又含有多个宏单元，MACH 1 系列器件仅含有输出宏单元，而 MACH 2 系列既含有输出宏单元，又含有隐埋宏单元。除此之外，这两个系列的基本结构与特性相同。

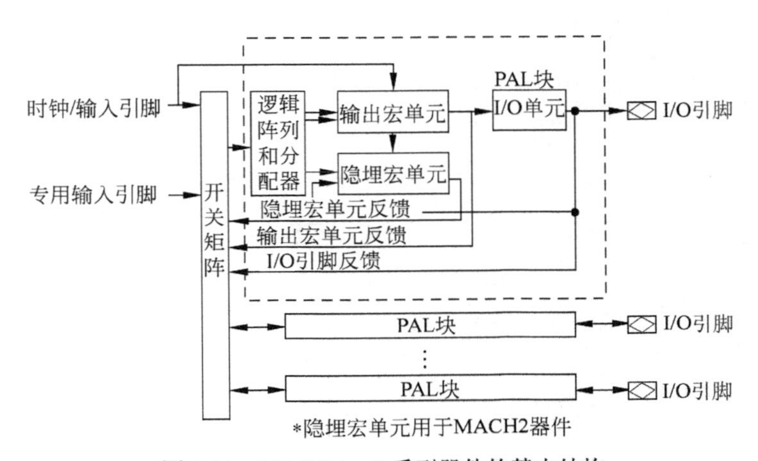

图 5-11　MACH 1、2 系列器件的基本结构

3. MACH 1、2 开关矩阵

开关矩阵在各 PAL 块之间以及 PAL 块和输入之间提供互联网络。开关矩阵接收来自所有专用输入和输入给开关矩阵的信号，并将其连接到所要求的 PAL 块，返回到同一个 PAL 块本身的反馈信号也必须经过开关矩阵。正是这种互联机制保证了 MACH 器件中各 PAL 块之间的相互通信都具有一致的、可预测的延时。

开关矩阵将芯片上的几个独立的 PAL 器件组合成为一个 MACH 器件。设计者在设计时，无须关心其内部结构，完全由设计软件对开关矩阵自动配置，并将设计自动分配到各个 PAL 块。

4. MACH 中的 PAL 块

PAL 块可以视为芯片内独立的 PAL 器件。只有通过开关矩阵，各 PAL 块之间才能通信。每个 PAL 块由乘积项阵列、逻辑分配器、宏单元和 I/O 单元组成。MACH 1、2 系列器件的 PAL 块的基本结构相同，区别仅在于宏单元数、I/O 数等。本书以 MACH 111 为例介绍 PAL 块的结构和功能。

MACH 111 器件的 PAL 块内部结构如图 5-12 所示。它包括一个有 64 个乘积项的逻辑阵列、一个逻辑分配器、16 个宏单元和 16 个 I/O 单元。开关矩阵使每个 PAL 块与 26 个输入相连。每个 PAL 块有 4 个附加的输出使能乘积项，且两个为一组。为了输出使能，将 16 个 I/O

单元分成两组，每组对应 8 个宏单元，每组分配有两个输出使能乘积项。每个 PAL 块内还有两个乘积项，由 16 个宏单元共用，它们分别用于异步复位和异步置位，以对宏单元中的触发器进行初始化。同一个 PAL 块内的所有触发器的初始化同时进行。

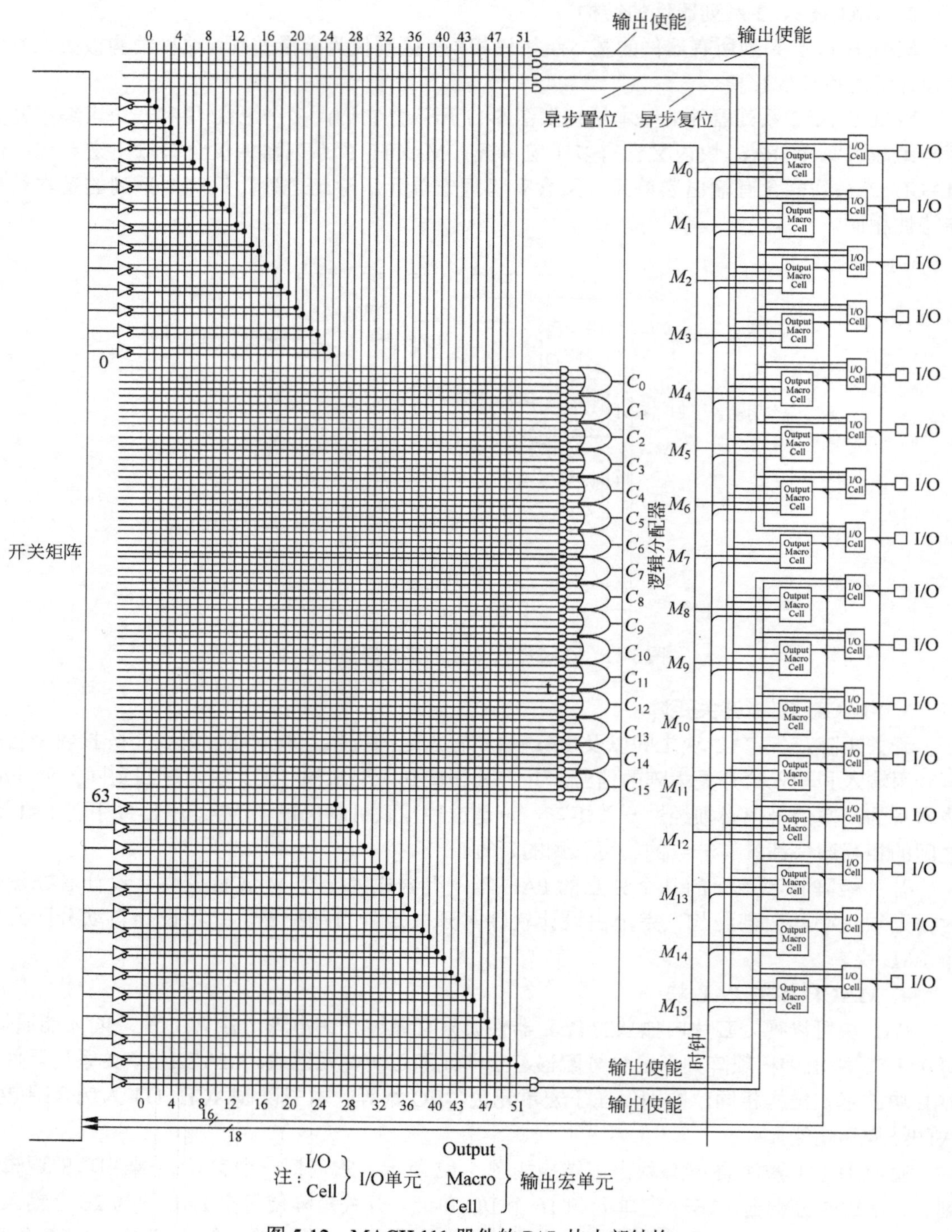

图 5-12　MACH 111 器件的 PAL 块内部结构

1）乘积项阵列

MACH 111 的乘积项阵列由 64 个乘积项和 6 个专用乘积项组成。其中 4 个专用乘积项为可编程输出使能信号，另外两个专用乘积项则分别为异步复位和异步置位。MACH111 中 PAL 块的输入数为 26 个，它们来自开关矩阵。

2）逻辑分配器

图 5-13 是逻辑分配器的原理框图，每 4 个输入乘积项组成一个乘积项簇（Product Term Cluster）。逻辑分配器将它们分配给适当的宏单元，以使乘积项有较高的利用率。MACH111 的逻辑分配器将 64 个乘积项按照需要分配到 16 个宏单元中。驱动每个宏单元的乘积项最多可达 12 个。

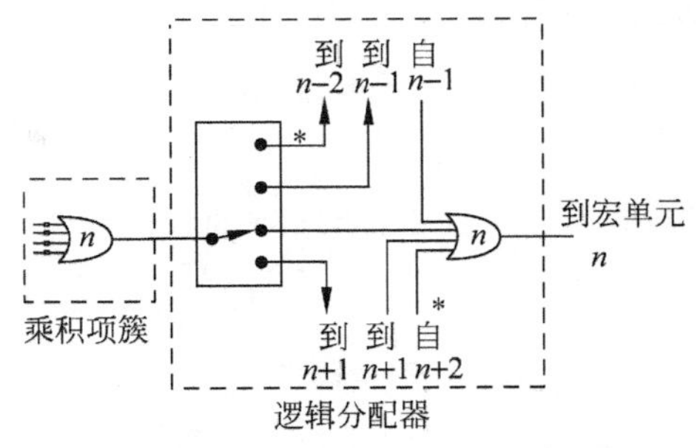

图 5-13 乘积项簇和逻辑分配器

注：仅用于 MACH2

表 5-3 列出了 MACH 111 的 PAL 块中每个宏单元可用的乘积项簇。乘积项簇的利用和分配由软件自动进行。

表 5-3 MACH 111 的逻辑分配

输出宏单元	可用的乘积项	输出宏单元	可用的乘积项
M_0	C_0、C_1	M_8	C_8、C_9
M_1	C_0、C_1、C_2	M_9	C_8、C_9、C_{10}
M_2	C_1、C_2、C_3	M_{10}	C_9、C_{10}、C_{11}
M_3	C_2、C_3、C_4	M_{11}	C_{10}、C_{11}、C_{12}
M_4	C_3、C_4、C_5	M_{12}	C_{11}、C_{12}、C_{13}
M_5	C_4、C_5、C_6	M_{13}	C_{12}、C_{13}、C_{14}
M_6	C_5、C_6、C_7	M_{14}	C_{13}、C_{14}、C_{15}
M_7	C_6、C_7	M_{15}	C_{14}、C_{15}

3）宏单元

MACH 1、2 系列器件有两种宏单元，即输出宏单元和隐埋宏单元。隐埋宏单元仅用于 MACH 2 系列。输出宏单元的结构如图 5-14 所示。它可配置为组合型和寄存器型输出，宏单元的输出送至 I/O 单元，并可经内部反馈送回到开关矩阵。

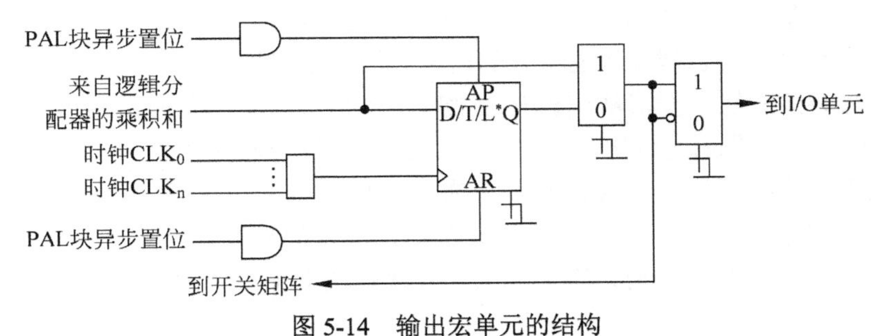

图 5-14 输出宏单元的结构

注：锁存选项 L 仅适用于 MACH2 器件

隐埋宏单元的结构如图 5-15 所示，其输出并不送至 I/O 单元，而只作为内部反馈送回开关矩阵，这样就将组合型或寄存器型功能“隐埋”。利用这种隐埋，可以在不增加引脚数的情况下，将有效使用的宏单元数目增加一倍。

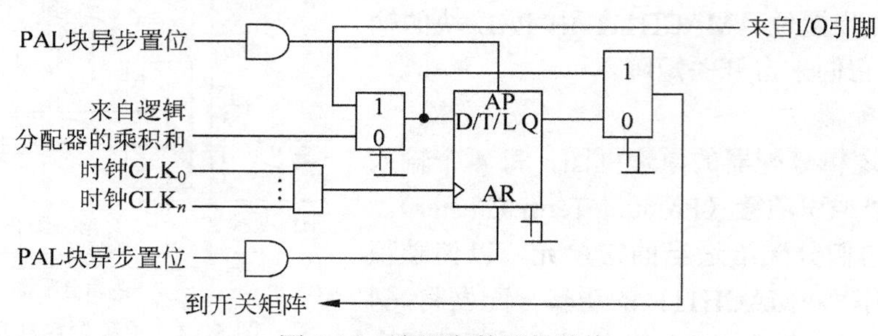

图 5-15 隐埋宏单元的结构

4）I/O 单元

I/O 单元由三态输出缓冲器组成，如图 5-16 所示。该三态缓冲器可通过四选一多路选择器配置为三种方式：永久地允许该缓冲器作为输出缓冲器；永久地禁止输出缓冲器，使该引脚作为输入引脚；用两个乘积项之一控制缓冲器，实现双向端口和总线连接。每个 PAL 块中的 16 个 I/O 单元分成两组，专用的两个乘积项在每个组内公用。两个乘积项用于控制第一组的 8 个三态输出，另两个乘积项用于控制第二组的 8 个三态输出。

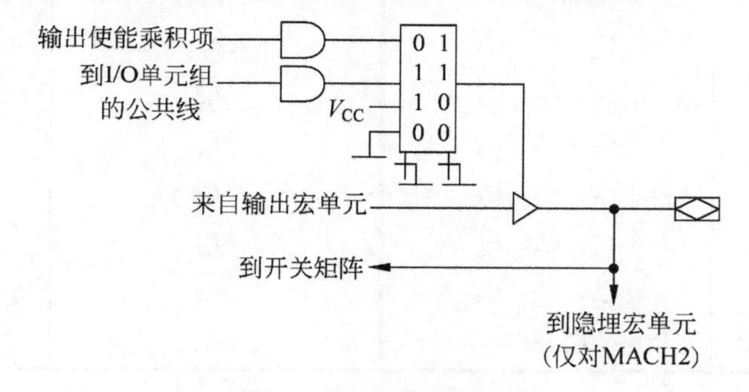

图 5-16 I/O 单元的结构

5. MACH 输出宏单元配置

宏单元中的寄存器可以配置成 T 触发器、D 触发器和锁存器，通过软件进行选择。T 触发器由下降沿触发，D 触发器由上升沿触发，锁存器由低电平打入。

输出宏单元的基本配置结构如图 5-17 所示，它可配置为 8 种基本结构。图 5-17（a）所示为输出高电平有效的组合型，从逻辑分配器输出的信号直接送至 I/O 单元；图 5-17（b）所示为输出低电平有效的组合型，从逻辑分配器输出的信号在宏单元内反相后送至 I/O 单元。图 5-17（c）、（e）所示分别为输出高电平有效的 D 型寄存器和 T 型寄存器，从逻辑分配器输出的信号经过宏单元构成的寄存器送至 I/O 单元；图 5-17（d）、（f）所示分别为输出低电平有效的 D 型寄存器和 T 型寄存器，从逻辑分配器输出的信号经宏单元寄存并反相后送至 I/O 单元。图 5-17（g）、（h）所示分别为输出高电平有效和低电平有效的锁存器，它们仅在 MACH 2 系列器件中使用。

有关 MACH 系列的详细资料请参考清华大学出版社出版的《MACH 可编程逻辑器件及

其开发工具》(第二版，由薛宏熙等编译)。

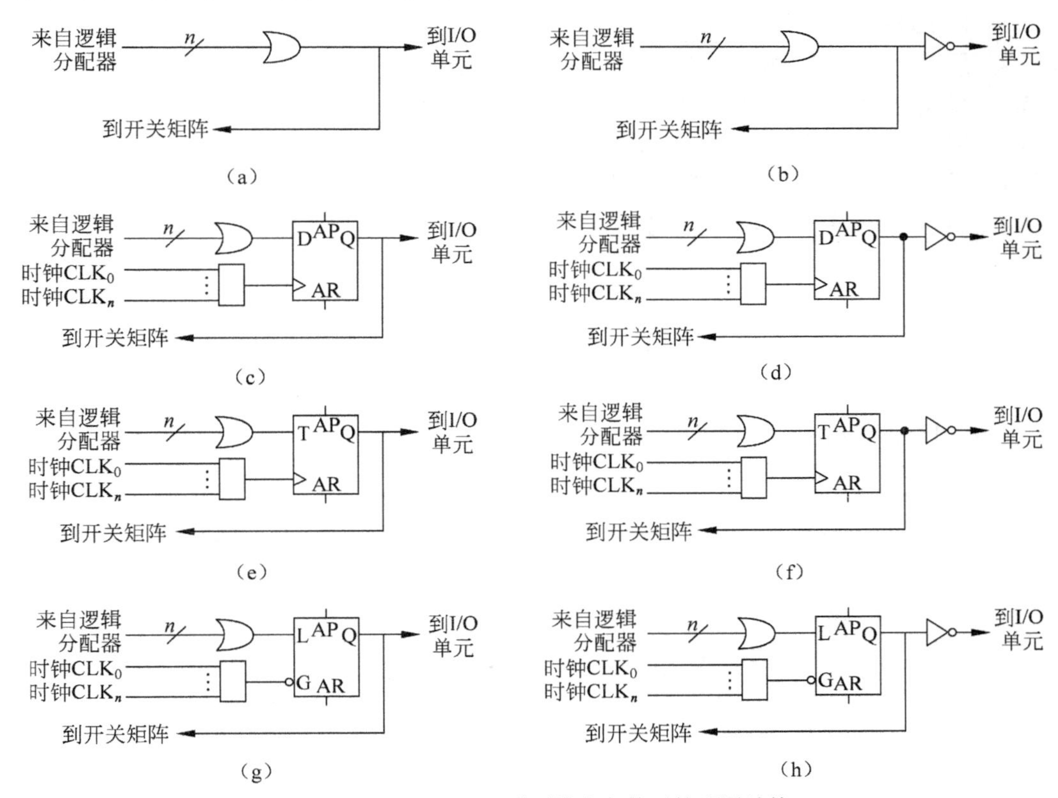

图 5-17 MACH 1、2 系列输出宏单元的配置结构

(a) 组合型配置，输出高电平有效；(b) 组合型配置，输出低电平有效；(c) D 型寄存器配置，输出高电平有效；(d) D 型寄存器配置，输出低电平有效；(e) T 型寄存器配置，输出高电平有效；(f) T 型寄存器配置，输出低电平有效；(g) 锁存器配置，输出高电平有效(仅用于 MACH2)；(h) 锁存器配置，输出低电平有效(仅用于 MACH2)

习 题

5.1 用 ROM 实现表 5-4 所示功能。

表 5-4 真值表

A_2	A_1	A_0	F_2	F_1	F_0	A_2	A_1	A_0	F_2	F_1	F_0
0	0	0	1	1	1	1	0	0	1	0	1
0	0	1	1	1	0	1	0	1	1	0	0
0	1	0	0	0	0	1	1	0	0	1	0
0	1	1	0	0	1	1	1	1	0	1	1

5.2 按制造工艺不同，ROM 可以分为哪几类？请分别说明它们的特点及适用场合。
5.3 用 ROM 阵列逻辑图实现一位全加器。
5.4 用 ROM 阵列逻辑图实现 3 变量多数表决器。
5.5 说明 PLA 电路与 PROM 电路的相同处和不同处。
5.6 用 PLA 实现表 5-4 所示表功。
5.7 用 PLA 实现 3 变量多数表决器。
5.8 用带 D 触发器的 PLA 实现 3 位二进制加 1 计数器。

下　篇

计算机组成原理

第6章 存储器组织

计算机系统中用来存放程序和数据的设备称为存储器。存储器分为高速缓冲存储器、主存储器和辅助存储器。三者间在速度、价格和容量上存在巨大差异，如何分配三者以用较低成本实现大容量、高速度的存储器是计算机体系结构设计中的一个复杂问题。本章介绍各种存储器的工作原理与构成，然后介绍怎样用算法把三者有机结合起来，完成计算机存储器的组织。

6.1 主存储器的构成

主存储器用来存储 CPU 要执行的程序和数据。它由 ROM 和 RAM 两部分组成。ROM 是只读存储器，可以长期保留信息；RAM 是可读可写存储器，它的内容可以随时更新。只读存储器前面已介绍过，本节不再讨论。另外访问存储器的速度与信息所在位置无关的存储器称为随机访问存储器（Random Access Memories，RAM）。主存储器就属于这种存储器。主存储器的容量小、速度快，但价格高，由半导体材料制成。

6.1.1 主存储器芯片

半导体随机访问存储器芯片主要有静态存储器（SRAM）和动态存储器（DRAM）两种。静态存储器芯片的工作速度较高，集成度低，单位价格高；动态存储器芯片的工作速度比 SRAM 低，集成度高，单位价格低。所以目前微机的内存条都采用动态存储器芯片技术。

1. 静态 MOS 存储器与芯片

1）静态 MOS 存储器

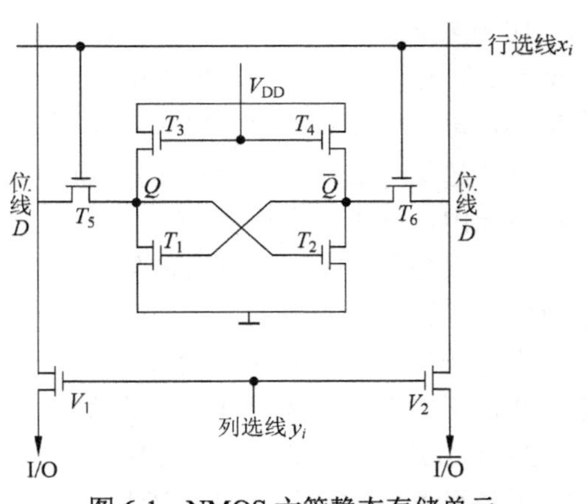

图 6-1　NMOS 六管静态存储单元

图 6-1 所示是 NMOS 六管静态存储单元。T_1、T_2 两个反相器交叉耦合构成一个基本 RS 触发器，可用于存储一位二进制信息，Q 和 $\overline{Q}$ 是触发

器的一对互补输出。若 Q=1，$\bar{Q}$=0，则表示存储的信息为“1”；若 Q=0、$\bar{Q}$=1，则表示存储的信息为 0。T_3、T_4 作为负载管，相当于两个电阻。

对该存储单元进行读写操作必须使行选线 x_i 和列选线 y_j 同时为高，即 x_i=1，y_j=1，此时称为选中该位。

（1）写入。

行选线 x_i（也称字选线）加高电平，使 T_5、T_6 管导通。列选线 y_j 加高电平，使 V_1、V_2 管导通，位线 D 与 $\bar{D}$ 同 I/O 线与 $\overline{\text{I/O}}$ 线接通。

① 写“0”：数据线 I/O=0，$\overline{\text{I/O}}$=1，使位线 D=0，位线 $\bar{D}$=1。

因 D=0，通过 T_5 管传给 Q 点，使 Q 点为低（写入“0”），T_2 管截止。而 $\bar{D}$ 通过 T_6 管给 T_1 管栅极加高电压，使 T_1 管导通，加快 Q 点为低电平的进程。

② 写“1”：数据线 I/O=1，$\overline{\text{I/O}}$=0，使位线 D=1，$\bar{D}$=0；T_1 截止，T_2 导通，使 Q=1、$\bar{Q}$=0，写入“1”。

（2）读出。

给行选线 x_i、列选线 y_j 加高电平，使 T_5、T_6 和 V_1、V_2 导通。

① 如果原存信息 Q=0，则 T_1 导通，从位线 D 将通过 T_5、T_1 到地形成放电回路，有电流经 D 流入 T_1，使 I/O 线上有电流流过，经放大为“0”信号，表明原存信息为“0”。此时 T_2 截止，所以 $\bar{D}$ 上无电流。

② 如果原存信息 Q=1，则 T_2 导通，能推出 $\overline{\text{I/O}}$ 线上有电流流过，代表原存信息为“1”。此时 T_1 截止，I/O 线上无电流。

（3）保持。

行选线 x_i 与列选线 y_j 只要有一个为低电平，即使位线与双稳态电路隔离，双稳态电路 T_1、T_2 依靠触发器原理交叉反馈，保持原有状态不变。例如，原有 Q=1→T_2 导通→$\bar{Q}$=0→T_1 截止→Q=1，循环下去。只要 V_{DD} 电源不断，信息便能保持不变。

2）静态存储器 2114 芯片举例

MOTOROLA　MCM 2114 是一种曾广泛使用的小容量 SRAM 芯片，容量为 1 K×4 位，即 1 024 个地址单元，每个地址单元有 4 个存储位，能存储 4 位二进制数据。图 6-2 是 2114 芯片的结构框图。

10 根输入地址 A_0～A_9 分成两组译码。A_4～A_9 地址线加到行地址译码器上，译出 64 行选线 x_0～x_{63}。A_0～A_3 地址线加到列地址译码器上，译出 16 列选线 y_0～y_{15}。行、列交叉译出 1 024 个单元，每个单元有 4 个存储位，如图 6-3 所示。

当片选信号 $\overline{\text{CS}}$=0 且读写信号 $\overline{\text{WE}}$=0 时，数据输入三态门打开，4 位数据线信息写入译中的单元中，称为写操作。

当片选信号 $\overline{\text{CS}}$=0 且读写信号 $\overline{\text{CS}}$=1 时，数据输出三态门打开，译中单元的 4 位数据送入数据线，称为读操作。

当片选信号 $\overline{\text{CS}}$=1 时，输入三态门与输出三态门都关闭，芯片所有单元与数据线隔离，即本芯片不工作。片选信号在存储器空间扩展时要用到。

2114 芯片为 18 脚封装，如图 6-4 所示。片选 $\overline{\text{CS}}$，为低电平时选中本芯片。$\overline{\text{CS}}$ 写使能，低电平时写入，高电平时读出。地址线为 A_9～A_0，对应于 1 K 容量。双向数据线为 DO_1～DO_4，对应于每个编址单元的 4 位，可直接与数据总线连接。

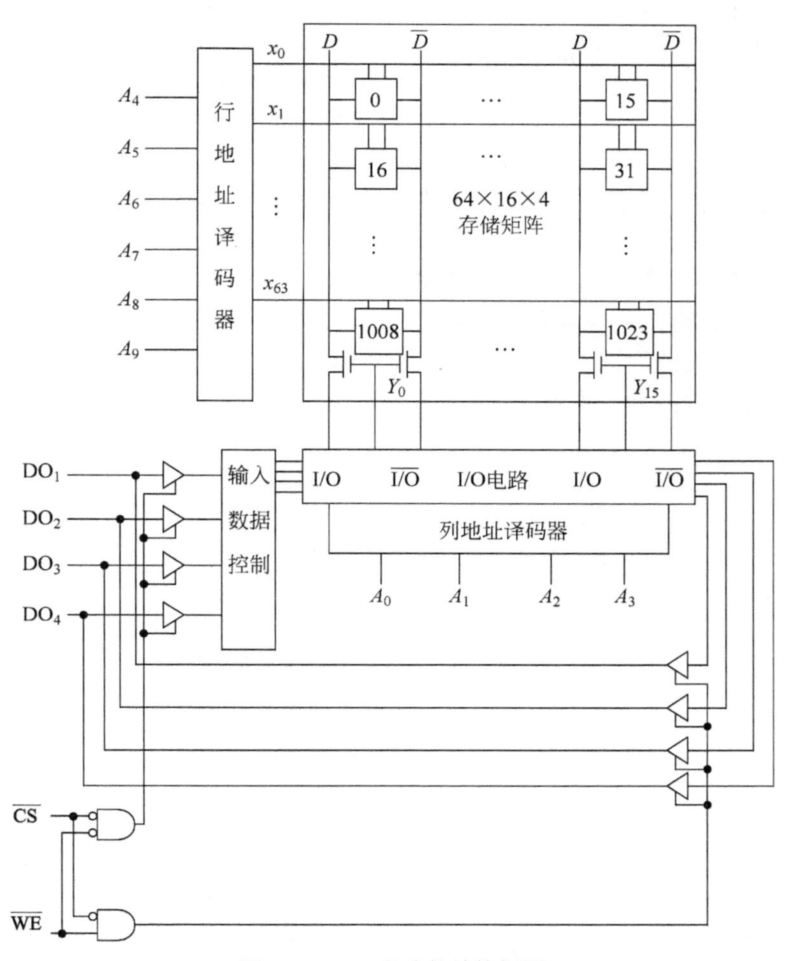

图 6-2 2114 芯片的结构框图

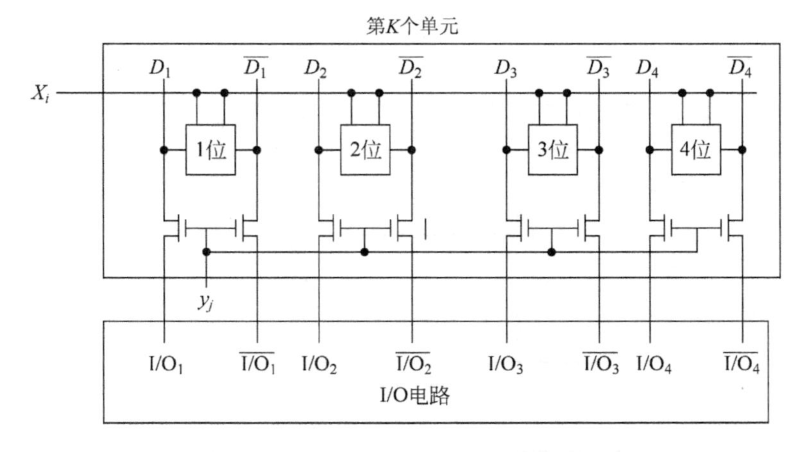

图 6-3 第 K 个存储单元 4 个存储位电路图

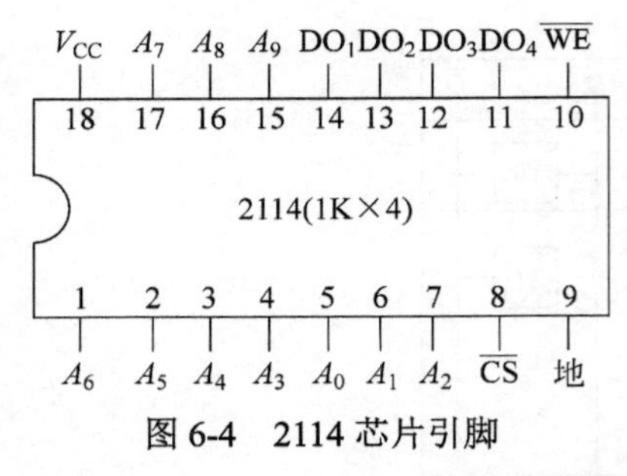

图 6-4 2114 芯片引脚

3）静态存储器读写操作时序

如图 6-5 所示，2114 芯片的读周期参数解释如下：

（1）t_{RC}：读周期时间，在此期间地址维持时间不变，是两次读出的最小时间间隔。

（2）t_A：读出时间，为从地址有效到输出稳定所需的时间，在此期间其他器件可以使用数据线上的数据。

（3）t_{CO}：从片选信号$\overline{CS}$有效，到读出的数据在外部数据线上稳定的时间。

（4）t_{CX}：从片选有效到数据有效所需的时间。

（5）t_{OTD}：片选无效后输出数据还能维持的时间。

（6）t_{OHA}：地址改变后数据输出的维持时间。

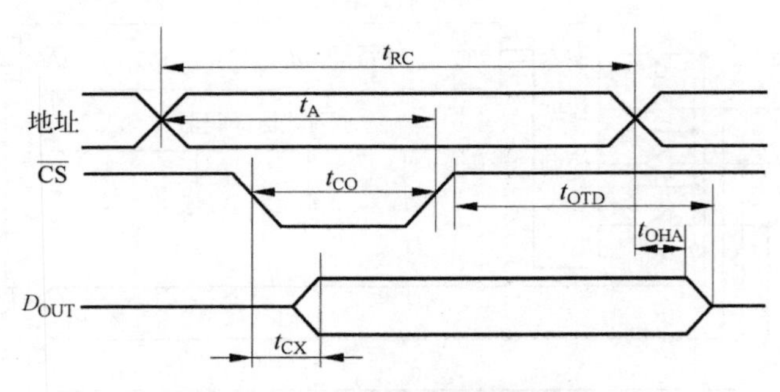

图 6-5 2114 芯片的读周期波形

如图 6-6 所示，2114 芯片的写周期参数解释如下：

（1）t_{WC}：写周期时间，是两次写入操作之间的最小间隔。

（2）t_{AW}：在地址有效后，经过一段时间 t_{AW}，才能向芯片发出写命令。

（3）t_W：写数时间，是片选与写命令同时为低的时间。

（4）t_{WR}：写恢复时间，为了保证数据的可靠写入，地址有效时间至少应满足：$t_{WC}=t_{AW}+t_W+t_{WR}$。

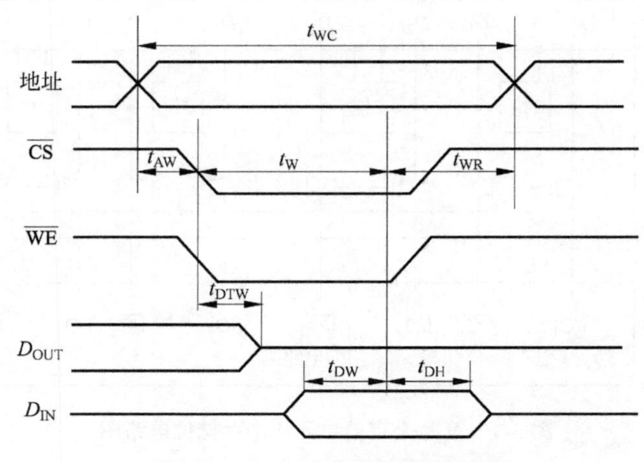

图 6-6 2114 芯片的写周期波形

（5）t_{DTW}：写信号有效到输出变为三态的时间。

（6）t_{DW}：数据有效时间，是输入数据至少应维持的时间。

（7）t_{DH}：写信号撤销后数据保持时间。

2114 芯片的读/写操作时间早期为 450 ns，即 t_{RC} 与 t_{WC} 的时间为 450 ns。目前市场上 2114 芯片的读/写操作时间最短为 100 ns。

2. 动态 MOS 存储器与芯片

1）DRAM 动态存储器

动态存储器的基本工作原理是利用电容有无存储电荷来表示存“1”或存“0”。这种存储方式不需要双稳态电路，因而可以减少管子数量，降低芯片功耗，达到高集成度。其单位面积容量是 SRAM 的十几倍或更高。但电容总会漏电，若时间过长，电容上的电荷会漏光，所存信息会丢失。为此，经过一定时间后就需要对存储内容重写一遍，也就是对存“1”的电容重新充电，这种操作称为刷新。由于这种存储器需要定期刷新才能保存信息不变，所以称为动态存储器（DRAM）。

早期采用的动态存储器为四管电路或三管电路，这两种电路的优点是外围控制电路比较简单，读出信号也比较强，其缺点是电路结构不够简单，不利于提高集成度。这两种电路目前很少采用，本书不作介绍。

人们后来采用单管动态存储器，它是所有存储器中结构最简单的一种，虽然它的外围控制电路比较复杂，但由于在提高集成度上具有优势，它成为当今大容量 DRAM 的首选，所有内存条都采用这种结构。

单管 MOS 动态存储电路如图 6-7 所示，图中电容 C_s 用于存储信息，T 为门控管。

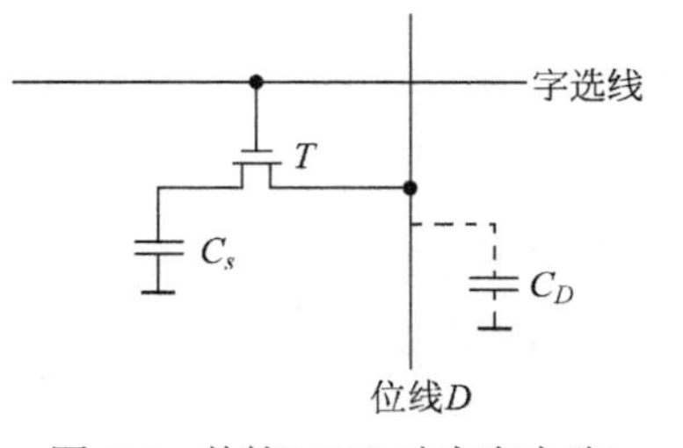

图 6-7 单管 MOS 动态存电路

写入数据时，使字选线为“1”，门控管 T 导通，来自数据线 D 的信息由位线 D 存入电容 C_s。写入“1”时，位线为“1”，电容 C_s 充电；写入“0”时，位线为“0”，电容 C_s 放电。

保持信息时，字线加低电平，T 断开，使电容 C_s 没有放电回路，其电荷可暂存数毫秒，即维持“1”数毫秒；无电荷则保持“0”状态。

读出数据时，使字选线为“1”，门控管 T 导通。若电容 C_s 上有电荷，便会通过位线的分布电容 C_D 放电，位线上有电流流过，表示读出信息“1”；若电容 C_s 上无电荷，位线上便没有电流流过，表示读出信息“0”。读出“1”信息后，C_s 上的电荷因转移到 C_D 上，已无法维持“1”状态，即 C_s 上已无电荷，原有“1”被破坏，这种现象称为“破坏性读出”，所以读出“1”信息后必须进行“恢复”操作（也称“再生”操作）。

另外，长时间不操作时，C_s 也要漏电，导致 C_s 上无电荷，即原有的“1”状态会自动变为“0”状态，所以要定时对所有单元进行“刷新”操作。

“恢复”操作与“刷新”操作用同一个电路来完成，都是进行读操作。“恢复”操作是在读过程中通过恢复/读出的放大器同时进行的，即读完了也恢复完了。而“刷新”操作是定时对所有单元强迫一次循环读的过程。如图 6-8 所示，一个灵敏恢复/读出放大器负责 n 个存储位的“恢复”“刷新”和“放大”操作。由于篇幅所限，本书不再解释电路工作原理。

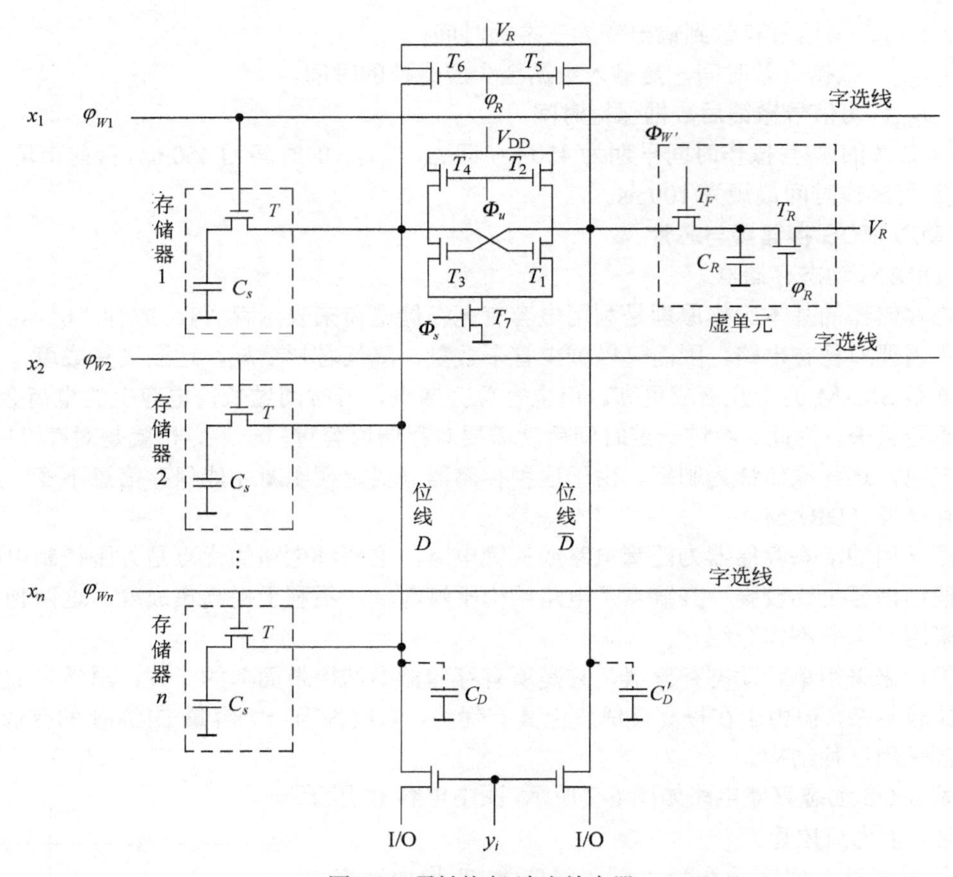

图 6-8 灵敏恢复/读出放大器

2）DRAM 的结构

DRAM 把地址分成两次输入，这样可减少芯片的管脚数目，如图 6-9 所示。

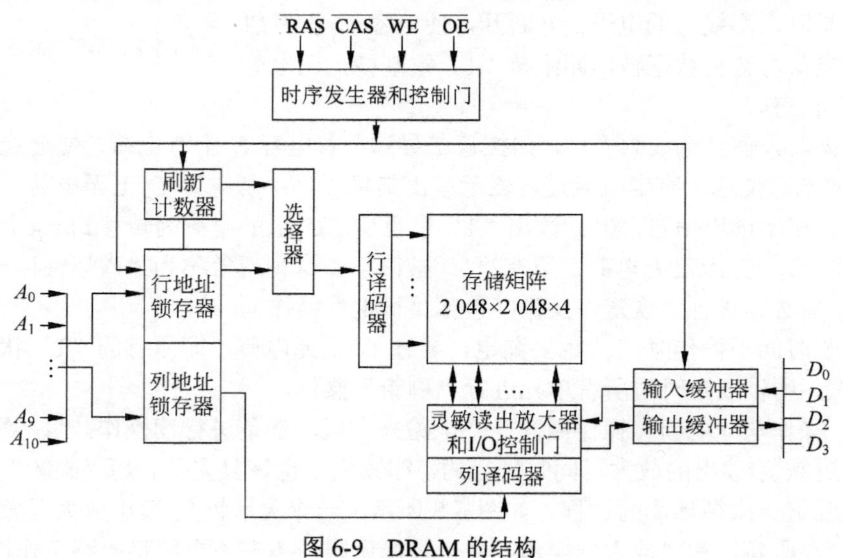

图 6-9 DRAM 的结构

它是一个 4 M×4 位 DRAM 电路，包含存储矩阵、地址译码器和输入/输出电路，同时有刷新控制电路。

分时输入地址由 $\overline{RAS}$ 和 $\overline{CAS}$ 两个时钟信号来控制。首先令 $\overline{RAS}$=0，输入行地址 11 位到行地址锁存器中，再令 $\overline{CAS}$=0，输入列地址 11 位到列地址锁存器中。行译码器能译出 2 048 行，列译码器能译出 2 048 列，行、列交叉共对应 4 M 个单元，每个单元 4 位，总容量是 4 M×4 位。

当 $\overline{WE}$=1 时进行读操作，被输入地址代码选中单元中的数据经过输出锁存器、输出三态缓冲器到达数据输出端。当 $\overline{WE}$=0 时进行写操作，加到数据输入端的数据经过输入缓冲器写入由输入地址指定的单元中。$\overline{OE}$ 为输出控制信号。

6.1.2 主存储器容量的扩展

存储器与中央处理器的连接包括地址线的连接、数据线的连接和控制线的连接。当使用一片 ROM 或 RAM 器件不能满足存储容量的要求时，就需要将若干片 ROM 或 RAM 组合起来，形成一个容量更大的存储器。用存储器芯片构成一个存储器系统的方法主要有位扩展方法、字扩展方法和字位扩展方法。

1. 位扩展方法

每片 ROM 或 RAM 中的字数（单元数目）已经够用，而每个字（每个单元）的位数不够用时，采用此方法，将多片 ROM 或 RAM 并联起来组合成位数更多的存储器，即达到计算机字的宽度，如 8 位宽、16 位宽、32 位宽和 64 位宽等。

RAM 的位扩展连接方法如图 6-10 所示。图中用 8 片 1 M×1 位的 RAM 接成一个 1 M×8 位的 RAM。把 8 片存储器的所有地址线、$\overline{WE}$、$\overline{CS}$ 并联起来，每片的 I/O 数据端分别连接到数据总线上的相应位，就构成了 8 位宽的存储器，每次与 CPU 交换数据时，按 8 位进行。

ROM 芯片只有读信号，没有 $\overline{WE}$ 读写信号，其他连接与 RAM 相同。

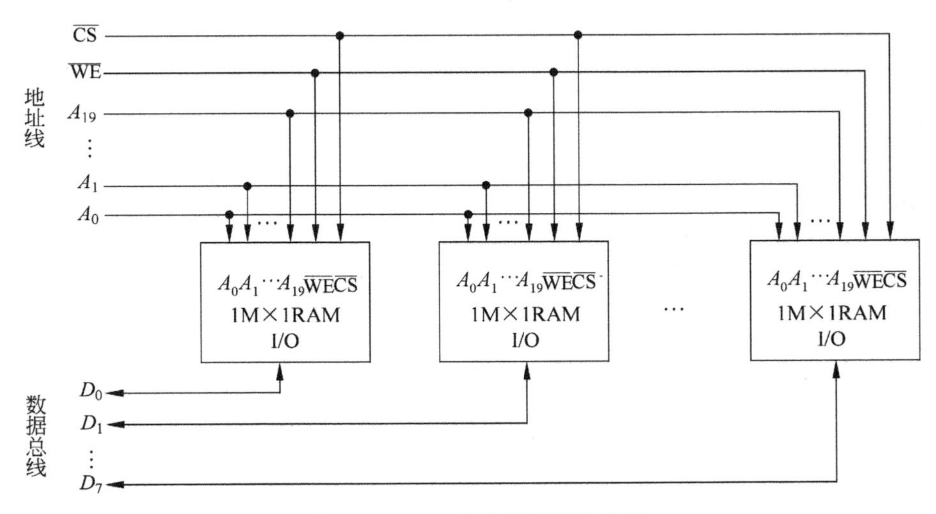

图 6-10 RAM 的位扩展连接方法

2. 字扩展方法

每片存储器的数据位数够用而字数（单元数）不够用时，可将多片存储器芯片接成一个字数（单元数）更多的存储器。

按照当前的建筑技术，要建一个可容纳 1 万户的 1 000 层的大楼，是不可能的。为了住下 1 万户，可以采用当前最好技术建 10 栋 100 层大楼，每栋大楼容纳 1 千户，这是目前的建筑水平能办到的。

存储器芯片扩容也是同样的道理。假定目前最大内存容量为 256 M 个单元，但受技术限制不能用一片芯片实现，而是用 8 片 32 M 个单元的芯片来组成，32 M 芯片是目前的技术能做到的。256 M 存储器芯片需要 28 根地址线，编成 2^{28} 个不同的地址，才能寻址到 2^{28} 个不同的存储单元。然而 32 M 芯片上只有 25 根地址线，地址范围是 0～2^{25}，无法区分 8 片存储器中同样的地址单元。256 M 所需地址线比 32 M 地址线多出 3 根。

上面例子中的 10 栋大楼，每栋楼给住户编号 000～999，当要寻找 518 号住户时，每栋楼都有 518 号，为了区别唯一性，必须给每栋楼编楼号 0～9，再结合楼内编号 000～999，就可对 1 万名住户进行唯一寻找了。它的寻找地址为：楼号+楼内门牌号。

8 片 32 M 芯片构成的 256 M 存储空间与楼的编号一样，32 M 片存储器内 25 根地址线可编 000…0（25 个）～11…1（25 个）个单元数（字数），其中任一地址 8 个芯片中都有，为区别唯一性，必须给每个 32 M 芯片编片号 000～111（二进制），再结合片内编号 0～2^{25}，就可对 256 M 个单元进行唯一寻址了，即：片号+片内地址。

片号用多余的三根地址线来表示，通常用 $A_{27}\,A_{26}\,A_{25}$ 高三位来编片号，$A_{24}\,A_{23}\cdots A_0$ 为片内地址。$A_{27}\,A_{26}\,A_{25}$=000 表示第 0 片，$A_{27}\,A_{26}\,A_{25}$=001 表示第 1 片，…，依此类推，$A_{27}\,A_{26}\,A_{25}$=111 表示第 7 片。

图 6-11 所示是用字扩展方法将 8 片 32 M×8 位的 RAM 接成一个 256 M×8 位 RAM 的例子。$A_{27}\,A_{26}\,A_{25}$ 接 3-8 译码器可译出 8 个片选信号，分别控制 8 片 RAM 的 $\overline{\text{CS}}$ 端，因 3-8 译码器

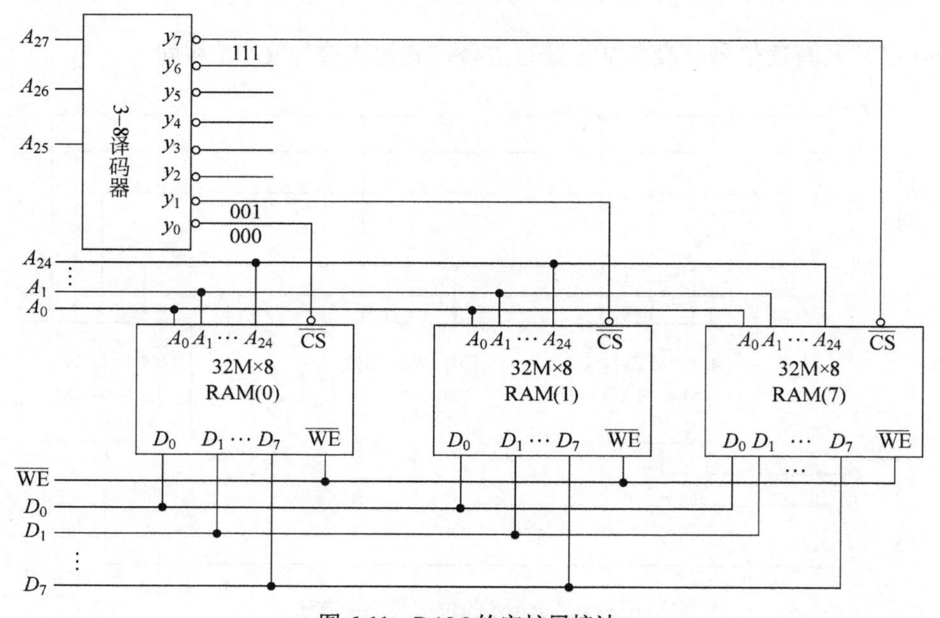

图 6-11　RAM 的字扩展接法

的输出端只能有一个为低电平，8 片芯片也就只能有一个被选中工作，其他不工作。例当 A_{27} A_{26} A_{25}=001 时，只有 $\overline{y_1}$=0，$\overline{y_1}$ 接在 1 号芯片的 $\overline{CS}$ 端，所以此时只有 1 号芯片 RAM 工作，其他芯片上的 $\overline{CS}$ 都为高，不工作，达到唯一性。前面介绍的片选信号 $\overline{CS}$ 就是用来扩展存储器设置的控制信号。

3. 字位扩展方法

如果一片 RAM 或 ROM 的位数和字数都不够用，就需要同时采用位扩展方法和字扩展方法。

例 6-1 用 16 M×4 位的存储器芯片，组成 64 M×8 位的存储器空间系统。问（1）组成 64 M×8 位的存储器需要多少根地址线？（2）已有 16 M×4 位芯片有多少根地址线？（3）共需多少片 16 M×4 位芯片，能组成 64 M×8 位存储器？（4）画出连线图。

解 （1）需要 26 根地址线。（2）有 24 根地址线（3）共需 8 片。

（4）连线图如图 6-12 所示。

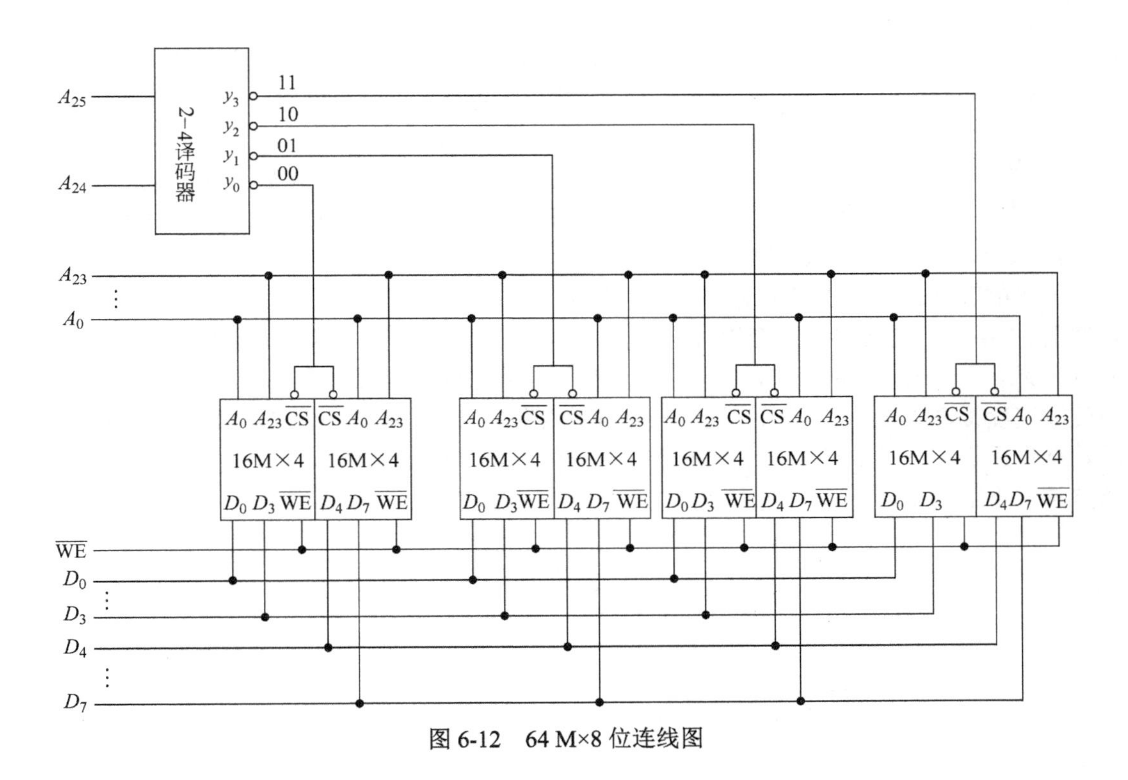

图 6-12　64 M×8 位连线图

6.2 存储系统组织

CPU 执行指令和加工的数据都由主存储器提供，因主存储器采用 DRAM（动态存储器）技术构成，这造成主存储器与 CPU 有速度差异，为了缩小这个速度差异，人们应用了很多组织技术。另外，主存储器容量较小，如何存放更多程序等问题，也是本节要研究和学习的内容。

6.2.1 双端口存储器与并行主存系统

1. 双端口存储器

常规存储器是单端口存储器，每次只接收一个地址，访问一个编址单元，从中读取或存入一个字。图 6-13 所示的双端口存储器具有两个彼此独立的读/写口，每个读/写口都有一套独立的地址寄存器和译码电路，可以并行地独立工作。它们的存储体是一个，与两个独立的存储器不同。两个读/写口可以同时访问同一区间、同一单元。

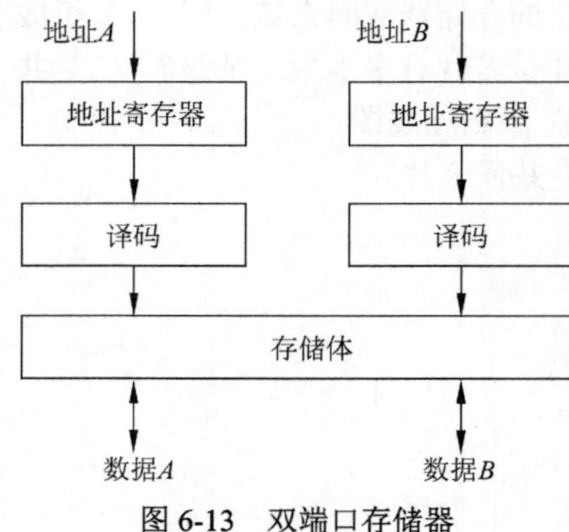

图 6-13 双端口存储器

这种存储器采用触发器方式构成存储位，控制复杂，硬件开销大，所以只作成小容量，放在 CPU 内，作为运算器中的通用寄存器组，它能快速提供给 ALU 双操作数运算，或快速实现寄存器间的信息传送。由于位集成度低，开销大，不能用它作主存储器。

2. 并行主存系统

存储器系统的速度跟不上 CPU 的速度，造成数据提供的瓶颈问题，为解决瓶颈问题，人们提出了并行主存系统，即把存储器重新组织一下，其方法有两种。

1）单体多字同时存取方式

一般的存储器，一次只能对其中一个存储单元（一个字）进行读写，称为“单体单字”存储器。“单体”是指只有一套地址寄存器，“多字”是指有多个容量相同的存储模块。如图 6-14 所示，一个地址同时对 N 个存储模块的相同单元进行读写。这 N 个字同时送往 CPU，使传输速度提高 N 倍。这种形式适合数据连续存放在 0 体，1 体…，N 体中，而 CPU 要处理的数据也正好连续存放在同一地址的不同存储体中。当要同时读/写不同存储体的不同单元时该方法就不适合了。

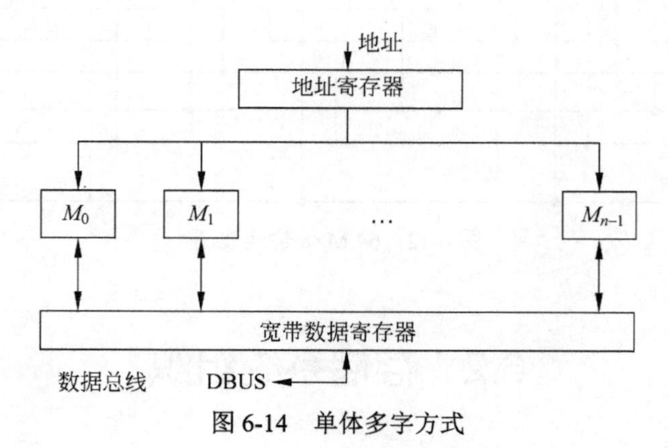

图 6-14 单体多字方式

2）多体交叉存取方式

多体交叉存储器由多个相互独立、容量相同的存储模块构成，如图 6-15 所示。每个存储体都有各自的地址寄存器、数据线路，各自以等同方式与 CPU 传送数据。CPU 的主存的低两位地址用于选择对应的存储体，整个地址采用交叉编址方法，在一个存储周期内分时访问每个存储体。当连续访问的存储单元位于不同的存储体中时，每隔 1/4 周期就可启动一个存储体，一个存储周期内 4 个存储体重叠进行工作。例如，如果依次访问的数据字分别存储在地址为 0、5、10、15 的存储单元中，则它们分别在存储体 M_0、M_1、M_2、M_3 中。这样对每个存储体来讲，存取周期没有变，而对 CPU 来说则可以在一个存取周期内连续访问 4 个存储体。如果依次存取的数据都在一个存储体中，则一个存取周期内只能存取一个数据，这与普通单体单字存储器没有区别。它与单体多字同时存取方式的区别是一个存储周期可以给 4 次地址（分别给 M_0、M_1、M_2、M_3），而单体多字同时存取方式只能给 1 次。

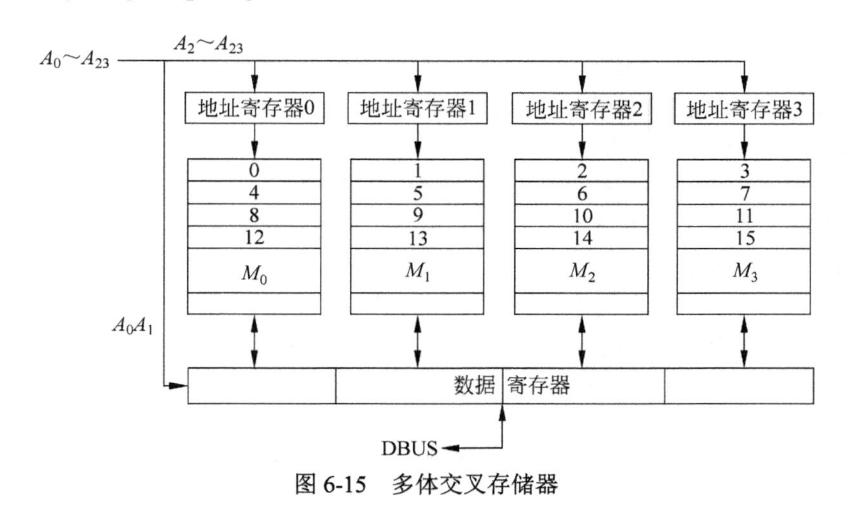

图 6-15 多体交叉存储器

6.2.2 高速缓冲存储器

尽管采用并行存储系统，但主存的速度仍然跟不上 CPU 的处理速度，所以要采用高速缓冲存储器技术解决 CPU 与主存之间的速度匹配问题。主存与 CPU 速度相差 10 倍左右。

CPU 运行程序是一条指令一条指令执行的，指令的地址往往是连续的，这就是说 CPU 对内存的访问在一段时间内往往集中于主存的某个局部上，特别是碰到循环程序、反复调用子程序、递归程序时更是如此，这就是程序执行的局部性原理。

如果把程序中 CPU 正在执行的活跃部分存入一个比主存速度高 10 倍左右的快速存储器中，使 CPU 访问内存的操作大多数在这个快速存储器中进行，那就会使访问内存的速度大大加快。这个快速存储器就是高速缓冲存储器（Cache Memory）。

当今高速缓冲存储器采用六管 MOS 静态 RAM，即 SRAM 技术来构成，因它用 RS 触发器原理完成“0”和“1”的存取，所以与 CPU 同用一个时钟工作，其速度当然与 CPU 一致。但它造价高、集成度低、功耗大，不能大量制造，只能用于小容量高速缓冲存储器。

CPU 按照主存地址编址读取指令和数据，在访问主存之前 CPU 先访问高速缓冲存储器，判断该指令和数据是否在 Cache 中，如果在 Cache 内，则为“命中”，直接对 Cache 进行操作，不再访问主存；不在，则为“不命中”，此时要访问主存，速度就会降下来。

在“命中”中若是读操作，就直接对 Cache 的相应单元进行高速的读；若是写操作，有两种方案：① Cache 单元和主存单元同时写，称为写直达法（write through）；(2) 只更新 Cache 单元并加标记，当该整块从 Cache 中移出时，再更新相对应的主存单元，使 Cache 与主存保持一致。

CPU 是按主存地址进行访问的，当命中时，主存的地址长于 Cache 地址，如何把长地址转换成 Cache 短地址，这需要地址转换硬件逻辑电路。另外主存内容放到 Cache 中的什么地方？怎么放？这称为地址映像方法。

1. 直接映像的 Cache 方式

一个主存块只能映像到 Cache 中的唯一一个指定块的地址映像方式称为直接映像（Direct Mapping）。

假设某机主存容量为 1 MB，Cache 为 4 KB，按 256 字节大小划分为一块，那么主存划分为 4 096 块，主存块地址长度为 12 位，Cache 将划分为 16 块，Cache 块地址长度为 4 位，主存与 Cache 的块内地址都为 8 位。

如图 6-16（b）所示，主存按 Cache 大小划分成 2^8=256 个区，每个区都是 16 块，每个区的第 0 块只能装入 Cache 中的第 0 块，每个区的第 1 块只能入 Cache 中的第 1 块……依此类推，每个区的第 15 块只能放入 Cache 中的第 15 块中。这样主存的 12 位块地址，又可再分为最高 8 位代表区地址，中间 4 位为区内块号，它对应 Cache 的块地址。

主存地址如何转换到 Cache 地址的关键是建立一个块表（即 Cache 信息标志表），如图 6-16（a）所示，块表共有 16 个单元行，每个单元行存放主存的相应块是否在 Cache 中的信息。例如，块表第 0 行，按直接映像方式，第 i 区的第 0 块若在 Cache 中，则块表第 0 行存放第 i 区的区号；若第 j 区的第 1 块在 Cache 中，则块表第 1 行存放第 j 区的区号，依此类推，i 可以等于 j。

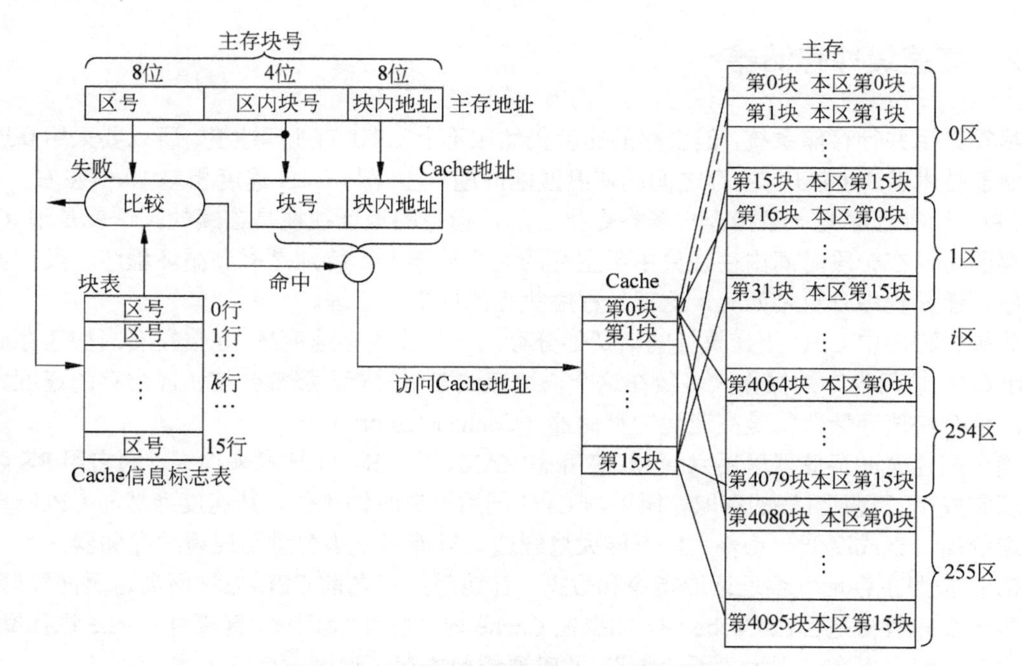

图 6-16　地址变换方法和 Cache 的直接映像

（a）地址变换方法；（b）Cache 的直接映像

也就是说块表中第 k 行单元存放的区号，表明主存该区内的第 k 块已调入 Cache 第 k 块中。

地址变换方法如图 6-16（a）所示，CPU 给出 1 M 内存的 20 位地址，先按中间 4 位地址（表示区内块号地址）查找块表，块表的行数等于 Cache 块数（本例中共有 16 行），找到对应行。块表中每行装有区号，把表中对应行的区号取出与主存地址的区号比较，如果相等，则命中（即本区的第 k 块在 Cache 中），此时把主存区内块号与块内地址相拼形成 Cache 地址，按 Cache 地址存取相应单元内容。如果失败则转失败处理。

直接映像方式的优点是地址变换方法的硬件实现简单，特别是块表可采用静态存储器构成，另外 Cache 地址可从主存地址中直接提取生成。它的缺点是不太灵活，Cache 的存储空间得不到充分利用。例如，需将主存第 1 区第 0 块和第 254 区第 0 块同时复制到 Cache 中，按规定它们只能映像到 Cache 中第 0 块，即使 Cache 其他块空闲，也只能有一个块调入 Cache 中，另一块不能调入，只好两块数据轮流调入/调出 Cache，这导致效率降低。

例 6-2 设一个 Cache 中有 8 个块，访问主存进行连续读操作的块地址序列为 1110110、1111010、1110110、1111010、1110000、1100100、1110000、1110010。求每次访问主存后 Cache 块表的变换情况，设初始 Cache 为空。

解 Cache 中有 8 个块，因此访问内存块地址的低 3 位作为 Cache 的块号，高 4 位地址为主存区号。块表变化情况如图 6-17 所示。第一次访问 1110110 时，对应 Cache 块为空，调入该块并把 1110 区号写入块表第 6 行中。第二次访问 1111010 时，对应 Cache 块为空，调入该块并把 1110 区号写入块表第 2 行中。第三次访问 1110110 时，Cache 块表第 6 行中存放的区号 1110 与主存区号一致，表示命中，即该块在 Cache 中，直接读取 Cache，不访问主存。第四次访问 1111010 时，查块表区号命中。第五次访问 1110000 时，对应 Cache 块为空，调入该块并把 1110 区号写入块表第 0 行中。第六次访问 1100100 时，对应 Cache 块为空，调入该块并把 1100 区号写入块表第 4 行中。第七次访问 1110000 时，查块表区号命中。第八次访问 1110010 时，查块表第 2 行，此时块表第 2 行中存放的区号为 1111，与 1110 相比较不一致，失败，失败后的处理为调出原有 1111010 块，调入 1110010 块，并把 1110 区号写入块表第 2 行中，此过程称为替换。

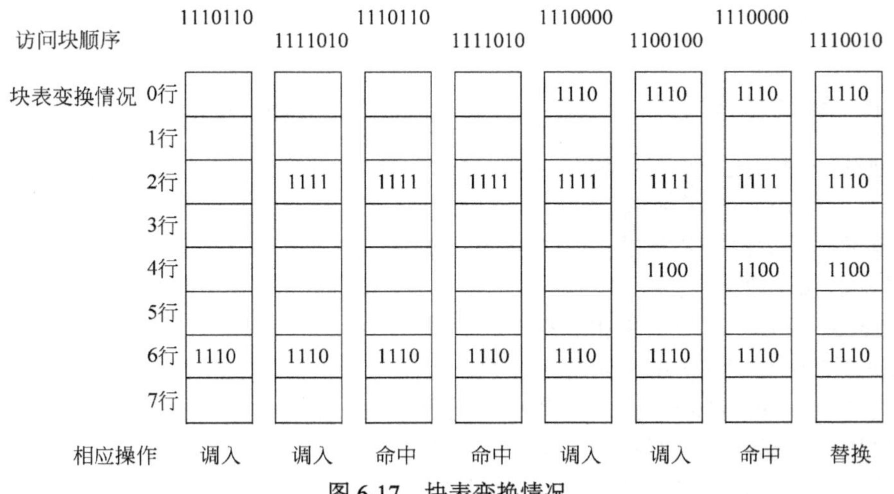

图 6-17　块表变换情况

例 6-3 设有一个 Cache 的容量为 8 K 字，每个块为 32 字，求：

（1）该 Cache 可容纳多少个块？

（2）如果主存的容量是 128 K 字，则有多少个块？

（3）主存的地址有多少位？Cache 地址有多少位？

（4）进行直接映像时，存储器的地址分成哪几段？各段分别有多少位？

解

（1）Cache 的容量为 8 K 字，每块为 32 字，则 Cache 中有 $2^3 \times 2^{10}/2^5=2^8=256$（块）。

（2）主存中有 $2^7 \times 2^{10}/2^5=2^{12}=4\ 096$（块）。

（3）主存地址按字计算有 17 位，Cache 地址有 13 位。

（4）存储器的地址分成三段：区号、块号、块内字地址。区号的长度为主存地址长度与 Cache 地址长度之差，即 17–13=4（位），这 4 位作为区号放在块表中（调入时）。块号的长度为 Cache 的块个数，需用 8 位表示。块内字地址长度为 5 位，因为块大小为 32 字。

2. 全相联映像

内存中的每一块可映像到 Cache 中的任何块称为全相联映像，如图 6-18 所示。其工作方式为只要 Cache 中有空闲块，主存就可调入，直到 Cache 装满后才有冲突。全相联映像的地址变换方式如图 6-19 所示。

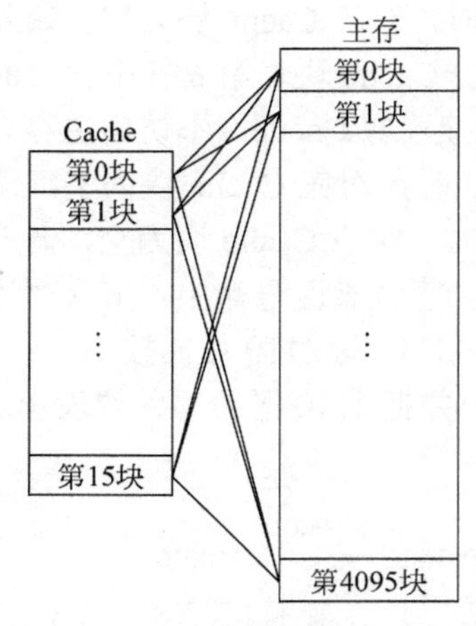

图 6-18 全相联映像

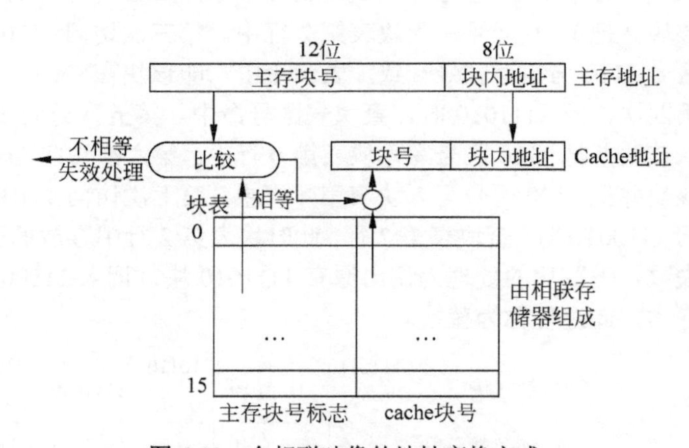

图 6-19 全相联映像的地址变换方式

主存地址分为两段：块号和块内地址。按照主存块号与块表中主存块号标志区进行比较（此比较是逐一比较），若有相等的，则从块表中取出 Cache 块号与块内地址拼接形成 Cache 地址；若全部比较后没有相等的，则需要淘汰某块，调入此块。全相联映像方式中块表由两部分内容构成，第一部分为主存块号标志区，用来存放主存块号，第二部分为 Cache 块号区，用来存放 Cache 块号。此块表由相联存储器构成。

全相联方式在 Cache 中的块全部装满后才会出现块冲突，而且可以灵活地进行块的分配，所以块冲突的概率低，Cache 的利用率高。但全相联需要一个复杂硬件实现替换策略，而且块表必须采用价格昂贵的相联存储器（集成度低，不能作大），所以全相联方式一般用于容量比较小的 Cache 中。它的另一个缺点是速度比较慢。

3. 组相联映像

组相联映像指的是将存储空间分成若干组，一组内再分成若干块，组与组之间采用直接映像，组内块与块之间采用全相联映像。它是前两种方式的融合。如图6-20所示，主存也按Cache的容量分区，每个区又分成若干个组，每个组包含若干个块，Cache也进行同样的分组。本例中主存为1 MB，Cache为4 KB，块大小为256 B，Cache分成4个组，每组分为4块；主存分为256区，每区分成4组，每组分为4个块。映像规则为主存每个区中的第0号组只能直接映像到Cache中的第0组，依此类推，每区中的第3组只能直接映像到Cache中的第3组；组内各块采用全相联映像，即主存中某组内4块的任何一块，可映像到对应Cache组内4块中的任一块。例如主存中第0区第0组的第2块，可映像到Cache中第0组内的任何一块。

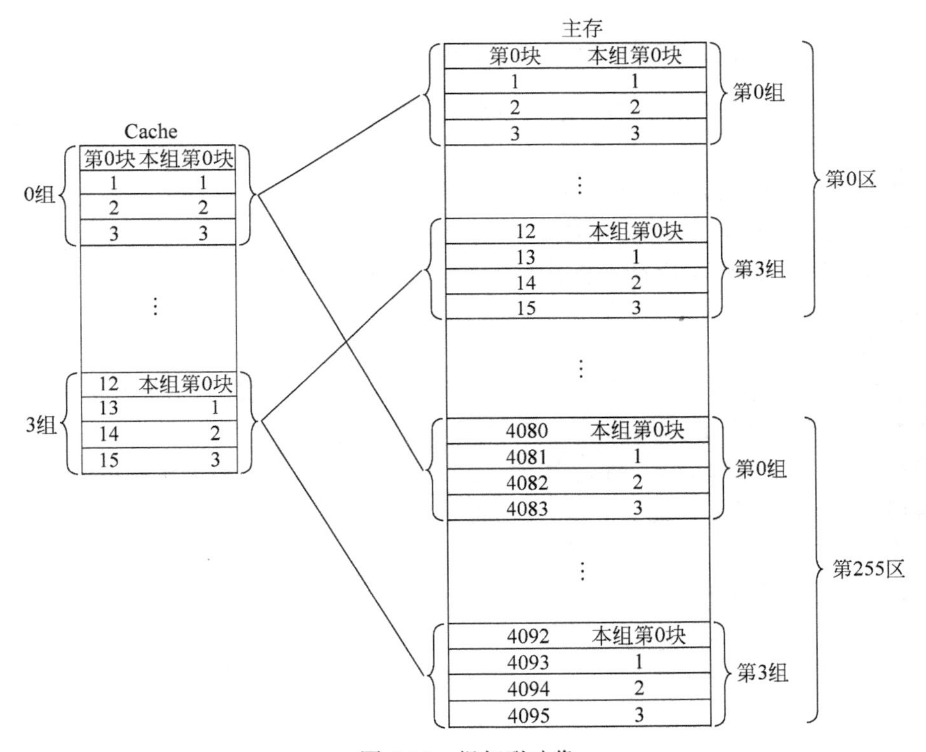

图6-20 组相联映像

组相联映像的地址变换方法如图6-21所示。主存地址分成4段，高字段是区号，然后是组号，第三段是组内块号，用于确定该块是组中第几块，低字段是块内地址段。Cache 地址由三部分组成：组号、组内块号和块内地址。

本例中，当CPU给出主存地址时：① 根据主存地址中的组号，查找到块表16个单元中的4个单元（一块一个单元，一组中有4块，对应4个单元）；② 将块表中这4个单元的内容与主存8位区号和2位组内块号进行相联比较，若相等则命中；③ 把块表命中单元的Cache组内块号放入Cache地址中的组内块号，再拼上组号及块内地址就形成了Cache地址，若不相等，则转失效处理，进入替换算法，把主存块调入Cache中，同时修改块表内容。

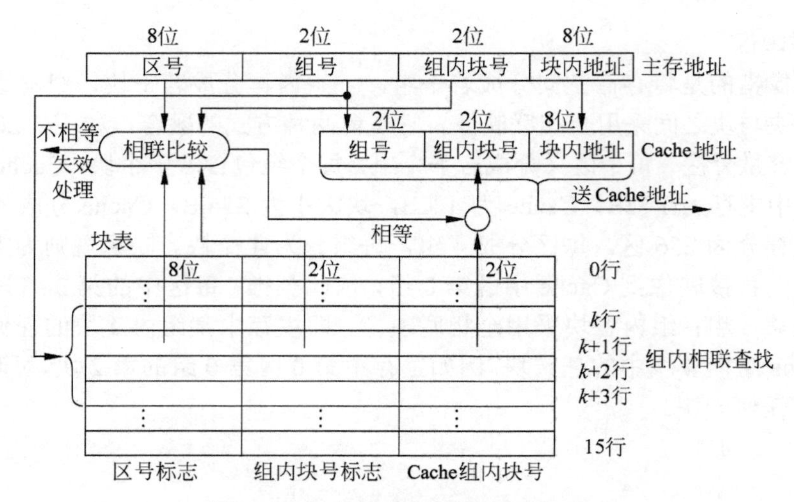

图 6-21 组相联映像的地址变换方法

在组相联方式中，若每组只有一块，其将成为直接映像方式。若总共只有一组，其将成为全相联映像方式。

组相联映像是直接映像和全相联映像的一种折中，其优缺点也介于两者之间，其地址变换机构比全相联映像简单，Cache 利用率和命中率又比直接映像高。

总结：在实际中小容量 Cache 采用全相联映像，此时地址转换机构硬件开销能够容忍，速度影响小，并且 Cache 利用率高。大容量 Cache 采用直接映像，以提高转换速度，减少硬件开销，另外 Cache 块可做大一些，命中率不会降低太多。中容量 Cache 可采用组相联映像，其优、缺点介于两者之间。早期奔腾 80386 采用组相联映像，它的 Cache 达到 8 KB。另外随着集成技术的提高，当今 Cache 都与 CPU 集成在一个硅晶片上（片内集成），所以微处理器本身都带 Cache，在奔腾 4（P4）微处理器中还单独增加一块晶片用来作二级缓冲存储器，它与 CPU 封装在一起，可更好地解决 CPU 与主存之间速度不匹配的问题。在赛扬微处理器中由于没有二级缓冲存储器，所以它的价格比 P4 要便宜。

Cache 的结构原理如图 6-22 所示。

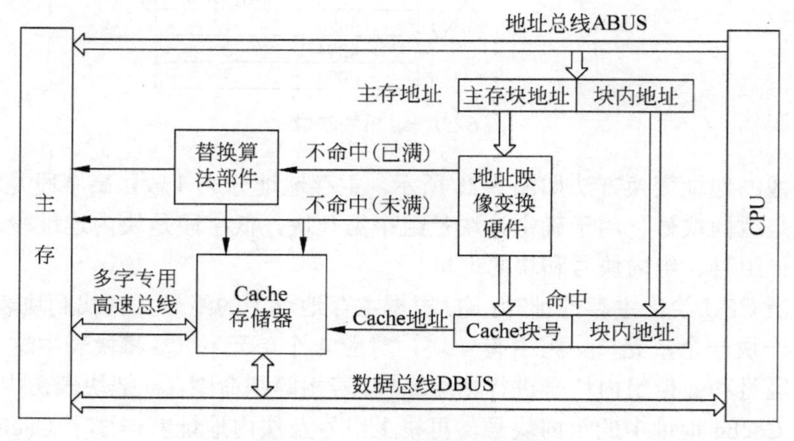

图 6-22 Cache 的结构原理

6.2.3 替换策略及更新策略

当 Cache 已装满，而执行的程序不在 Cache 中，又要把一块内存调入 Cache 里时，就产生淘汰 Cache 中的哪一块的问题。在直接映像方式下，直接淘汰对应块，无须算法决定，因为它们是一一对应的。在全相联和组相联映像方式下，主存中的块可写入 Cache 中的若干位置，这就需要一个算法来确定替换掉 Cache 中的哪一块。常用替换算法有：

（1）先进先出算法（First In First Out，FIFO）。这种算法是对进入 Cache 的块按先后顺序排队，需要替换时，先淘汰最早进入的块。这种算法简单，易于实现，因程序一般多为顺序执行，有其合理性。但它不符合访存局部性原理，因为最早调入的存储信息可能是以后还要用到的，或者经常要用到的。

（2）最近最少使用算法（Least Recently Used，LRU）。为 Cache 的各块建立一个 LRU 目录，按某种方法记录它们的调用情况，当需要替换时，将最近一段时间内使用最少的块内容予以替换。显然，这是按调用频繁程度决定淘汰顺序的，比较合理，它使 Cache 的访问命中率较高，因而使用较多。但它较 FIFO 算法复杂一些，系统开销稍大。

当前在 Cache 中的程序执行写操作时，会出现 Cache 与主存对应块的内容不一致的情况，这就产生了更新策略问题：

（1）写直达法（write through），即写 Cache 时，同时也写主存。这种方法使写访问的时间为主存的访问时间，影响 CPU 速度。但在块替换时，可直接扔掉，因 Cache 与主存块始终保持内容一致。

（2）写回法（write back），即写 Cache 时不写主存，而当 Cache 数据被替换出去时才写回主存。这种方式不在快速写入 Cache 中插入慢速的写主存操作，可以保持程序运行的快速性。

下一节“虚拟存储器”也涉及替换策略及更新策略，因其与本节内容一致，故不再讲解。

6.2.4 虚拟存储器

虚拟存储器主要用来解决计算机中主存容量不足的问题，同时要求有主存的操作速度。所有计算机都遇到主存容量不够的问题，例如，在微机中 Windows 2000 操作系统本身有两百多兆容量，而内存条只有 256 MB 容量，当内存全部装入 OS 后，Office Word 和 Photoshop 大程序就无法再装入内存运行，在计算机中只有装入内存的程序才能由 CPU 取出执行，它不会到硬盘中取程序运行，即硬盘中的程序是 CPU 无法执行的程序，所以按照上面的假设 Word 和 Photoshop 装不进内存中，也就无法执行了。解决的办法是采用虚拟存储技术，它能把整个硬盘空间全部当成内存使用，通过操作系统的存储管理模块，只把当前要运行的一小段程序调入内存中，大部分不马上运行的程序留在硬盘中，这样内存中就可放入多个用户程序或多个任务程序，也就解决了上面的问题。虚拟存储器也是利用程序访问局部性原理，一个程序虽然很长，但单位时间内是集中在某个区域中执行的。当 CPU 执行的程序不在主存中时，由操作系统把所需的一个程序从硬盘调进主存。

在虚拟存储器中把用户编写程序的地址叫“虚拟地址”（也称“逻辑地址”），而装入主存的地址称为“实际地址”（也叫“物理地址”）。一般来说，虚拟地址的位数远大于物理地址的位数。程序运行时，将程序由硬盘装入主存供 CPU 执行，就必须进行虚地址到实地址的变换。根据虚地址变换到实地址的方法不同，可将虚拟存储器的管理方式分成页式、段式和段页式三种虚拟存储器。目前 CPU 已将有关的存储管理硬件集成在 CPU 芯片之内，支持操作系统选用上述三种方式之一。

1. 页式虚拟存储器

页式虚拟存储器是把虚拟存储空间和实际存储空间（主存空间）等分成固定容量的页，各虚拟页可装入主存中不同的实际页面位置。主存中的这个页面存放位置称为页框架（page frame）。一个页一般为 1 KB、2 KB、4 KB～64 KB。在页式虚拟存储器中，程序中的逻辑地址由基号、虚页号和页内地址三部分组成，实际地址分为页号和页内地址两部分，地址变换机构将虚页号转换成主存的实际页号。基号是操作系统给每个程序产生的地址附加的地址字段，以便区分不同程序的地址空间。在任一时刻，每个虚拟地址都对应一个实际地址，这个实际地址可能在内存中，也可能在外存中。这种把存储空间按页分配的存储管理方式称为页式管理。页式管理的关键用硬件构成一个页表，页表长度等于该程序的虚页个数，页表的每一行包括主存页号、页装入位和访问方式等信息。虚页号对应于该页在页表中的行号，页的大小是固定的，因此不在页表中表示。页表是虚拟页号（或称逻辑页号）与实际页号的映像表，它类似 Cache 管理。在页式地址转换过程中，首先根据基号查找页基址表，页基址表一般是 CPU 中的专门寄存器组，其中每一行代表一个运行的程序的页表信息，包括页表起始地址和页表长度。从页基址表中查出页表的起始地址，然后用虚页号在页表中查找实页号，同时判断该页是否装入内存。如果该页已装入内存，则从页表中取出实页号，与页内地址拼接在一起构成物理地址。

例 6-4 在一个采用页式管理的虚拟存储器中，假设某程序地址空间由 16 个页面组成，而主存由 8 个页面组成，用户程序的第 0 页装到内存的第 2 个页框架，第 1 页装到内存的第 6 个页框架，第 2 页装到内存的第 7 个页框架，第 3 页～第 15 页没有装入内存，仍驻留在外存中，如图 6-23 所示。它的地址变换方法如图 6-24 所示。

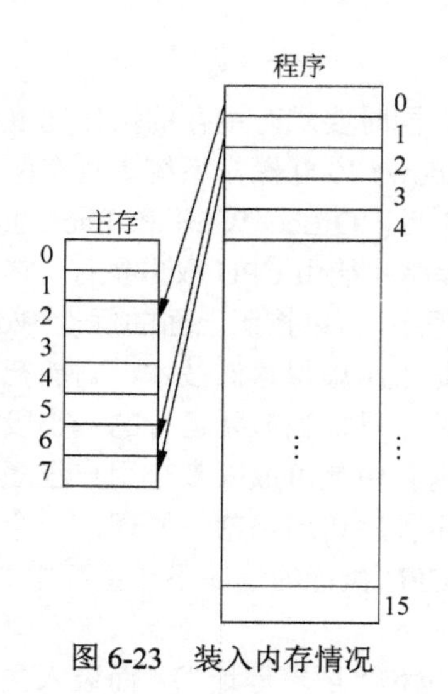

图 6-23 装入内存情况

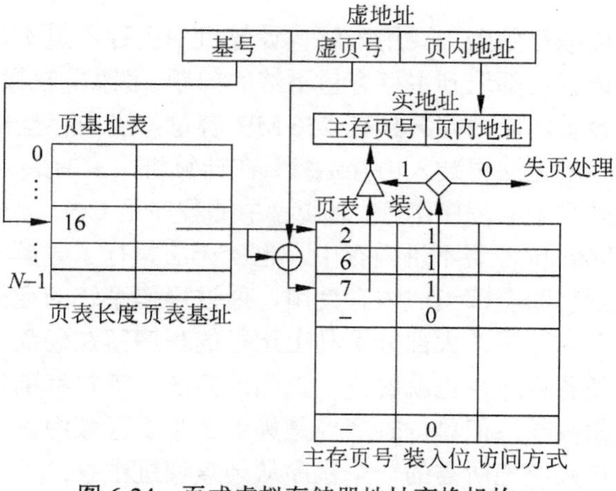

图 6-24 页式虚拟存储器地址变换机构

解 本例根据虚拟地址基号查找页基址表对应行，从页基址表对应行中找到本程序的页表起始地址（页表通常占用一部分内存空间），这个起始地址由操作系统事先分配好。本例中页表包含 16 行，一行表示一个虚页的信息，第 0 行中存放的主存页号为 2，装入位为 1（表示第 0 号虚页已装入内存，放在内存的第 2 页中）；第 1 行中存放的主存页号为 6，装入位为 1；第 2 行中存放的主存页号为 7，装入位为 1；第 3 行中装入位为 0，表示第 3 号虚页未装入主存，第 4 号虚页～第 15 号虚页都未装入主存。页表行数由虚页个数决定。地址变换时以虚页号为页表地址，在页表对应行中先查找装入位，若为“1”，则把本行的主存页号取出，放入实地址高位，再拼接虚地址中的页内地址就得到实地址，去访问主存；若为“0”，则表示本虚页不在主存中，转失页处理，由操作系统负责从硬盘中调入该页。

虚页的替换策略及更新策略与前面介绍的一致，它适合虚拟存储器。

对页式虚拟存储器的管理称为页式管理，这种方式的优、缺点在后面介绍。

例 6-5 对于一个有 32 位程序地址空间，页面容量为 2 KB，主存容量为 8 MB 的存储系统，问：

（1）虚页号字段有多少位？页表将有多少行？

（2）页表的每一行有多少位？页表的容量有多少字节？

解

（1）因为每页的容量为 2 KB=2^{11} 字节，所以页内地址段为 11 位，虚页号字段为 32−11=21（位），页表的长度为 2^{21}=2 M（行）。

（2）因为主存的容量为 8 MB=2^{23} 字节，主存中页框架的数量有 $2^{23}/2^{11}=2^{12}$（个），即页表中主存页号字段是 12 位长，再加上装入位和访问方式等其他信息，页表中每一行将至少为 16 位，若按 16 位计算，则每一行需 2 字节，该页表的容量为 2 M×2=4 MB。

2. 段式虚拟存储器

把辅存上的程序按段的大小装入主存的方式称为段式管理，采用段式管理的虚拟存储器称为段式虚拟存储器。操作系统把大程序按逻辑功能分成若干段，也叫按模块化分段，每个运行的程序只能访问分配给该程序的段对应的主存空间，每个程序都以段内地址访问存储器。操作系统形成的虚拟地址（也叫逻辑地址）由基号、段号和段内地址三部分组成。它的地址变换机构如图 6-25 所示。

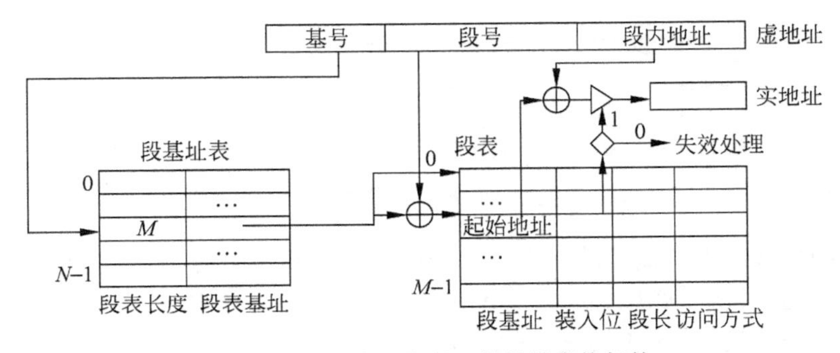

图 6-25 段式虚拟存储器的地址变换机构

基号是操作系统为每个用户或任务分配的一个标识号，段号是一个用户或一个任务按程序的模块数分成的若干段，段内地址为用户编写的某模块程序内的逻辑地址，它从 0 开始。

段基址表每个用户或任务占用一行信息，是 CPU 中的专门寄存器组，它指出一个用户的段表起始地址及该用户的段表长度。段表中包括段基址、装入位和段长等信息。段号是查找段表所用的序号，一个段号对应段表相应行的信息，段基址中存放该段在内存中的起始地址（由 OS 分配），装入位表示该段是否已装入主存，段长是该段的长度，用于检查访问地址是否越界。段表还包括访问方式字段，如只读、可写和只能执行等，以提供段的访问方式保护。

从虚拟地址（逻辑地址）变换到实地址（内存地址）的过程为，首先根据基号查找段基址表，从表中取出段表起始地址（段表也存在内存中），然后与段号相加，得到该段在段表中对应的行地址，从段表中取出该段在内存中的起始地址，同时判断该段是否装入内存，如果该段已装入内存，则把段起始地址与段内地址相加，构成被访问数据的物理地址；如果未装入则转失效处理，采用替换策略装入新段。段表信息也存放在一个段中，常驻内存。这种方式的优、缺点在后面介绍。

3. 段页式虚拟存储器

段式管理和页式管理各有其优点和缺点。段页式管理是两者的结合，它将存储空间按逻辑模块分成段，每段又分成若干个页。这种访/存通过一个段表和若干个页表进行。段的长度必须是页长的整数倍，段的起点必须是某一页的起点。在段页式虚拟存储器中，虚拟地址被分为基号、段号、页号和页内地址 4 个字段。在地址映像时，首先根据基号查找段基址表，从表中查出段表的起始地址，然后用段号从段表中查找该段的页表的起始地址，之后根据段内页号从页表中查找该页在内存中的起始地址，即实页号。同时判断该段是否装入内存，如果装入，再查页表，判断该页是否装入，该页若装入，生成实地址，若没有装入，转缺页处理，如果该段没有装入，则转缺段处理，不再查页表。实页号与页内地址拼接在一起构成被访问数据的物理地址。这种方法如图 6-26 所示。

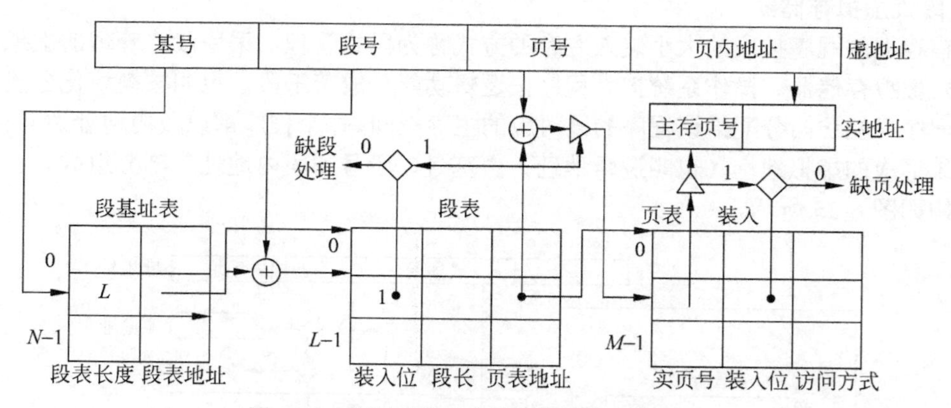

图 6-26 段页式虚拟存储器的地址变换机构

页式管理的页式虚拟存储器的优点是它为面向内存的物理结构，虚、实页面大小都相等，便于主存与外存间的调进/调出，不要求程序页面有连续的内存空间，碎片浪费最大以页为单元（碎片：一个程序长度 mod 页长度=X，页长度–X=一个碎片），这使存储空间利用率高；其缺点是内存较大，而页面划分又过小时，则页表太大，页表本身占用的存储空间将很大，页表也要分页管理，工作效率将降低，另一缺点是一个程序被分配在不连续的内存空间中，这将难以实现存储保护和存储共享。

段式管理的段式虚拟存储器的优点是用户地址空间连续，段表占用存储器空间数量少，容易实现存储保护；其缺点是随着程序不断地被调进/调出，存储空间中会出现很多大块碎片，需要操作系统不断调整内存空间安排，浪费空间和时间，另一缺点是整个段必须一起调入或调出，这使段长不能大于内存容量。

段页式管理的段页式虚拟存储器的优点是前二者优点的结合，它同时允许段长大于内存空间；其缺点是要经过三次读内存才能完成虚实地址的变换，第一次读段表得到页表首地址，第二次读页表得到实页号，第三次才形成实地址读得数据，这降低了地址变换的速度。为解决此问题可采用相联存储器，在 CPU 内建立快表，使变换加快。快表是把段表与页表的部分内容复制到 CPU 中，大型机采用段页式管理，高档 Pentium 微机也采用段页式存储管理。早期的微机采用段式管理，早期的小型机采用页式管理。

6.3 主存储器的芯片技术

从 20 世纪 70 年代早期起主存储器的基本器件采用 DRAM 芯片，直到现在 DRAM 结构没有发生显著的变化，为了使主存储器的工作速度与 CPU 的工作速度不要相差太大，人们在近十几年采取一些新技术，研制出几代 DRAM 芯片。

6.3.1 快速页式动态存储器（FPM DRAM）

页式访问是一种提高存储器访问速度的重要措施。在这种存储器芯片中，如果前后顺序访问的存储单元处于存储单元阵列的同一行（称为页面）中时，就不需要重复地向存储器输入行地址，而只输入新的列地址即可。也就是说，存储器的下一次访问可以利用上一次访问的行地址，这样就可以减少两次输入地址带来的访问延迟。在页面访问方式下，只要在输入了行地址之后保持 $\overline{\text{RAS}}$ 信号不变，在 $\overline{\text{CAS}}$（列信号允许）的控制下，输入不同的列地址就可以对一行中的不同数据进行快速连续的访问，其访问速度比之前的 DRAM 提高 2～3 倍。

6.3.2 增强数据输出 DRAM（EDRAM）

EDRAM 与 FPM DRAM 相似，但在 DRAM 芯片中集成了一小块 SRAM Cache（Cache 通常由 SRAM 构成），提高了数据传输速率。

如图 6-27 所示，4 M 位的 EDRAM 内部有一个 SRAM Cache，它存储上一行读入的所有内容，一行共有 2 048 位，或 512 个 4 位的块。比较器保存最近一次行地址值，如果下一次读取同一行，不再进行行译码，直接给出列地址,从 SRAM Cache 中快速存取即可。

EDRAM 其他性能改进特点：刷新操作能够与 Cache 读操作并行进行，它使芯片由于刷新而浪费的时间减到最小，同时从 Cache 到输出端口与 I/O 模块到读出放大器的写路径采用两条线路，使写操作完成时能够同时进行 Cache 的下一个数据读操作。

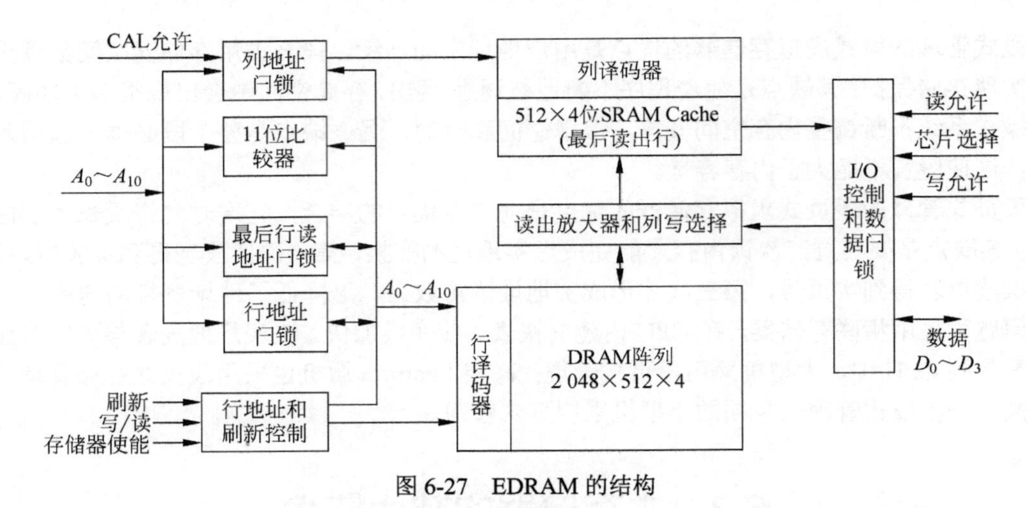

图 6-27 EDRAM 的结构

6.3.3 同步动态存储器

之前的 DRAM 在时间控制上属于异步动态存储器，CPU 向主存发出地址和控制信息后，只能以简单的等待方式等待 DRAM 内部操作的延迟时间，数据对主存操作完成后，主存通知 CPU，CPU 才能继续运行。CPU 利用率降低（性能降低）。

SDRAM 存储器与 CPU 共用一个系统时钟控制，SDRAM 存储器把 CPU 或其他主设备发出的地址控制信号和数据锁存在一组锁存器中，SDRAM 进行内部操作，几个时钟周期后处理完毕读或写操作，CPU 在计时几个时钟周期后响应主存储器，这期间 CPU 或主设备不再等待，而是处理其他事情。CPU 不用等待通知信号，自身知道什么时候处理完，所以 SDRAM 可实现 CPU 的无等待状态。例如，一个在输入地址后有 10 ns 读出延迟的 DRAM，在周期为 2 ns 的时钟控制下工作，如果 DRAM 是异步工作的，则 CPU 要等待 8 ns，但是如果 DRAM 是 SDRAM 同步的，则 CPU 可把地址放入锁存器中，在存储器进行读操作期间去完成其他操作。然后，当 CPU 计时到 5 个时钟周期以后，它所要的数据已经从存储器中读出。

另外 SDRAM 采用双存储体内部结构以提高并行性，采用猝发计数器以加快地址建立时间。

SDRAM 是为 Pentium 机而设计的，在 Pentium 和 Pentium Ⅱ时代它作为高端产品广泛采用，在 Pentium Ⅲ和 Pentium Ⅳ时代出现了 DDR SDRAM 和 RRRAM 产品后，它又成为低端产品。

6.3.4 双速率同步动态存储器

双速率同步动态存储器（Double Data Rate SDRAM，DDR SDRAM）在 SDRAM 的基础上，采用延时锁定技术提供数据时钟信号对数据进行精确定位，在时钟脉冲的上升和下降沿都可传输数据，这样就在不提高时钟频率的情况下，使数据传输率提高了一倍。例如，在 133 MHz 系统时钟频率下 DDR SDRAM 可提供 133 MHz×2×8Byte=2.1 GB/S 的数据传输率，这就是 DDR 266 的含义，实际时钟频率是 133 MHz，由于一个脉冲可传两次数据，故有 133×2=266。DDR 333 的实际工作频率仅为 166 MHz，DDR 400 的实际工作频率为 200 MHz。

单通道 DDR 400 是 2003 年市场上运行频率最高的 DDR 内存，例如 King Max 公司出品的 DDR 400 内存条采用存取时间为 5 ns 的 Tiny BGA 封装内存颗粒、六层电路板，CL 值（列地址有效时间）设定为 2.5 ns，工作电压为 2.5 V。由于单通道限制了带宽的提高速度，所以出现了双通道 DDR，其工作原理是通过两条内存并行运作以获得双倍带宽。另外 DDR Ⅱ是下一代 DDR 技术，它的标准制定已完成，与前面 DDR 主要的不同为每个时钟周期能进行 4 次数据传输，其工作电压为 1.8 V，封装技术也不同。

6.3.5 磁性随机访问存储器

磁性随机访问存储器（Magnetic Random Access Memory，MRAM）与现在的 DRAM 在工作原理和结构上完全不同，它是一种非易失性的磁性随机存储器，“非易失性”是指关掉电源后仍可以保持存储的数据不会丢失，因为存储材料采用的是磁性介质。MRAM 不需要 DRAM 中的预充电时间（Time of Row Precharge，TRP），也不需要刷新周期时间，不采用电容存贮电荷，所以它的启动速度非常快［因 OS 常用部分已在内存中，本身有效时间提高（不需要刷新），速度得以加快］。

MRAM 的运作原理与硬盘类似，但无须磁头读写，它通过布线中流动的电流产生磁场，数据以磁化方向为基础来存储“0”和“1”信号，如图 6-28 所示。

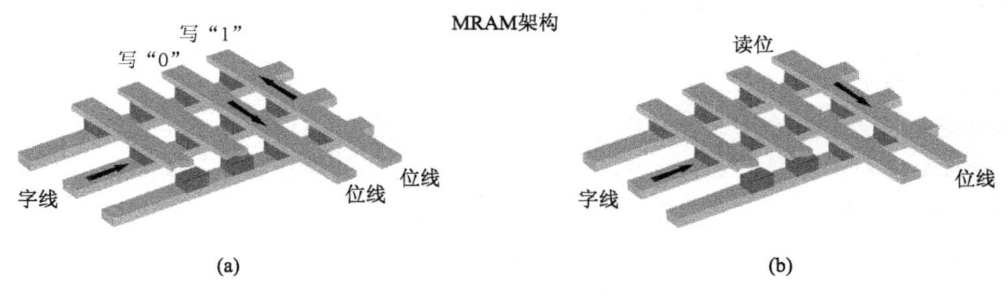

图 6-28　MRAM 架构

（a）写操作；（b）读操作

MRAM 的数据存储是永久性的，磁性数据只有受到外界磁场的影响时才会改变。MRAM 遇到的一些技术问题有：① 切换磁场（调转磁化方向所需要的磁场），要切换磁场降低到一定程度，这样可以降低电流值，减少功耗。② 隧穿磁阻（Tunneling Magneto Resistance，TMR），这项技术的发明使 MRAM 的读取写入时间大大缩短，同时提高了集成度，此技术代替了 GMR（现硬盘普遍使用的高敏度巨磁阻），使 MRAM 的一些问题迎刃而解。(3) 磁阻，IBM 公司研究的 MTJ 架构的 MRAM 大幅度提高了磁阻，降低了阻抗。

MRAM 的磁介质与硬盘有所差异，它的磁密度要大得多，也相当薄，因此产生的自感和阻抗要小得多，这也是 MRAM 的速度远快于硬盘的重要原因之一。MRAM 在“速度、非易失性、功耗、成本、寿命、体积”六个方面与 DRAM 比较后，只有“成本、寿命”两方面与 DRAM 持平，而其他方面都占优，所以摩托罗拉、IBM 以及三星、日立和松下都在投入巨额研发经费进行 MRAM 的研究。它的应用范围不仅局限于 PC，而是所有电子产品以及航天工业。

2004 年，摩托罗拉实验室研制出 16 KB×16 的 MRAM，其读写周期小于 50 ns，在 3 V 电压下读写功耗为 24 mW。据 IMB 公司透露，最初产品的 MRAM 容量为 256 MB，读写周期在 10 ns 以内，功耗小于 8 mW。据专家预测，它有望在未来的几年取代目前的 DRAM 而成为新一代存储器标准。

MRAM 能在很大程度上提高电子设备（包括电脑、手机、游戏机等）的功能，MRAM 能够储存更多的信息，具有更快的访问速度，耗电量也更低。同时由于 MRAM 断电后不丢失数据，故它比现在使用的 RAM 消耗小，且能够延长手机、可移动设备、移动电脑和其他使用电池的设备的寿命。

2007 年，飞思卡尔半导体（Freescale，原摩托罗拉半导体分部，后分拆独立）实现了磁性随机存取内存（MRAM）的商业化。

6.4　三级存储体系

三级存储体系由高速缓冲存储器 Cache，主存储器 MM 及属于外存储器的磁盘、磁带、光盘和移动盘组成，如图 6-29 所示。Cache 是最接近 CPU 的存储器，属于第一级，其存取速度最快，容量最小，而单位成本最高。辅存是第三级存储器，其速度最慢但容量最大，单位成本最低。主存位于两者之间，为第二级。CPU 访问存储体系时，首先访问第一级高速缓冲存储器，若访问内容不在，则访问第二级主存，若还不在，最后访问第三级辅存。这种三级体系的存储器对 CPU 来说，既有高速的 Cache，又有主存速度的大容量辅存，其使计算机体系达到最佳性价比。

Cache-MM 层次间的地址变换和替换算法等功能由硬件完成，以满足地址高速变换的要求，而 MM-VM 层次却是以 OS 为主，辅以硬件联合完成，因为 VM 不直接面对 CPU，变换速度不像 Cache-MM 层次那么重要，使用软件可大幅度地降低成本。

Cache-MM 层次信息的传送以块为单位（几十到几 K 字节），而 MM-VM 层次的传送以段或页为单位，传送量在几 K 到十几 K 之间。

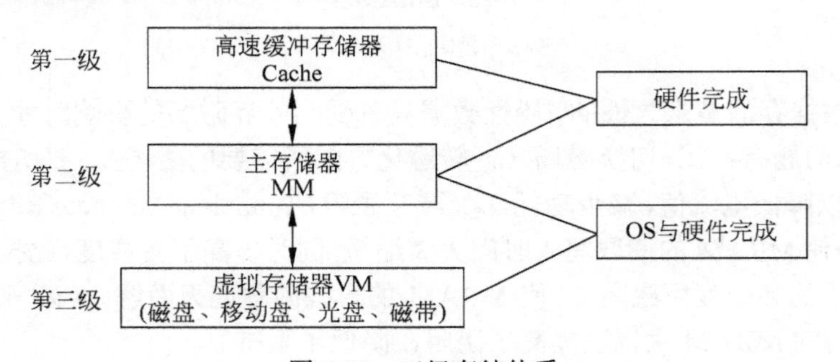

图 6-29　三级存储体系

多级存储体系为解决存储器容量、速度、价格之间的矛盾提供了一条行之有效的办法，其主要依据是“程序执行的局部性”原理。

6.5 磁盘存储设备

6.5.1 磁记录原理与记录方式

目前外存储器中使用比较广泛的是磁表面存储器。它是靠磁记录介质的两个剩磁状态来记录信息的。磁盘、磁带、磁卡都是常见的磁表面存储器，磁表面存储器具有如下一些共同特点：① 存储密度高，记录容量大，价格低；② 改变写入电流即可改变剩磁状态，因而记录介质可以重复使用；③ 利用剩磁来记录信息，因而无须能量维持信息，掉电后信息不丢失，并且记录信息可长时间保存；④ 利用电磁感应获得读出信号，因而属非破坏性读出，读出时不需再生。

磁表面存储器的缺点是：① 只能顺序存取，不能随机存取；② 读写时要靠机械运动产生感应电动势，因此存取速度较低；③ 由于靠磁头读写，它的可靠性比主存差，必须加校验码。

磁表面存储器是利用一层不到 1 μm 厚的表面磁介质作为记录信息的媒体，以磁介质的剩磁现象来存储信息的。磁表面记录和读取信息的设备是一个磁头，磁头上开有一条很小的缝隙，在磁头线圈上通入不同形式的电流，磁头上的磁力线在缝隙处感应到磁性表面就可在磁性材料表面施加不同方向的磁场，从而在材料上写入不同的信息，如图 6-30 所示。

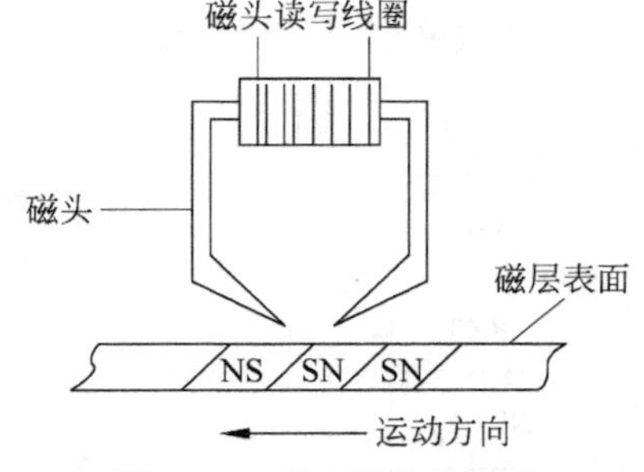

图 6-30 磁表面存储原理

对于给定的存储信息，形成不同电流波形以记录信息的方式称为记录方式。不同的电流幅度、相位、频率形成了不同的记录方式。磁盘上常用的记录方式可分为归零制（RZ）、不归零制（NRZ）、调相制（PM）和调频制（FM）等多种类型。记录的信息可以经过编码，也可以不编码而直接进行记录。下面分别予以介绍。

1. 归零制（Return to Zero，RZ）

归零制的原理是，不论某存储单元的代码是“0”还是“1”，在记录下一个信息之前记录电流要恢复到零电流。写“1”时给磁头线圈送一个正向脉冲电流，写“0”时给磁头线圈送一个负向脉冲电流。两个信息位之间，磁头线圈中电流恢复为零电流。归零制由于记录密度低，抗干扰能力差，早已不使用。其电流图形如图 6-31 所示。

2. 不归零制（Not Return to Zero，NRZ）

不归零制有两种：NRZ0 和 NRZ1。NRZ0 的原理是磁头线圈上始终有电流，不是正向电流就是反向电流，正向电流代表“1”，反向电流代表“0”。因此它的抗干扰能力较好，它的记录密度也不高。NRZ1 也是磁头线圈上始终有电流，但凡是写“1”时，磁头线圈中的写入电流要改变一次方向（从负变为正或从正变为负），故称见“1”就翻；而记录“0”时，线圈中电流保持原方向不变。NRZ0 的记录密度不高，已不使用；NRZ1 无自同步能力，但记录密度高，只能用在多磁道并行读写的磁带机上。其电流图形如图 6-31 所示。

3. 调相制（Phase Modulation，PM）

调相制利用电流相位的变化写“1”或者写“0”，写“1”时电流在位置的中心从负变到正；写“0”时电流在位置的中心从正变向负。在连续记录两个或者两个以上的“1”或“0”时，在位周期起始处也要翻转一次。这种方式的抗干扰能力较强，另外读出信号经分离电路可提取自同步定时脉冲，所以具有自同步的能力，磁带存储设备中普遍采用这种记录方式。其电流图形如图 6-31 所示。

4. 调频制（Frequency Modulation，FM）

磁头线圈写电流规则是无论写“0”还是“1”，或者连续的“1”/连续的“0”，两个数据位交界处的电流要改变方向。另外写“1”时，还要在位置中心改变一次方向。因此写“1”电流的频率是写“0”电流频率的 2 倍，故又称双频制。调频制在各信息位边界上写入电流有一次变化，因而必有读出信号，该信号就可以用作同步/选通信号，故调频制具有同步能力。早期单密度软盘采用此记录格式。其电流图形如图 6-31 所示。

5. 改进调频制（Modified Frequency Modulation，MFM）

它在调频制的基础上进行了改进，其规则是只有连续写两个或者两个以上“0”时，才在位周期的起始位置处翻转一次。“0”与“1”和“1”与“0”的交界处不用再改变。写“1”时中间处改变一次。其电流图形如图 6-31 所示。MFM 比 FM 磁化翻转少，可提高记录密度，故称为双密度。MFM 的写入电路如图 6-32 所示。

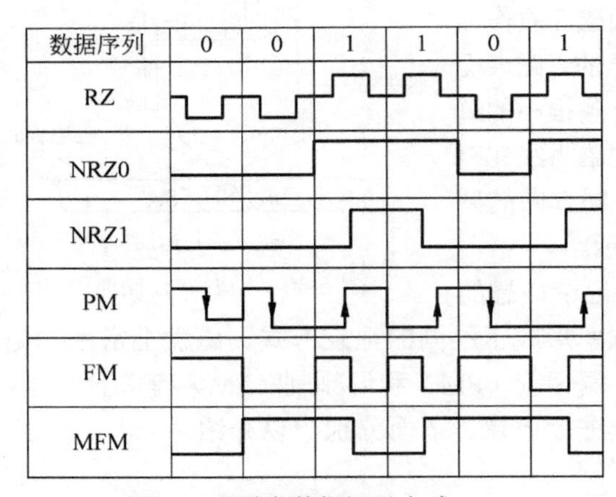

图 6-31　磁盘数据记录方式

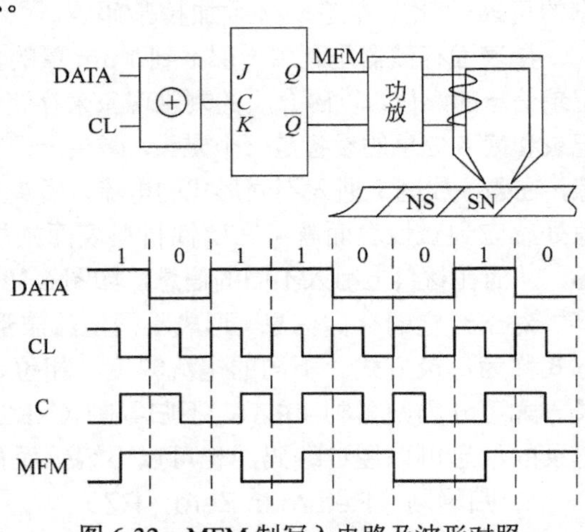

图 6-32　MFM 制写入电路及波形对照

6. 游程长度受限码（Run Length Limited Code）

近年来在高密度磁盘中主要采用 RLL 码记录方式。它规定写入电流在某个方向（正向或负向）最多只能持续 3 位（例如 NRZ1 中，要限制数据里只能有连续的两个“0”，多于两个“0”就不是 RLL 码了），最少也必须持续一位（例如 NRZ1 中，连续两个“1”之间的距离要保持 1 位。FM 中两个“1”之间没有保持 1 位长度，不是 RLL 码）。电流在某个方向持续的位数称为“游程”，游程长度受限，就称为 RLL 码。MFM 的游程长度也受限，写入电流在某个方向最多持续 2 位（当记录“101”时），最少持续一位（当记录连续的“0”或连续的“1”时）。

虽然 MFM 符合 RLL 码规则，但它的记录密度不如 NRZ1 高，而 NRZ1 又不符合 RLL 码规则，所以为了采用 NRZ1 记录方式以提高记录密度，又有自同步能力，就产生了群码制（Group Coded Recording，GCR）编码格式，这种格式消除了数据中出现连续 3 个及以上“0”的情况。下面以 GCR（4，5）码为例加以说明。

GCR（4，5）是将写入信息按 4 位分组，4 位一组的数据列可有 2^4=16 种不同的组合，将这16种4位数据用16种5位数据一一对应。5位二进制数据可有$2^5=32$种编码，从32种编码中选用那些中间最多出现两个连续的“0”，两边最多只有一个“0”的16个编码，形成表6-1所示的对应编码表。写入时先将信息按4位分组，然后按其对应的5位代码用NRZ1制写入，读出时再将读出的5位代码还原为原始的4位信息。

采用NRZ1方式使记录密度提高，引入GCR又消除了连续两个以上“0”出现的情况，具备了自同步能力，又降低了对读放电路带宽的要求，这使GCR在磁盘机、数据流式磁带机中获得大量应用。

表6-1　GCR（4，5）转换表

数据码	记录码	数据码	记录码	数据码	记录码
0000	11001	0110	10110	1100	11110
0001	11011	0111	10111	1101	01101
0010	10010	1000	11010	1110	01110
0011	10011	1001	01001	1111	01111
0100	11101	1010	01010		
0101	10101	1011	01011		

6.5.2　磁盘存储设备

磁盘存储设备具有能长期存储信息的非易失性的特点，而且具有存储容量大、单位容量的价格低、可重复读写等优点，它在巨型机、大型机、服务器和微机中得到广泛应用。目前它是不可替代的外部存储器，其缺点是存取速度慢。

1. 磁盘存储设备的主要技术指标

磁盘存储设备的主要技术指标有存储密度、存储容量、平均访问时间、数据传输率和磁盘缓存容量。

（1）存储密度。存储密度又分为道密度和位密度。道密度是指沿磁盘半径方向单位长度上的磁道数，单位为道/mm或道/英寸。位密度是指沿磁盘圆周方向单位长度上所能记录的二进制位数，单位为位/mm或位/英寸。要注意的是，对于每条不同半径的磁道，它们的圆周长是不一样的，而每条磁道记录的信息位数是相同的，所以磁盘内圈磁道的位密度高，而外圈位密度低。最内圈的位密度才代表磁盘真正的位密度水平。

（2）存储容量。存储容量是指一个磁盘装置所能存储的二进制信息总量。磁盘的容量分为格式化容量和非格式化容量两个指标。格式化容量指按照某种特定的记录格式所能存储的数据总量，是用户真正使用的容量。非格式化容量是磁盘表面可以利用的磁化单元总数。目前软盘单片容量为1.44 MB；硬盘单碟片已发展到60 GB，由二碟片组成的120 GB硬盘将成为微机市场主流。

非格式化容量=位密度×最内圈磁道周长×磁道总数

格式化容量=扇区容量×每道扇区数×磁道总数

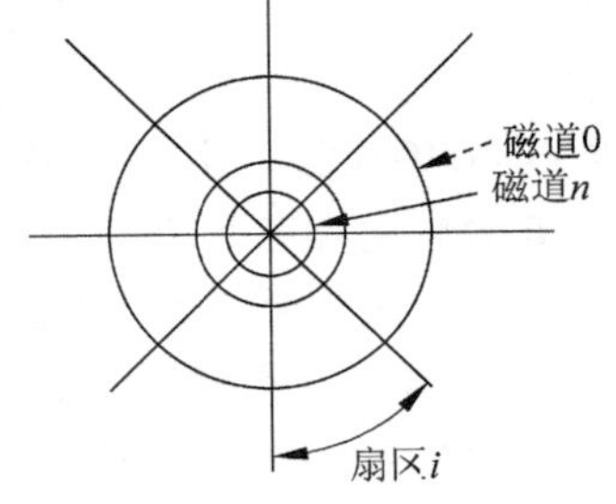

图6-33　磁盘格式

每个磁道分为若干扇区，所有磁道的扇区数是相同的，同时每个扇区内存储数据量也都相同。磁盘格式如图6-33所示。磁道的编址为最外磁道是 0 号磁道，最里面的磁道是 n 号磁道。单盘片的磁盘存储设备有两个面，多盘片的磁盘存储设备有多个面。每个面中相同磁道号的各个磁道构成一个圆柱面。扇区是磁盘访问的最小单位。在磁盘上形成磁道和扇区的过程称为格式化。

（3）平均访问时间。从发出读/写命令起，磁头从某一起始位置移到指定位置，并开始读/写数据所需的时间称为访问时间。它由两个因素决定：平均寻道时间和平均旋转等待时间。平均寻道时间是将磁头定位到所要求的磁道上所需的时间，磁头定位到最外磁道所需的时间和定位到最内磁道所需的时间是不一样的，通常计算一个平均时间来表示平均寻道时间，目前这个时间为 9 ms 左右。平均旋转等待时间是指磁头定位到磁道后，磁头等待访问信息区（扇区）旋转到达磁头下方所需的时间，它与磁盘转速有关，用磁盘旋转半周所需的时间来表示。每条磁道的 1 号扇区到达磁头位置的时间为 0，最后扇区到达磁头位置需转一周时间，故平均时间为半周。例如硬磁盘转速为 5 400 r/min 和 7 200 r/min，可求得相应平均等待时间是 5.6 ms 和 4.2 ms。目前硬盘参数只给出平均寻道时间，此时间绝不是平均访问时间。

（4）数据传输率。数据传输率指单位时间内磁盘存储器能读/写的有效字节数。

数据传输率（b/s）=扇区内字节数×每道扇区数×磁盘转速×8

目前硬盘的数据传输率为几十兆字节/s～百兆字节/s。它取决于磁盘转速。

例 6-6 设一个磁盘的平均寻道时间为 10 ms，数据读取的速度高于数据传输速率，数据传输速率是 32 MB/s，控制器延迟是 2 ms（读磁盘命令到启动磁头移动的时间称为控制器延迟），盘片转速为每分钟 5 400 转。求读/写一个 512 字节扇区的平均时间。

解 平均旋转等待时间：

0.5 / 5 400 r/min=0.005 6 s=5.6 ms

读一个扇区的传输时间：

0.5 KB / 32 MB/s=0.5 KB / 32 × 1 000 KB/s=0.015 ms

平均磁盘访问时间=平均寻道时间+平均旋转时间+传输时间+控制器延迟

=10+5.6+2+0.015=17.615（ms）

（5）磁盘缓存容量。上面的数据传输率是磁盘的内部传输率，即磁头读/写速率。磁盘还有一个外部传输率，指磁盘接口与系统总线交换数据的速度，即数据在硬盘电路和主机（由南桥芯片组或 IDE 芯片控制，通过系统总线传输）间的传输速率。外部传输率远高于内部传输率，因此在硬盘电路上设立缓存就十分必要了。缓存的作用相当于一个数据中转站，当写入数据时，磁头写入速度跟不上接口从系统总线下载数据的速度，外部传来的数据便可以先存放在缓存中排队等待；读出数据时先把内部磁头读出的数据放入缓存中，堆满后由缓存按照系统总线速率传给外部（例如传给主机）。设立缓存可有效缓解数据拥堵现象，极大地提高了硬盘的性能。缓存容量越大，性能就越高，当然成本也越高，特别在进行大块数据交换时，就更能显出缓存大的好处。例如，西部数据推出的 8 MB 缓存 7 200 转/分硬盘——WD1000BB-SE，其传输效率可比普通 2 MB 缓存的硬盘高出 25%。目前缓存的材料用普通 SDRAM 内存芯片来构成。注意：硬盘缓存与高速缓冲存储器的制作工艺不一样，一个采用 DRAM，另一个采用 SRAM。

2. 硬磁盘存储器的组成

硬盘盘片是在圆形微晶玻璃或铝合金材料上涂一层磁性材料制成，因基片坚硬，故称为硬盘。硬盘一般采用温彻斯特技术（温彻斯特为现代硬盘研制所在地名），将磁头、盘片和音圈电机组合在一个密封的盒内，盒内空气净化度极高，达到 100 级（粒径在 0.5 μm 以上的尘埃数少于 3.5 个/公升），但盒内不是真空，它有一个透气孔保持同外界连通，该孔连接一个空气过滤组件（过滤空气）。磁头读/写信息时不接触盘片，读/写之前，磁头放在盘片的最内圈（称启停区），该区不存放数据，磁盘盘片高速旋转后产生的气流使磁头浮起，然后移动磁头到所需的磁道上读/写。磁头浮起时离盘面 0.1 μm，这样可避免磁头与介质之间发生磨损，启停区表面涂有润滑剂。音圈电机是一种线性电机，可以直接驱动磁头运动，是一个带有速度和位置反馈的闭环调节自动控制系统，其工作速度高，定位精度高。

图 6-34 所示为硬磁盘存储器的组成原理。它由磁盘机、主轴驱动电路、磁头定位驱动系统、寻址逻辑、读/写线路、编/译码线路、校验电路等几个部分组成。

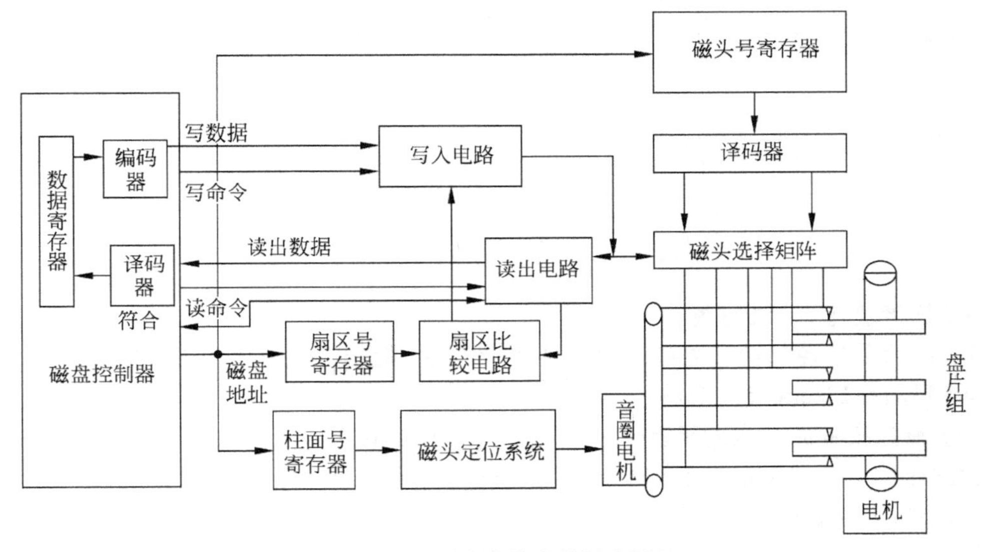

图 6-34 硬磁盘存储器的组成原理

当要对指定磁道进行读/写时，首先启动磁头定位驱动系统，将磁头移动到指定的磁道上。对于多盘片系统，所有磁头将同时定位在相同半径的磁道上，这些同半径的磁道就构成了一个“柱面”。柱面号的编排是从盘边开始的，最外圈为 0 号柱面，依次往内为 1 号，最内为 n 号，寻道是磁头的机械运动，平均寻道时间为 9 ms 左右。寻道工作完成后发“寻道完成”信号。然后根据磁盘地址，选择“磁头号”，一个磁头负责一个盘面。

当待访问的扇区经过磁头下时，当前扇区号与扇区寄存器内容相符，比较电路发出“扇区符合”信号，并自此时起读/写信息。

编码器与译码器负责前面提到的记录方式中 GCR（4、5）码的转换。

3. 磁盘数据记录格式

每条磁道通常划分 10～100 个扇区，其大小可固定，也可变化，通常是固定的。为了避免磁头读写精度出现误差，扇区与扇区之间留有间隙。信息在磁盘上的记录格式是有要求的，硬盘 Seagate ST506 的磁道记录格式如图 6-35 所示。

此例中每条磁道包含 30 个固定长度的扇区，每个扇区有 600 个字节，其中包含 512 个字节的数据和用于磁盘控制器控制的信息。ID 域里分别给出磁道号、磁头号、扇区号及 CRC 校验码。同步字节用来定义扇区的起始点。

刚出厂的空白盘片在使用前需先进行格式化，即按磁道格式写入格式信息，进行扇区划分，然后才能写入有效程序与数据。格式化的任务分为两个层次：

（1）物理格式化（初级格式化），即建立磁道记录格式，如上面的磁道划分格式。

（2）逻辑格式化（高级格式化），即建立文件目录表、磁盘扇区分配表、磁盘参数表。

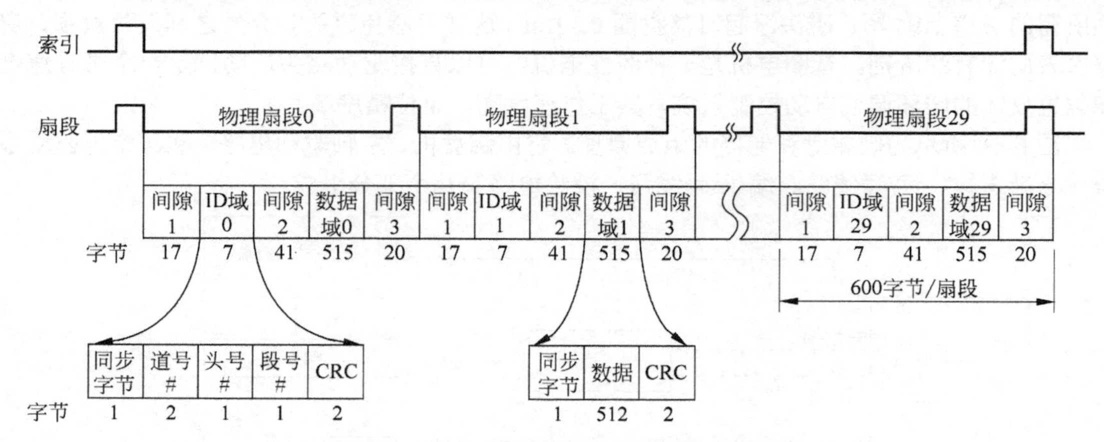

图 6-35　硬盘 Seagate ST506 的磁道记录格式

4. IDE 硬盘与 SCSI 硬盘

IDE 硬盘是把控制器从先前的单独硬盘卡与驱动器集成在一起，组成集成驱动器电路（Integrated Drive Electronic，IDE）。

SCSI 硬盘在柱面、磁道和扇区的组成方面与 IDE 硬盘没有什么区别，只是它的接口与 IDE 硬盘不同。SCSI 的英文全称为 Small Computer System Interface，中文为“小型计算机系统接口”，是在 1986 年被标准化的。

目前 IDE 硬盘用于个人机，而 SCSI 硬盘用于服务器/工作站的高端型产品。SCSI 硬盘的盘片直径小，转速高达 15 000 r/min，是 IDE 硬盘的两倍。而 IDE 硬盘的盘片直径大，单片容量大于 SCSI，但它转速低，传输率也就低。IDE 硬盘的单片容量达到 60 GB，SCSI 硬盘的单片容量只达到 40 GB（直径过大会影响盘片转速）。

5. 软磁盘存储器的组成

软磁盘盘片用塑料做基体，两面涂上磁粉，装在保护套内，因基体软而得名。软磁盘采用接触式读/写方式，因而磁头与盘面都会磨损，影响使用寿命。由于磁头接触盘面，所以软磁盘转速不可能很高，通常为几百转/分左右。软磁盘读/写时磁头暴露在外，受灰尘影响较大，导致位密度和道密度都难以提高，再加上接触式读写，软盘的所有指标从 20 世纪 80 年代后期就再没有提高，容量始终为 1.44 MB，转速始终为几百转/分。随着移动盘的发展，软磁盘已退出历史舞台。

软磁盘的记录格式和组成原理与硬磁盘大体相同，这里不再介绍。

习　题

6.1　简述六管静态 SRAM 依靠什么工作原理存储二进制信息，并说明该电路作为存储器的优、缺点。

6.2 单管动态DRAM依靠什么工作原理存储二进制信息？为什么内存条都采用该种电路？

6.3 解释存储器带宽的含义。若存储器的数据线为32位，读写周期为0.2μs，求存储器的带宽。

6.4 何谓“恢复”操作？何谓“刷新”操作？二者有何区别？

6.5 为什么DRAM芯片的地址一般要分两次接收？

6.6 使用4 K×8位的动态RAM芯片构成64 K×8位的存储器，问需要4 K×8位的芯片几片？若其读写周期为500 ns，对全部存储单元刷新一遍所需的刷新时间是多少？（注：动态RAM采用行、列两维地址译码方式，但刷新以行为单位进行，选中一行进行读操作时，列不参加输出操作。当地址线有N根时，行数为$2^{N/2}$，行地址每次“+1”，刷新一行，直到0～2^N-1行刷新完毕）

6.7 存储器芯片的容量通常用$a \times b$表示，a为字数（单元数），b为每个字的位数。以下几种存储器芯片分别有多少地址线和数据线？

（1）2 K×16；

（2）128 K×8；

（3）4 M×32；

（4）2 G×4。

6.8 用2 K×8的存储器芯片构成8 KB存储器，地址线为A_{15}～A_0，请写出片选逻辑表达式，并画出连接图。

6.9 用4 K×8的存储器芯片组成8 K×16位的存储器，共需多少片？如果CPU的信号线有读/写控制信号$\overline{WE}$，地址线为A_{15}～A_0，存储器芯片的控制信号有$\overline{CS}$和$\overline{WE}$，请画出CPU与存储器的连接图。

6.10 某机内存ROM容量为8 KB，要求定位在2000H～3FFFH地址空间内，RAM容量为32 KB，要求定位在5 000～CFFFH地址空间内。ROM芯片为4 K×8，RAM为8 K×8，CPU访存信号为$\overline{MREQ}$，地址线为A_{15}～A_0，数据线为D_7～D_0，存储器芯片的控制信号为$\overline{CS}$（片选），$\overline{WE}$为读/写信号，请画出CPU与存储器的连接图。

6.11 在一个8体的低位多体交叉存储器中，访问地址如下，求每种地址情况下其分别比单体存储器的带宽提高多少？

（1）101、102、103、104、…、164；

（2）102、104、106、108、…、228；

（3）103、106、109、112、…、292。

6.12 请画出4体多体交叉存储器的编址方式图，若每体每次读/写两个字节，读/写周期为200 ns，求其带宽。

6.13 提高存储器的读/写速度有哪些措施？

6.14 一台计算机的主存容量为1 MB，字长为32位，直接映像的Cache的容量为512字。计算主存地址格式中区号、块号和块内地址字段的位数。

（1）Cache块长为2字；

（2）Cache块长为8字。

6.15 一个组相联映像的Cache有16个组，每组有4块存储块。主存包含4 096个存储块。块大小为128字，访存地址为字地址。

（1）求一个主存地址有多少位，一个Cache地址有多少位。

（2）计算主存地址格式中，区号、组号、块号和块内地址字段的位数。

6.16 某微处理器Cache为16 KB，采用直接映像方式，Cache块大小为4个32位的字。（1）画出该 Cache 的地址映像方式，指出主存地址的不同字段的作用。（2）主存地址为ABCDE8F8的单元在Cache中的什么位置（区号、块号和块内地址值）？

6.17 Cache-MM层次采用直接映像。主存共分8个块，Cache分为4个块，开始时Cache为空。

（1）对于如下主存块地址流：2、3、5、2、4、0、7、2、3、6、5、7、5、0、3，请列出每次访问后Cache中各块的分配的情况。

（2）对于（1）求出块失效且发生块争用的时刻。

（3）对于（1），求出此期间Cache的命中率。

6.18 主存容量为4 MB，虚拟容量为1 GB，问实地址与虚地址各为多少位？若页面大小为4 KB，主存页表应有多少个表行？

6.19 某计算机采用页式虚拟存储器，页大小为16字。页表内容见表6-2，求当CPU程序按下列二进制虚拟访存时产生的实际地址：

（1）00101101；

（2）10100000；

（3）10001000。

表6-2 题6.19的页表内容

虚页号	实页号	装入位
0000	0101	1
0001	—	0
0010	0010	1
0011	0000	1
0100	0110	1
0101	—	0
0110	—	0
0111	—	0
1000	0100	1
1001	0011	1
1010	0001	1
1011	0100	1
1100	—	0
1101	—	0
1110	—	0
1111	—	0

6.20 某页式虚拟存储器对页面要求的次序为：3、4、2、6、4、3、7、4、3、6、3、4、8、4、6虚页号，程序运行前主存为空，若主存只有3个页面，分别求FIFO和LRU替换算

法各自的页面命中率。若主存容量改为 4 个页面，求各自命中率又为多少？

6.21 虚拟存储器中，页面的大小不能太小也不能太大，为什么？

6.22 画出代码 11001011 在 NRZ1、FM 和 PM 记录方式下的写入电流波形，试比较它们的磁记录密度，说明它们有无自同步能力。

6.23 RLL 码中，“游程”的含义是什么?判断下列码中哪些属于 GCR（4，5）：11001、10111、10001、01011、01010、00011、01000。

6.24 磁盘存储设备的主要技术指标是什么？

6.25 设一个磁盘的平均寻道时间为 20 ms，传输速率是 1 MB/S，控制器延迟时间是 2 ms，转速为 5 400 r/min。求读/写一个 512 字节扇区的平均时间。

6.26 硬磁盘磁头为什么要悬浮在磁盘表面?软磁盘的转速为什么不能再提高了？

6.27 硬磁盘的接口有几种类型？其各应用在什么场合？

第7章 运 算 器

CPU 的组成主要为运算器和控制器，运算器负责算术与逻辑运算，控制器产生全机控制信号，包括控制运算器的控制信号。本章介绍运算器的设计原理，控制器在后续章节介绍。

运算器设计的复杂程度是计算机档次高低的标准之一。运算器中的运算部件是主要部件，而运算部件的设计是围绕运算方法进行的，即确定运算方法后再设计硬件来实现它。

7.1 数据信息的表示方法

本节介绍二进制数据在计算机中的编码存储方式，以及补码加减法运算。

7.1.1 带符号数的表示

二进制数有运算简单、便于物理实现、节省设备等优点，所以被计算机采用。二进制数与十进制数一样有正、负之分。在计算机中，常采用将数的符号和数值一起编码的方法来表示数据。常用的有原码、补码和反码表示法。这几种表示法都将数据的符号数码化。通常正号用“0”表示，负号用“1”表示，为了区分，一般书写时表示的数称为真值，机器中编码表示的数称为机器数。

下面以纯小数为对象分别讨论原码、补码和反码的表示方法。纯小数是绝对值小于 1 的数。

1. 原码表示法

若有二进制小数的真值 $X=\pm 0.x_1x_2\cdots x_n$，则它的原码表示可记为：

$$[X]_{原}=x_0.x_1x_2\cdots x_n$$

其中 x_0 表示该进制小数的符号，即：

$$x_0=\begin{cases}0, & X\geqslant 0\\1, & X\leqslant 0\end{cases}$$

可见，带符号二进制小数的原码表示与它的真值表示很相似，只要将它的真值表示中的数值部分左边加上符号位 0 或 1（对于正数，符号位为 0；对于负数，符号位为 1），即可得到原码表示形式，简称原码。

例如：

$$\text{真值 } X=+0.1011111，[X]_{原}=0.1011111$$
$$\text{真值 } X=-0.1011111，[X]_{原}=1.1011111$$

原码的形式可通过计算公式来表达，即

$$[X]_{原}=\begin{cases}X, & 0 \leqslant X < 1 \\ 1-X, & -1 < X \leqslant 0\end{cases}$$

例如：

$$X=+0.1011111，\text{则 } [X]_{原}=0.1011111$$
$$X=-0.1011111，\text{则 } [X]_{原}=1-(-0.1011111)=1.1011111$$

注意 原码“0”的表示有“+0”和“-0”之分，它的原码表示形式分别为

$$[+0]_{原}=0.00\cdots0，[-0]_{原}=1.00\cdots0$$

2. 反码表示法

另一种机器数表示法是反码表示法。在反码表示法中，符号位与原码表示法的符号位一样，即对于正数，符号位为0；对于负数，符号位为1。但是反码数值部分的形成与它的符号位有关，对于正数，反码的数值部分与原码按位相同；对于负数，反码的数值部分是原码的按位变反（即1变0，0变1），反码即因此而得名。

例如：

$$X=+0.1001111，[X]_{原}=0.1001111，[X]_{反}=0.1001111$$
$$X=-0.1001111，[X]_{原}=1.1001111，[X]_{反}=1.0110000$$

反码的形式也可以通过计算公式来表达，若二进制小数 $X=\pm 0.x_1x_2\cdots x_n$，则

$$[X]_{反}=\begin{cases}X, & 0 \leqslant X < 1 \\ (2-2^{-n})+X, & -1 < X \leqslant 0\end{cases}$$

其中 n 代表二进制小数数值的位数。

例如：

$$X=+0.1101111，\text{则 } [X]_{反}=X=0.1101111$$
$$X=-0.1101111，\text{则 } [X]_{反}=(2-2^{-7})+X=10.0000000-0.0000001+X$$
$$=1.1111111-0.1101111=1.0010000$$

注意 真值“0”在反码表示法中也有两种表示形式，即

$$[+0]_{反}=0.00\cdots0，[-0]_{反}=1.11\cdots1$$

3. 补码表示法

对于正数来说，补码与原码、反码的表示形式是完全相同的。对于负数，从原码转换到补码的规则是：符号位不变（仍为1），数值部分则是按位求反，最低位加1，或简称“求反加1”。

例如：

$$X=+0.1010000，[X]_{原}=0.1010000，[X]_{补}=0.1010000$$
$$X=-0.1010000，[X]_{原}=1.1010000，[X]_{补}=1.0110000$$

补码的形式也可由计算公式来表达，即

$$[X]_{补}=\begin{cases}X, & 0\leqslant X<1\\2+X, & -1\leqslant X<0\end{cases}$$

例如：

X=0.1011101，则 $[X]_{补}$=X=0.1011101

X=–0.1011101，则 $[X]_{补}$=2+X=2–0.1011101

=10.0000000–0.1011101

=1.0100011

注意 补码与原码和反码不同，在补码表示法中，真值“0”的补码是唯一的，即 0.00…0，而补码“1.00…0”则代表真值“–1”。

4. 原码、反码与补码的关系

本书只讨论它们之间转换的规则。

对于正数，有$[X]_{原}=[X]_{反}=[X]_{补}$；对于负数，有$[X]_{原}=[[X]_{反}]_{反}=[[X]_{补}]_{补}$，即 X 的反码的反码等于原码，X 的补码的补码等于原码，简单地说就是对某数两次求反或补等于原码。

例如：已知 $[X]_{反}$=1.1010100，求 $[X]_{原}$=？

解 $[X]_{原}=[[X]_{反}]_{反}=[1.1010100]_{反}$=1.0101011

例如：已知 $[X]_{补}$=1.0111001，求 $[X]_{原}$=？

解 $[X]_{原}=[[X]_{补}]_{补}=[1.0111001]_{补}$=1.1000111

5. 整数的原码、反码及补码的定义

前面讨论了二进制小数的三种机器数表示法（原码、反码、补码）。二进制整数的机器数表示，与二进制小数的机器数表示是类似的，只是符号位与数值位之间用“,”隔开。例如有 7 位二进制整数，在它左边添加 1 位符号位，那么整个机器数共有 8 位。

如 X=+1010101，则有

$[X]_{原}$=0,1010101,$[X]_{反}$=0,1010101,$[X]_{补}$=0,1010101

如 X=–1010101，则有

$[X]_{原}$=1,1010101,$[X]_{反}$=1,0101010,$[X]_{补}$=1,0101011

它们的定义如下：

$$[X]_{原}=\begin{cases}X, & 0\leqslant X<2^{n-1}\\2^{n-1}-X, & -2^{n-1}<X\leqslant 0\end{cases}$$

$$[X]_{反}=\begin{cases}X, & 0\leqslant X<2^{n-1}\\(2^{n}-1)+X, & -2^{n-1}<X\leqslant 0\end{cases}$$

$$[X]_{补}=\begin{cases}X, & 0\leqslant X<2^{n-1}\\2^{n}+X, & -2^{n-1}\leqslant X<0\end{cases}$$

其中，n 为整数位（包括符号位）。

7.1.2 补码加减法

计算机在实际数值运算中只会作加法运算，这是因为人们在设计 CPU 中的运算器时只设计了加法器的硬件电路，而没有再单独设计减法器，这样做是为了降低硬件成本，使运算器的硬件电路变得简单一些。计算机的减法是通过数学变换把减法转化为作加法运算而实现的。另外计算机中的乘法、除法也都是用补码加法来实现的。

加法器只有8位二进位，其中符号占1位，数值占7位，用二进制整数表示。

1. 补码运算公式及规则

（1）$[X+Y]_{补}=[X]_{补}+[Y]_{补}$

$[X-Y]_{补}=[X+(-Y)]_{补}=[X]_{补}+[-Y]_{补}$

以上两个公式可以通过分别讨论 X、Y 及 $X+Y$ 大于/小于零及补码定义来证明其成立，这里不再赘述。

（2）补码作加减运算时它的符号位是参加运算的，符号位的进位被丢掉。

2. 补码加减法

例如：求 $X-Y$，其中 $X=+1010000$，$Y=+0011000$。

1）原码运算

$$[X]_{原}=0,1010000，[Y]_{原}=0,0011000$$

因 X 的绝对值大于 Y 的绝对值，所以由 X 作被减数，Y 作减数，差值为正。

$$\begin{array}{r} 0,1010000 \\ -\ 0,0011000 \\ \hline 0,0111000 \end{array}$$

$[X-Y]_{原}=0,0111000$，其真值为 $X-Y=+0111000$。

原码表示简单易懂，但计算机作原码算术运算较为麻烦，一般不使用它，而是采用补码运算。

2）补码运算（符号位参加运算）

$[X]_{补}=0,1010000$

$[-Y]_{补}=2^8-0,0011000=10,0000000-0,0011000=1,1101000$

$$\begin{array}{r} 0,1010000 \\ +\ \ 1,1101000 \\ \hline \leftarrow\ 10,0111000 \end{array}$$

$[X-Y]_{补}=0,0111000$，其真值为 $X-Y=+0111000$。

丢掉符号位的进位不是数学上把它丢掉，而是因为加法器只有8位，这时已出现9位，自然表示不了它，这个“丢掉”要理解为硬件没有足够的位数来表示它，但是结果是正确的。其使用了数学“模”的概念，在这里模为 2^8，“8”表示8位硬件。

3. 补码在生活中的实例

假设现在标准时间为8点钟，而有一只表却指在9点钟，把它校准的办法有两种，第一种是倒拨一格，作 9–1=8 的减法；第二种办法是顺拨11格，作了 9+11=“8”的加法，这两种方法都对，第二种就是补码的概念。手表是一个以12为模表示数据的硬件，它的最大数据是12，再大就又从1开始。这说明在手表系统里作减1可以求–1的补码，即 12–1=11（为–1的补码），用11与9相加，当超过12时又从1开始直加到8止，正好加11格。因此在手表系统里减某个数时，求这个减数的补码（即 $12-X$），然后用这个补码加上被减数，就实现了减法变加法的转换。

例 7-1 现在标准时间为6点钟，而手表却指在9点钟（被减数），把它校正，注意手表硬件所能表示的最大数值是12。

解 （1）需要减3（减数），求–3的补码。

12–3=9（–3的补码，9代表要顺拨9格）

（2）9（被减数）+9（–3的补码）=18（mod12）=12+6=6（即从9点钟开始顺拨9格后，就变为6点钟了）

4. 二进制补码加减法

例如，在二进制整数补码加减法里，$[X]_{补}=2^n+X$（$-2^{n-1}\leqslant X<0$），这个2^n就等于手表里的12，它是模2^n的。

例7-2 X=+0011100，Y=+0001010，求$[X-Y]_{原}$=?

解 $[X]_{补}$=0,0011100,$[-Y]_{补}$=10,0000000–0,0001010=1,1110110

$[X-Y]_{补}$=0,0011100+1,1110110=0,0010010=0,0010010

所以$[X-Y]_{原}=[X-Y]_{补}$=0,0010010

因为$X-Y>0$，所以$[X-Y]_{原}$等于$[X-Y]_{补}$。

5. 十进制补码在生活中的实例

例7-3 一辆汽车的里程表是5位，即“×××××”，它所能表示的最大数字是99 999。现在该车里程表数为26 500，如果出于某种原因，不想让里程表数字为26 500，而让它变为25 000，这就需要26 500减去1 500才能做到。而汽车里程表的设计为只作加法不作减法。怎么办呢？可利用补码的概念。这道题是让X=26 500，Y=1 500，求$X-Y$。若直接计算，当然是26 500–1 500=25 000，一下就算出来，可里程表不会作减法，即作不了26 500–1 500这个算式。采用补码方法计算如下：

解 （1）$X-Y=X+(-Y)$，所以计算$-Y$的补码：

$-Y$的补码=100 000–1 500=98 500（为–1 500的补码）

由于里程表是5位硬件，它所能表示的最大数是100 000，所以用100 000减1 500，模为10^5。

（2）$[X]_{10补}+[-Y]_{10补}$=26 500+98 500=125 000

125 000中的“1”无法表示，丢掉。

因为里程表只有5位，这个“1”无法表示。

答：为了实现减去1 500，就要再多跑98 500千米，里程表才能出现数字25 000。

6. 说明

计算机作数值运算是用补码进行的，它能够把减法转化为加法来实现，这并不是说减法真的能用加法来实现，这是不可能的。原因在于求补码时已作了一次减法，是在事先准备工作里作的。在二进制里求补码时作的减法是硬件非常容易实现的，只要按位变反（即求反码）再用加法器加1，就得到补码。所以计算机只设计加法器，而不用再专门设计减法器，以达到使电路简单，降低成本的目的。

如果十进制系统里也要把减法转化为加法，那么在求十进制补码时作的就是减法，必须用减法器来实现。

如前面例题求–1 500的补码是用100 000–1 500=98 500实现的，这就是在作减法，要用减法器来实现。

7.1.3 定点表示与浮点表示

1. 定点表示

小数点位置固定不变表示定点数。现代计算机定点数表示有两种：定点整数与定点小数。如图 7-1 所示，在定点数据编码中表示带有小数的数据时，并不需要某个数位或触发器一类的硬件来表示小数点的位置，小数点的位置是一种隐含约定，小数点的位置在运算过程中是不变的。

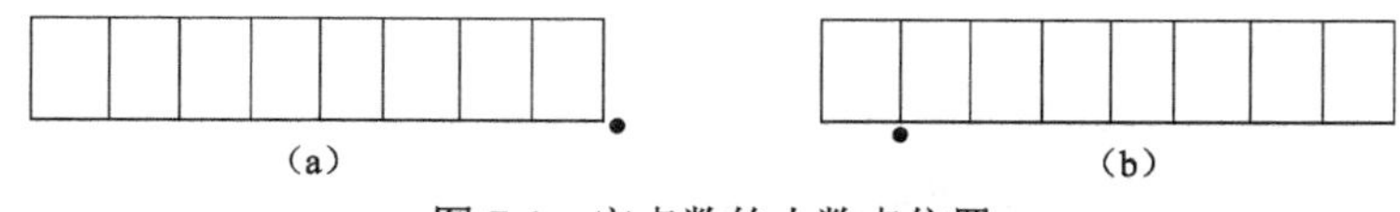

图 7-1 定点数的小数点位置

（a）定点整数；（b）定点小数

下面是用 1 个字节 8 位二进制硬件分别表示定点整数和定点小数的典型数值：

	原码定点整数	原码定点小数
绝对值最大负数	1 1 1 1 1 1 1 1=–（2^7–1）=–127	1 1 1 1 1 1 1 1=–（1–2^{-7}）
绝对值最小负数	1 0 0 0 0 0 0 1=–1	1 0 0 0 0 0 0 1=–2^{-7}
最大正数	0 1 1 1 1 1 1 1=2^7–1=127	0 1 1 1 1 1 1 1=1–2^{-7}
非零最小正数	0 0 0 0 0 0 0 1=+1	0 0 0 0 0 0 0 1=2^{-7}
	补码定点整数	补码定点小数
绝对值最大负数	1 0 0 0 0 0 0 0=–（2^7）=–128	1 0 0 0 0 0 0 0=–1
绝对值最小负数	1 1 1 1 1 1 1 1=–1	1 1 1 1 1 1 1 1=–2^{-7}
最大正数	0 1 1 1 1 1 1 1=2^7–1=127	0 1 1 1 1 1 1 1=1–2^{-7}
非零最小正数	0 0 0 0 0 0 0 1=+1	0 0 0 0 0 0 0 1=2^{-7}

采用定点表示的缺点是数据表示范围小。例如用 16 位硬件表示整数，则补码表示的数的范围为–32 768～+32 767，很容易产生溢出，但其表示数据的有效精度高，16 位可全部用来表示数据位数。

2. 浮点表示

定点数据编码存在的一个问题就是它难以表示数值很大的数据和数值很小的数据。这是因为小数点只能定在某一个位置上，限制了数据表示范围。为了表示更大范围的数据，数学上通常采用科学计数法，把数据表示成一个小数乘以一个以 10 为底的指数。在计算机的数据编码中可以把表示这种数据的代码分成两段：一段表示数据的有效数值部分，另一段表示指数部分，也就是表示小数点的位置。改变指数部分的数值，也就相当于改变了小数点的位置，即小数点是浮动的，因此称为浮点数。

在计算机中称指数部分为阶码，数值部分为尾数。其格式如图 7-2 所示，阶码用定点整数表示，尾数用定点小数表示。

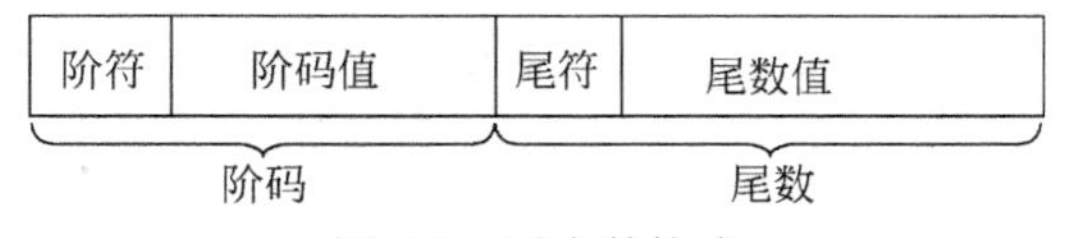

图 7-2 浮点数格式

浮点数的运算都采用补码形式进行，所以浮点数所能表示的数据范围大都是在补码方式下计算出来的。假定硬件采用 16 位的二进制形式，其中阶码为 8 位，尾数为 8 位，其浮点数表示范围如下：

	阶码	尾数
绝对值最大负数	0 1 1 1 1 1 1 1	1 0 0 0 0 0 0 0 $=2^{2^7-1}\cdot(-1)=-2^{127}$
绝对值最小负数	1 0 0 0 0 0 0 0	1 1 1 1 1 1 1 1 $=2^{-2^7}\cdot(-2^{-7})=-2^{-135}$
最大正数	0 1 1 1 1 1 1 1	0 1 1 1 1 1 1 1 $=2^{2^7-1}\cdot(1-2^{-7})$
非零最小正数	1 0 0 0 0 0 0 0	0 0 0 0 0 0 0 1 $=2^{-2^7}\cdot 2^{-7}=2^{-135}$

负数范围：$-2^{127}\sim-2^{-135}$

正数范围：$2^{-135}\sim2^{127}$（$1-2^{-7}$）

浮点数绝对值最大负数是用补码定点整数中的最大正数乘以补码定点小数中的绝对值最大负数得来的。其他浮点数值对照前面的定点数就可推出。

若阶码为 m+1 位，尾数为 n+1 位，则浮点数表示范围如下：

负数范围：$-2^{2^m-1}\sim-2^{-2^m}\cdot(2^{-n})$；

正数范围：$2^{-2^m}\cdot2^{-n}\sim2^{2^m-1}$（$1-2^{-n}$）。

3. 尾数规格化

尾数规格化的目的是提高数的运算精度，让存放尾数的硬件充满有效数值位数。尾数存放格式要求以 0.1×××…×或 1.0×××…×（补码表示）两种形式出现。

例如 A=0.0011，B=0.0011，$A\times B$=0.00001001，若硬件的 5 位包含 1 位符号，则 $A\times B$=0.0000，而 1001 被丢掉，显然结果为零是不对的，那么把 $A\times B$=0.00001001 规格化成为 $A\times B=0.1001\times2^{-4}$ 就显示了有效数值位，提高了尾数精度，阶码再作相应的减 4，就完成了规格化工作。

由于尾数作了规格化定义，浮点规格化数的表示范围也就发生了变化。下面列出浮点数表示范围和规格化浮点数表示范围，如图 7-3 所示。注意：阶码本身无规格化形式。目前所有 CPU 浮点数据都采用规格化形式表示数据。

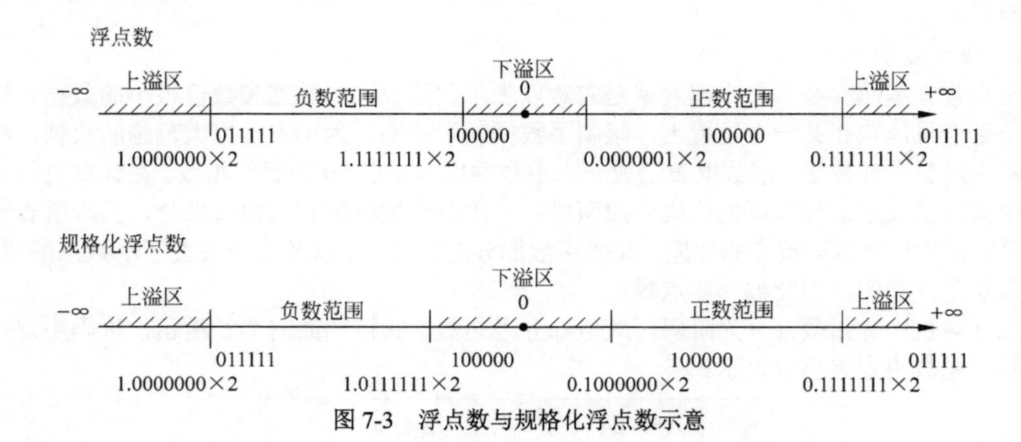

图 7-3　浮点数与规格化浮点数示意

图中假定 14 位浮点数，阶码为 6 位（包含 1 位符号位），尾数为 8 位（包含 1 位符号位）。

由图可知规格化浮点数表示范围比浮点数表示范围要小一些。

7.1.4 溢出判别

运算结果超出机器数的表示范围，称为溢出。溢出现象总是发生在两数运算结束之后。如果两正数之和为负数或两负数之和为正数，则其和数必为溢出数。设两数之和为 $Z=z_0' z_0.z_1 z_2\cdots z_n$，其中 $z_0'z_0$ 是和数的两个符号位。若 $z_0'=z_0$，则表示 Z 没溢出；若 $z_0'\neq z_0$，则 Z 是溢出数。因此溢出函数 $V=z_0'\oplus z_0$，若 $z_0'\oplus z_0=0$，无溢出，若 $z_0'\oplus z_0=1$，则溢出，计算机通过判别 V 的值来断定是否溢出。

例 7-4 设 X=+1100，Y=+1000，求$[X+Y]_补$。

解 运算过程中符号位采用双符号位。

$[X]_补$=00,1100　　$[Y]_补$=00,1000

$$\begin{array}{r} 00{,}1100 \\ +\ 00{,}1000 \\ \hline 01{,}0100 \end{array}$$

$[X+Y]_补$=01,0100，其中两符号出现“01”情况，表示溢出。本例题中数值位采用 4 位，最多能表示正 15=1111，而 X=+1100=12，Y=+1000=8，12+8=20，超出 1111 的最大值，所以会溢出。

例 7-5 设 X=−1100，Y=−1000，求 $[X+Y]_补$。

解 运算过程中符号位采用双符号位。

$[X]_补$=11,0100　　$[Y]_补$=11,1000

$$\begin{array}{r} 11{,}0100 \\ +\ 11{,}1000 \\ \hline 10{,}1100 \end{array}$$

$[X+Y]_补$=10,1100，其中两符号出现“10”情况，表示溢出。本例题中最多能表示负 16，而−12 −8=−20，超出 10000 的绝对值最大负数，所以会溢出。

当 $z_0' z_0$=01 时，称为上溢，当 $z_0' z_0$=10 时，称为下溢。在浮点数运算中阶码表示数值范围，所以阶码作加减运算时，若 $z_0'\oplus z_0=1$，则表示浮点数溢出。

对溢出的处理原则是上溢时要停机处理，转溢出处理程序，下溢时作零处理。溢出判别电路 $V=z_0'\oplus z_0$，只需一个“异或”门即可实现。

7.1.5 字符的表示

1. 西文字符的编码

在计算机中不仅要处理数值信息，还要处理文本和符号信息。对于西文字符，通常用 7 位或者 8 位二进制数据表示一些字母、数字符号、标点符号和一些控制符号等，通常采用 1 个字节表示 1 个字符信息。文字字符的编码方案有许多，目前国际上普遍采用的一种字符编码系统是 ASCII 码（American Standard Code for Information Interchange）。这种编码标准规定 8 个二进制位的最高一位为 0，余下的 7 位可以给出 128 个编码，表示 128 个不同的字符。其中的 95 个编码对应英文字母、数字等可显示和可打印的字符。另外 33 个字符的编码值为 0～31 和 127，表示一些不可显示的控制字符。代码定义见表 7-1，其中 b0～b6 分别表示代码的第 0 位～第 6 位，第 7 位代码 b7 恒为 0。

表 7-1 ASCII 码表

b6b5b4 / b3b2b1b0	000	001	010	011	100	101	110	111
0000	NUL	DLE	SP	0	@	P		p
0001	SOH	DC1	!	1	A	Q	a	q
0010	STX	DC2	″	2	B	R	b	r
0011	ETX	DC3	#	3	C	S	c	s
0100	EOT	DC4	$	4	D	T	d	t
0101	ENQ	NAK	%	5	E	U	e	u
0110	ACK	SYN	&	6	F	V	f	v
0111	BEL	TEB	′	7	G	W	g	w
1000	BS	CAN	(	8	H	X	h	x
1001	HT	EM	)	9	I	Y	i	y
1010	LF	SUB	*	：	J	Z	j	z
1011	VT	ESC	+	；	K	[	k	{
1100	FF	FS	,	<	L	\	l	|
1101	CR	GS	–	=	M	】	m	}
1110	SO	RS	.	>	N	^	n	～
1111	SI	US	/	?	O	¯	o	DEL

其中，各控制字符代表的意义见表 7-2。

表 7-2 各控制字符代表的意义

控制字符	代表的意义	控制字符	代表的意义
NUL	空	EOT	发送结束
SOH	标题开始	ENQ	询问
STX	文本开始	ACK	应答
ETS	文本结束	BEL	响铃
BS	退格（backspace）	SYNC	同步（synchronous）
HT	横向制表	ETB	信息发送组结束
LF	换行（line feed）	CAN	删除
VT	纵向制表	EM	媒体结束
FF	格式走纸	SUB	代替
CR	回车（carriage return）	ESC	换码（escape）
SO	移出（shift out）	FS	文件分隔
SI	移入（shift in）	GS	组分隔
DLE	数据连接交换	RS	单位分隔
DC1–DC4	设备控制	SP	空格（space）
NAK	否定回答	DEL	删除（delete）

ASCII 码是 7 位的编码，但由于字节是计算机中存储信息的基本单位，因此一般仍以一个字节来存放一个 ASCII 字符。每个字节中的多余位可用于错误检验，也可置“0”。ASCII 码已被国际标准化组织 ISO 和国际电报电话咨询委员会 CCITT（现改为国际电信联合会 ITU）采纳，成为一种国际通用的信息交换用标准代码。

2. 汉字的编码

汉字在计算机中的编码可分为输入码和机内码等。机内码是汉字在计算机内部进行存储和处理时采用的表示形式，它同样是一种二进制代码。

计算机的键盘是为西文输入设计的。为了利用西文键盘输入汉字，需要建立汉字与键盘按键的对应规则，将每个汉字用一组键盘按键表示。这样形成的汉字编码称为汉字的输入码。汉字输入码应当规则简单、容易记忆，同时为了提高输入速度，输入码的编码应尽可能短。常见的汉字输入码有数字码、拼音码和字形码等。数字码的例子是国标区位码，它的特点是无重码，每个编码对应唯一一个汉字。拼音码根据汉字的拼音规则进行编码，具有简单易记的优点，其缺点是重码多，因为汉字中有许多同音字。字形码的典型例子是五笔字型码，它根据汉字的笔画规则进行编码。

汉字机内码是用于汉字信息存储、交换、检索等操作的内部代码，一般采用两个字节表示一个汉字。1980 年公布的国家标准规定了 3 755 个最常用汉字和 3 008 个较常用汉字的编码。根据这个标准，把这 6 763 个汉字分成若干个区，每个区包含 94 个汉字。每个汉字的编码由两部分组成：第一部分指明该汉字所在的区；第二部分指明它在区中的位置。这两部分用二进制表示时各需要 7 位，像 ASCII 码一样，在计算机中实际各占 8 位。为了与 ASCII 码区别，还要有附加的标志。目前最常见的方法是把多余的最高位设置为“1”。

7.2 算术逻辑运算部件 ALU

在运算器的设计中，运算部件是设计的核心内容。运算部件主要围绕加法器进行设计，加法器设计的好坏影响到 CPU 的运算速度。本节重点讨论加法器的构成。减法是可以用补码形式变成加法实现的，所以不用再单独设计减法器，而用加法器配以求补电路就能实现减法。乘法本身是用加法作的，除法本身是用减法作的，所以乘/除法最后也都是用加法器再配以其他辅助电路来实现的。逻辑运算电路比较简单，它与加法器整合在一起就构成了算术逻辑运算部件（ALU）。

7.2.1 一位全加器

在第 3 章中已介绍过一位全加器，它的逻辑符号已有表示，S_i 表示第 i 位的和，C_i 表示进位信号，C_{i-1} 表示低位的进位，A_i 与 B_i 表示两个加数。

S_i 与 C_i 逻辑表达式分别为

$$S_i=A_i \oplus B_i \oplus C_{i-1}$$

$$C_i=A_iB_i+(A_i \oplus B_i)C_{i-1}$$

7.2.2 串行进位并行加法器

串行进位方式是指：逐级地形成各位进位，每一级进位直接依赖前一级进位。设有 n 位并行加法器，每位由一位全加器组成，第 1 位为最低位，第 n 位为最高位，则各进位信号的逻辑式如下：

$$C_1=A_1B_1+(A_1 \oplus B_1)C_0$$
$$C_2=A_2B_2+(A_2 \oplus B_2)C_1$$
$$\vdots$$
$$C_n=A_nB_n+(A_n \oplus B_n)C_{n-1}$$

采用串行进位结构的并行加法器，其逻辑结构如图 7-4 所示，在 n 位加法器之间，进位信号采取串联方式，所用元器件较少，但运算时间较长。不难理解，当各位全加器的两个输入中都有一个“1”，而初始进位 C_0 又为 1 时，加法器的运算时间最长，例如 1010…10+0101…01，且 C_0=1 时，进位信号需逐级传递。这在 CPU 中会大大降低运算速度，所以 CPU 中的运算器都不会采用这种结构。关键是要解决进位链慢的问题。

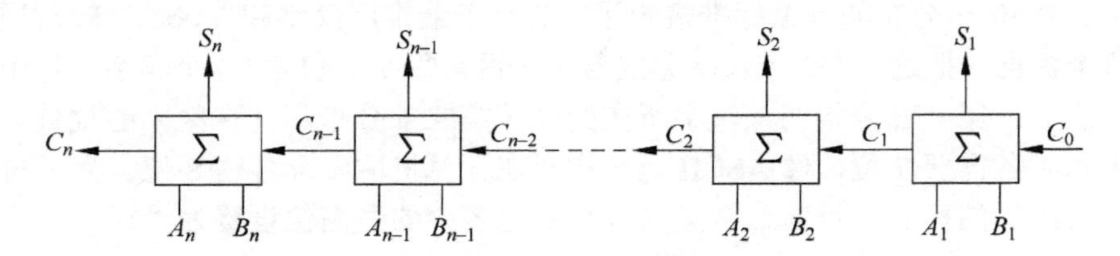

图 7-4 采用串行进位的并行加法器的逻辑结构

7.2.3 先行进位并行加法器

为了下面进位函数的推导简化，定义两个新函数：G_i 为进位生成函数，P_i 为进位传递函数，设 $G_i=A_iB_i$，$P_i=A_i \oplus B_i$，这样 C_i 可写成：

$$C_i=G_i+P_iC_{i-1}$$

1. 4 位一组先行进位加法器

$$C_1=G_1+P_1C_0$$
$$C_2=G_2+P_2C_1$$
$$C_3=G_3+P_3C_2$$
$$C_4=G_4+P_4C_3$$

把 C_1 代入 C_2 中，再把 C_2 代入 C_3 中，再把 C_3 代入 C_4 中，则得：

$$C_1=G_1+P_1C_0$$
$$C_2=G_2+P_2(G_1+P_1C_0)=G_2+P_2G_1+P_2P_1C_0$$
$$C_3=G_3+P_3(G_2+P_2G_1+P_2P_1C_0)=G_3+G_2P_3+G_1P_3P_2+P_3P_2P_1C_0$$
$$C_4=G_4+G_3P_4+G_2P_4P_3+G_1P_4P_3P_2+P_4P_3P_2P_1C_0$$

表达式中的 C_1、C_2、C_3、C_4 只与两组加数和 C_0 有关，每个 C_i 不再用等到 C_{i-1} 的生成，

而两个加数和 C_0 是事先就提供了，不用等待，所以 C_i 生成速度就快多了。但这是用硬件电路的复杂开销换来的。例如 C_4 表达式要用硬件实现，需要一个大的“与或”门。

接下来把 C_4 代入 C_5 中，把 C_5 代入 C_6 中行不行呢？答案是否定的。如果采用这种方法设计 8 位加法器，则 C_8 的“与或”门很难造，它太复杂了，许多电气特性不允许一个门这样庞大。

2. 组间先行进位加法器

在一个 16 位加法器设计中，按 4 位一组划分成 4 组，每组内的进位采用上面介绍的方法，组与组之间的处理方法如下：

令 G_{*i}=组生成函数，P_{*i}=组传递函数，则

$$G_{*1}=G_4+G_3P_4+G_2P_4P_3+G_1P_4P_3P_2$$
$$G_{*2}=G_8+G_7P_8+G_6P_8P_7+G_5P_8P_7P_6$$
$$G_{*3}=G_{12}+G_{11}P_{12}+G_{10}P_{12}P_{11}+G_9P_{12}P_{11}P_{10}$$
$$G_{*4}=G_{16}+G_{15}P_{16}+G_{14}P_{16}P_{15}+G_{13}P_{16}P_{15}P_{14}$$
$$P_{*1}=P_4P_3P_2P_1$$
$$P_{*2}=P_8P_7P_6P_5$$
$$P_{*3}=P_{12}P_{11}P_{10}P_9$$
$$P_{*4}=P_{16}P_{15}P_{14}P_{13}$$

推出组间先行进位函数式：

$$C_4=G_{*1}+P_{*1}C_0$$
$$C_8=G_{*2}+P_{*2}C_4$$
$$C_{12}=G_{*3}+P_{*3}C_8$$
$$C_{16}=G_{*4}+P_{*4}C_{12}$$

分别代入推导出：

$$C_4=G_{*1}+P_{*1}C_0$$
$$C_8=G_{*2}+P_{*2}(G_{*1}+P_{*1}C_0)=G_{*2}+G_{*1}P_{*2}+P_{*2}P_{*1}C_0$$
$$C_{12}=G_{*3}+G_{*2}P_{*3}+G_{*1}P_{*3}P_{*2}+P_{*3}P_{*2}P_{*1}C_0$$
$$C_{16}=G_{*4}+G_{*3}P_{*4}+G_{*2}P_{*4}P_{*3}+G_{*1}P_{*4}P_{*3}P_{*2}+P_{*4}P_{*3}P_{*2}P_{*1}C_0$$

通过 C_4、C_8、C_{12}、C_{16} 的表达式可看出，它们的生成时间只与 $A_{16}\cdots A_1$、$B_{16}\cdots B_1$ 两组加数和 C_0 有关，而这些数是事先提供好的，所以只需增加一个部件用来生成 C_4、C_8、C_{12}、C_{16}，这个时间只有几个门的延迟。16 位先行进位加法器称为二级先行结构。

64 位先行进位加法器，以 16 位先行进位加法器为一个大单位，再进行三级先行结构的划分，就可作成。

7.2.4 补码加法器

在加法器的基础上附加对减数的求补逻辑电路可实现减法功能。具有加减法功能的设备称为补码加法器。

如图 7-5 所示，在前面所介绍的加法器的基础上，增加一些“异或”门和一个加减法控制逻辑 M，就可实现加减法。

求补过程是先求反再加 1，求反电路可用 $b_i=B_i\oplus M$，当 M=0 时作加法，$b_i=B_i$ 起到直给的作用；当 M=1 时作减法，$b_i=B_i\oplus 1=\overline{B}_i$，$C_0$=1 起到末位加“1”的作用。

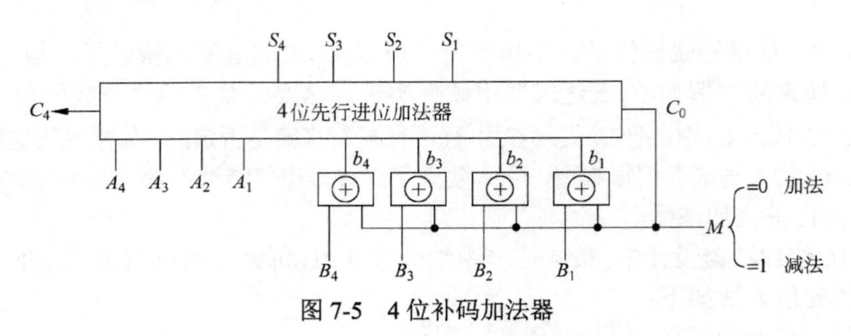

图 7-5 4 位补码加法器

7.2.5 算术逻辑运算部件 ALU 举例

集成电路的发展使人们可利用现成的集成电路芯片像搭积木一样构成 ALU。常见的产品有 SN74LS181，它是 4 位的芯片，即一片能完成 4 位数的算术运算和逻辑运算。还有 8 位、16 位的 ALU 芯片。下面介绍 SN74LS181 芯片，然后讨论如何用它构成 16 位的 ALU。

1. SN74LS181

图 7-6 所示 SN74LS181 逻辑电路，可将它划分为三部分：

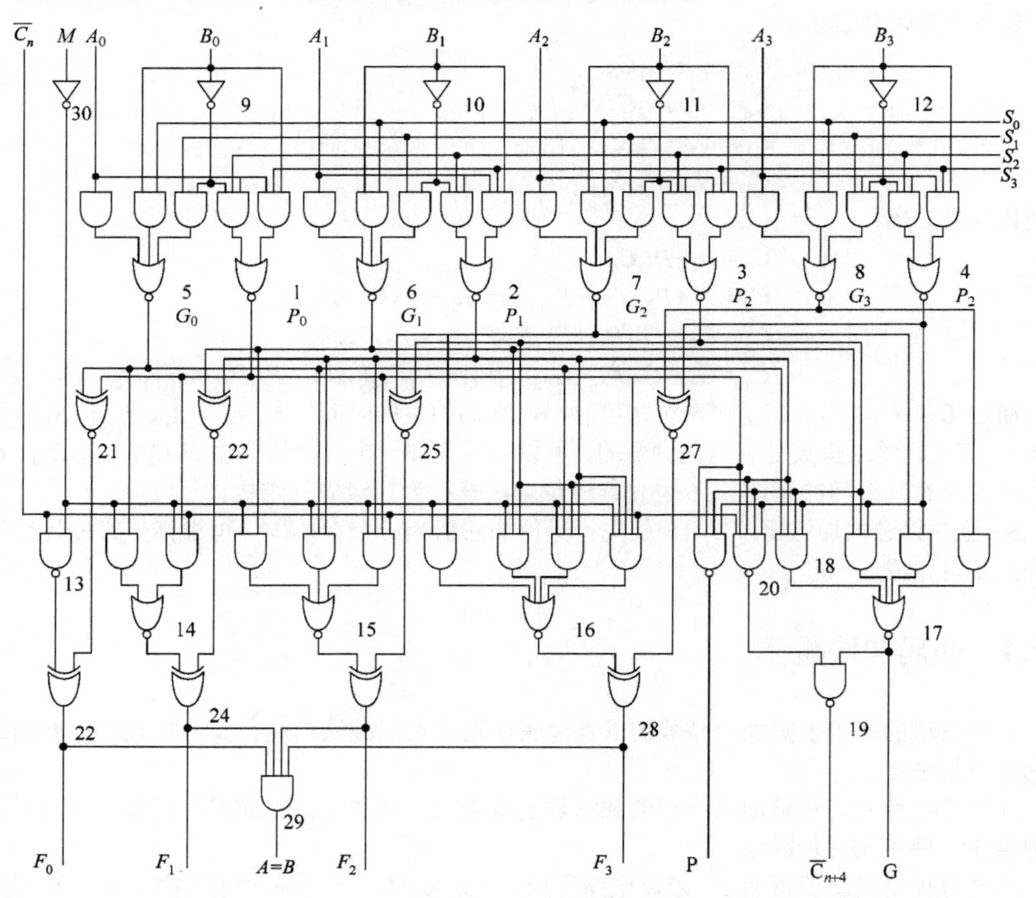

图 7-6 SN74LS181 逻辑电路

（1）4 位 ALU。

4 位全加器位于图的下半部。控制端 M 用来选择逻辑运算或算术运算，S_3、S_2、S_1、S_0 控制各种加减运算和逻辑运算。

（2）组内先行进位。

片内 4 位为一小组，组内采用先行进位结构，推导逻辑表达式与前面介绍的一样。它提供了组生成函数 G 和组传递函数 P，用以形成更多位 ALU 的先行进位。本芯片还提供 C_{n+4} 输出，利用它可以构成组间串行进位。有关逻辑式如下：

$$G=\overline{G_3+G_2P_3+G_1P_3P_2+G_0P_3P_2P_1}$$

$$P=\overline{P_3P_2P_1P_0}$$

$$\overline{C}_{n+4}=\overline{G\cdot(\overline{P}\cdot C_n)}=\overline{G}+\overline{\overline{P}}\cdot C_n$$

注意 $\overline{C}_n$=0 代表有低位进位，$\overline{C}_n$=1 代表无低位进位。

（3）符合比较“A=B”。

SN74LS181 可执行“异或”运算，输出 $A\oplus B$ 或 $\overline{A\oplus B}$，通过输出门“A=B”可获得比较结果。该输出门位于图的最上端。SN74LS181 芯片引脚如图 7-7 所示。

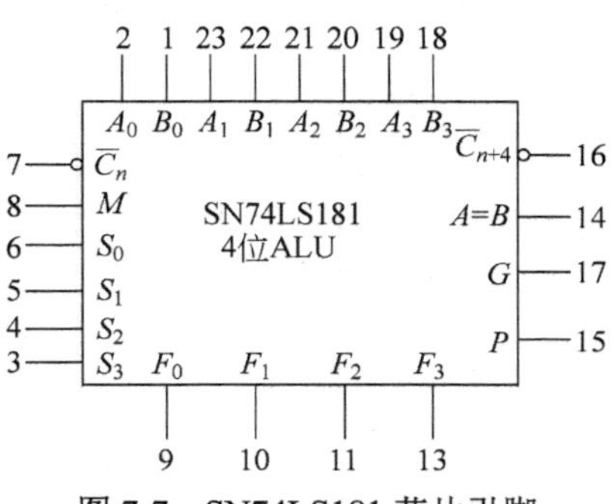

图 7-7　SN74LS181 芯片引脚

2. SN74LS181 功能表

表 7-3 概括了 SN74LS181 能实现的各种算术运算与逻辑运算功能。其中要注意运算符“+”代表逻辑加（“或”运算）。为了区别，算术加法用汉字“加”代表。

表 7-3　4 位 SN74LS181 运算功能表

S_3	S_2	S_1	S_0	正逻辑		
				M=H，逻辑运算	M=L，算术运算	
					$\overline{C}_n=1$（无进位）	$\overline{C}_n=0$（有进位）
L	L	L	L	$\overline{A}$	A	A 加 1
L	L	L	H	$\overline{A+B}$	$A+B$	（A+B）加 1
L	L	H	L	$\overline{A}B$	$A+\overline{B}$	（$A+\overline{B}$）加 1
L	L	H	H	0	减 1	0
L	H	L	L	$\overline{AB}$	A 加（$A\overline{B}$）	A 加（$A\overline{B}$）加 1
L	H	L	H	$\overline{B}$	（$A\overline{B}$）加（$A+B$）	（$A\overline{B}$）加（$A+B$）加 1
L	H	H	L	$A\oplus B$	A 减 B 减 1	A 减 B
L	H	H	H	$A\overline{B}$	（$A\overline{B}$）减 1	（$A\overline{B}$）
H	L	L	L	$\overline{A}+B$	A 加（AB）	A 加（AB）加 1
H	L	L	H	$\overline{A\oplus B}$	A 加 B	A 加 B 加 1
H	L	H	L	B	（AB）加（$A+\overline{B}$）	（AB）加（$A+\overline{B}$）加 1
H	L	H	H	AB	（AB）减 1	（AB）
H	H	L	L	1	A 加 A	A 加 A 加 1
H	H	L	H	$A+\overline{B}$	A 加（A+B）	A 加（A+B）加 1
H	H	H	L	$A+B$	A 加（$A+\overline{B}$）	A 加（$A+\overline{B}$）加 1
H	H	H	H	A	A 减 1	A

3. 利用 SN74LS181 芯片构成 16 位 ALU 的原理

（1）用若干片 SN74LS181 可以方便地构成更多位数的 ALU 部件。片内已实现组内先行进位链，如果采取组间串行进位结构，只需将几片 SN74LS181 简单级联，即将各片的进位输出 C_{n+4} 送往高位芯片 C_n 输入端。

（2）若组间采用先行进位，则只需增加一片 SN74LS182 芯片。SN74LS182 是与 SN74LS181 配套的产品，是一个产生先行进位信号的部件，即产生前面推导出的 C_4、C_8、C_{12}、C_{16} 信号。SN74LS182 的逻辑电路，读者可按前面 C_4、C_8、C_{12}、C_{16} 的表达式自行设计出来。图 7-8 所示为一个 16 位 ALU 连接实例。每片 NS74LS181 输出的组生成函数 G_{*i} 与组传递函数 P_{*i} 送入 NS74LS182，而 NS74LS182 向各 NS74LS181 提供组间进位信号 C_4、C_8、C_{12}、C_{16}，同时 NS74LS182 内部产生更高一级的大组生成函数 G^{Δ} 和大组传递函数 P^{Δ} 。如果构成 64 位三级先行进位 ALU，用 NS74LS182 把每 16 位一大组的 $G^{\Delta i}$ 和 $P^{\Delta i}$ 作为输入产生 C_{16}、C_{32}、C_{48}、和 C_{64} 进位。

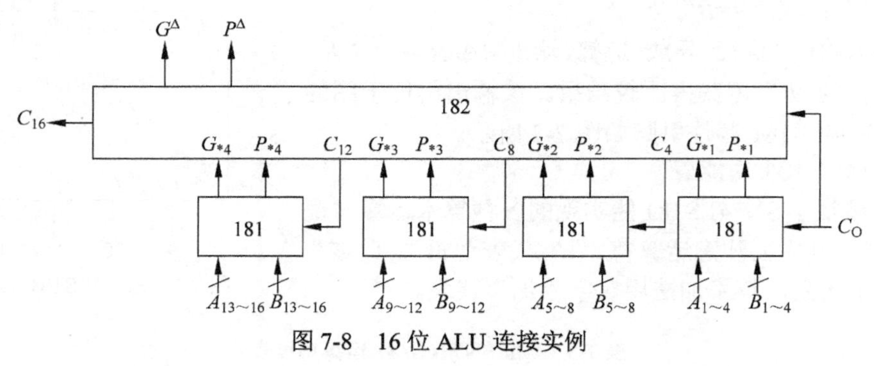

图 7-8　16 位 ALU 连接实例

7.3　定点乘除法运算

在以前的低档小型机和微型机中，乘除法采用软件方法实现，即利用机器中的基本指令编写子程序，当需作乘除法运算时，调用子程序实现。功能较强的计算机中，以加法器为核心再配以一些硬件组织，实现乘除法运算，这种方法属于第一种硬件方法。第二种硬件方法用在大、中型机器中，它专门设置乘除法部件，与常规 ALU 分开，可快速实现乘除法。现代微机中的 CPU 都带有这种乘除法部件，所以现代计算机中不论微机，还是大、中、小型机都采用第二种硬件方法实现。本节着重讨论第一种硬件方法，它仍然是围绕加法器来实现的。

7.3.1　定点乘法运算

针对第一种硬件方法的乘法运算有原码一位乘法、补码一位乘法、原码二位乘法和补码二位乘法。其工作原理是利用常规的双操作数（加数与被加数）加法器，把 n 位乘转换为多次累加与移位循环实现。这种方法以时间为代价换取硬件结构的简化，比软件方法要快得多。

尽管原码乘法的硬件实现比较简单，但因为加减法的实现采用补码操作，所以运算部件要采用补码加法器来实现补码加减法，在数据存储时也以补码表示进行存储。如果乘法采用原码形式，就会造成同一运算部件对加减运算采用补码算法，而对乘法运算又采用原码算法，就得反复进行码制转换，因而不太方便。为了避免这种转换，大多数计算机中采用补码乘法。鉴于这种情况，本书只讨论补码乘法运算。在补码乘法运算中只研究广泛采用的Booth算法。

7.3.1.1 补码一位乘法

1. 手算法改进

在讨论补码一位乘法之前，先举一个手算的例子，看一看会有哪些问题。

例如：0.1001×0.1101=?

```
       0.1001
     × 0.1101
     --------
         1001
        0000
       1001
   +  1001
   ----------
   0.01110101
```

在手算乘法中，每位乘完之后统一作一次加法，此加法是4个数一次加完的，而前面设计的加法器只能一次加两个数，不能一次加4个数，这就需要重新设计一个能一次加完4个数的加法器，如果乘法位数更多，加法器就更复杂，也不能充分利用前面设计好的加法器来实现乘法。所以为了充分利用前面已设计好的加法器，就必须对手算乘法步骤进行改进。改进的中心思想是每乘一位后就作一次加法，把上面的一次加4个数，变为每次加1个数，分成4次加法完成，这样原有的加法器就可用来实现乘法了。再把原来乘法的左移，改为每次乘之前，让上一次的结果右移1位，其效果一样。

改进后0.1001×0.1101的运算过程为：

```
        0.1001
   ×    0.1101
   -----------
          1001
   →     01001
   –      0000
   -----------
         01001
   →    001001
   –      1001
   -----------
        101101
   →   0101101
   –      1001
   -----------
       1110101
   →  01110101
```

其中，"→"表示右移一位。其运算结果与改进前一致。改进后的算法就可以用加法器再辅以其他硬件来实现了。

2. 补码一位乘法

把上面的算法再加上符号位一起运算就成了补码乘法。下面先研究补码一位乘法的算法。参加运算的乘数与被乘数都是以补码形式出现的：

$$[xy]_补=[x]_补[0.y_1y_2\cdots y_n]-[x]_补 y_0$$

这个公式的推导比较复杂，有兴趣的读者可参考其他书籍，本书直接引用。y_0 是乘数的符号位。

$$\begin{aligned}[xy]_补&=[x]_补[2^{-1}y_1+2^{-2}y_2+\cdots+2^{-n}y_n]-[x]_补 y_0\\&=[x]_补[-y_0+2^{-1}y_1+2^{-2}y_2+\cdots+2^{-n}y_n]\\&=[x]_补[-y_0+(y_1-2^{-1}y_1)+(2^{-1}y_2-2^{-2}y_2)+\cdots+\\&\quad(2^{-(n-1)})y_n-2^{-n}y_n)+0]\\&=[x]_补[(y_1-y_0)+2^{-1}(y_2-y_1)+2^{-2}(y_3-y_2)+\cdots+\\&\quad 2^{-(n-1)}(y_n-y_{n-1})+2^{-n}(0-y_n)]\\&=[x]_补[(y_1-y_0)+2^{-1}(y_2-y_1)+2^{-2}(y_3-y_2)+\cdots+\\&\quad 2^{-(n-1)}(y_n-y_{n-1})+2^{-n}(y_{n+1}-y_n)]\end{aligned}$$

上式中引入了 $2^{-i}y_i=(2y_i-y_i)/2^i=2^{-(i-1)}y_i-2^{-i}y_i$ 变换，把一项 y_i 变成两项以便算法实现。另外，y_n 之后再增加一个附加位 y_{n+1}，其初始值为 0，对乘数 y 的值并无影响。

把上式进一步整理如下：

$$\begin{aligned}[xy]_补&=[x]_补[(y_1-y_o)+2^{-1}\{(y_2-y_1)+2^{-1}(y_3-y_2)+\cdots+\\&\quad 2^{-(n-2)}(y_n-y_{n-1})+2^{-(n-1)}(y_{n+1}-y_n)\}]\\&=[x]_补[(y_1-y_o)+2^{-1}\{(y_2-y_1)+2^{-1}\{(y_3-y_2)+2^{-1}\{(y_4-y_3)+2^{-1}\{\cdots\\&\quad\cdots+2^{-1}\{(y_n-y_{n-1})+2^{-1}\{(y_{n+1}-y_n)+z_0\}\}\}\cdots\}]\end{aligned}$$

再将之整理成如下递推形式，就可实现补码乘法的分步运算算法：

$$\begin{aligned}&[z_0]_补=0\\&[z_1]_补=2^{-1}\{(y_{n+1}-y_n)[x]_补+[z_0]_补\}\\&[z_2]_补=2^{-1}\{(y_n-y_{n-1})[x]_补+[z_1]_补\}\\&\quad\vdots\qquad\quad\vdots\\&[z_i]_补=2^{-1}\{(y_{n-i+2}-y_{n-i+1})[x]_补+[z_{i-1}]_补\}\\&\quad\vdots\qquad\quad\vdots\\&[z_n]_补=2^{-1}\{(y_2-y_1)[x]_补+[z_{n-1}]_补\}\\&[xy]_补=(y_1-y_0)[x]_补+[z_n]_补\end{aligned}$$

注意 y_0 是乘数 y 的符号位，y_{n+1} 是人为附加位，初值为 0；$[z_0]$定义为初始部分积，初值为 0；2^{-1} 在二进制运算中是右移 1 位的含义。

归纳上面的推导结果，便可以得到补码一位乘法的运算规则：

（1）被乘数一般取双符号位参加运算。

（2）乘数可取单符号位以决定最后一步是否需要校正，即是否加$[-x]_补$。

（3）乘数末位增设附加位 y_{n+1}，且初值为 0。部分积$[z_0]_补$初始值为 0。

（4）被乘数$[x]_{补}$乘以对应的相邻两位乘数（$y_{i+1}-y_i$）之差值，再与前部分积累加，然后右移 1 位（乘 2^{-1}），形成该步的部分积累加和。y_i 与 y_{i+1} 构成各步运算的判断值，以决定如何操作$[x]_{补}$，见表 7-4。

表 7-4 补码一位乘法的运算规则

y_n（高位）	y_{n+1}（低位）	（$y_{n+1}-y_n$）判断值	操 作 说 明
0	0	0	部分积加零后右移 1 位
0	1	1	部分积分加$[x]_{补}$后，右移 1 位
1	0	−1	部分积加$[-x]_{补}$后，右移 1 位
1	1	0	部分积加零后，右移 1 位

（5）按照上述算法进行 n+1 步操作，但第 n+1 步不再移位，仅根据 y_0 与 y_1 的比较结果作相应的运算即可。

补码一位乘法的算法流程如图 7-9 所示。

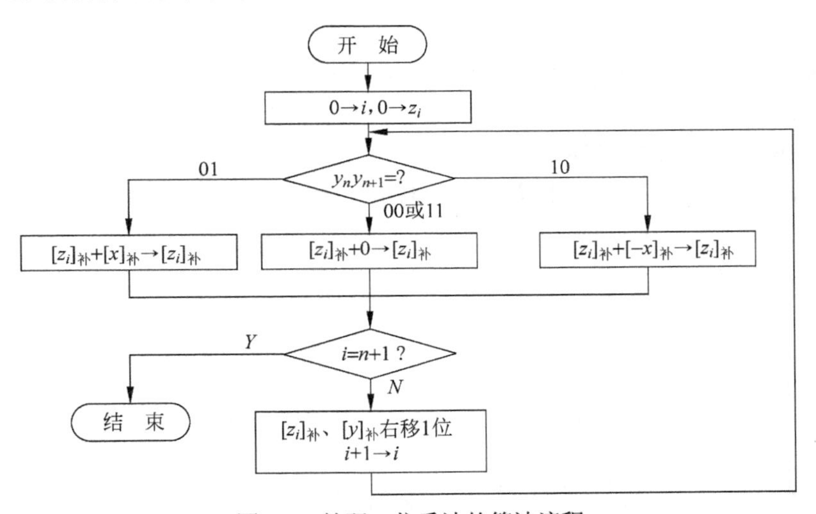

图 7-9 补码一位乘法的算法流程

例 7-6 $x=-0.11010$，$y=-0.10111$，求$[xy]_{补}$=?

解 $[x]_{补}=11.00110$，$[-x]_{补}=00.11010$，$[y]_{补}=1.01001$。

部分积	乘数 y_{n+1}	说 明
00.00000	1.0100<u>1</u> <u>0</u>	$y_{n+1}=0$
+00.11010		$y_ny_{n+1}=10$，加$[-x]_{补}$
00.11010		
→00.01101	→01.010<u>0</u> <u>1</u>	右移 1 位，得$[z_1]_{补}$
+11.00110		$y_ny_{n+1}=01$，加$[x]_{补}$
11.10011		

→11.11001	→101.01$\underline{0}$ $\underline{0}$	右移 1 位，得$[z_2]_补$
$\underline{+00.00000}$		y_ny_{n+1}=00，加零
11.11001		
→11.11100	→1101.0$\underline{1}$ $\underline{0}$	右移 1 位，得$[z_3]_补$
$\underline{+00.11010}$		y_ny_{n+1}=10，加$[-x]_补$
00.10110		
→00.01011	→01101.$\underline{0}$ $\underline{1}$	右移 1 位，得$[z_4]_补$
$\underline{+11.00110}$		y_ny_{n+1}=01，加$[x]_补$
11.10001		
→11.11000	→10110$\underline{1}$. $\underline{0}$	右移 1 位，得$[z_5]_补$
$\underline{+00.11010}$		y_ny_{n+1}=10，加$[-x]_补$
00.10010	10110	最后一步不移位，得$[xy]_补$

$[xy]_补$=0.1001010110

注意 乘数寄存器中的乘数也一起右移 1 位。每次运算，部分积最后一位移入乘数寄存器中的最高位。

3. 补码一位乘法的逻辑实现

图 7-10 所示为实现补码一位乘法的逻辑电路。

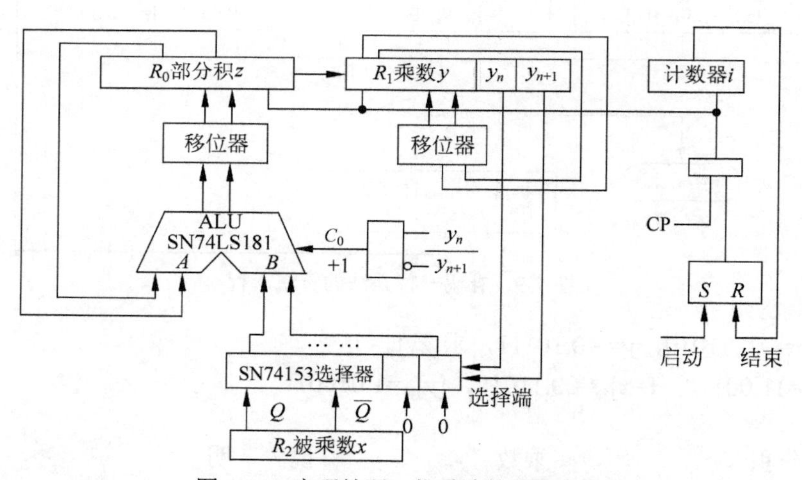

图 7-10 实现补码一位乘法的逻辑电路

（1）寄存器 R_0 存放部分积，R_1 存放乘数，寄存器 R_2 存放被乘数。

（2）计数器记录运算步数。

（3）加法器用 SN74LS181 组成，实现部分积与每位乘积求和。

（4）选择器用 SN74153 实现，选择加零、加$[x]_补$、加$[-x]_补$。选择器选择端由 y_ny_{n+1} 直接控制。y_ny_{n+1}=00 或 11 送零进入加法器，y_ny_{n+1}=01 送$[x]_补$，y_ny_{n+1}=10 送$[-x]_补$。

（5）乘数寄存器末端增设附加位 y_{n+1}，初值为 0。

（6）CP 为工作脉冲，当启动信号有效时，CP 能通过“与”门开始给寄存器和计数器提供时钟脉冲，当计数器记到值时，给 RS 触发器清零，CP 不再起作用。

（7）移位器用来实现每步移位功能。

（8）当 $y_n y_{n+1}$=10 时，C_0=1，实现求补的末位加 1 功能。

7.3.1.2 补码二位乘法

在使用常规双操作数加法器的前提下，如何提高乘法的速度？一位乘法对于 *n* 位数要作 *n* 步相加和移位操作，为加快速度自然就考虑到二位乘法，即一次乘两位数，然后根据两位数的组合决定本步内应该进行什么操作，这就是两位乘法。它比一位乘法快一倍。

Booth 算法是比较 y_n 与 y_{n+1} 的状态，然后决定这步是执行加零、加$[x]_补$还是加$[-x]_补$，再右移 1 位得到部分积。补码二位乘法可以根据一位乘法的算法规则，把比较 y_n 与 y_{n+1} 的状态和比较 y_{n-1} 与 y_n 的状态合成一步，即比较 y_{n-1}、y_n、y_{n+1} 的状态来决定进行什么操作。设乘数仍为 $y=y_0y_1\cdots y_n$，以补码一位乘法递推公式中 z_1 和 z_2 两个部分积为例进行讨论。

$$[z_1]_补=2^{-1}\{(y_{n+1}-y_n)[x]_补+[z_0]_补\}$$

$$[z_2]_补=2^{-1}\{(y_n-y_{n-1})[x]_补+[z_1]_补\}$$

将$[z_1]_补$代入$[z_2]_补$中，得：

$$\begin{aligned}[z_2]_补&=2^{-1}\{(y_n-y_{n-1})[x]_补+2^{-1}\{(y_{n+1}-y_n)[x]_补+[z_0]_补\}\}\\&=2^{-2}\{2^1(y_n-y_{n-1})[x]_补+\{(y_{n+1}-y_n)[x]_补+[z_0]_补\}\}\\&=2^{-2}\{2y_n[x]_补-2y_{n-1}[x]_补+y_{n+1}[x]_补-y_n[x]_补+[z_0]_补\}\\&=2^{-2}\{[z_0]_补+(2y_n-2y_{n-1}+y_{n+1}-y_n)[x]_补\}\\&=2^{-2}\{[z_0]_补+(y_{n+1}+y_n-2y_{n-1})[x]_补\}\end{aligned}$$

每步进行什么操作由 $y_{n+1}+y_n-2y_{n-1}$ 的值决定，2^{-2} 代表右移 2 位。

补码二位乘法的运算规则如下：

（1）部分积与被乘数取 3 位符号位运算，y_{n+1} 仍为附加位，判断位恒在 y_{n-1}、y_n、y_{n+1} 三位上。

（2）每步相应操作见下列说明：

y_{n-1}（高位）	y_n（中位）	y_{n+1}（低位）	$y_{n+1}+y_n-2y_{n-1}$ 判断值	操作说明
0	0	0	0	部分积加零后，右移 2 位
0	0	1	1	部分积加$[x]_补$后，右移 2 位
0	1	0	1	部分积加$[x]_补$后，右移 2 位
0	1	1	2	部分积加 $2[x]_补$后，右移 2 位
1	0	0	–2	部分积加 $2[-x]_补$后，右移 2 位
1	0	1	–1	部分积加$[-x]_补$后，右移 2 位
1	1	0	–1	部分积加$[-x]_补$后，右移 2 位
1	1	1	0	部分积加零后，右移 2 位

（3）若乘数符号为 1 位，数值位为 n 位，当 n 为奇数时，每步处理 2 位恰好作（n+1）/2 步，最后一步只右移 1 位；若 n 为偶数，需增加 1 位符号位凑成偶数位，这种情况作 n/2+1 步，最后一步不移位。

注：通常存储数据时，字的宽度为 16、32、64 位，其中符号占 1 位，数值位 n 自然是奇数。

例 7-7 $[x]_{补}$=0.0110011，$[y]_{补}$=1.1001110，求$[x×y]_{补}$=？

解 $[-x]_{补}$=111.1001101，$2[x]_{补}$=000.1100110 $2[-x]_{补}$=111.0011010。

部分积	乘数	y_{n+1}	说明
000.0000000	1.1001110	0	附加位 y_{n+1} 初值为 0
+111.0011010			
111.0011010			$y_{n-1}y_ny_{n+1}$=100，加 $2[-x]_{补}$
→111.1100110	101.10011	1	右移 2 位，
+000.0000000			$y_{n-1}y_ny_{n+1}$=111，加零
111.1100110			
→111.1111001	10101.100	1	右移 2 位
+000.0110011			
000.0101100			$y_{n-1}y_ny_{n+1}$=001，加$[x]_{补}$
→000.0001011	0010101.1	0	右移 2 位
−111.1001101			
111.1011000			$y_{n-1}y_ny_{n+1}$=110 加$[-x]_{补}$
→111.1101100	0001010.1	1	右移 1 位（n 为奇数）

$[x×y]_{补}$=1.11011000001010

7.3.1.3 快速乘法简介

快速乘法器是一次能进行多操作数乘法的加法器。现在有实现多位乘的乘法器集成电路芯片，例如一块芯片可实现 5 位相乘，用若干块芯片可组成更高位数的乘法器，这种模式称为阵列乘法器。

阵列乘法器芯片包含两大部分：

（1）用若干“与”门产生与操作数数位对应的多个部分积数位；

（2）用多操作数加法网络求乘积。

例如，5×5 位无符号数相乘的设计如下：

$A=a_5a_4a_3a_2a_1$，$B=b_5b_4b_3b_2b_1$，则 A×B 算式如下：

					a_5	a_4	a_3	a_2	a_1
				×	b_5	b_4	b_3	b_2	b_1
					a_5b_1	a_4b_1	a_3b_1	a_2b_1	a_1b_1
				a_5b_2	a_4b_2	a_3b_2	a_2b_2	a_1b_2	
			a_5b_3	a_4b_3	a_3b_3	a_2b_3	a_1b_3		
		a_5b_4	a_4b_4	a_3b_4	a_2b_4	a_1b_4			
	$+a_5b_5$	a_4b_5	a_3b_5	a_2b_5	a_1b_5				
s_{10}	s_9	s_8	s_7	s_6	s_5	s_4	s_3	s_2	s_1

上式中每个数位 $a_i\ b_j$ 可用一个“与”门得到，所有 25 个数位则需用 25 个“与”门。当向芯片输入操作数 A 与 B 时，只经过一个“与”门时间就能得到全部 25 个数位值。

下面是设计加法网络让 25 个数位值快速相加的过程。

图 7-11 给出了多操作数加法网络，每个圆圈代表一位全加器，它的进位斜传给下级，避免了同级进位。第一级实现两项部分积 b_1A 与 b_2A 相加，以后每一级加入一项 b_iA 部分积。第五级采用先行进位加法器，在虚线框内。整个芯片产生 $s_{10}\sim s_1$ 10 个和位。

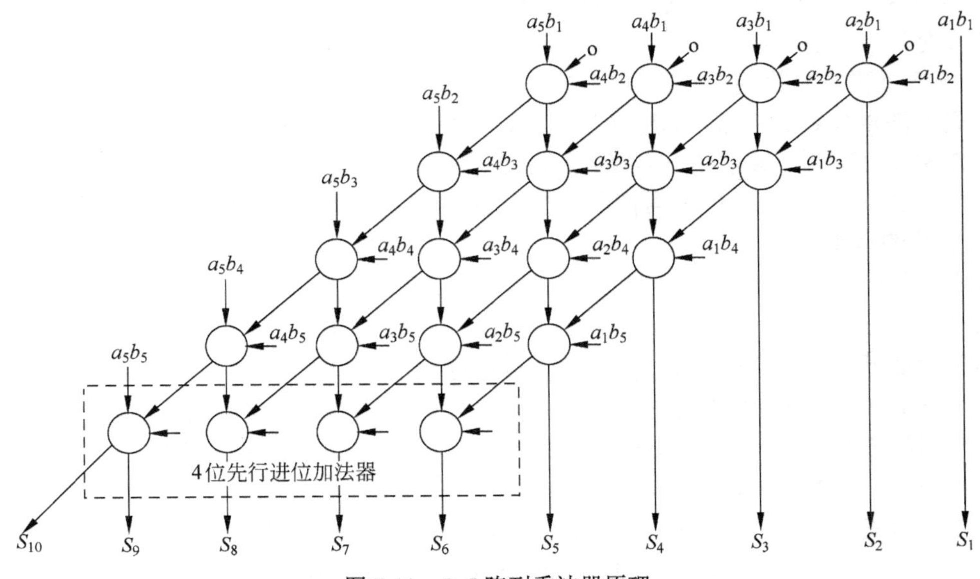

图 7-11　5×5 阵列乘法器原理

如果需要构成 10×10 位的乘法器，可将 A 与 B 分别分成两组 A_HA_L 和 B_HB_L，用 4 块芯片分别求 A_HB_H、A_HB_L、A_LB_H、A_LB_L，再把每片的 $s_{10}\sim s_1$，对齐相应位，用 4 输入多位先行加法器求出 10×10 乘积。按照这种思路可以构成足够多位数的乘法器。

快速乘法器采用本节前面提到的第二种硬件方法来实现乘法。目前在 486 以后的 CPU 全部采用这种方法。

7.3.2 定点除法运算

与乘法相似，除法算法利用常规的双操作数加法器，将除法转换为多次减和移位循环，分步实现。这种方法包括原码恢复余数法、原码不恢复余数法和补码一位除法。

还有一种除法算法是利用快速乘法器，把除法转换成乘法处理，其对应算法称为迭代除法。

还可以构造单独的阵列除法器，一次求得商与余数。

本节重点讨论原码不恢复余数法。

1. 原码恢复余数法

手算除法是先心算被除数够不够减去除数，够减则减去除数，商上 1，然后余数补 0（补 0 相当于余数左移 1 位）；若不够减则直接补 0，商上 0，再作下一次比较。

而机器作除法，无法先心算看够不够减，它必须作一次减法，通过判断符号位才知道本次够不够减，若符号位为“0”则够减，若符号位为“1”则不够减，如果不够减，机器必须取消这次减操作，即恢复先前的余数（作一次加除数），并商上 0，之后补 0，继续往后运算。这是一种基于除法基本算法的处理方法，既增加了一些不必要的操作，又使操作步数不固定——随着不够减情况出现的次数而变化，这将给控制时序（计数器）的安排带来一些困难，并延长了运算时间，因而不被采用。

2. 原码不恢复余数法

原码不恢复余数法又称为加减交替法，它的特点是不够减时不必恢复余数，而根据余数的符号作相应处理就可继续往下运算，因此运算步数固定，控制简单，提高了运算速度。

原码不恢复余数法是对原码恢复余数法的改进。下面分析一下原码恢复余数法中需要恢复余数的环节。

设上一步的余数为 r_{i-1}，本步操作为 $2r_{i-1}-y$（余数左移 1 位后减除数），则本步余数可能出现两种情况：

（1）若够减，本步余数 $r_i=2r_{i-1}-y>0$，则商 $Q_i=1$，下一步作 $r_{i+1}=2r_i-y$。

（2）若不够减，本步负余数 $r_i'=2r_{i-1}-y<0$，（由于不够减，暂将负余数记作 r_i'，以使之有别于恢复后的余数 r_i），则上商 $Q_i=0$，恢复余数为 $r_i=r_i'+y=2r_{i-1}$，下一步作 $r_{i+1}=2r_i-y$。

可推导出 $r_{i+1}=2r_i-y=2(r_i'+y)-y=2r_i'+y$。

以上表达式表明，当出现不够减的情况时，不恢复余数，而直接作下一步 r_{i+1}，操作为负余数 r_i' 左移 1 位，再加上 y，其结果与恢复余数后再减 y 是等效的。这就是加减交替法，即原码不恢复余数法。

归纳后原码不恢复余数法的规则如下：

（1）取绝对值相除，符号位单独处理。

（2）对于定点小数除法，为使商不致溢出，要求被除数绝对值 $|x|<$ 除数绝对值 $|y|$。

（3）每步操作后，根据余数 r_i 的符号判是否够减：r_i 符号等于 0 为正，商上 $Q_i=1$；r_i 符号等于 1 为负，商上 $Q_i=0$。

（4）r_i 左移 1 位，即 $r_i \to 2r_i$。若 $r_i>0$，则 $r_{i+1}=2r_i-y$；若 $r_i<0$，则 $r_{i+1}=2r_i+y$。

（5）如果最后一步所得余数为负，则应恢复余数，以保持 $r\geqslant 0$。

例 7-8 $[X]_原=1.10110$，$[y]_原=0.11101$，用原码不恢复余数法求$[x]_原\div[y]_原=[Q]_原=?$

解 $|x|=0.10110$，$|y|=0.11101$，符合$|x|<|y|$。

$[-y]_补=1.00011$，途中减法必须用补码。

被除数/余数	商	说明
00.10110		
$+[-y]_补$ 11.00011		($x-y$) 比较
11.11001	0.	$r_0<0$，商上 0
←11.10010	0.	左移 1 位，
$+y$ 00.11101		余数为负，加 y 比较
00.01111	0. 1	$r_1>0$，商上 1
←00.11110	0. 1	左移 1 位
$+[-y]_补$ 11.00011		余数为正，减 y 比较
00.00001	0. 1 1	$r_2>0$，商上 1
←00.00010	0. 1 1	左移 1 位
$+[-y]_补$ 11.00011		余数为正，减 y 比较
11.00101	0. 1 1 0	$r_3<0$，商上 0
←10.01010	0. 1 1 0	左移 1 位
$+y$ 00.11101		余数为负，加 y 比较
11.00111	0. 1 1 0 0	$r_4<0$，商上 0
←10.01110	0. 1 1 0 0	左移 1 位，
$+y$ 00.11101		余数为负，加 y 比较
11.01011	0. 1 1 0 0 0	$r_5<0$，商上 0
$+y$ 00.11101		最后一步余数为负，加 y 恢复余数
00.01000		

即

$$[Q]_原=0.11000，余数[r]_原=0.01000\times2^{-5}$$

$$符号位[Q]_原=x_f\oplus y_f=1\oplus0=1$$

$$[x]_原\div[y]_原=[Q]_原=1.11000$$

7.4 浮点四则运算

浮点数比定点数表示的数值范围大，有效精度高，适用于工程与科学计算。浮点数由阶码与尾数组成，阶码采用定点整数运算，尾数采用定点小数运算，它们是分开运算的。浮点数通常采用规格化浮点数表示。

现代 CPU 中都含有浮点运算部件（从 486 开始）。它与常规 ALU 分开，专门运算浮点数，并配有浮点运算指令。

7.4.1 浮点加减运算

设两个补码表示的浮点数：

$$A=M_a\times 2^a$$
$$B=M_b\times 2^b$$

其中，M_a、M_b 是规格化尾数，a、b 是阶码。浮点的加减法需要 4 个步骤：① 对阶；② 求和/差；③ 规格化；④ 舍入。

1. 对阶

当阶码 $a\neq b$ 时，表示尾数小数点的位置没有对齐，因此无法使尾数相加减，尾数小数点对齐后才能使尾数相加减。要使两个尾数小数点对齐，阶码就要相等，这个操作称为对阶。

对阶操作是首先求出阶差 $|\varDelta|=|a-b|$。若 $\varDelta=0$，表示两阶相等，小数点已对齐。若 $\Delta\neq 0$，则按阶差值 $\varDelta$ 来调整阶码。对阶原则是小阶向大阶看齐。小阶的尾数向右移 1 位，阶码加 1，直到 $a=b$，即两数阶码相等。尾数右移也会丢失有效数字，但是这时丢失的是尾数的低位部分，可以用舍入法来控制误差。

2. 尾数相加减

小数点对齐后，尾数就可以进行加减操作了。尾数加减同定点数加减相同。

3. 结果规格化

运算后的尾数结果需要进行规格化。当运算后尾数出现 11.0$xx\cdots x$ 或 00.1$x\cdots x$ 时，其已是规格化，无须处理。

当运算后尾数出现 01.$xx\cdots x$ 或 10.$xx\cdots x$ 时需要规格化，即右规。右规的方法是尾数连同符号位右移 1 位，阶码加 1，直到尾数成为 0.1$xx\cdots x$ 或 1.0$x\cdots x$ 的规格化形式。

当运算后尾数出现 00.0$x\cdots x$ 或 11.1$x\cdots x$ 时需要规格化，即左规。左规的方法是尾数连同符号位一起左移 1 位，阶码减 1，直到尾数部分出现 11.0$x\cdots x$ 或 00.1$x\cdots x$ 的形式为止。

4. 舍入

由于尾数右移会丢失一些有效的数据，计算机可按选定的方法进行舍入操作，最简单的办法是 0 舍 1 入。

例 7-9 $A=56$，$B=26$，求 $A-B$。浮点格式为阶码 5 位（包含 1 位阶符），尾数 7 位（包含 1 位符号位）。

解 $A=0.111000\times 2^6$，$B=0.110100\times 2^5$

$[A]_{浮}$=00110　0111000　　　补码表示

$[B]_{浮}$=00101　0110100　　　补码表示

（1）对阶。

B 的阶码向 A 的阶码看齐，B 的阶码增大成 00110，B 的尾数右移 1 位。

$$[B]_{浮}=00110\quad 0011010$$

（2）尾数相减。

$$\begin{array}{rl} [-B]_{补}= & 11.100110 \\ A & 00.111000 \\ +[-B]\ B & 11.100110\ 0 \\ \hline & 00.011110\ 0 \end{array}$$

尾数相减结果为 00.011110。

（3）规格化。

需要左规：尾数左移 1 位，阶码减 1。

$$[A-B]_{浮}=00101\quad 0111100$$

（4）舍入。

采取 0 舍 1 入。

$$A-B=0.111100\times2^5$$

注　尾数运算时符号出现“01”或“10”不是溢出问题，需要右规；只有阶码在增值或减值时，阶符出现“01”或“10”才是溢出问题。溢出的判断前面已介绍过。

7.4.2　浮点乘法运算

$$A\times B=M_a\cdot M_b\times2^{a+b}$$

步骤如下：

（1）阶码相加。

阶码相加时，阶码可能产生溢出。两个阶码在阶码加法器中采用补码加法实现。

（2）尾数相乘。

采用前面讨论的任何一种定点乘法运算都能实现尾数相乘。计算机都在浮点运算部件中实现。

（3）结果规格化。

尾数相乘后，可能需要左规。由于尾数是定点小数，相乘后不会出现需右规的情况。左规时阶码减 1，有下溢的可能。

7.4.3　浮点除法运算

$$A\div B=(M_a\div M_b)\times2^{a-b}$$

步骤如下：

（1）尾数调整。

检查被除数尾数的绝对值是否小于除数尾数的绝对值，若不小于，则调整被除数尾数，

即尾数右移 1 位，阶码加 1。由于原数都是规格化的，调整一次就能保证$|M_a|<|M_b|$。调整时 A 的阶码有可能上溢。

（2）阶码相减。

在阶码加法器中实现阶码相减，此步不会产生溢出。

（3）尾数相除。

由于操作数在运算前已规格化，并且已调整尾数，所以尾数相除的结果一定是规格化定点小数。可用专门部件实现除法，也可用前面讨论的算法。

7.5 运算器的组成

以算术逻辑运算部件 ALU 为核心，再配上其他部件及内部数据总线就构成了运算器。

根据提供给 ALU 两个操作数的方式不同，运算器可分为两种形式：暂存器提供操作数方式和多路选择器提供操作数方式。

7.5.1 暂存器型运算器

如图 7-12 所示，CPU 内部总线是一组双向传送的数据线，寄存器采用小规模高速存储器构成通用寄存器组。ALU 的双操作数由两个暂存器提供。例如要实现 $R_0+R_1 \rightarrow R_1$ 操作，先通过内部总线将 R_0 数据送入暂存器 1，再把 R_1 内的数据送入暂存器 2，相加后结果需通过内总线送入 R_1 中。每次 ALU 运算都会影响标志寄存器的内容，也可通过内总线改变标志寄存器的内容。移位器可进行左、右移位和直传。数据寄存器是 CPU 与存储器进行数据交换的接口。

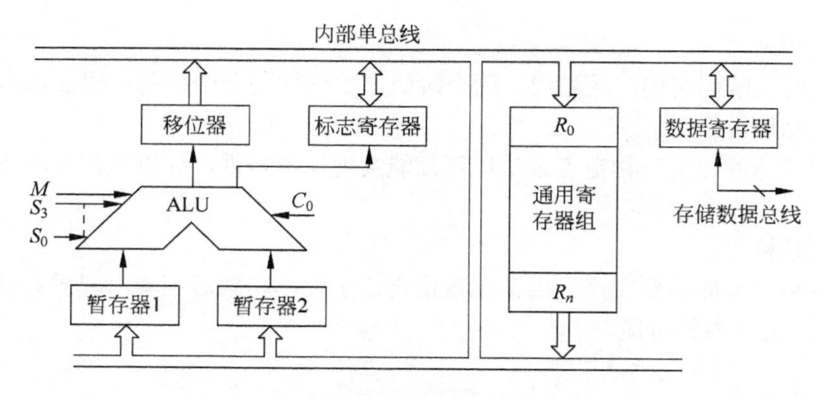

图 7-12 暂存器型运算器

7.5.2 多路选择器型运算器

如图 7-13 所示，ALU 的双操作数由多路选择器选择。通用寄存器组采用双端口小规模高速存储器。

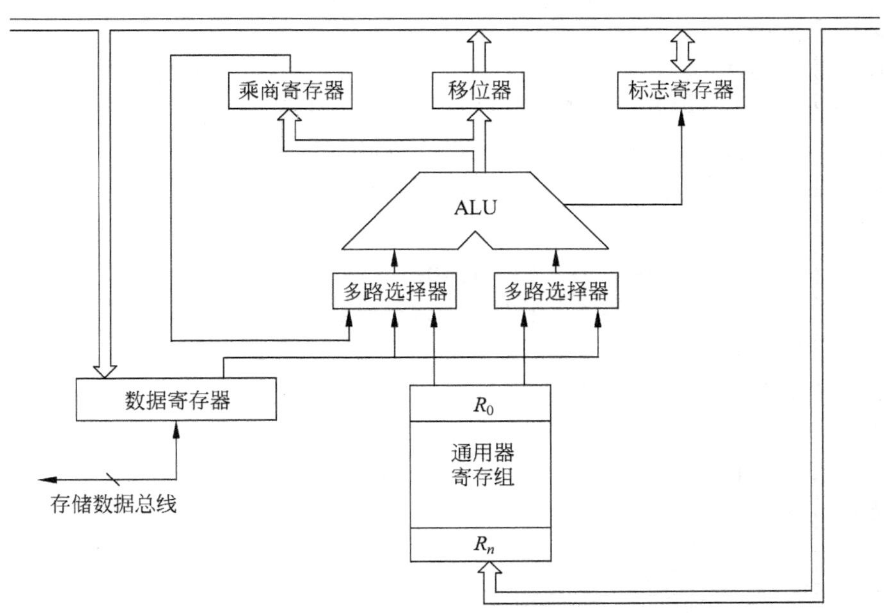

图 7-13 多路选择器型运算器

习 题

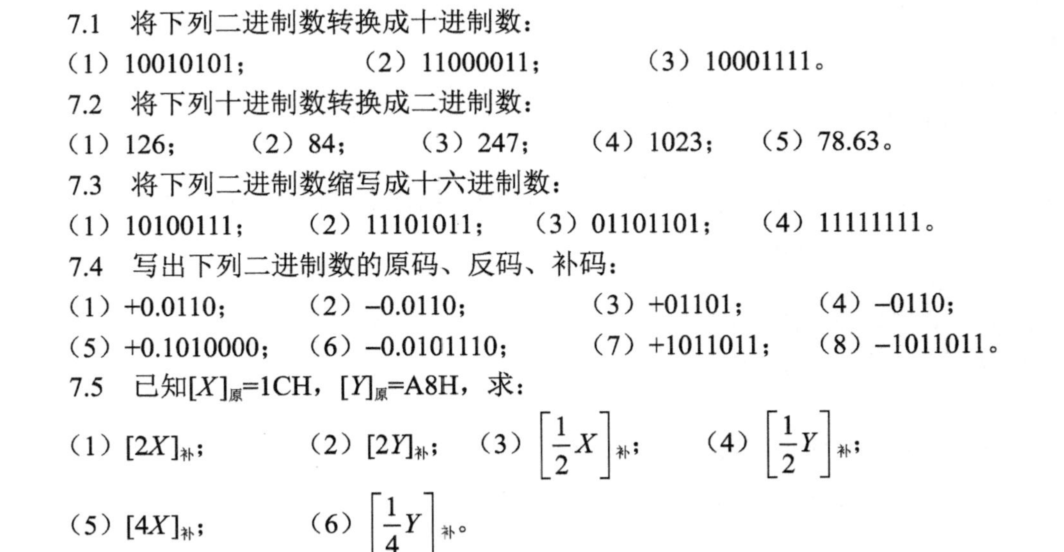

7.1 将下列二进制数转换成十进制数：

（1）10010101； （2）11000011； （3）10001111。

7.2 将下列十进制数转换成二进制数：

（1）126； （2）84； （3）247； （4）1023； （5）78.63。

7.3 将下列二进制数缩写成十六进制数：

（1）10100111； （2）11101011； （3）01101101； （4）11111111。

7.4 写出下列二进制数的原码、反码、补码：

（1）+0.0110； （2）–0.0110； （3）+01101； （4）–0110；

（5）+0.1010000； （6）–0.0101110； （7）+1011011； （8）–1011011。

7.5 已知$[X]_{原}$=1CH，$[Y]_{原}$=A8H，求：

（1）$[2X]_{补}$； （2）$[2Y]_{补}$； （3）$\left[\frac{1}{2}X\right]_{补}$； （4）$\left[\frac{1}{2}Y\right]_{补}$；

（5）$[4X]_{补}$； （6）$\left[\frac{1}{4}Y\right]_{补}$。

7.6 设定点整数字长为 16 位，含 1 位符号，用补码表示，它所能表示的数值范围是多少？

7.7 设浮点数字长为 16 位，其中阶码为 6 位（含 1 位阶符），用补码表示，以 2 为底；尾数为 10 位（含 1 位数符），用补码表示；要求规格化。分别写出下列各项的二进制代码，并计算十进制真值：

（1）非零最小正数；（2）最大正数；（3）绝对值最小负数；（4）绝对值最大负数。

7.8 设浮点数字长为 32 位，其中阶码为 8 位，以 2 为底，用补码表示；尾数为 24 位（含 1 位数符），用补码表示。现有一浮点数为 $(BC6E0000)_{16}$，问它所表示的十进制真值是多少？

7.9 按上题的浮点格式，写出下列数值的浮点数二进制代码并转为十六进制形式，要求规格化：

（1）–27/64；（2）13/128；（3）1040；（4）–129。

7.10 已知下列$[X]_{补}$和$[Y]_{补}$的值，用双符号位补码加减法计算$[X+Y]_{补}$和$[X-Y]_{补}$，并指出结果是否有溢出，是上溢还是下溢：

（1）$[X]_{补}$=0.110011，$[Y]_{补}$=0.101101；

（2）$[X]_{补}$=0.010110，$[Y]_{补}$=0.100101；

（3）$[X]_{补}$=1.110011，$[Y]_{补}$=1.101101；

（4）$[X]_{补}$=1.001101，$[Y]_{补}$=1.010011。

7.11 设计一个加法器，采用 4 位一组，组内并行。组间也并行。写出进位信号 C_7 的逻辑式，并画出有关部分的逻辑电路简图。

7.12 用 74181 和 74182 芯片构成一个 64 位 ALU，采用先进位（快速进位）方法，画出逻辑图。

7.13 已知 X 和 Y 的二进制值，用补码一位乘法计算$[X \cdot Y]_{补}$。

（1）X= –0011，Y=0101；

（2）X=0.11011，Y= –0.01010；

（3）X= –1011，Y= –1100；

（4）X=0.10110，Y=0.11001。

7.14 已知 X 和 Y 的二进制值，用补码二位乘法计算$[X \cdot Y]_{补}$。

（1）X=0.110101，Y=0.100111；

（2）X= –10111，Y=10010。

7.15 已知 X 和 Y 的二进制值，用加减交替法（原码不恢复余数法）计算$[X/Y]_{原}$。

（1）X= –0.1010，Y=0.1101；

（2）X= –0.0110，Y=0.1001。

7.16 用浮点运算步骤计算下列各式，浮点格式为 6 位阶码，用补码表示，10 位尾数用补码表示，要求规格化，以 2 为底：

（1）87–23；（2）56+57；（3）12×8。

7.17 用 5×5 阵列乘法器，设计一个 10×10 位阵列乘法器。

7.18 按提供给 ALU 操作数的不同方式，运算器可分几种型式？说明其各自特点。

第8章 指令系统

在计算机硬件系统的设计过程中，首先要设计指令系统，然后硬件工程师根据设计好的指令系统完成硬件 CPU 等功能设计，最后实施硬件电路。软件工程师根据指令系统编制出系统软件和应用程序。一台计算机的指令系统设计得好坏与否，直接关系到计算机硬件系统的结构好坏，并影响到计算机延续产品的开发深度。本章介绍指令系统设计过程中涉及的主要内容。

8.1 指令格式

计算机指令是计算机硬件能够识别并直接执行的操作命令，又称为机器指令。一条指令应包括两方面信息：操作码信息和地址码信息。指令格式为：

操作码 OP	地址码 AD

它是按照一定格式编制的二进制代码，所以机器指令由二进制代码表示。

操作码 OP 指明该指令操作的性质及功能，如是“+”加法操作还是“÷”除法操作等。地址码也称操作数地址，指明被操作的数据来自什么地方，以及操作后的结果存到哪里去，如“+”加法操作的加数与被加数分别来自寄存器和主存，结果存到主存。

对于地址码 AD，历史上出现过四地址指令、三地址指令、二地址指令和一地址指令系统，目前采用的是二地址指令系统。四地址指令除指明两个操作数地址外，还要指明操作结果存放的地址以及下条机器指令在内存中的位置，由于指令长度过长已不采用。三地址指令提供两个操作数地址，还要指明结果存放的地址，由于指令长度也较长，没有广泛采用。二地址指令的格式为：

操作码 OP	源操作数地址 A_1	目的操作数地址 A_2

以上为二地址指令系统最常用的形式。指令意义：(A_1) OP (A_2) →A_2，即把以 A_1、A_2 为地址的两个操作数进行 OP 所指定的操作，操作结果存入 A_2 中替代原来的操作数 A_2 的内容，A_2 地址中原有的内容被破坏。常称 A_1 为源操作数地址，A_2 为目的操作数地址。一地址指令系统只给出一个操作数地址 A，另一个地址隐含给出，由一个事先约定的寄存器提供目的操作

数，运算结果也将存放于该寄存器中，称该寄存器为累加器（AC）。一地址指令系统的指令长度短，占内存少，常用于8位机中。目前奔腾台式机CPU采用的是二地址指令系统，AMD生产的CPU也采用二地址指令系统。

8.1.1 指令字长

指令字长度=操作码长度+地址码长度（源操作数地址长度和目的操作数地址长度）。指令长度通常设计为字节（8 位二进制）的整数倍。指令长度长，占存储空间就多，读取指令时间也就增加；指令长度短，情况相反。一台计算机的指令系统中，指令长度通常不固定，从一个字节到十几个字节不等，多数指令为短指令，少数复杂指令为长指令。固定长度的指令现在很少采用。

例 8-1 DEC 公司的 PDP-11 是 16 位小型机中的重要代表。它的基本指令字长为 16 位，占主存两个字节，但有些指令之后紧跟一个 16 位的地址或立即数，或紧跟两个 16 位地址或立即数，指令长度变为 32 位或 48 位。其格式如下：

（16 位长）指令

（16 位长）指令	地址/立即数（16 位长）

（16 位长）指令	地址/立即数（16 位长）	地址/立即数（16 位长）

例 8-2 Intel 8086 是曾经广泛使用的微处理器。它采取 1～6 个字节的变长指令格式。第一个字节是操作码，表明该指令的操作功能；第二个字节给出寻址方式与寄存器号；其后可跟两个字节的位移量或立即数，或再跟两个字节的立即数。其格式如下：

操作码	寻址方式与寄存器号	位移量/立即数	位移量/立即数	立即数	立即数
字节 1	字节 2	字节 3	字节 4	字节 5	字节 6

Intel 80386 / 80486 允许指令最长达 15 个字节。

8.1.2 操作码格式

操作码指定机器执行什么样的操作（如加法、传送等），操作码位数越多，它所能表示的操作种类也就越多。

常见的操作码格式有以下两种编码方式。

1. 操作码定长，地址码变长

操作码的长度固定，占指令最前面几位，称作操作码字段。此类指令根据操作码是单操作数运算还是双操作数运算，来决定地址码字段为一个、两个或更多，这样指令就称为变长指令，但操作码长度固定。例如，“ADD”加指令至少需要两个地址提供“加数”与“被加数”（假设数据全在内存中），地址信息多，因此指令长。例如，“INC”加 1 指令只需一个地址信息，指令就短。

这种方式的操作码字段规整，有利于简化操作码译码器的设计，广泛用于指令字长较长的大、中型及超级小型机中。例如当年的 IBM370 大型机指令系统，操作码固定在指令最高 8 位，早前的 Intel 8086 也是高 8 位为操作码。

2. 操作码变长，指令码定长

此种方式的操作码长度不固定，但指令码的长度固定。这种设计当操作码变长时，地址码就缩短（地址个数变少），但指令字总长不变。

设某机器的指令长度为 16 位，包括基本操作码 4 位和 3 个地址字段，每个地址字段长 4 位，其格式为：

15 14 13 12	11 10 9 8	7 6 5 4	3 2 1 0
OP	AD_1	AD_2	AD_3

4 位基本操作码有 16 种组合，如全部用于表示三地址指令，则只能有 16 条。但是，如将三地址指令只设计为 15 条（0000～1110），则剩下的 1111 编码用作扩展标志（指示 AD_1 4 位不代表地址，此时代表操作码），这样将第 11～8 位扩展为操作码，AD_2 与 AD_3 仍表示地址，此时指令变为了二地址指令。在扩展的 4 位操作码中取 14 种组合表示二地址指令，即 11110000～11111101（“1111”扩展标志，第 11～8 位的 0000～1101 为 14 种新的操作码），还留下两种组合没有用（“11111110”和“11111111”），可继续作为扩展标志。对于单地址指令，地址段只留下 AD_3 4 位，可将第 7～4（AD_2）位扩展为操作码。现在只取“11111110”和“11111111”两个扩展标志与第 7～4 位（AD_2）组成的 32 种组合中的 28 种表示单地址指令，即 1111 1110 0000～1111 1110 1111（16 种）和 1111 1111 0000～1111 1111 1011（12 种）。留下 4 种组合 1111 1111 1100、1111 1111 1101、1111 1111 1110 和 1111 1111 1111 作为进一步扩展操作码标志。可继续扩展零地址指令。以上扩展方法如图 8-1 所示。

15～12	11～8	7～4	3～0	
OP	AD_1	AD_2	AD_3	
0000 … 1110	AD_1	AD_2	AD_3	15条三地址指令
1111 … 1111	0000 … 1101	AD_2	AD_3	14条二地址指令
1111 … 1111	1110 … 1110	0000 … 1111	AD_3	28条一地址指令
1111 … 1111	1111 … 1111	0000 … 1011	AD_3	
1111 1111	1111 1111	1100 1111		可作为下一步零地址指令扩展标志

图 8-1 指令扩展操作码示意

在计算机中，可采取不同的做法。例如 DEC 公司的 PDP-11 机器指令字长为 16 位，高 4

位作为基本操作码，但取其中的 4 种组合 0000、0111、1000、1111 作为扩展操作码标志，可将操作码分别扩展为 7 位、8 位、10 位、12 位、13 位、16 位等，使其 16 位指令的操作可达几百种。

操作码扩展技术是一种重要的指令优化技术，它可以缩短指令的平均长度，并且增加指令字表示的操作信息。这种方式多用于微、小型机。

8.1.3 指令助记符

计算机指令的操作码及地址码在计算机中用二进制数据表示。这种表示方式很难被阅读理解，也不便于程序员编写程序，因此人们通常用一些比较容易记忆的文字符号来表示指令中的各种信息，即操作码和操作数地址，这些符号称为助记符。比如用 ADD 表示加法，用 SUB 表示减法，用 MOV 表示数据传送等。在地址码中常用 R 表示寄存器，用 A 表示存储单元。例如“ADD R_1，A”指令的含义为作加法操作，第一操作数（源操作数）在 1 号寄存器中，第二操作数（目的操作数）在存储器 A 单元中（A 为十六进制数）。

计算机中所有指令的助记符的集合以及使用规则构成了汇编语言。用汇编语言编写的程序可以比较简单地转换成机器指令代码，这种转换由汇编程序完成。汇编语言是面向计算机硬件的语言，通过它可以了解计算机的硬件结构。

8.2 寻址方式

如何寻找指令以及指令中的数据称为寻址方式。寻址方式规定了如何对地址字段作出解释，以找到操作数。寻址方式通常是指指令中的地址寻址方式。一个指令系统具有哪几种寻址方式，地址以什么方式给出，如何为编程提供方便与灵活性，这不仅是设计指令系统的关键，也是整机设计的开始阶段。

8.2.1 指令寻址方式

程序是由一条条指令构成的，它连续存放在内存中，当执行完一条指令后，下一条指令去哪寻找，称为指令寻址。指令寻址方式在现代机中很简单，由一个程序计数器（PC）提供下一条指令地址。这个程序计数器每次从内存中取出指令后（把指令放在指令寄存器里）自动加 1，准备好下一条指令的内存地址；重复此动作，就可连续执行指令。当遇到转移情况时，只要把转移地址放入 PC 中，就可按照新地址开始执行。

8.2.2 数据的寻址方式

好的数据寻址方式能起到有效压缩地址字段长度的作用，另外它在丰富程序设计手段、方便程序编制、提高程序的质量等方面也起着重要作用。每种机器的指令系统都有自己的一套寻址方式，不同计算机的寻址方式的意义和名称并不统一，但大多数可以归结为以下几种：

立即数寻址、直接寻址、寄存器寻址、寄存器间接寻址、间接寻址、相对寻址、变址寻址、基址寻址和其他寻址。

1. 立即数寻址

立即寻址是指操作数直接在指令中给出，如图 8-2 所示。操作数占据一个地址码部分，在取出指令的同时也取出了操作数，所以称为立即寻址。这种方式不需要根据地址寻找操作数，所以其指令的执行速度较快。因操作数是指令的一部分，运行时不能修改，它适用于提供常数，设定初始值。汇编语言中立即数通常直接用数字表示，有些计算机中在数字前还加上一个“#”号。例如，“#03”表示立即数 3，其指令“ADD #03，R_1”表示将 R_1 寄存器内容加上 3。

2. 直接寻址

直接寻址是操作数的地址直接在指令中给出，如图 8-3 所示。这种寻址方式简单，不需作任何寻址计算。由于直接地址值是指令的一部分，不能修改，因此它只能用于访问固定主存单元，或者外部设备接口中的寄存器。例如，“ADD 2000，R_2”表示内存 2000 单元的内容与 R_2 寄存器的内容相加，结果放入 R_2 中，2000 为直接地址。

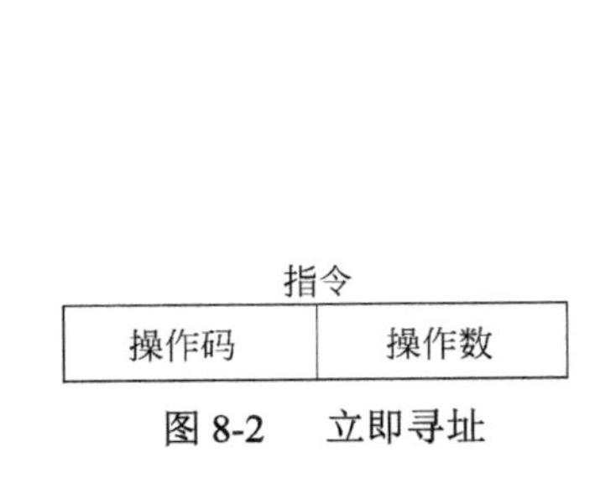

图 8-2 立即寻址

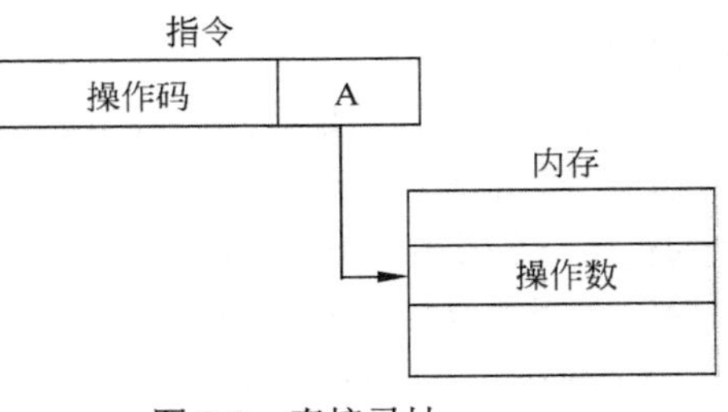

图 8-3 直接寻址

3. 寄存器寻址

寄存器寻址是操作数在指定的寄存器中，寄存器号在指令中给出，如图 8-4 所示。

“ADD 2000，R_2”指令中目的操作数由 R_2 寄存器提供，即目的操作数在 R_2 中。CPU 中寄存器数量一般很少，从几个到几十个不等，因此指令中只需几位二进制数就可指定所有寄存器号，从而缩短了整个指令的长度。在汇编语言中一般用 R 代表寄存器，R 后面的数字代表第几号寄存器。如 R_0、R_3 表示 0 号寄存器和 3 号寄存器。

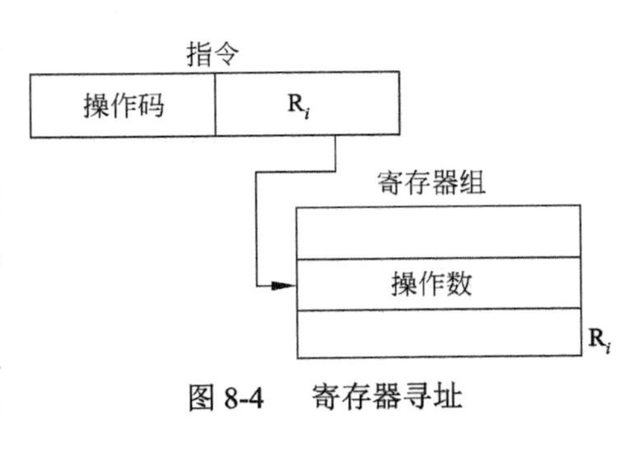

图 8-4 寄存器寻址

4. 寄存器间接寻址

寄存器间接寻址是操作数的地址在寄存器中，如图 8-5 所示。指令中给出的是存放操作数地址的寄存器，寄存器中的内容为内存地址。寄存器的位数较长（一般为机器字长），足以访问整个内存空间，这样既有效地压缩了指令长度，又解决了寻址空间太小的问题。在汇编语言中常在寄存器名外加上括号来代表寄存器间接寻址方式，如“(R_1)”“(R_4)”等。例如，“ADD (R_1)，(R_3)”表示源操作数地址在 R_1 中，目的操作数地址在 R_3 中，两个操作数分别从 R_3 和 R_1 指定的内存单元中读出，相加后，结果再存回 R_3 指定的内存单元中。

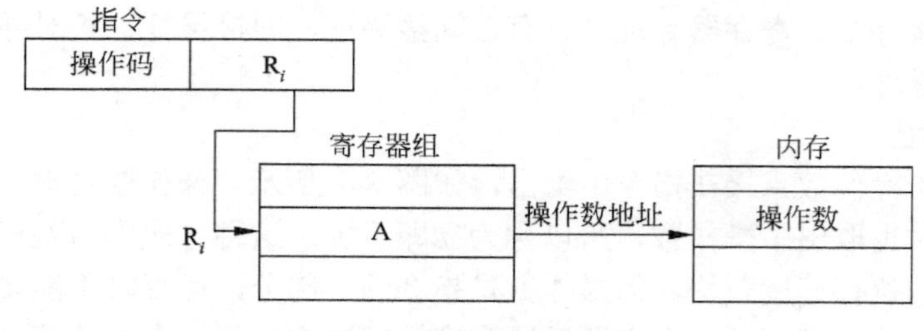

图 8-5　寄存器间接寻址

5. 间接寻址

间接寻址是操作数的地址在主存储器中，如图 8-6 所示。指令中给出的既不是操作数，也不是操作数的地址，而是操作数地址的地址。间接寻址方式需要二次访问存储器才能找到操作数，这降低了指令执行速度。在汇编语言中常在地址值外加上括号来代表间接寻址方式，如“(2050)”“(0080)”等。例如，“ADD (2000)，R_2”表示源操作数的地址在第 2000 号单元中，指令要从 2000 号单元中读地址，再根据地址在内存中读取源操作数，与 R_2 内容相加，结果写入 R_2 中。

6. 相对寻址

相对寻址是操作数的地址是程序计数器 PC 的值加上一个偏移量，这个偏移量在指令地址码中给出，如图 8-7 所示。这种寻址方式下访问的操作数的地址是不固定的，而是相对于该指令的位置。指令中给出的偏移量可以是正值，也可以是负值，通常用补码表示。在汇编语言中为表示相对寻址方式，一般在 PC 外加上括号和偏移量的值。如“100 (PC)”“–200 (PC)”等。例如，“ADD　100 (PC)，R_1”表示源操作数在 PC 值加 100 的内存单元中，PC 值由当前程序计数器给出，当前 PC 值本身也是内存地址（代码段地址），“100 (PC)”即表示操作数存放在距现行指令 100 个单元处。

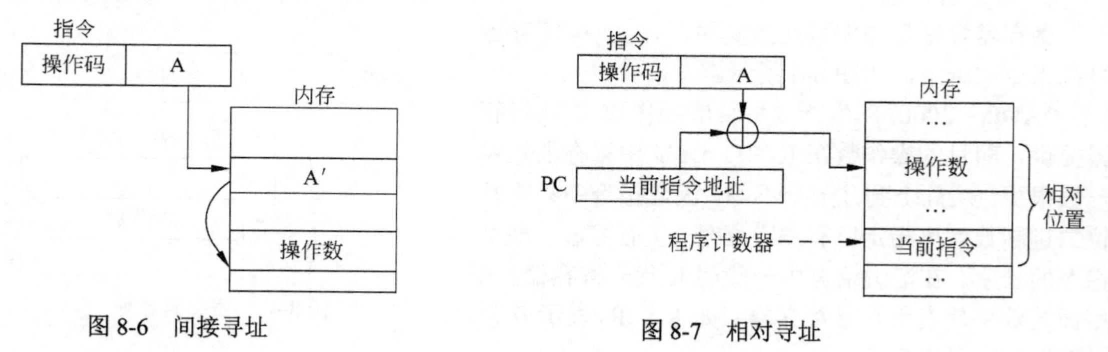

图 8-6　间接寻址

图 8-7　相对寻址

7. 变址寻址

变址寻址是操作数的地址是变址寄存器内容与形式地址（地址数值）相加得到内存地址，变址寄存器由指令给出，形式地址也由指令给出，如图 8-8 所示。这种寻址方式适用于对一组数据进行访问。当访问一个数据元素之后，只要改变变址寄存器的值，该指令就可形成另一个数据元素的地址。在有的机器中指定某个寄存器为变址寄存器，大多数计算机中有多个寄存器可充当变址寄存器，如“300 (R_1)”“400 (R_3)”等。例如，“ADD　R_2，100 (R_1)”指令中，“100 (R_1)”就是变址寻址方式，此时 R_1 寄存器充当变址寄存器，操作数地址等于

R_1的内容加上100。

8. 基址寻址

基址寻址是操作数的地址为基址寄存器内容与形式地址（地址数值）相加得到内存地址。基址寄存器由指令给出，形式地址也由指令给出。这种寻址方式与变址寻址方式在计算上形式一样，但在使用目的上不一样。变址寻址方式用于数组元素操作；基址寻址方式用于程序定位和扩大寻址空间等问题，它面向系统。基址寄存器在计算机中也是被指定的，不是所有寄存器都能当基址寄存器使用。例如8086指令中指定BX和BP两个寄存器为基址寄存器。

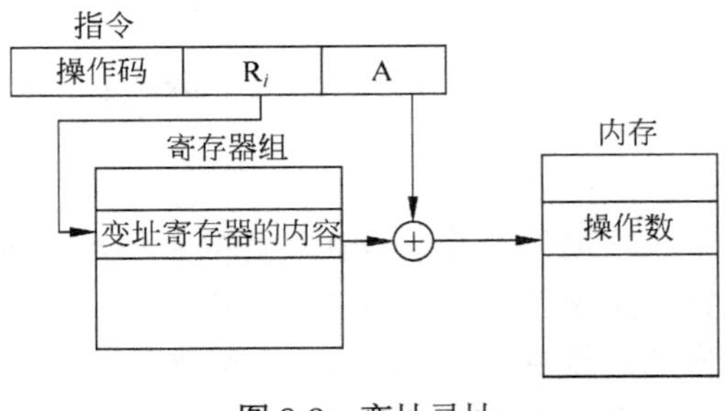

图8-8 变址寻址

9. 其他寻址

除上述外，还有块寻址和堆栈寻址等。

块寻址是对连续的数据块进行寻址，对于连续存放的数据进行相同的操作。使用块寻址能有效压缩程序长度，加快程序的执行。块寻址必须指明块的首址和块长，或者指明块的首址和末址。

堆栈寻址是使用堆栈指令对堆栈进行操作，堆栈指令中的一个操作数地址是由堆栈指针SP隐含指定的。

8.3 指令类型

指令少，则计算机的功能、速度等指标就弱，指令多，则代表CPU的硬件投入大，相应的指标就高。无论指令系统的规模如何，都应具备基本指令类型。常见指令类型包括：

（1）数据传送指令。将数据在主存与CPU寄存器之间进行传输，即将数据从一个地方传送到另一个地方。汇编助记符有MOV或LD两套常用符号，例如“MOV AX，BX”或“LD R_1，（R_2）”。

（2）算术运算指令。对数据进行算术操作，包括加法ADD、减法SUB、乘法MULT、除法DIV、求反NOT、求补COM、算术移位SHA等。

（3）逻辑运算指令。对数据进行逻辑操作，包括按位与AND、按位或OR、逻辑移位SHL和数据转换等。

（4）程序控制指令。用来控制程序执行的顺序和方向，主要包括转移指令、循环控制指令、子程序调用指令、返回指令、程序中断指令等。

（5）输入/输出指令。用于启动外设、检查测试外设的工作状态、读/写外设的数据。有些计算机用专门的输入/输出操作指令，如Intel X86指令中的IN、OUT指令。有的计算机则没有专门的外设操作指令，它们把外设控制器看作一个特殊的存储器单元，因而用访问存储器的指令访问外设。

（6）其他类指令。包括堆栈操作指令、字符串处理指令、系统指令和特权指令。

8.4 CISC 和 RISC

根据指令系统设计风格的不同，计算机分为“复杂指令系统计算机（CISC）”和“精简指令系统计算机（RISC）”。CISC 结构是传统计算机指令系统结构，至少包括百条以上指令，多则几百条指令，造成指令条数多且指令长度长的原因有三方面：① 随着超大规模集成电路的发展，硬件可设计得更复杂，要求用硬件实现的功能也越多，这使指令种类不断扩张，多种复合功能的指令也相应产生。② 为了支持高级语言和操作系统，新的功能更复杂的指令和寻址方式不断出现，以便将高级语言中的语句翻译成较少的机器指令，以使编译程序的设计变得简单。③ 解决指令兼容问题，使各种软件都可以不加修改地在新型号机器上运行，这就使得新增指令的操作码不断扩展，指令格式越来越复杂，指令也越变越长。这个问题目前已变成三个原因中的主要问题，并且影响指令执行速度。

人们对程序在机器上的运行情况作大量分析后发现，机器所执行的指令有 80%以上是简单指令，复杂指令只占很小比例。根据实际情况，人们提出用一套精简的指令系统取代复杂指令系统，以简化机器结构，提高机器的性能价格比。于是人们在 20 世纪 70 年代开始了 RISC 技术的研究，并研制成 SPARC 和 MIPS 系列的 RISC 结构处理器。这些 RISC 处理器通过简化指令系统，简化了计算机中的指令译码器和控制电路，使运算速度得到提高。

RISC 的主要技术内容如下：

（1）简化的指令系统。表现在指令条数较少，基本寻址方式少，指令格式少，指令字长度一致。指令总数大都不超过 100 条，寻址方式一般限制在 2～3 种，指令格式一般限制在 2～3 种，长度为 32 位。

（2）以寄存器间的数据处理为主。只有 LOAD（取数）和 STORE（存数）两条指令访问内存。

（3）CPU 中采用大量的通用寄存器，一般不少于 32 个，多则几百个。

（4）指令采用流水线工作方式。采用流水线技术可使每一时刻都有多条指令重叠执行。尽管一条指令的执行仍需要几个周期时间，但从平均效应来看，每条指令的周期数大大减少，每条指令只需一个周期。只有 LOAD 和 STORE 两条指令不采用流水线方式。

（5）采用优化编译程序。用优化编译技术，力求能高效地支持高级语言，生成优化的机器指令代码。

RISC 和 CISC 两种技术正在不断融合，相互撷取对方的优点补充自己。Pentium 指令系统属于 CISC 结构，但采用了许多 RISC 思想。

8.5 PentiumⅡ指令格式

PentiumⅡ指令格式相当复杂，而且没有什么规律，它最多具有 6 个指令字段，如图 8-9 所示。PentiumⅡ指令格式如此复杂的原因是其体系结构已经经过数代的演变，每次演变必须把前期体系结构中不好的结构也保留下来，这样才能保证向下兼容性，使旧软件能在新机器上运行。

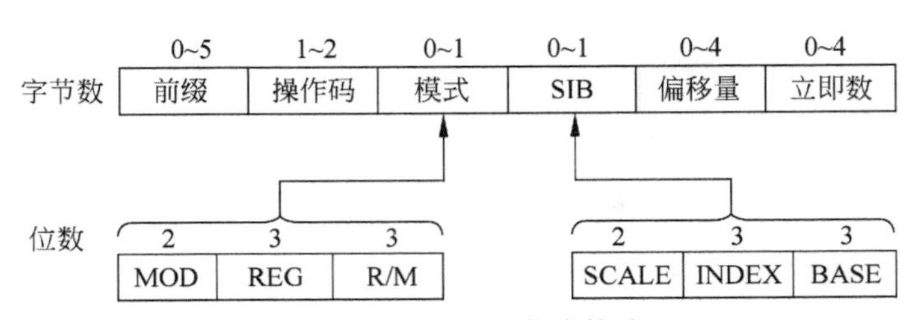

图 8-9 Pentium Ⅱ 指令格式

前缀字节是一个额外的操作码，它附加在指令的最前面，用于改变指令的操作，Intel 早期体系结构中就已使用，但操作码长度还都是一个字节。随着体系结构的发展，一字节操作码被用尽，只能把最后一个编码 0xFFH 作为逃脱码（escape code），用来表示本条指令由两个字节组成操作码。Intel 指令系统不是按操作码扩展方式来编指令代码的，而是按定长操作码方式编制指令代码，如 8088 或 8086 操作码长度是固定的一个字节，在 8.1.1 节例 8-2 中已介绍。随着演变，早期一字节操作码不够用，发展到现在两字节操作码。在 Pentium Ⅱ 指令格式中 SIB 字段（Scale，Index，Base）为附加字节，用来说明模式字段中的某些代码的信息。为了向下兼容，同时增加原来没有想到的新特性要求，这种复杂无规律的指令格式只能是一种折中方案。

偏移量字段 8088 是两个字节能寻址 64 KB（当时段内空间是 64 KB），而现在的计算机段内最大空间是 4 GB，所以需要 32 位，即用 4 字节来表示偏移量。寄存器 EAX 等是 32 位宽，所以立即数最大需 4 个字节。

Pentium Ⅱ 指令在执行时，操作码必须完全译码后才能决定执行哪一类操作，此时才能知道指令长度，且译码过程是逐级进行的，不像早期 8088 或 8086 一级译码时间后就能决定做什么，这使大量时间花在译码上，降低了指令执行速度。

习　题

8.1　什么是机器指令？什么是指令格式？

8.2　解释定长操作码和变长操作码，并说明其各自特点。

8.3　三地址指令、二地址指令和一地址指令各有什么特点?对于加法运算 $X+Y\rightarrow Z$，其中 X，Y 和 Z 都是变量，存储在内存中，地址分别为 A，B，C，试分别用尽量少的三地址指令、二地址指令和一地址指令表示这个操作。

8.4　某计算机 A 有 60 条指令，指令操作码为 6 位固定长度编码，从 000000 到 111011。其后继产品 B 需要增加 32 条指令，并与 A 保持兼容。试采用操作码扩展技术为计算机 B 设计指令操作码。设扩展码为 3 位。

8.5　设某指令系统字长为 16 位，每个地址段为 4 位，试提出一种分配方案，使该指令系统有 13 条三地址指令、40 条二地址指令、120 条单地址指令、128 条零地址指令。

8.6　上题分配后，还能否有后继兼容产品机型？说明理由。

8.7　设寄存器 R 中数值为 2 000，地址为 2 000 的存储器中存储的数据为 3 000，地址为

3 000 的存储器中存储的数据为 4 000，PC 值为 5 000，问在以下寻址方式中访问到的指令操作数的值是多少？

（1）寄存器寻址：R

（2）寄存器间接寻址：（R）

（3）直接寻址：2 000

（4）存储器间接寻址：（2 000）

（5）相对寻址：–2 000（PC）

（6）立即数寻址：2 000#

8.8　什么是基址寻址？什么是变址寻址？两者有何共同点和不同点。

8.9　如果有效地址位数分别是 8 位、16 位、20 位、32 位，它们的寻址空间分别是多大？

8.10　说明 CISC 和 RISC 各自的优、缺点。

第9章 控制器设计原理

中央处理器（CPU）是计算机系统的核心部件，它包括运算器和控制器两大部分。运算器在第 7 章已介绍过，本章重点介绍控制器的组成与设计原理。在超大规模集成电路出现以前，运算器和控制器相对独立，各占数个插件（早期）或数个机柜（更早期），通过底板与电缆线连成一个整体。随着超大规模集成电路技术的发展，人们能把运算器与控制器集成在一个芯片中，出现了微处理器，即现在微机使用的 CPU（如 8086、80286、80386、80486，奔腾、PentiumⅡ、PentiumⅢ、Pentium4 等）。现在 Pentium4 CPU 芯片组成的微机比以前巨型机的运算速度还要高。当前巨型机的 CPU 是采用并行处理技术，由几十片到几百片微处理器芯片，如 PentiumⅡ、PentiumⅢ或 Pentium4 组成的。现有集成电路技术还不能把巨型机的 CPU 集成在一个芯片内，所以巨型机的 CPU 与微机的 CPU 属于两个概念和两种技术。本书涉及的 CPU 概念是微机水平的。

9.1 基本概念

图 9-1 所示为单总线 CPU 的结构，它是在历史上著名的 PDP-11 系列小型机基础上简化得到的教学模型结构，实际机器要比它复杂得多。该结构划分为三大部分，左边部分是 CPU 的控制器，中间部分是运算器，右边部分为 CPU 与主存储器的接口及主存储器。

9.1.1 运算器及内总线

运算器主要由各种寄存器、移位器和 ALU 组成。它是具体负责对数据进行加工处理的部件。

1）通用寄存器组（GR）

“通用”是指寄存器有多种用途，它可作为 ALU 的累加器、变址寄存器、地址指针、指令计数器、数据缓冲器等，用于存放操作数（包括源操作数、目的操作数）、运算结果、中间结果和各种地址信息等。现代计算机的 CPU 都采用通用寄存器组结构（双端口）。

2）ALU 及暂存器（LA、LB）

它们是进行算术与逻辑运算的部件，前面已讲过，这里不再介绍。

暂存器 LA、LB 是暂时存放 ALU 要加工处理的数据的两个寄存器。

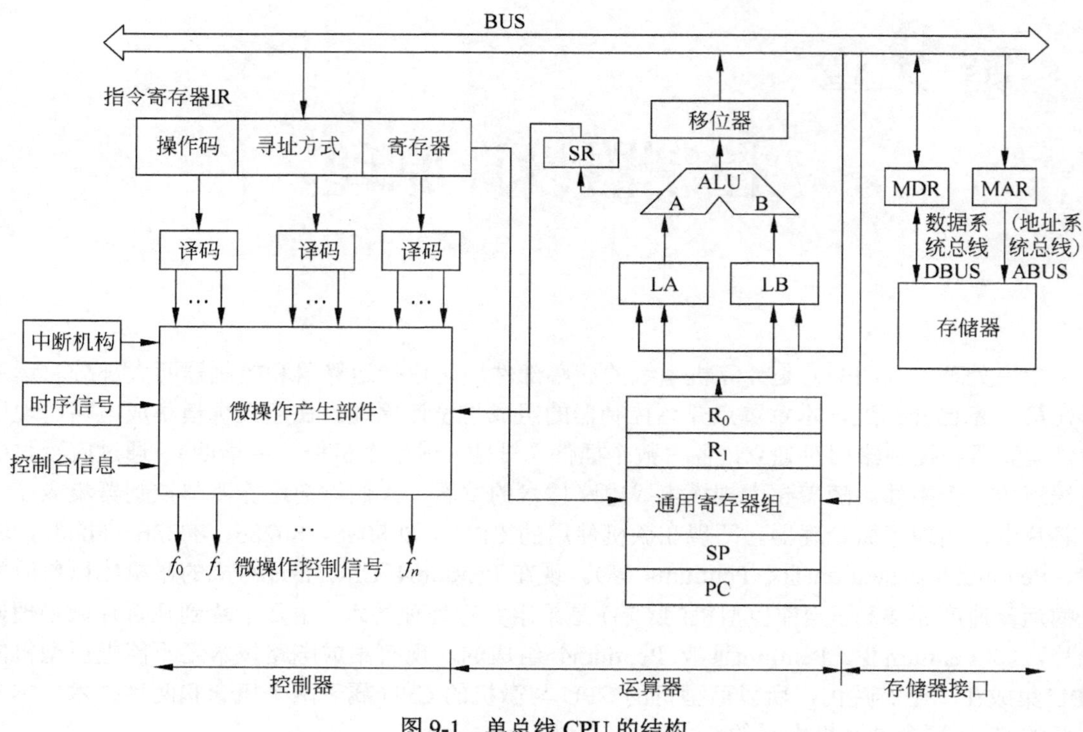

图 9-1　单总线 CPU 的结构

3）移位器

移位器对 ALU 的运算结果进行左移、右移和直传的操作。

4）状态寄存器（SR）

状态寄存器存放 ALU 运算中的状态，如溢出、结果为零、结果为负、借进位等。

在现代计算机中使用程序状态寄存器 PSW，它包含 SR 内容，同时还包含程序优先级、工作方式和其他信息。计算机越大，PSW 所包含的内容越多，为便于简化教学，本书规定 PSW 只包含 SR 和程序状态优先级（屏蔽码）。

5）内总线

CPU 内各种寄存器与 ALU 通过这组单总线连接起来进行数据传送，同一时刻只能有一个部件往总线送数据（占据总线），但可有两个以上的部件接收数据。

9.1.2　主存接口

主存接口由地址寄存器 MAR 和数据缓冲寄存器 MDR 组成。CPU 与主存之间的信息交换，都是通过这两个寄存器来完成的。

1）地址寄存器 MAR

CPU 对主存进行读/写操作时，把加工好的地址送入 MAR，经存储地址总线（ABUS）送往主存。MAR 中存放的是主存地址信息。

2）数据缓冲寄存器 MDR

写入主存的数据一般先送至 MDR，再经存储数据总线（DBUS）送往主存。由主存读出送入 CPU 的数据，一般也先由 DBUS 送入 MDR，再经 CPU 内部总线送入指定的寄存器。

9.1.3 控制器

控制器是产生全机控制信号的部件，是 CPU 设计的关键技术之一。运算器的工作就是按照控制器发来的控制信号进行运算操作，主存储器的读/写操作也受控制器的控制。控制器的主要功能是从内存中取指令，并计算下一条指令在内存中的地址；对指令进行解释且产生相应的微操作控制信号，完成指令所规定的操作。控制器由程序计数器（PC）、指令寄存器（IR）、指令译码器、地址译码器、时序发生器、微操作产生部件等组成。

1）程序计数器（PC）

程序计数器又称为 PC 寄存器，它存放下一条指令的地址。CPU 取指令时，将 PC 的内容送到主存储器的地址寄存器中，读取该单元存放的指令，然后，自动修改形成下一条要执行的指令的地址，一般 PC 自动加 1 就得到下条指令的地址。PC 的具体硬件实现比较简单，就是将数字逻辑时序电路中的触发器设计成可置数计数器。

2）指令寄存器（IR）

IR 存放当前正在执行的指令。IR 为微操作产生部件提供各种输入信息，以产生不同指令所需的微操作控制信号。在 IR 中的指令要保存到该指令执行完毕为止。IR 是通过将触发器设计成数据寄存器来实现的。

3）指令和地址译码器

指令译码器对指令的操作码进行译码，又称操作码译码器。它的输出送到微操作产生部件。地址译码器对指令的寻址方式字段、地址字段进行译码，提供操作数的地址信息。

4）时序发生器

时序发生器是产生周期节拍、脉冲等时序信号的部件。它循环产生一组时间顺序信号，送到微操作产生部件，对微操作控制信号进行定时控制。它可由触发器构成环形移位寄存器或计数型节拍发生器来实现。

5）微操作产生部件

微操作产生部件能产生数百种微操作控制信号，是控制器中的核心部件。它把数百种微操作控制信号与一组时序信号一起，送到各个部件的控制门、触发器或锁存器，去打开或关闭某些特定的门电路，使数据信息按事先规定好的路径和时间顺序从一个功能部件传送到另一个功能部件，实现对数据加工处理的控制。

微操作产生部件按设计思想的不同，可分为三种控制器：组合逻辑控制器、PLA 控制器和微程序控制器。

（1）组合逻辑控制器指用组合逻辑电路的设计方法制作的微操作产生部件，即由“与”门、“或”门、“非”门及寄存器等电路构成的组合逻辑电路。由图 9-1 可知，它的输入函数来自指令的操作码、地址码和寻址方式，以及时序发生器、程序状态寄存器、I/O 状态等；它的输出函数是所有带有时间标志的微操作控制信号（可认为是多输出函数）。每个微操作控制信号的表达式为 F_i（第 i 个微操作控制信号）$=f_i$（A_1，A_2，A_3，…，A_n），其中可把 A_1，A_2，

A_3，…，A_n 看成 A_1=指令操作码的一种取值，A_2=地址码的一种取值，A_3=寻址方式的一种，…，A_n=PSW 中的某一状态。有了这些表达式即可用数字电路知识设计实现微操作控制信号函数的电路。

（2）PLA 控制器指用 PLA（可编程逻辑阵列）电路实现的微操作产生部件，即微操作产生部件不用组合逻辑电路设计，而是用 PLA 来实现。自大规模集成电路出现后，才能用 PLA 设计 PLA 控制器。

（3）微程序控制器指用只读存储器构成的微操作产生部件。它把组合逻辑变成了存储逻辑。此时微操作产生部件的外围输入是用来形成微指令地址的输入条件，后面要详细介绍。其设计思想是：把指令执行所需要的所有微操作控制信号存放在一个专门存储器中，需要时从这个存储器中读出。也就是把每个微操作控制信号看成微命令，许多微命令组成一条微指令，几条微指令编成一段微程序，一条机器指令对应一段微程序，把所有机器指令对应的微程序存放在专门的存储器中，该存储器称为控制存储器。

通常把组合逻辑控制器与 PLA 控制器统称为硬连线控制器。

硬连线控制器是早期计算机中采用的方法。它的优点是执行速度快；其缺点是电路一旦固定就不易修改，灵活性差，电路设计复杂，可靠性低。另外受早期硬件技术的限制，也只能采用该方法。

微程序控制器是后来计算机都采用的技术。它的优点是具有较强的灵活性，容易实现复杂控制逻辑，便于扩充、增加新指令；其缺点是执行每条指令时都要访问控制存储器若干次，这影响控制器的工作速度，从而影响 CPU 的工作速度。

奔腾系列 CPU 中的控制器以微程序控制器为主，适当采用硬连线控制器设计思想，以提高 CPU 的工作速度。

由于当前控制器都采用微程序控制器设计思想，本书受篇幅限制，只介绍微程序控制器。对硬连线控制器有兴趣的读者可阅读其他有关书籍。

9.2 机器指令的周期划分与控制信号

9.2.1 指令执行分析

一条机器指令在 CPU 中执行运算不是一下就完成了，它受硬件限制，必须分几个阶段完成。指令简单则执行阶段和步骤就少，否则执行阶段和步骤就多。例如“ADD R_1，R_2”与“ADD（R_1），（R_2）”两条指令，前一条简单，后一条复杂，它们在 CPU 中执行的时间长度不一样，步骤也不一样。

下面介绍一条指令在 CPU 内的运转过程。

计算机程序中的指令在运行之前装入到主存中。为执行这个程序，CPU 从主存中取出这些指令依次执行。在没有遇到分支（子程序调用和转移指令等）时，程序中的指令是按顺序执行的，CPU 用 PC 寄存器存放指令的地址，当取出一条指令之后，PC 加 1 准备好下一条指令的地址；遇到转移指令时，把转移地址放入 PC 中，则 PC 内容就指向转移指令地址。这个阶段称为指令的取指阶段。取指阶段是把从内存取出的指令存放在指令寄存器IR中。第二阶段是对指令译码，分别要对操作码译码，对寻址方式译码，对地址码译码，同时把译码信号送入微操作产生部件，这个阶段称为指令译码阶段。第三阶段为取操作数阶段，这个阶段最为复杂，因寻址方式不同，此阶段的步骤也不同。寻址方式越复杂，则步骤越多。例如“ADD　R_1，R_2”指令，因两个操作数在寄存器中，操作步骤为零；而“ADD（R_1），（R_2）”指令，要两次访问主存，取出两个操作数，所以需要四个步骤才能完成该阶段。第四阶段为指令执行阶段，完成相应的OP操作，并把执行结果写回寄存器或主存。然后再取下一条指令，并分析和执行，如此循环下去，如图9-2所示。

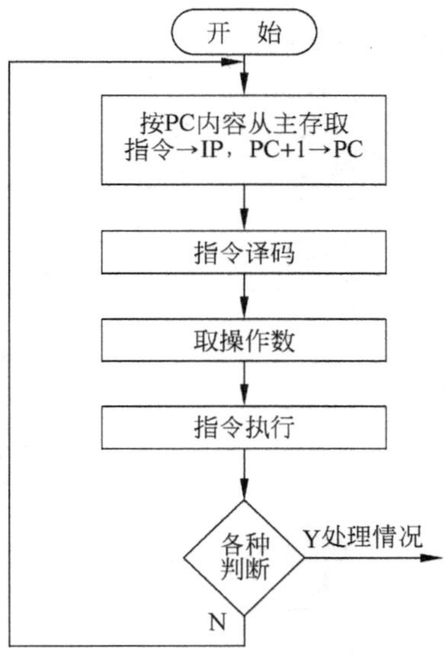

图9-2　指令运转过程

9.2.2　指令执行周期

通常将一条指令从取出到执行完成所需要的时间称为指令周期。在指令周期内按上面的描述阶段完成一条指令。上述几个阶段通常用下面几个时间单位来定义：

（1）取指周期：完成第一阶段的内容。

（2）取操作数周期：完成第三阶段的内容。

（3）执行周期：完成第四阶段的内容，把执行结果写回寄存器和写回主存所需的步骤是不一样的，时间长度也不一样。

第二阶段的译码工作在用周期概念描述指令时，不单列出。因为此阶段只是译码电路延迟，无须单设时钟控制，而其他三个阶段是必须由时间标志来区分控制的。

指令执行周期通常包括取指周期、取操作数周期和执行周期。其中取操作数周期最复杂，它包括取源操作数和取目的操作数两部分，每部分还对应不同的寻址方式。

9.2.3　控制信号

图9-3所示是带控制信号的单总线CPU内部数据通路示意，该图中的每个部件用单总线连接，部件之间的数据传送通过单总线通路来完成。每个部件的操作都需要相应的控制信号，输入控制信号和输出控制信号分别用后缀in与out来表示。部件上所有控制信号都是控制器中微操作产生部件发出的。由于采用单总线，在安排控制信号的时序时要注意在总线上所有部件中任何时刻只能有一个部件向总线输送数据，因此连接到总线的所有部件的输出控制信号中，不能有两个同时为有效信号。假设控制信号高电平有效，低电平无效，那么不能同时有两个输出控制信号为高电平（如果这样总线接收数据是混乱的）。图9-3中所需要的控制信号包括：

R_{0out}是R_0寄存器的输出控制（该信号有效即R_{0out}=1，则R_0寄存器内容送入总线中），也可用R_0→BUS表示。

R_{0in}是R_0寄存器的输入控制（该信号有效即R_{0in}=1，则R_0接收总线内容），也可用

BUS→R_0表示。

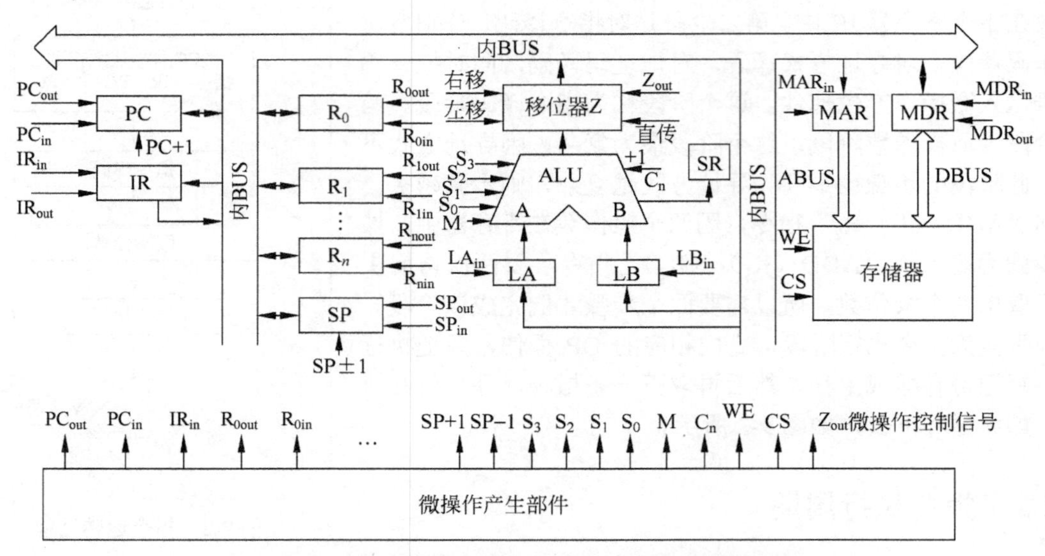

图 9-3 带控制信号的单总线 CPU 内部数据通路示意

R_{1out}、R_{1in}、…、R_{nout}、R_{nin}同理。

PC_{out}、PC_{in}、SP_{out}、SP_{in}、MDR_{out}、MDR_{in}同理。

IR_{in}、LA_{in}、LB_{in}、MAR_{in}只有输入控制。

S_3、S_2、S_1、S_0、M、C_n是 ALU181 芯片的控制信号。

PC + 1、SP + 1、SP−1 是本部件加 1 和减 1 功能的控制信号。

Z_{out}为移位器 Z 的输出控制信号，它在左移、右移和直传控制信号的控制下完成相应操作。

IR_{out}为指令地址部分输出控制信号。

9.3 指令执行流程

一条机器指令执行时，受到单总线 CPU 结构的限制，必须分阶段（周期）完成。每个阶段（周期）由几个步骤组成，每个步骤由许多微操作序列组成。微操作是指令细分动作中最基本的、不可再分割的动作。图 9-4 给出了它们之间的关系。

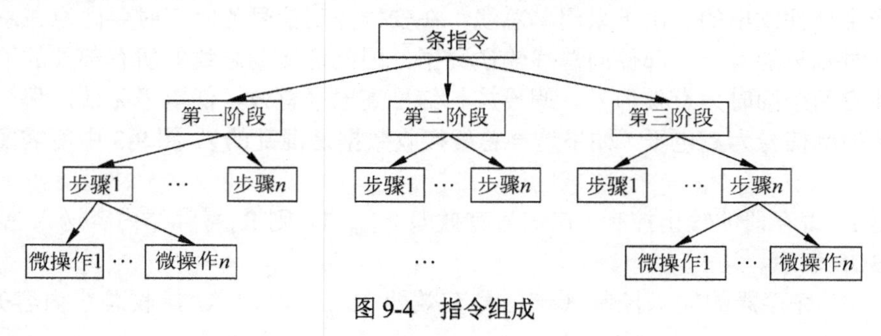

图 9-4 指令组成

以下指令执行流程以图 9-3 所示结构为模型进行分析。

9.3.1 运算指令执行流程

例 9-1 写出“ADD R_1，R_2”加法指令执行流程。其中 R_1 为源操作数，R_2 为目的操作数，运算结果存入目的操作数。

解 本指令是将 R_1 与 R_2 相加后，结果存在 R_2 中。

第一阶段（取指周期）：该阶段要把“ADD R_1，R_2”这条指令从主存中取出并存入指令寄存器中（IR），包含下面的第一步与第二步。

第二阶段：对指令译码。硬件隐含执行。

第三阶段（取操作数周期）：把两个操作数从有效地址取出，本例无此阶段。

第四阶段（执行周期）：R_1 与 R_2 相加后，结果存在 R_2 中，包括下面的第三步、第四步与第五步。

本指令执行以下几步：

第一步：送指令地址。首先将 PC 的值送往访问主存的地址寄存器 MAR。这个指令执行步骤可表示如下，其中箭头表示数据传输方向。这里假定指令一次读完，所以送指令地址操作只需访问主存一次。

步骤	对应微操作控制信号
PC→MAR	PC_{out}=1，MAR_{in}=1，WE（读）= 1
PC+1→PC	PC + 1

PC_{out} = 1 使 PC 寄存器的数据流向内总线，MAR_{in}=1 让总线内容流进 MAR 寄存器中。MAR 里的数据再经过主存地址总线传给主存，打开相应单元。

计算下一条指令地址，假定 PC 具有计数功能，PC + 1 控制信号使 PC 寄存器作加 1 动作，准备好下一条指令地址。

第二步：读入指令，将从主存储器中读取的指令经过主存数据总线 DBUS 送入数据寄存器 MDR，MDR 的内容再通过内总线送入指令寄存器中。读入指令时间取决于计算机对主存的控制方式，这里假设两步操作可以在一个机器周期内完成。

步骤	对应操作微控制信号
DBUS→MDR→IR	MDR_{out} = 1，IR_{in} = 1

此步省略了主存单元内容打入到 MDR 的控制过程说明。

操作控制信号 MDR_{out} = 1，使 MDR 内容送入内总线上，IR_{in} = 1 使指令寄存器 IR 从内总线上下载数据到 IR 中。

IR 寄存器装入指令后就立即对指令进行译码，控制器发现这是一条加法指令，于是就进入下面的加法操作步骤。

第三步：取源操作数，该指令的源操作数在 R_1 中，采用直接寄存器寻址方式，所以把 R_1 的内容取出送给 LA 暂存器，即可准备好第一操作数。

步骤	对应微操作控制信号
R_1→LA	R_{1out} = 1，LA_{in} = 1

控制器发出 R_{1out} = 1、LA_{in} = 1 两个控制信号，前者使 R_1 的内容送入内总线，后者使暂

存器 LA 从内总线上下载数据到 LA 中。

第四步，取目的操作数。该指令的目的操作数在 R_2 中，采用直接寄存器寻址方式，所以把 R_2 的内容取出送给 LB 暂存器，就准备好第二操作数了。

步骤	对应微操作控制信号
$R_2 \rightarrow LB$	$R_{2out}=1$，$LB_{in}=1$

控制器发出 $R_{2out}=1$ 信号，使 R_2 内容送入内总线，$LB_{in}=1$ 使暂存器 LB 从内总线上下载数据。第三步与第四步都要使用内总线，所以不能合为一步进行。

第五步：运算并送结果，LA 与 LB 相加，结果送入目的寄存器中。

步骤	对应微操作控制信号
$LA+LB \rightarrow R_2$	S_3 S_2 S_1 S_0 M C_n　$Z_{out}=1$，$R_{2in}=1$ 1 0 0 1 0 0　直传=1

ALU 通过 LA 与 LB 供给加数与被加数，按照 S_3、S_2、S_1、S_0、M、C_n 的加法取值（1 0 0 1 0 0），就完成了 LA + LB（即 R_1+R_2）的加法操作，通过移位器直传=1 及 $Z_{out}=1$，把结果送入内总线，$R_{2in}=1$ 则把内总线上的数据下载到 R_2 中，这样 R_2 的内容就变成加法后的新内容。到此一条指令全部执行完毕。

第一步与第二步完成的是“9.2.1 指令执行分析”中第一阶段的内容，即取指周期。第三阶段因无须到内存取操作数，本例不需要，该阶段认为不花时间。第三步、第四步与第五步完成的是第四阶段的内容，即执行周期。

例 9-2　写出“SUB（R_1）R_2”指令的执行流程。源操作数（R_1）采用寄存器间接寻址。

解　取指阶段与例 9-1 相同，不再详述。

步骤	对应微操作控制信号
（1）$PC \rightarrow MAR$	$PC_{out}=1$，$MAR_{in}=1$，WE = 1
$PC+1 \rightarrow PC$	PC + 1
（2）$DBUS \rightarrow MDR \rightarrow IR$	$MDR_{out}=1$，$IR_{in}=1$
（3）$R_1 \rightarrow MAR$	$R_{1out}=1$，$MAR_{in}=1$　WE = 1

源操作数存放在 R_1 所指的存储单元中，所以把 R_1 送入 MAR，从内存取操作数。

步骤	对应微操作控制信号
（4）$DBUS \rightarrow MDR \rightarrow LA$	$MDR_{out}=1$　$LA_{in}=1$

把源操作数送入暂存器 LA 中，准备好 ALU 的第一个操作数。

步骤	对应微操作控制信号
（5）$R_2 \rightarrow LB$	$R_{2out}=1$　$LB_{in}=1$
（6）$LA-LB \rightarrow R_2$	S_3 S_2 S_1 S_0 M C_n　$Z_{out}=1$，直传 =1 0 1 1 0 0 1 $R_{2in}=1$

第一步与第二步完成的是“9.2.1 指令执行分析”中，第一阶段的内容，即取指周期。第三步与第四步需到内存取操作数，是第三阶段。第五步与第六步完成的是第四阶段的内容，即执行周期。

此指令执行流程，只是在取源操作数方面与例 9-1 不同，需要第三阶段。

9.3.2　传送指令执行流程

为简洁起见，限定存储器与存储器之间不能执行数据传送类指令。

例 9-3 写出“MOV R_1 mem”传送指令的执行流程。mem 为存储器地址。其意为将源操作数 R_1 的内容，传送到目的操作数 mem 单元里。

解 因为所有指令都存放在存储器中，所以本例也要经过取指周期阶段，其步骤与“9.3.1 运算指令取指周期”相同，这里不再详细说明。

步骤	对应微操作控制信号
（1）PC→MAR	$PC_{out}=1$，$MAR_{in}=1$，WE（读）= 1
PC + 1→PC	PC + 1
（2）DBUS→MDR→IR	$MDR_{out}=1$，$IR_{in}=1$

（3）目的地址送地址寄存器中，提供存储器地址。

步骤	对应微操作控制信号
$IR_{(mem)}$（地址段）→MAR	$IR_{out}=1$，$MAR_{in}=1$，

（4）取源操作数 R_1，把 R_1 的内容先送入 MDR 中，并发写入存储器信号 WE = 0。

步骤	对应微操作控制信号
R_1→MDR	$R_{1out}=1$，$MDR_{in}=1$，WE = 0

这样就把放入 MDR 中的 R_1 内容写到 mem 单元里。

例 9-4 写出“MOV（mem）R_2”传送指令的执行流程。(mem) 采用存储器间接寻址方式，将从单元中取出的数据放入 R_2 中。

解

步骤	对应微操作控制信号
（1）PC→MAR	$PC_{out}=1$，$MAR_{in}=1$，WE（读）= 1
PC + 1→PC	PC + 1
（2）DBUS→MDR→IR	$MDR_{out}=1$，$IR_{in}=1$
（3）$IR_{(mem)}$（地址段）→MAR	$IR_{out}=1$，$MAR_{in}=1$，WE = 1
（4）DBUS→MDR→MAR	$MDR_{out}=1$，$MAR_{in}=1$，WE = 1

（mem）采用存储器间接寻址，所以第二次从存储器中取出的是操作数地址，不是操作数，把它再次送入 MAR 中。

（5）DBUS→MDR→R_2	$MDR_{out}=1$，$R_{2in}=1$

9.3.3 控制指令执行流程

例如，一条转移指令的操作过程是：

① 取指令。过程同前。

② 指令译码。对指令寄存器中的操作码进行译码，识别指令操作类型。对于条件转移指令，则进行条件判断，这时需要读取特征寄存器 SR 的内容，按相应位条件决定是否转移。在高档机器中，在 ALU 中提供作比较操作的功能。

③ 计算地址。若上面的条件成立，则计算地址，并将转移地址送入 PC 中。通常情况转移地址不需计算，它已在指令中给出。

例 9-5 写出“JMP mem”指令的执行流程。该转移指令为无条件转移指令，mem 为转移地址。

解 步骤　　　　　　　　对应微操作控制信号

(1) PC→MAR　　　　$PC_{out}=1$，$MAR_{in}=1$，$WE=1$

PC + 1→PC　　　　PC + 1

(2) DBUS→MDR→IR　　　　$MDR_{out}=1$，$IR_{in}=1$

(3) $IR_{(mem)}$→PC　　　　$IR_{out}=1$，$PC_{in}=1$

例 9-6　写出“JC　mem（PC）”相对有条件转移指令的执行流程。mem 为偏移量。

解　指令读入 IR 后将 PC 值送入 LA 暂存器，再将 IR 中的地址偏移量部分送到 LB，与 LA 的值相加，形成转移目标地址，穿过移位器 Z，送入 PC 程序计数器中。

步骤　　　　　　　　对应微操作控制信号

(1) PC→MAR　　　　$PC_{out}=1$，$MAR_{in}=1$，$WE=1$

PC + 1→PC　　　　PC + 1

(2) DBUS→MDR→IR　　　　$MDR_{out}=1$，$IR_{in}=1$

(3) PC→LA　　　　$PC_{out}=1$，$LA_{in}=1$

(4) $IR_{(mem)}$→LB　　　　$IR_{out}=1$，$LB_{in}=1$

(5) LA + LB→Z　　　　S_3　S_2　S_1　S_0　M　C_n　直传 = 1

　　　　　　　　　　1　0　0　1　0　0

Z→PC　　　　$Z_{out}=1$，$PC_{in}=1$

9.4　微程序控制器

9.4.1　微程序控制的基本概念

微程序控制的概念，最早是由英国剑桥大学教授 M.V.Wikes 在 1951 年提出的，其经历种种演变，在只读存储器技术成熟后得到了非常广泛的应用。目前大部分 CPU 都采用这种技术。其关键词是“微命令”“微指令”“微程序”。

基本思想：一条机器指令对应一段微程序，微程序由几条微指令构成，每条微指令由许多微命令组成，如图 9-5 所示。把所有机器指令所对应的微程序事先存入控制存储器（CM）中，执行哪条机器指令时就调出对应的微程序，执行全部微指令，产生所有微操作控制信号。

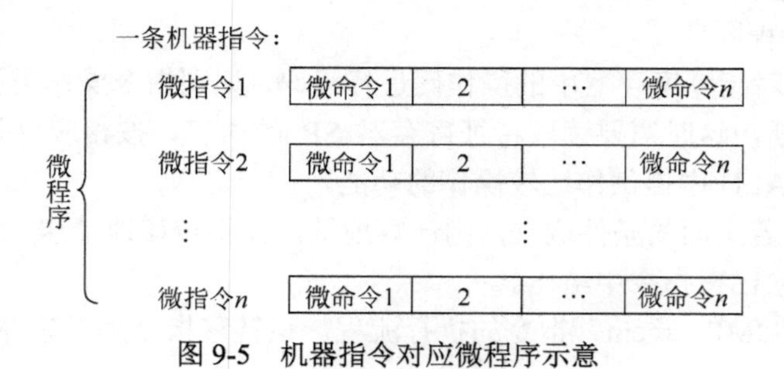

图 9-5　机器指令对应微程序示意

本节提出的微命令概念就是 9.3 节中的微操作控制信号，一个微命令对应一个微操作控制信号。微指令对应 9.3 节中的每一步骤，这个步骤里包含许多微命令（即微操作控制信号）。微程序则对应一条机器指令的所有步骤（一个步骤是一条微指令）。

9.4.2 微指令编码格式的设计

在控制存储器中，每个存储单元存放一条微指令，一个存储单元里的每一位对应一个控制信号，当一条微指令读出时，每一位都有一根硬连线直接通到部件的控制端，产生控制。控制存储器中所有单元的同一位，只对应一个控制信号（微命令），这样微指令的长短就决定了控制存储器的宽度，也决定了控制器的工作速度及容量。

1. 直接控制法（不译法）

微指令中的每一位就是一个微命令，直接对应于一种微操作控制信号，例如它的每一位用“1”和“0”表示相应的微命令“有”和“无”。

对 ALU 的操作控制中，加、减、乘、除、与、或等 32 种控制分别由一位来控制，这样仅 ALU 的操作就需要 32 位长度。

通常中型机的微命令为 500 个左右，如果采用此方法，则微指令长度要在 500 位左右，即控制存储器（CM）的宽度为 500 位左右，这很难实现。

2. 全编码方法

对所有微命令编码，使每一种编码代表一个微命令，其特点是每条微指令只能产生一个微操作控制信号。例如把上面的 500 个左右的微命令全编码后，只需 9 位宽度的存储器，可产生 2^9 个微命令。这是垂直型编码格式，此方法的微指令长度特短，容易编写，直观，但一条指令对应的微程序过长，大大增加了访问 CM 的次数，使 CPU 速度下降许多。如前面所介绍的取指阶段需 2 步（即 2 条微指令）执行完毕；若采用全编码方法，每个微命令（微操作控制信号）就占用一条微指令，则 $PC_{out} = 1$、$MAR_{in} = 1$、WE = 1、PC + 1、$MDR_{out} = 1$ 和 $IR_{in} = 1$ 就需 6 条微指令才能执行完毕。

3. 字段编码表示法

在计算机中，大多数微操作控制信号是不需要同时有效的，而且许多信号是互斥的（互斥性：不能同时有效的微命令）。例如，ALU 运算有 32 种，但同时刻只能进行一种运算，不能进行两种运算，因此可以对 ALU 的微命令（微操作控制信号）进行编码。用 S_3、S_2、S_1、S_0、M 5 位编出 32 种操作控制，把这 5 位定义为一个字段。在单总线结构 CPU 中，任意时刻只有一个设备能够向总线输出数据，所以对总线的输出控制信号也可以进行编码。例如 9.3 节介绍的所有输出控制信号可以用 4 位二进制码编在一个字段里。微指令的编码表示法就是将微命令进行分组编码，将不同时出现的互斥信号按类型分在一个组中，然后将微指令代码编成较短代码，如图 9-6 所示。字段 *n* 表示有些微命令不具备编码特性或可以同时有效，所以字段 *n* 采用直接控制法。字段编码表示法也称为混合控制方法。目前大多数机器都采用此方法。DEC 公司于 1978 年推出的 VAX-11/780 超级小型机，其微指令长度为 96 位，共分成 30 个字段。图 9-7 所示为把图 9-3 的所有控制信号按此编码方法生成微指令格式。

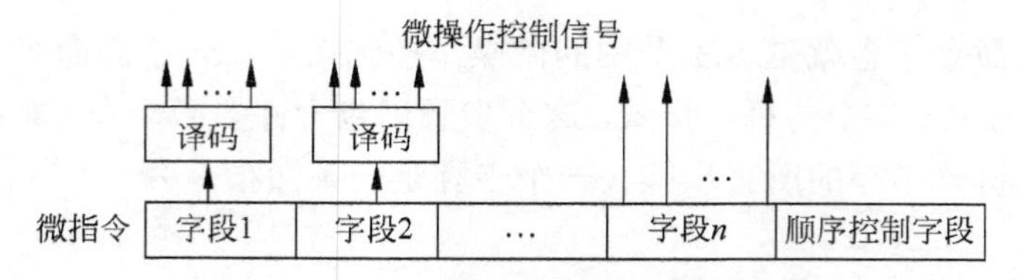

图 9-6 字段编码表示法

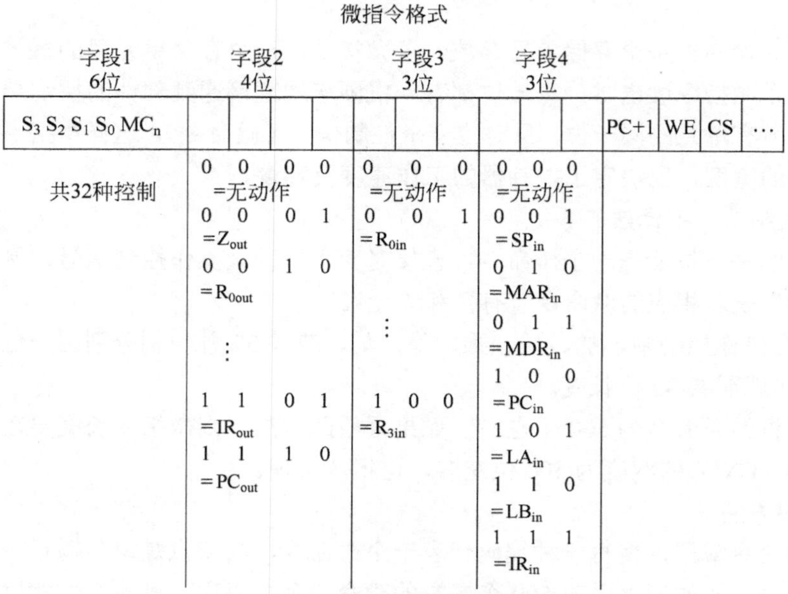

微指令格式

字段1 6位	字段2 4位	字段3 3位	字段4 3位				
S_3 S_2 S_1 S_0 MC_n				PC+1	WE	CS	…
共32种控制	0 0 0 0 =无动作	0 0 0 =无动作	0 0 0 =无动作				
	0 0 0 1 $=Z_{out}$	0 0 1 $=R_{0in}$	0 0 1 $=SP_{in}$				
	0 0 1 0 $=R_{0out}$	⋮	0 1 0 $=MAR_{in}$				
	⋮		0 1 1 $=MDR_{in}$				
	1 1 0 1 $=IR_{out}$	1 0 0 $=R_{3in}$	1 0 0 $=PC_{in}$				
	1 1 1 0 $=PC_{out}$		1 0 1 $=LA_{in}$				
			1 1 0 $=LB_{in}$				
			1 1 1 $=IR_{in}$				

图 9-7 微指令格式

9.4.3 微程序控制器

微程序控制器主要由控制存储器、微指令寄存器（μIR）、微地址寄存器（μAR）和地址转移逻辑等部分组成。微程序控制器按微指令地址提供方式的不同分为计数增量型微程序控制器和断定方式型微程序控制器。

1. 计数增量型微程序控制器

一条微指令执行后，下一条微指令地址由微程序计数器μPC 产生，这种控制器称为计数增量型微程序控制器，如图 9-8 所示。

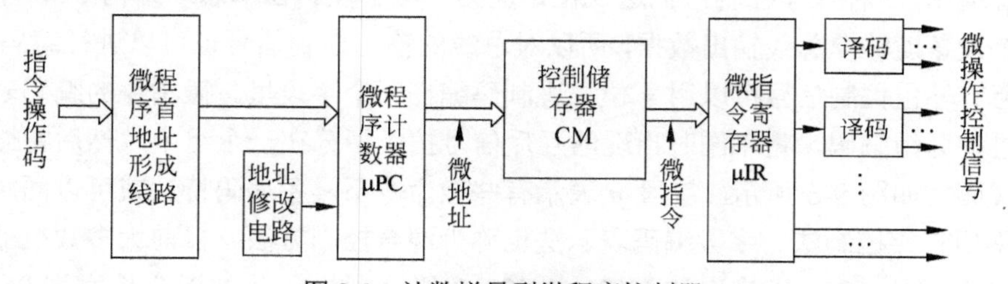

图 9-8 计数增量型微程序控制器

正常情况下μPC 自动加 1，形成下条微指令地址。转移时由转移微指令实现转移，分支转移时通过地址修改电路，修改转移微指令低位，实现分支转移。

控制存储器存放实现全部指令系统的所有微程序，由只读存储器实现。微程序执行时不断地从控制存储器中读取微指令，并据此控制所有部件。控制存储器的字长就是微指令字的长度。

微指令寄存器存放由控制存储器读出的一条微指令信息，并保持到执行完毕。

微程序首地址形成线路，按照指令操作码找到对应微程序的首地址。

2. 断定方式型微程序控制器

每条微指令中单独设立一个字段专门存放下条微指令地址，这种控制器称为断定方式型微程序控制器，如图 9-9 所示。

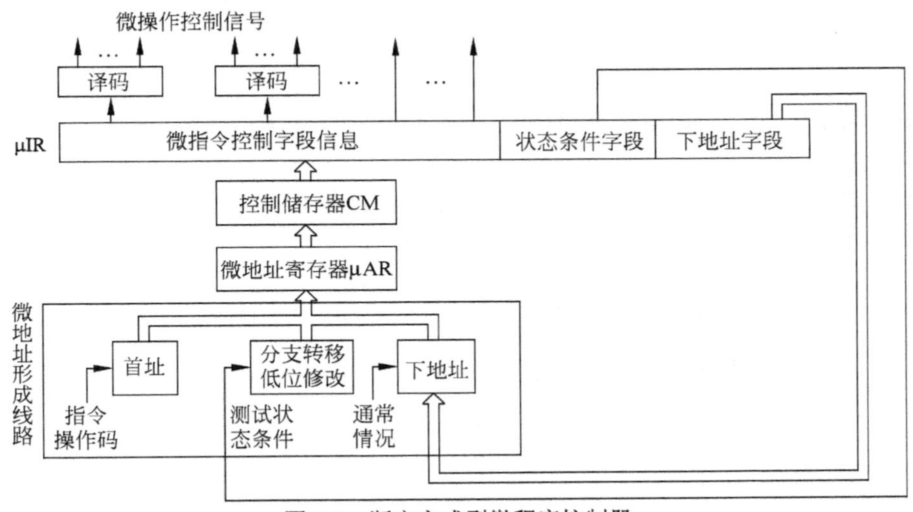

图 9-9 断定方式型微程序控制器

通常情况下，下一条微指令的微地址由当前微指令直接给出；碰到分支转移时由微地址形成线路修改低位地址，实现分支转移。微程序首地址由指令操作码决定，即加法指令微程序与减法指令微程序的首地址是不一样的。

计数器方式中每次转移都需要一条转移微指令，转移微指令不产生任何微操作控制信号，而微程序的一个主要特征是存在大量的分支，转移微指令占整个微指令的 1/3 左右，所以计数器方式型控制器的一条机器指令对应的微程序就长，影响 CPU 执行速度，但它的微指令字长度短。

断定方式不需要单独的转移微指令，转移地址就放在下地址字段里，所以这种方式的机器指令对应的微程序短，执行速度快，但其微指令字长度长，相应的硬件开销大一些。目前大多数机器都采用这种方式。

9.5 时序系统

在用微程序控制器思想设计的 CPU 中，时序系统应采用二级时序系统。

指令周期（图 9-10）是一个不确定长度的时间单元，它随指令的复杂程度的不同而变化。

例如，“ADD R_1，R_2”需要5步，即5个时钟周期，而“ADD（R_1），（R_2）”需要6步，即6个时钟周期。时钟周期长度固定，每个时钟周期执行一条微指令（前面9.3节讲的“一步”就是一条微指令的概念。）时钟周期随机器不同包含1～4个工作脉冲。

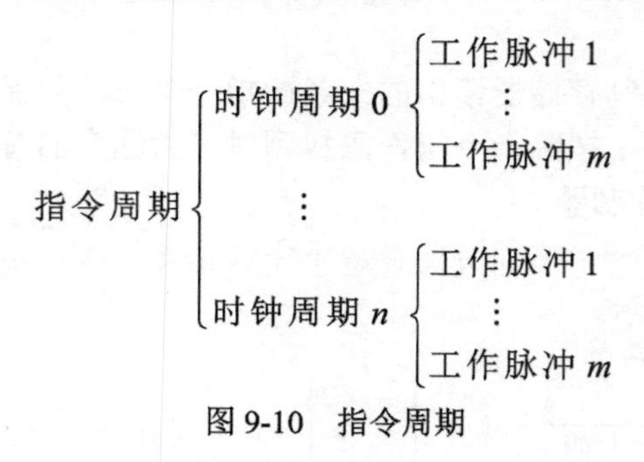

图9-10　指令周期

工作脉冲用于CPU内通用寄存器打入定时、控制存储器微指令读出到微指令寄存器的打入定时和微地址打入定时等微指令内时间段划分。图9-11所示是含有4个工作脉冲为一个时钟周期的微程序控制器的时序系统。时钟周期是一个微指令执行时间长度，它是固定的，由4个工作脉冲组成。4个工作脉冲可由循环位移寄存器产生。

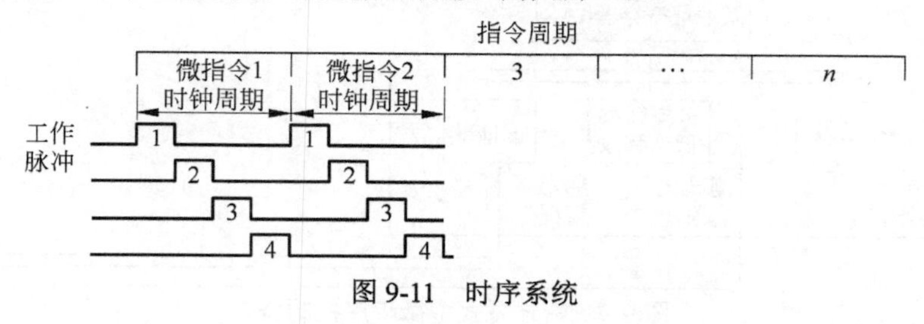

图9-11　时序系统

9.6　时序控制方式

计算机的不同部件在执行速度上存在差异，所以在时间长短的安排上要有所考虑，这就是时序控制方式要讨论的问题。时序控制方式可分为同步控制、异步控制及联合控制三种方式。

1. 同步控制方式

在统一时序信号的控制下，各项操作同时进行称为同步控制，在各项操作中以操作时间最长的部件为统一时间标准。例如，CPU中的ALU运算需要40 ns，而主存需400 ns，当把ALU与主存用统一时钟控制时，时钟周期宽度必须采用400 ns时间间隔标准，小于400 ns则主存无法正确进行读取数据操作；ALU运算也要使用400 ns时间间隔，这样ALU每次操作后要等待360 ns，才有下一个时序信号到来，所以CPU与主存之间不能采用同步控制。

同步控制方式的优点是时序关系比较简单，控制器设计方便，但它是以牺牲速度为代价的。实际中CPU内部单独采用同步控制，时间间隔以ALU及CM为准。

2. 异步控制方式

异步控制方式是指各项操作按其本身的操作速度占用时间，不受统一的时钟周期的约束，各操作之间的衔接与各部件之间的信息交换采用应答方式。该种方式主要用于系统总线操作控制。如 CPU 与外设之间，外设与外设之间采用这种方式，这种方式控制电路复杂。

3. 联合控制方式

联合控制方式是同步与异步两种控制方法相结合的方式。这是大多数机器采用的方式。具体控制方式为 CPU 内部在同步控制的基础上引入局部异步控制，当 CPU 碰到主存访问时采用异步控制方式，即应答方式，此时 CPU 内的时钟周期暂时冻结，当主存读写操作完毕后给一个回答信号，再解冻时钟周期，CPU 继续以同步方式工作下去。著名的 DEC 公司的 PDP-11 小型机就采用这种方式。该种方法的缺点是 CPU 在冻结期间什么都不能干。

如今 PC 机中 CPU 与主存采用的是同步计数控制方式。例如，SDRAM（同步型动态存储器芯片）与 CPU 之间的控制方式是：CPU 启动 SDRAM 后知道 SDRAM 需要用多少时钟周期才能准备好数据，所以 CPU 启动 SDRAM 后，开始记时钟周期数，当记到所需个数后，从 MDR 里取走数据。CPU 在计数期间去处理别的事情，这提高了 CPU 的工作效率。

9.7 模型机的主机设计

本节通过一台模型机的设计，结合前面学到的基本原理，为读者建立一个整机概念，较深入地讨论 CPU 中的工作机制，如控制信号如何产生、微程序如何编写、微指令地址如何转移与形成等问题。

教学用模型机硬件设计比较简单，与实际机器相比有较大差距，但在微程序控制器设计原理上是基本相同的，读者可在此模型机的基础上进一步考虑硬件扩充、设计优化等问题。

9.7.1 模型机指令系统设计

1. 指令格式

将模型机指令格式规整为以下三类（图 9-12）：

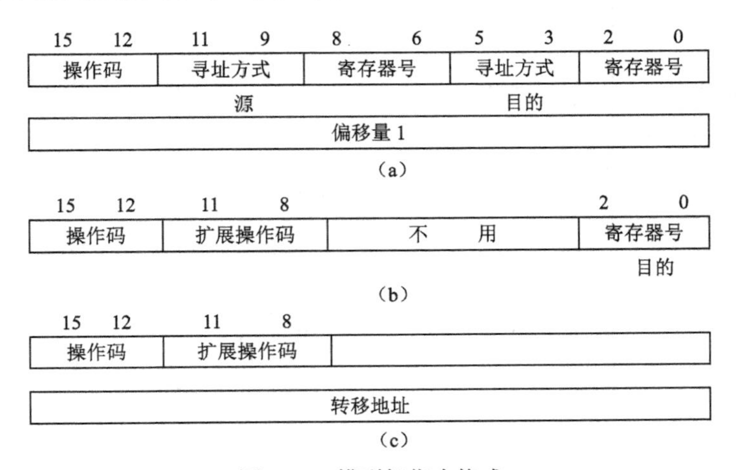

图 9-12 模型机指令格式

（a）双操作数指令；（b）单操作数指令；（c）双字指令

图 9-11（a）所示是双操作数指令。

第 12 位～第 15 位表示操作码，第 6 位～第 11 位为源操作数地址段，第 0 位～第 5 位为目的操作数地址段。每个地址字段又分为两部分，其中 3 位表明寻址方式类型，另外 3 位给出所指定的寄存器编号。操作码的 4 位编码不能全用，要留出扩展标志码。

图 9-11（b）所示是单操作数指令

当寻址方式中用到偏移量时，指令当为双字指令，第二个字为偏移量。两个地址段同时都有偏移量时，指令变为 3 字指令。第 12 位～第 15 位的固定扩展标志为 1111，第 8 位～第 11 位为扩展操作码，第 0 位～第 2 位为寄存器号，只有一个操作数，操作数只在目的寄存器中。第 3 位～第 7 位不用。

图 9-11（c）所示的扩展操作码第 8 位～第 11 位的 16 种编码中，取 3 种编码，分别代表 JMP 无条件转移、JC 进位转移、JZ 结果零转移。转移地址规定为存储器地址。这是一条双字指令。

2. 寄存器

可编程寄存器编号如下：

通用寄存器 R_0～R_2　　000～010 也都可作变址寄存器使用

堆栈指针 SP　　011

程序计数器 PC　　100

101～111 编码留作扩展用，如程序状态寄存器、基址寄存器等。

3. 寻址方式

模型机的编址方式为按字编址，字长为 16 位，即主存每个单元 16 位。模型采用定长指令格式，指令字长为 16 位，操作数字长为 16 位。作出这些约定，可使指令计数器及控制器变得简单一些，便于教学。本模型机定义的寻址方式见表 9-1。

表 9-1　模型机寻址方式简表

编码	寻址方式	汇编符号	可指定寄存器	定义简述
000	寄存器直接寻址	R	R_0、R_1、R_2、SP、PC	操作数在指定寄存器中
001	寄存器间接寻址	（R）	R_0、R_1、R_2、SP	寄存器内容为操作数地址
010	立即寻址	#data（4 位十六进制）	无	data 为操作数，紧跟指令字的下一个字中
011	直接寻址	data	无	data 为操作数地址，data 在紧跟指令字的下一个字中
100	双间址	((R))	R_0、R_1、R_2、SP	寄存器的内容为操作数地址的地址
101	变址	Xdata（R）	R_0、R_1、R_2	变址寄存器的内容与紧跟指令的位移量相加，为操作数地址，即（R_i）+data
110	相对	data（PC）	PC	程序计数器的内容与紧跟指令的位移量相加，为操作数地址，即（PC）+data

（1）立即寻址方式：如果源操作数与目的操作数同为立即寻址，则源操作数字紧跟指令字，而目的操作数字在源操作数字之后，即该指令占 3 个字。CPU 内部用 PC 加 1 来指出存储位置。

（2）直接寻址：data 为存储器地址，data 值紧跟指令字存放。若源操作数与目的操作数都为直接寻址，存放同上。按 data 值到存储器中取操作数。

（3）双间址：为寄存器的二重间址寻址方式。

（4）变址寻址：X01AB（R_1），译为 R_1 的内容加上 01AB 四位（十六进制）为操作数地址，X 只为标识。R_0、R_1、R_2 均可作为变址寄存器。

（5）相对寻址：3B00（PC），译为 PC 内容加上 3B00（十六进制）为操作数地址。

（6）寻址方式还剩余 111 一种编码，读者可增加其他寻址方式，自行设计指令。

注意　本模型机规定目的寻址方式中，无变址寻址与相对寻址方式。

4. 操作码

第 12 位～第 15 位为操作码，共 16 种编码：0000～0101 这 6 种为双操作数指令，0110 ～1110 空余，用于添加新指令。1111 为扩展操作码标识，把第 11 位～第 8 位作为扩展操作码，定义单操作数指令和控制类指令。

1）双操作数指令

（1）算术逻辑运算指令。

ADD——0 0 0 0　　算术加法

SUB——0 0 0 1　　算术减法

AND——0 0 1 0　　逻辑与

OR——0 0 1 1　　逻辑或

EOR——0 1 0 0　　逻辑异或

（2）传送指令

MOV——0 1 0 1　　传送指令

由于有多种寻址方式可用，MOV 指令可用来预置寄存器或存储单元内容，实现寄存器间（R-R），寄存器与存储器间（R-M），各存储单元间（M-M）的信息传送，还可实现堆栈操作 PUSH、POP，不专设访存指令。在系统结构上将外围接口寄存器与主存单元统一编址。

注意　8086 汇编指令不允许两个操作数均在存储器中，而本模型机允许。

2）单操作数指令

INC——1 1 1 1 0 0 0 1　　加 1 指令

DEC——1 1 1 1 0 0 1 0　　减 1 指令

COM——1 1 1 1 0 0 1 1　　求反指令

RAR——1 1 1 1 0 1 0 0　　右移指令

RAL——1 1 1 1 0 1 0 1　　左移指令

操作数为第 0 位～第 2 位指定的寄存器号。

3）过程控制类指令

JMP——1 1 1 1 0 1 1 0　　无条件转移

JC——1 1 1 1 0 1 1 1　　进位 C＝1 转移

JZ——1 1 1 1 1 0 0 0　　结果为 0，Z＝1，转移

转移地址为 4 位十六进制的存储器地址，紧跟指令字存放。

扩展操作码第 8 位～第 11 位中的 1 0 0 1～1 1 1 1 编码空余，留给读者自行扩充指令。

9.7.2 总体结构与数据通路

总体结构设计的内容包括确定各种部件的器件及它们之间的数据通路结构，在此基础上，就可拟出各种信息传送路径，以及实现这些传送所需的微命令。

图 9-13 描述了模型机 CPU 内的数据通路结构、各部件的芯片选择，并标出了重要的芯片管脚号，这些管脚号是重要的控制端，它直接对应微命令。芯片全部采用 74 系列。通过该图可建立一个整机概念。

1. 多功能部件 ALU

（1）由 4 片 74LS181 及 1 片 74LS182 构成 16 位先行进位 ALU，S_3、S_2、S_1、S_0、M、C_n 控制信号的各种编码功能详见 74LS181ALU 芯片的功能表。

（2）ALU 的输出经三态门 74LS244 才能发送至内总线，由 ALU_{out} 微命令控制 244 芯片的 1 号、19 号管脚，决定是否输出到内总线上。

（3）CY = 1 代表有进位，Z = 1 代表运算结果为 0。

2. 数据锁存器 LA、LB

位于 ALU 电路 A、B 两个输入端的数据锁存器 LA、LB 用 4 片 74LS273 组成，暂存经内总线送来要加工的数据。LA_{in} LB_{in} 微命令与 T_4 相“与”后控制 LA 与 LB 的输入，并控制 11 号管脚。

3. 通用寄存器 R_0、R_1、R_2

通用寄存器 R_0、R_1、R_2 由 74LS299 芯片构成。R_{0out}、R_{1out}、R_{2out} 微命令控制寄存器向内总线输出数据，R_{0in}、R_{1in}、R_{2in} 微命令控制寄存器从内总线接收数据，YS_1，YS_0 微命令作为功能选择（左、右移位，保持，置入），SL、SR 微命令控制移位操作时的最高位与最低位如何补位，见表 9-2。按本模型机原理框图的接法，3 个通用寄存器之间无法直接传送数据，必须经过 ALU，执行两条微指令。

表 9-2 74LS299 功能表

方式	输入								输出							
	清除	功能		输出控制		时钟	补位		Q_A	Q_B	Q_C	Q_D	Q_E	Q_F	Q_G	Q_H
		YS_1	YS_0	G_1	G_2		SL	SR								
清除	L	×	×	L	L	×	×	×	L	L	L	L	L	L	L	L
保持	H	L	L	L	L	×	×	×	Q_A	Q_B	Q_C	Q_D	Q_E	Q_F	Q_G	Q_H
右移	H	L	H	L	L	↑	×	H	H	Q_A	Q_B	Q_C	Q_D	Q_E	Q_F	Q_G
	H	L	H	L	L	↑	×	L	L	Q_A	Q_B	Q_C	Q_D	Q_E	Q_F	Q_G
左移	H	H	L	L	L	↑	H	×	Q_B	Q_C	Q_D	Q_E	Q_F	Q_G	Q_H	H
	H	H	L	L	L	↑	L	×	Q_B	Q_C	Q_D	Q_E	Q_F	Q_G	Q_H	L
置入	H	H	H	×	×	↑	×	×	a	b	c	d	e	f	g	h

注：G_1、G_2 为输出控制对应芯片的 2 号、3 号管脚，只要有一个为高，则输出为高阻。YS_1、YS_0 对应 19 号、1 号管脚，时钟对应 12 号管脚，SL、SR 对应 18 号、11 号管脚。

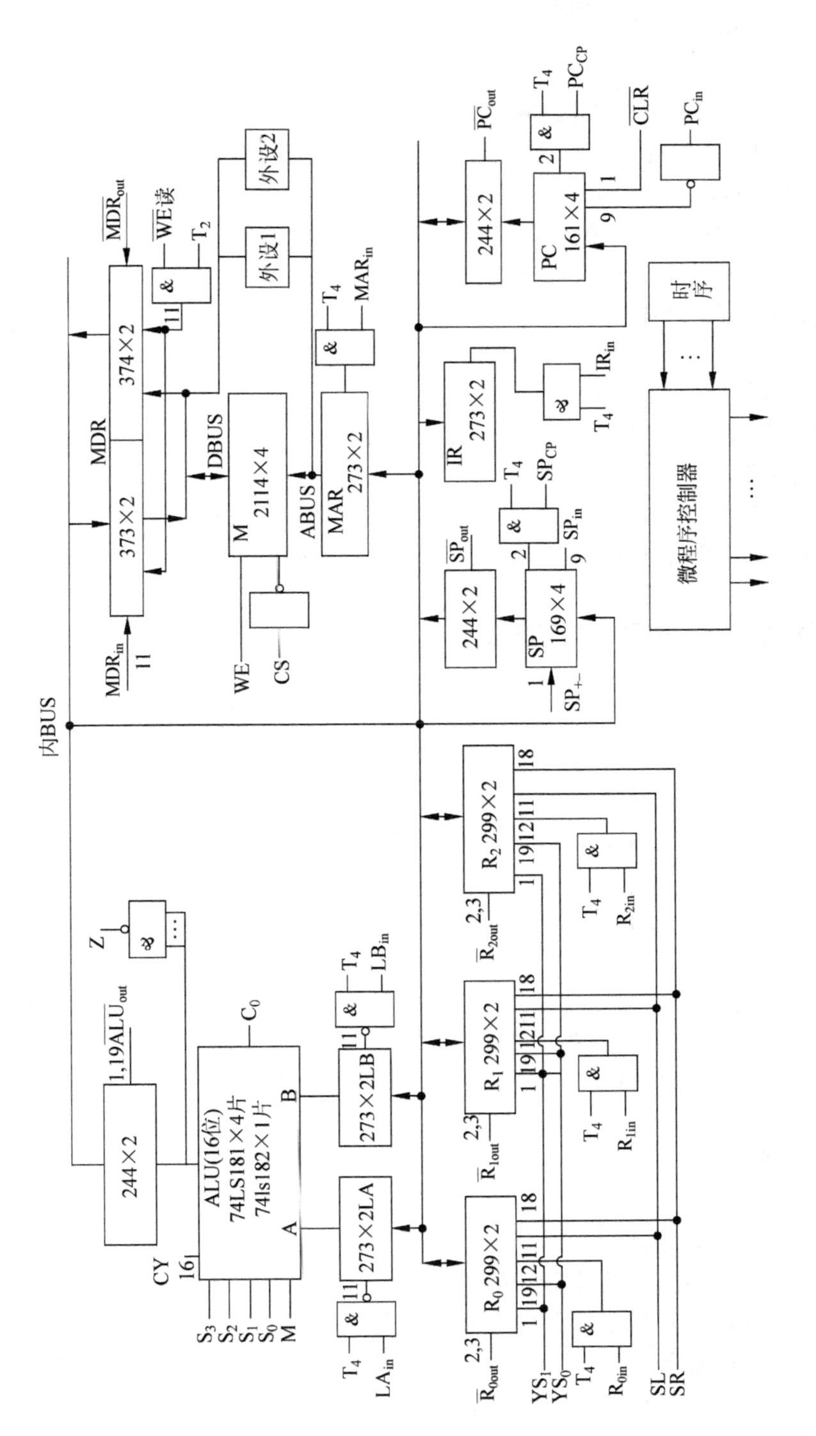

图 9-13 模型机数据通路原理

4. 堆栈指针寄存器 SP

其由 4 片 169 芯片构成。SP_{in} 微命令与 SP_{CP} 微命令同时有效，从内总线接收数据，SP_{out} 微命令控制输出，SP_{+-} 微命令与 SPCP 微命令组合控制本寄存器的加 1/减 1 操作。

5. 存储器

（1）数据寄存器 MDR 用 74LS373 构成接收内总线数据的输入向，用 74LS374 构成发送到内总线的输出向。MDR_{in} 微命令控制输入，MDR_{out} 控制输出。

（2）存储体 2114。

由 4 片 2114 芯片构成 16 位宽存储器，用 WE、CS 微命令控制存储器的读写操作，读出时把数据送入 374 芯片中，写入时接收 373 芯片的内容。

（3）地址寄存器 MAR。

其由 2 片 273 构成，在 MAR_{in} 微命令的控制下从内总线接收地址信息。

6. 指令寄存器

其由 2 片 273 构成，IR_{in} 微命令控制接收数据。

7. 程序计数器

其由 4 片 161 芯片构成。PC_{out} 微命令控制 PC 内容发送到内总线上，微命令 PC_{in} 与 PC_{CP} 组合形成置入与加 1 两个控制操作。详见 161 芯片功能表。

9.7.3 时序系统与时序控制方式

1. 时序系统

如图 9-14 所示，循环产生 T_1、T_2、T_3、T_4 4 个节拍脉冲，构成一个时钟周期来执行一条微指令。T_1 作为间隔不直接引入到部件控制，T_2 把控制存储器（CM）的内容打入微指令寄存器中，T_2 还负责把主存储的内容打入数据寄存器中，T_3 把微地址打入微地址寄存器（μAR）中，T_4 负责各寄存器的数据打入。

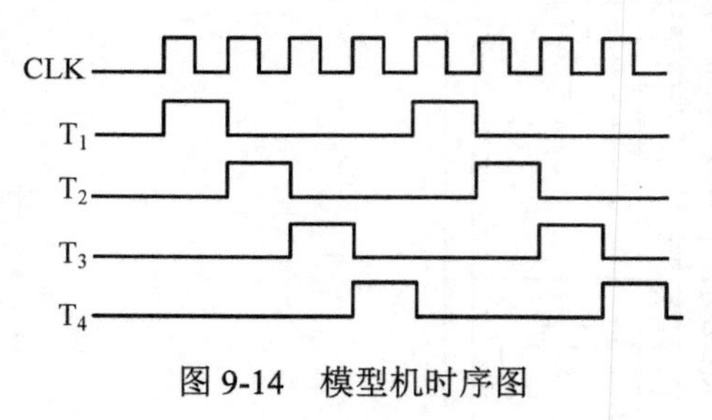

图 9-14　模型机时序图

2. 时序控制方式

为了简化时序控制，模型机采用同步控制方式，时钟周期宽度以主存储器工作时间宽度为准，即 T_1、T_2、T_3、T_4 一次循环时间大于主存储器的读/写时间。

9.7.4 微指令格式

微指令格式如图 9-15 所示。

微指令字长为 32 位，采用字段编码方法，缩短了微指令字长。由微指令中每个字段的各种微命令与相关逻辑电路配合产生模型机数据通路工作所需的全部微命令（微操作控制信号）。字段 K 专门存放下条微指令地址，称为断定方式，所以对应的微程序控制器为断定方式微程序控制器。下面对各字段进行解释。

（1）字段 A：S_3、S_2、S_1、S_0、M、C_n，微指令 μIR_{31}～μIR_{26} 6 位，与 74LS181 ALU 的 S_3、S_2、S_1、S_0、M、C_n 含义一致。

字段A 31 30 29 28 27 26	字段B 25 24	字段C 23 22	字段D 21 20 19	字段E 18 17 16
S_3 S_2 S_1 S_0 M C_n	CS WE	字段C	字段D	字段E

字段F 15 14	字段G 13	字段H 12	字段I 11	字段J 10 9 8 7	字段K 6 5 4 3 2 1 0
YS_1 YS_0	SP_{+-}	SP_{CP}	PC_{CP}	测试字段J	μAR_6 … μAR_0

图 9-15 微指令μIR的格式

（2）字段B：存储器工作方式选择CS、WE，见表9-3。

（3）字段C：将总线数据接收到LA、LB暂存器中和指令寄存器IR中，见表9-4。

（4）字段D：用来选择是将ALU数据、源操作数寄存器RS、目的操作数寄存器RD、接口数据寄存器MDR、堆栈指针寄存器SP及程序计数器PC哪个部件的内容送至总线，见表9-5。

$\overline{RS}_{out}$ 与 $\overline{RD}_{out}$ 的使用请参考图9-16，其分别产生 $\overline{R_1}_{out}$、$\overline{R_2}_{out}$、$\overline{R_0}_{out}$。

表 9-3 字段B

25 CS	24 WE	选择
0	0	不工作
0	1	不工作
1	0	写入
1	1	读出

表 9-4 字段C

23	22	选择
0	0	NOP
0	1	LA_{in}
1	0	LB_{in}
1	1	IR_{in}

表 9-5 字段D

21	20	19	选择
0	0	0	NOP
0	0	1	未用
0	1	0	$\overline{MDR}_{out}$
0	1	1	$\overline{ALU}_{out}$
1	0	0	$\overline{SP}_{out}$
1	0	1	$\overline{PC}_{out}$
1	1	0	$\overline{RS}_{out}$
1	1	1	$\overline{RD}_{out}$

（5）字段E：选择哪个部件从总线上接收数据，见表9-6。

（6）字段F：YS_1、YS_0确定寄存器R_0～R_2的工作方式，见表9-7。

（7）字段G：SP_{+-}堆栈指针加1/减1选择，见表9-8。

表 9-6 字段E

18	17	16	选择
0	0	0	NOP
0	0	1	MAR_{in}
0	1	0	MDR_{in}
0	1	1	SP_{in}
1	0	0	PC_{in}
1	0	1	R_{in}
1	1	0	未用
1	1	1	未用

表 9-7 字段F

15 YS_1	14 YS_0	选择
0	0	保持
0	1	右移
1	0	左移
1	1	置入

表 9-8 字段G

13 SP_{+-}	选择
0	减1
1	加1

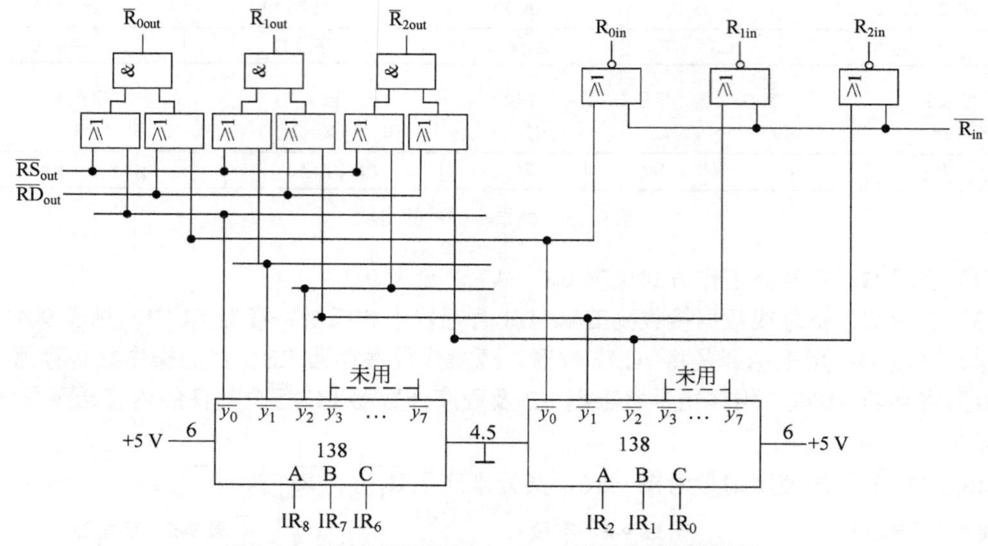

图 9-16　通用寄存器 R_0、R_1、R_2 控制信号逻辑电路

（8）字段 H：SP_{CP} 为堆栈指针工作脉冲，与 SP_{+-} 和 SP_{in} 配合使用，可选择堆栈指针寄存器是接收数据还是作加/减 1 的工作，见表 9-9。

（9）字段 I：PC_{CP} 为程序计数器工作脉冲，当 $PC_{CP} = 1$ 且 $PC_{in} = 1$ 时置入，当 $PC_{CP} = 1$ 且 $PC_{in} = 0$ 时计数工作，见表 9-10。

（10）字段 J：判别测试字段，见表 9-11。

J(1)：测试位，指令操作码测试，地址转移逻辑依据指令寄存器 IR 的操作码字段 IR_{15}、IR_{14}、IR_{13}、IR_{12} 的编码内容修改微地址寄存器，形成双操作数指令的微程序入口地址。

J(2)：指令操作码测试，地址转移逻辑依据指令寄存器 IR 的操作码字段 IR_{11}、IR_{10}、IR_9、IR_8 的编码内容修改微地址寄存器，形成单操作数指令的微程序入口地址。

J(3)：测试源操作数寻址方式，形成不同寻址方式的微程序入口地址，由地址修改逻辑完成。

J(4)：测试目的操作数寻址方式，形成不同寻址方式的微程序入口地址，由地址修改逻辑完成。

J(5)：进位标志 C_Y 测试。当 $C_Y = 1$ 时，地址转移逻辑修改微地址寄存器。

J(6)：结果零标志 Z 测试。当 $Z = 1$ 时，地址转移逻辑修改微地址寄存器。

J(7)：测试中断位，如有中断则进入中断周期。

J(8)：测试目的操作数是寄存器型寻址方式，还是非寄存器型寻址方式。

“4.4.3 微程序控制器”一节介绍过“断定方式微程序控制器”，本模型机的 J 字段就是前面所介绍的分支转移概念。地址转移逻辑就是微地址形成线路。

J 字段的 1 0 0 1～1 1 1 1 编码未用，可在扩充微程序时使用。

（11）字段 K：下条微指令地址字段，共 7 位（μAR_6～μAR_0），当有分支转移时，修改低 4 位（μAR_3～μAR_0）形成最终微指令地址。

表 9-9 字段 H

12	
SP_{CP}	选择
0	无脉冲
1	有工作脉冲

表 9-10 字段 I

11	
PC_{CP}	选择
0	无脉冲
1	有工作脉冲

表 9-11 字段 J

10	9	8	7	选择
0	0	0	0	NOP
0	0	0	1	J(1) 双操作数指令测试
0	0	1	0	J(2) 单操作数指令测试
0	0	1	1	J(3) 源操作数寻址方式测试
0	1	0	0	J(4) 目的操作数寻址方式测试
0	1	0	1	J(5) 进位转移测试
0	1	1	0	J(6) 结果零转移测试
0	1	1	1	J(7) 中断测试
1	0	0	0	J(8) 目的操作数是 R 型寻址方式还是非 R 型的测试
1	0	0	1	未用
⋮	⋮	⋮	⋮	⋮
1	1	1	1	未用

9.7.5 通用寄存器的控制逻辑表达式

由微指令操作控制字段给出的微命令，有的可以通过控制线直接送至数据通路，使其完成该微命令所规定的操作，而有的微命令则要与相关逻辑配合才能产生数据通路所需要的微命令。现将 R_{0out}、R_{1out}、R_{2out} 与 R_{0in}、R_{1in}、R_{2in} 的逻辑表达式列出，其对应的逻辑电路，如图 9-16 所示。

$$\overline{R}_{0out}=(\overline{RS}_{out}+\overline{\overline{IR_8}\,\overline{IR_7}\,\overline{IR_6}})\cdot(\overline{RD}_{out}+\overline{\overline{IR_2}\,\overline{IR_1}\,\overline{IR_0}})$$

$$\overline{R}_{1out}=(\overline{RS}_{out}+\overline{\overline{IR_8}\,\overline{IR_7}\,IR_6})\cdot(\overline{RD}_{out}+\overline{\overline{IR_2}\,\overline{IR_1}\,IR_0})$$

$$\overline{R}_{2out}=(\overline{RS}_{out}+\overline{\overline{IR_8}\,IR_7\,\overline{IR_6}})\cdot(\overline{RD}_{out}+\overline{\overline{IR_2}\,IR_1\,\overline{IR_0}})$$

$$R_{0in}=\overline{\overline{R}_{in}+\overline{\overline{IR_2}\,\overline{IR_1}\,\overline{IR_0}}}$$

$$R_{1in}=\overline{\overline{R}_{in}+\overline{\overline{IR_2}\,\overline{IR_1}\,IR_0}}$$

$$R_{2in}=\overline{\overline{R}_{in}+\overline{\overline{IR_2}\,IR_1\,\overline{IR_0}}}$$

9.7.6 微程序控制器

1. 微地址寄存器（μAR）

7 位微地址μAR_6～μAR_0，用 4 片双 D 触发器 74LS74 组成，可以确定控制存储器 CM 的容量为 128 个单元。低 4 位μAR_3～μAR_0可通过置"1"端进行修改，如图 9-17 所示。高 3 位μAR_6～μAR_4无法修改。μAR 在时序信号的 T_3 时刻接收微指令中下地址字段（字段 K）的信息。

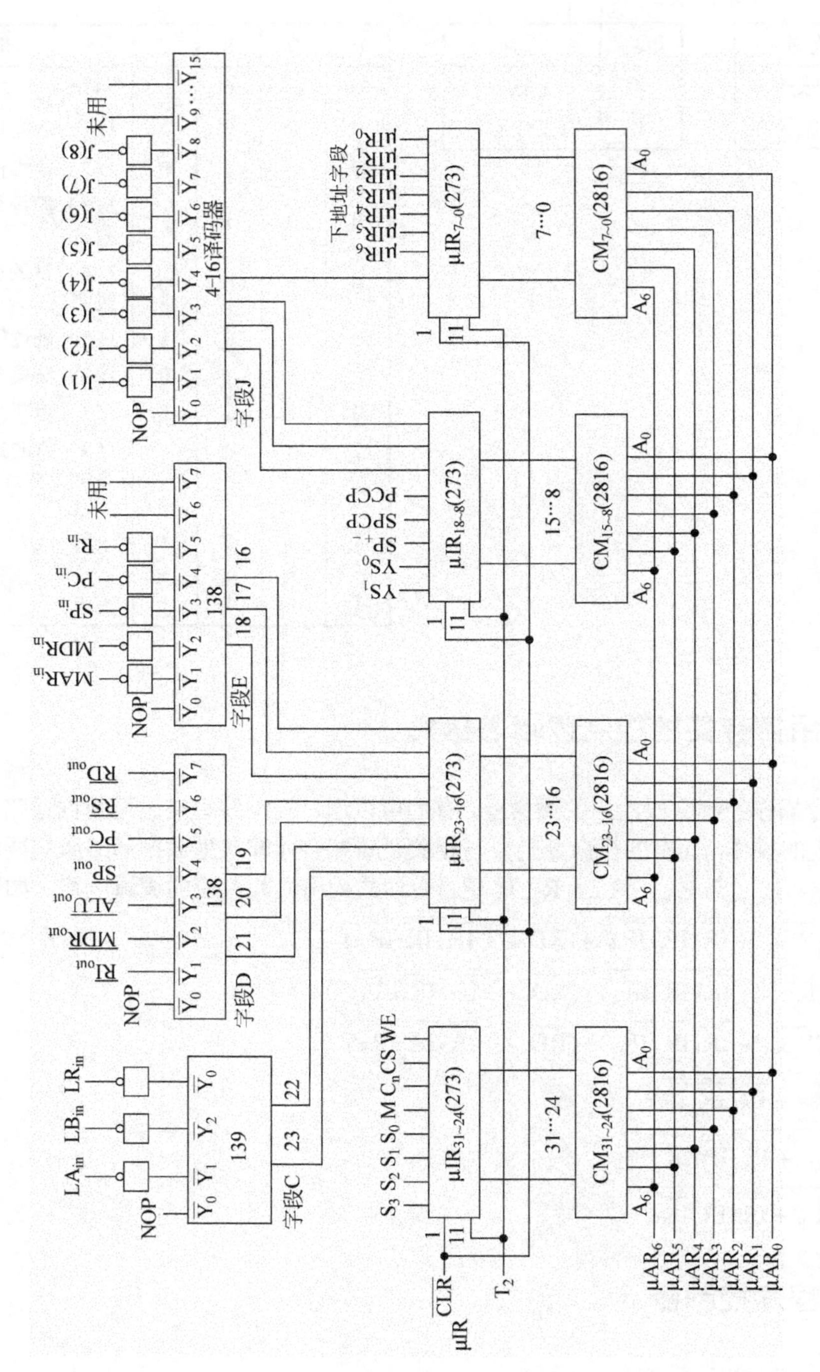

图 9-17 微指令寄存器及微指令译码

对低 4 位是在 T_4 时刻由地址转移逻辑依据各种 $J_{(i)}$ 的测试条件进行修改。读者要认真体会 T_3 与 T_4 在此时的用法。

2. 控制存储器（CM）

如图 9-18 所示，用 4 片电可擦可编程 E^2PROM 2816 芯片组成控制存储器，并联扩展成 32 位×128 单元的 CM，地址线只用 A_6～$A_0$7 根，其余未用接地。控制存储器的 32 位输出 CM_{31}～CM_0 对应地连接到微指令寄存器 μIR_{31}～μIR_0 的输入端，并在时序信号的 T_2 时刻将从 CM 中读出的一条微指令置入μIR 中。CM 中 32 位的格式与微指令格式一致。

3. 微指令寄存器μIR 及微指令译码

（1）如图 9-18 所示，4 片 273 芯片组成微指令寄存器，存放微指令，共 32 位长（μIR_{31}～μIR_0），各位含义同微指令格式（图 9-15）。

（2）μIR_{31}～μIR_{24} 对应 S_3、S_2、S_1、S_0、M、C_n、CS、WE 微命令，直接产生控制信号；字段 C（μIR_{23}、μIR_{22}）要经 74LS139 译码器译码求反后产生 LA_{in}、LB_{in}、IR_{in} 微命令控制信号；字段 D（μIR_{21} ～μIR_{19}）要经 74LS138 译码器译码，产生 $\overline{R_2}_{out}$、$\overline{MDR}_{out}$、$\overline{ALU}_{out}$、$\overline{SP}_{out}$、$\overline{PC}_{out}$、$\overline{RS}_{out}$、$\overline{RD}_{out}$ 微命令控制信号，这些信号都是低电平起作用，所以不用再求反；其余字段不再说明，图 9-17 已能说明清楚。

4. 微地址形成线路

如图 9-18 所示，该微程序控制器形成微地址的方法采用断定方式。

（1）通常情况下，从控制存储器读出的现行微指令中下地址字段直接给出下一条微指令的后继微地址，存放在微地址寄存器μAR 中。此时 J(*i*) 无一个有效，为空。

（2）首地址形成。

每条机器指令对应的微程序首址是在取指微程序执行最后一条微指令时，字段 K 给出固定值 μIR_6～μIR_0 0 0 1 0 0 0 0（B），按测试条件 J(1) = 1，由操作码（IR_{15} IR_{14} IR_{13} IR_{12}）的值去修改微地址寄存器μAR 的低 4 位，最终形成首地址。例如，当操作码=0010 时，原有μAR 值=0 0 1 0 0 0 0（B）＝10（H），因 J(1) =1，则修改后μAR 值=0 0 1 0 0 1 0（B）=12H，形成 AND 指令的微程序首址，并进入 AND 指令对应的微程序。请结合图 9-18 与图 9-19（a）深入理解。本模型机把操作码“1 1 1 1”作为扩展标志，所以 J(1) 用来测试双操作数指令的微程序首址及扩展操作码入口。J(2) 用来测试单操作数指令的微程序首地址。

（3）分支转移及状态条件的低位修改。

J(3)、J(4) 属于分支转移，即按指令当中 IR_{11}、IR_{10}、IR_9 和 IR_5、IR_4、IR_3 指定的寻址方式转移。J(5)、J(6) 属于状态条件 C_Y 和 Z 的条件测试转移。J(7) 为测试中断。

以上三种情况是用具体电路实现了图 9-9 所示的微地址形成线路，实际计算机中的微地址形成线路与模型机原理一样，只是具体电路更复杂一些，J(*i*) 更多一些而已。本模型机的 J(9) ～J(15) 空余，可继续扩充，使模型机功能更强。

请根据图 9-18，推出微地址寄存器μAR 低 4 位的修改逻辑表达式 CH_1、CH_2、CH_3 和 CH_4。

9.7.7 微程序流程图

图 9-19 给出了本模型机所有指令的微程序流程，图 9-19（b）是图 9-19（a）的一部分

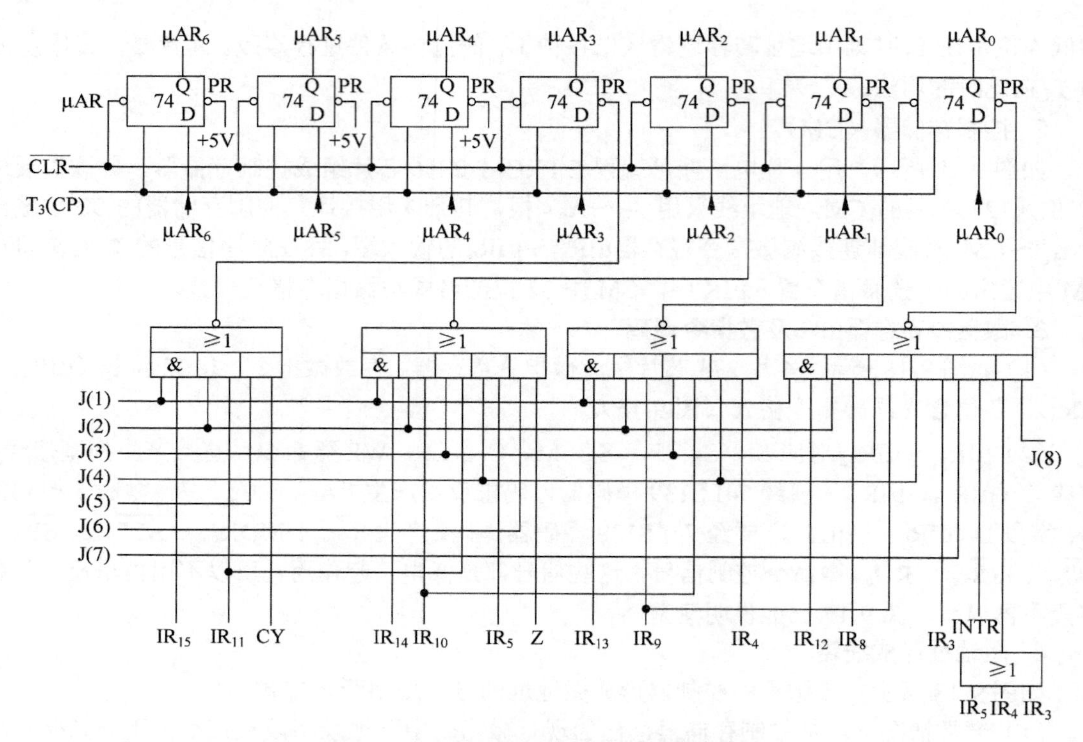

图 9-18　微地址寄存器及微地址形成线路

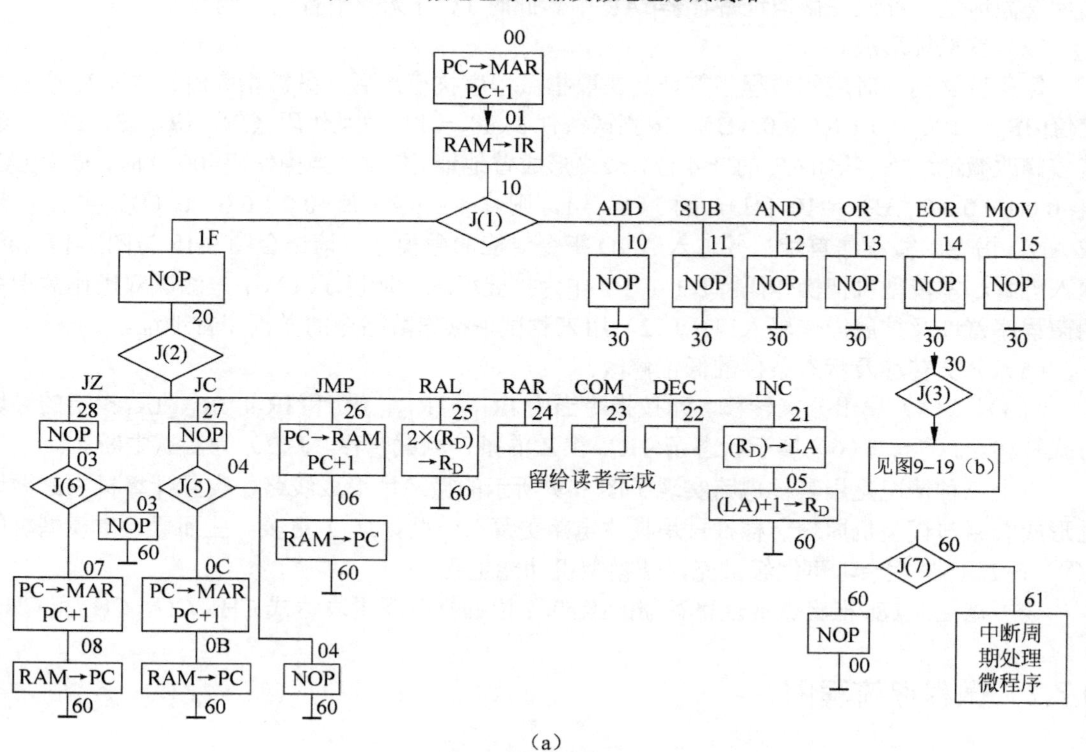

（a）

图 9-19　微程序流程

（a）单操作数微程序流程

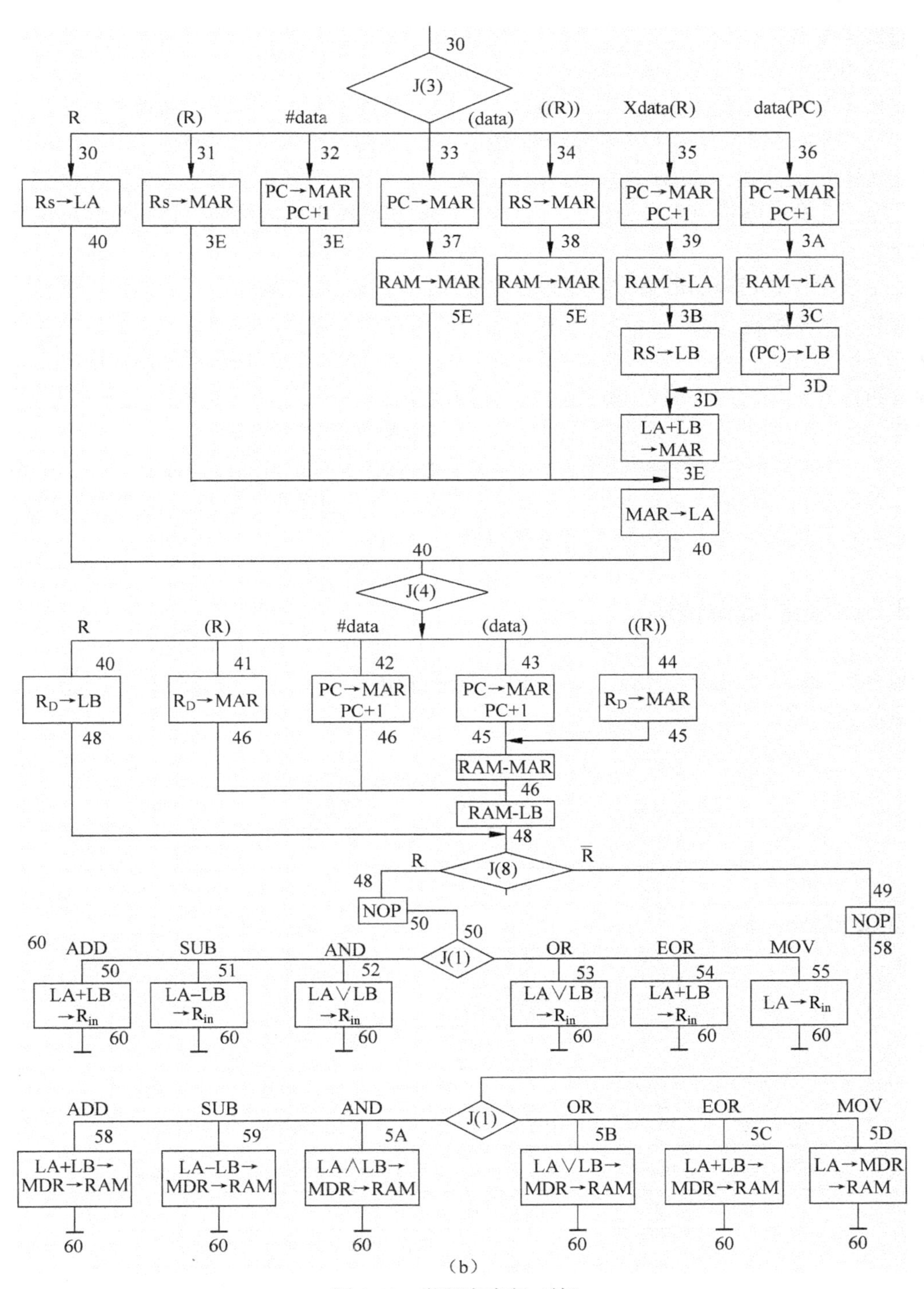

(b)

图 9-19 微程序流程（续）

(b) 双操作数微程序流程

（双操作数部分）。图中每一个长方框表示一条微指令，框内标明该微指令的功能，其右上角标明的数字为该微指令的微地址，其右下角标明的数字即该微指令的下条微指令地址。图中菱形框表明微程序的判别测试分支点，对应 J（*i*）。

取指令微程序是公用操作，执行后进入 J（1）的测试。RAM→IR 微指令中给出下地址 10H，J（1）=1 测试操作码并按操作码修改μAR_3～μAR_0，形成 7 个分支，分别为 10H 进入 ADD 微程序、11H 进入 SUB 微程序、12H 进入 AND 微程序等 6 条双操作数指令微程序入口地址。1FH 为扩展操作码入口分支。J（2）= 1 按扩展操作码形成单操作数指令的各微程序入口地址。

由于双操作数指令的取操作数过程可以公用，所以双操作数指令对应的第一条微指令都为空指令，并都给出 30H 下地址，去执行公用的取源操数微程序和取目的操作数微程序，如图 9-19（b）所示。J（3）与 J（4）测试寻址方式，按不同寻址方式执行不同的微程序。取完源操数和目的操作数后按 J（8）测试分支，分为运算结果存入寄存器 R 和存入主存 $\bar{R}$ 两条路。再次按 J（1）测试分支，具体执行 ADD、SUB 等双操作数指令的动作。

J（7）是测试中断允许触发器输出值，有中断则进入中断周期处理微程序，无中断则返回取指微程序入口 00H，去取下条指令执行。每条指令对应微程序执行后都要进入 J（7）测试看有无中断，这部分内容将在输入/输出系统部分介绍。

9.7.8 微程序编制举例

例 9-7 编写“ADD Xdata（R_1），R_2”指令的微程序，其中 Xdata（R_1）为源操作数，R_2为目的操作数。

00H

31 30 29 28 27 26	25 24	23 22	21 20 19	18 17 16
S_3 S_2 S_1 S_0 M C_n	CS WE	字段 C	字段 D	字段 E
0 0 0 0 0 0	0 0	0 0	1 0 1	0 0 1

PC→MAR
PC + 1

15 14	13	12	11	10 9 8 7	6 5 4 3 2 1 0
YS_1 YS_0	SP_{+-}	SP_{CP}	PC_{CP}	测试字段 J	μAR_6 ⋯ μAR_0
0 0	0	0	1	0 0 0 0	0 0 0 0 0 0 1

01H
RAM→IR

31 30 29 28 27 26	25 24	23 22	21 20 19	18 17 16
S_3 S_2 S_1 S_0 M C_n	CS WE	字段 C	字段 D	字段 E
0 0 0 0 0 0	1 1	1 1	0 1 0	0 0 0

15 14	13	12	11	10 9 8 7	6 5 4 3 2 1 0
YS_1 YS_0	SP_{+-}	SP_{CP}	PC_{CP}	测试字段 J	MAR_6 ⋯ MAR_0
0 0	0	0	0	0 0 0 1	0 1 0 0 0 0 0

10H（空）

31 30 29 28 27 26	25 24	23 22	21 20 19	18 17 16
0 0 0 0 0 0	0 0	0 0	0 0 0	0 0 0

按 J（3）寻址方式转移分支

15 14	13	12	11	10 9 8 7	6 5 4 3 2 1 0
0 0	0	0	0	0 0 1 1	0 1 1 0 0 0 0

	31	30	29	28	27	26	25	24	23	22	21	20	19	18	17	16
35H PC→MAR PC+1	0	0	0	0	0	0	0	0	0	0	1	0	1	0	0	1

	15	14	13	12	11	10	9	8	7	6	5	4	3	2	1	0
	0	0	0	0	1	0	0	0	0	0	1	1	1	0	0	1

	31	30	29	28	27	26	25	24	23	22	21	20	19	18	17	16
39H RAM→LA	0	0	0	0	0	0	1	1	0	1	0	1	0	0	0	0

	15	14	13	12	11	10	9	8	7	6	5	4	3	2	1	0
	0	0	0	0	0	0	0	0	0	0	1	1	1	0	1	1

	31	30	29	28	27	26	25	24	23	22	21	20	19	18	17	16
3BH RS→LB	0	0	0	0	0	0	0	0	1	0	1	1	0	0	0	0

	15	14	13	12	11	10	9	8	7	6	5	4	3	2	1	0
	0	0	0	0	0	0	0	0	0	0	1	1	1	1	0	1

	31	30	29	28	27	26	25	24	23	22	21	20	19	18	17	16
3DH LA+LB→MAR	1	0	0	1	0	0	0	0	0	0	0	1	1	0	0	1

	15	14	13	12	11	10	9	8	7	6	5	4	3	2	1	0
	0	0	0	0	0	0	0	0	0	0	1	1	1	1	1	0

	31	30	29	28	27	26	25	24	23	22	21	20	19	18	17	16
3EH RAM→LA	0	0	0	0	0	0	1	1	0	1	0	1	0	0	0	0

	15	14	13	12	11	10	9	8	7	6	5	4	3	2	1	0
	0	0	0	0	0	0	1	0	0	1	0	0	0	0	0	0

	31	30	29	28	27	26	25	24	23	22	21	20	19	18	17	16
40H R_D→LB	0	0	0	0	0	0	0	0	1	0	1	1	1	0	0	0

	15	14	13	12	11	10	9	8	7	6	5	4	3	2	1	0
并按 J(8) 分支转移到 R 型	0	0	0	0	0	1	0	0	0	1	0	0	1	0	0	0

	31	30	29	28	27	26	25	24	23	22	21	20	19	18	17	16
48H	0	0	0	0	0	0	0	0	0	0	0	0	0	0	0	0

	15	14	13	12	11	10	9	8	7	6	5	4	3	2	1	0
空再次按 J(1) 分支	0	0	0	0	0	0	0	0	1	1	0	1	0	0	0	0

	31	30	29	28	27	26	25	24	23	22	21	20	19	18	17	16
50H LA+LB→R_{in}	1	0	0	1	0	0	0	0	0	0	0	1	1	1	0	1

	15	14	13	12	11	10	9	8	7	6	5	4	3	2	1	0
按 J(7) 分支，判中断	1	1	0	0	0	0	1	1	1	1	1	0	0	0	0	0

注：① 11H、12H、13H、14H、15H 是一样的，同 10H 内容，1FH 内容放 J（2），下地址放 20H。

② X data（R_i）是变址寻址，所以取指之后还要去内存取偏移量 data，它紧跟指令之后

存放。

例 9-8 编写 JZ 03F0H 指令的微程序。结果零转移。取指微程序与例 9-7 一致，不再编写。假设 Z=1。

微地址																
00H																
01H																
	31	30	29	28	27	26	25	24	23	22	21	20	19	18	17	16
1FH（空）	0	0	0	0	0	0	0	0	0	0	0	0	0	0	0	0
	15	14	13	12	11	10	9	8	7	6	5	4	3	2	1	0
	0	0	0	0	0	0	0	1	0	0	1	0	0	0	0	0
	31	30	29	28	27	26	25	24	23	22	21	20	19	18	17	16
28H	0	0	0	0	0	0	0	0	0	0	0	0	0	0	0	0
	15	14	13	12	11	10	9	8	7	6	5	4	3	2	1	0
因 Z = 1，按 J(6) 转移分支到 07H	0	0	0	0	0	0	1	1	0	0	0	0	0	0	1	1
	31	30	29	28	27	26	25	24	23	22	21	20	19	18	17	16
07H PC→MAR PC + 1	0	0	0	0	0	0	0	0	0	0	1	0	1	0	0	1
	15	14	13	12	11	10	9	8	7	6	5	4	3	2	1	0
	0	0	0	0	1	0	0	0	0	0	0	0	1	0	0	0
	31	30	29	28	27	26	25	24	23	22	21	20	19	18	17	16
08H RAM→PC	0	0	0	0	0	0	1	1	0	0	0	1	0	1	0	0
	15	14	13	12	11	10	9	8	7	6	5	4	3	2	1	0
	0	0	0	0	1	0	1	1	1	1	1	0	0	0	0	0

注意 分支转移微地址是根据图 9-18 中的微地址形成线路得到的。

9.7.9 模型机 CPU 设计过程总结

CPU 设计过程应分以下几步：

（1）系统能实现功能设计。

（2）为实现功能所需的指令系统设计。

（3）对每条指令进行微程序流程设计。

（4）微指令设计，微命令设计。

（5）对应微操作控制信号及微程序分支转移条件设计硬件实现。

（6）充分考虑扩充性。

CPU 设计一定是先设计功能，再设计指令，最后硬件实现，所以对于任何一个 CPU，其指令系统就能反映出其硬件复杂程度。Intel 公司 PentiumⅡ与 Pentium 都能处理多媒体，但

PentiumⅡ比 Pentium 处理多媒体速度快很多，原因就是 PentiumⅡ加入了多媒体处理指令系统，而 P 是在原有指令系统上用软件方法实现的。请读者深入理解指令系统与 CPU 硬件的关系。

9.8 CPU 技术简介

作为一本专业基础课教材，本书选择一种结构简单易懂的模型机来阐明基本原理与设计方法。为了提高 CPU 的性能，实际的计算机复杂得多，如实际计算机采用多组内部总线、多个运算部件、时间上重叠的流水线技术、超标量等，这些技术已成为单 CPU 的常规技术，下面逐一简单介绍。

1. 多组内部总线

CPU 内各部件之间不只有一组内总线，如各寄存器与 ALU 之间建立专用的数据传输与接收通路，地址信息用地址总线，数据信息用数据总线等。不同的信息可并行传输，互不干扰。

2. 多个运算部件

运算部件一般有整数运算部件、浮点运算部件、地址运算部件等。

3. 流水线技术

在初期的计算机中，一串指令在执行过程中必须按顺序串行地进行，在一条指令的整个执行过程完毕后，才能开始执行下一条指令。后来，为了提高计算机执行指令的速度，产生了流水线的概念，使指令能重叠执行。一条指令的取指、译码、取操作数和执行等几个过程能同它前后的指令在时间上重叠，用这种指令重叠的办法构成的流水线就是指令流水线。目前 CPU 都采用指令流水线概念。

例如，80486 把指令在执行时间上分为 5 个阶段：① 取指阶段；② 译码阶段 D1；③ 译码阶段 D2；④ 执行阶段 EX；⑤ 写回阶段 WB。

取指 FI	D1	D2	EX	WB

① 取指 FI：取指令阶段；

② 译码阶段 D1：对操作码和寻址方式进行译码，获取操作数并对 D2 控制；

③ 译码阶段 D2：确定操作码并将之变成对 ALU 的控制信号，获取立即数及偏移量；

④ 执行阶段 EX：包括 ALU 运算、Cache 访问和寄存器修改；

⑤ 写回阶段 WB：如果需要，修改状态标志寄存器，若要写回存储器则把数据送到 Cache 和总线-接口写缓冲器中。

图 9-20 所示为指令流水线操作时间示意，从图中可看出在时间 4 有 5 条指令在同时执行。当然也要加入一些硬件开销，才能构成流水线。

4. 超标量技术

一个时钟周期可执行数条指令，是真正意义上的数条指令并行执行。

例如，Pentium CPU 采用超标量双流水线结构，即双流水线并行作业，其使 Pentium CPU 在每个时钟周期内可同时执行两条指令。它设计了 U 和 V 两条指令流水线，如图 9-21 所示。

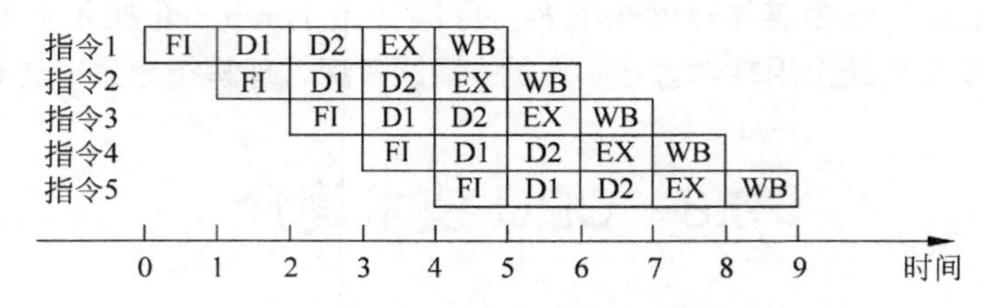

图 9-20 指令流水线操作时间示意

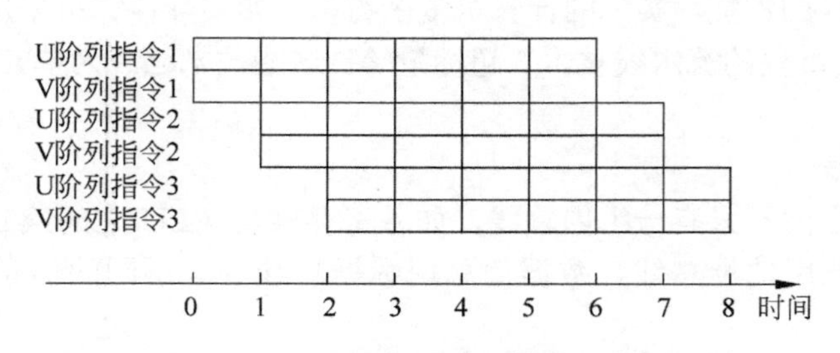

图 9-21 Pentium 超标量双流水线示意

以上是目前单 CPU 设计所采用的技术，也就是微机系统 CPU 的技术，不过这些技术都是以前大型机所采用的，现在融入了单 CPU 内。

目前大型机、巨型机是采用成千上万个单 CPU 组合在一起，利用并行处理技术及多处理机技术等构造而成的计算机系统。详细内容在后续课程“计算机系统结构”中介绍。

5. 超线程技术（Hyper-Threading Technology）

1）什么是超线程技术（Hyper-Threading Technology）

超线程技术，通过在一枚处理器上整合两个逻辑处理器（注：是处理器而不是运算单元）单元，使具有这种技术的新型 CPU 具有能同时执行多个线程的能力，这是现有其他微处理器都不能做到的。

简单地说，超线程技术是一种同步多执行绪（Simultaneous Multi-Threading，SMT）技术，它的原理很简单，就是把一颗 CPU 当成两颗来用，将一颗具有超线程功能的实体处理器变成两个逻辑处理器而逻辑处理器对于操作系统来说跟实体处理器并没什么两样，因此操作系统会把工作线程分派给这“两颗”处理器去执行，让多种应用程序或单一应用程序的多个执行绪（thread），能够同时在同一颗处理器上执行；不过两个逻辑处理器是共享这颗 CPU 的所有执行资源的。

通过整合这一技术，具有超线程技术的 CPU 能在同一物理处理器资源下同时执行两个程序，或者一个程序的两个线程，从而使物理处理器资源利用率至少提升 40%。英特尔将在未来使用 NetBurst 架构的全线处理器中引入这一技术。

2）超线程技术的工作原理

超线程做法是复制一颗处理器的架构指挥中心（architectural state），使之变成两个，从而使 Windows 操作系统认为是在与两颗处理器沟通，但这两个架构指挥中心共享该处理器的工作资源（execution resources）。架构指挥中心追踪每个程序或执行绪的执行状况。工作资源指的是“处理器用来进行加、乘、加载等工作的单元（execution unit）”。如此一来，操作系统把工作线程安排好以后，就分派给这两个逻辑上的处理器执行，而这颗 CPU 的每个执行单元等于在同样的时间内要服务两个“指令处理中心”，它的效率当然就高多了。操作系统就把一颗实体的处理器认定为两个逻辑处理器作工作指派，整体工作效能当然比不具备超线程的处理器高出许多，性价比也自然高出许多。

3）实现超线程的必要条件

实现超线程的必要条件是在硬件方面必须得到 CPU、CMOS 和主板的支持。

除了硬件支持之外，超线程还需要软件的支持才能够发挥出应有的威力。首先是操作系统的支持，必须使用支持双处理器的操作系统，如 Win2000、Linux 等才能完全发挥超线程技术的性能。至于软件方面，目前很多专业的应用程序都支持双处理器，如著名的图形处理软件 3Dmax、Maya 等。

此外，超线程技术是在线程级别上并行处理命令，按线程动态分配处理器等资源。该技术的核心理念是“并行度（parallelism）”，也就是提高命令执行的并行度，提高每个时钟的效率。这就需要软件在设计上线程化，提高并行处理的能力。

6. 双内核 CPU

1）双内核 CPU 的概念、引入双内核 CPU 的原因及其工作原理

简而言之，双内核 CPU 即基于单个半导体的一个处理器上拥有两个一样功能的 CPU 核心。换句话说，就是将两个物理 CPU 处理器核心整合入一个内核中。

目前，功耗、生产工艺、散热已经成了制约 CPU 发展的最大因素，CPU 性能与工作频率密切相关。英特尔从 Pentium4 开始采用增加管线长度的方法来提升工作频率，但前进至 3 GHz 以上后，遇到因漏电流而产生大量废热的问题，这成为限制芯片频率提升的瓶颈，通过增加管线长度来提升工作频率的技术已经走到尽头。于是人们想到使用多个处理器来提高 CPU 计算能力。这种解决方案已经在服务器领域得到了广泛应用。现在只是把这种技术移植到台式机中而已。

软件方面的成熟也促成了多核 CPU 的出现。目前，大多数操作系统已经支持并行处理，因此引入第二个处理器可以显著增加系统的性能，而且英特尔处理器对超线程技术的支持也极大地刺激了支持并行处理的应用软件的需求量，目前大多数较新或即将发布的应用软件都对此类技术提供了支持。目前整个软件市场已经为多核心处理器架构提供了充分的准备。由于软件开发者的努力，多核处理器在软件方面得到了充分支持，双核心处理器架构的实际性能显著提升。

双内核 CPU 的工作原理如图 9-22 所示。

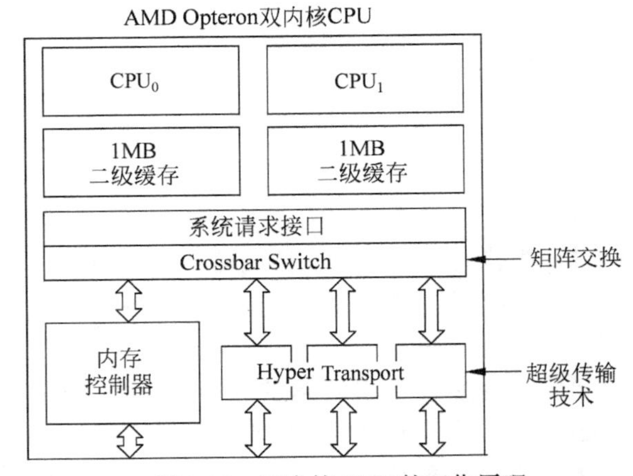

图 9-22 双内核 CPU 的工作原理

例如，在执行某一运算任务时，在单线程情况下需要 8 个时钟周期，但双线程情况下就能在 4 个时钟周期内完成，即分别在 CPU_0 和 CPU_1 各执行 4

个周期。如果在超线程运算过程中，CPU 的资源在某周期中出现重叠的情况，某个线程就会出现等待延迟，整个运算周期可能会增加 5～6 个。

AMD 公司的 Opteron 双核处理器各自执行时，可通过交换矩阵（Crossbar Switch）同时与内存控制器连接，并与内存交换信息；它还可以同时与超级传输（Hyper transport）相连，直接与 I/O 相通。AMD 公司的交换矩阵（Crossbar Switch）和超级传输（Hyper transport）技术为将来更多核 CPU 扩展提供了前提条件。

2）双内核与超线程的区别

由于组建双内核 CPU 系统的成本高和复杂性大，它在桌面电脑上并未得到普及。在 CPU 频率提升遇到困难和双内核 CPU 系统难以普及的情况下，Intel 推出了在单颗 CPU 内部模拟两个虚拟逻辑处理器的超线程技术，然而该技术带来的性能提升并不明显，因为只使用了一套执行单元和缓存，在某些情况下，其甚至导致性能下降。目前长期引领处理器性能发展的“摩尔定律”已经受到挑战，人们发现处理器频率提升的步伐明显放慢，而从提高处理器工作效率入手来提高性能的“基辛格规则”今后必将取代“摩尔定律”。

3）双内核与双芯的区别

从双内核技术本身来看，到底什么是双内核？毫无疑问，双内核应该指具备两个物理运算内核，而这两个内核的设计应用方式却大有不同。资料显示，AMD Opteron 处理器从一开始设计时就考虑到了添加第二个内核，两个 CPU 内核使用相同的系统请求接口 SRI、超级传输技术和内存控制器，兼容 90 ns 单内核处理器所使用的 940 引脚接口，而不是仅仅将两个完整的 CPU 封装在一起连接到同一个前端总线上。从技术角度讲，仅仅靠封装连起来的两个 CPU 并不是真正的“双内核”，只可以称为“双芯”。因为，这样的两个处理器核心必然会争抢一个前端总线出口与 I/O 相连，从而影响性能。这种双芯技术为未来更多核心的集成扩展带来困难，会更加加剧处理器对前端总线带宽的争夺，成为提升系统性能的瓶颈，这是由架构决定的。因此可以说，AMD Opteron 的技术架构为实现双内核和多内核奠定了坚实的基础。AMD 直连架构（也就是通过超级传输技术让 CPU 内核直接跟外部 I/O 相连，而不通过前端总线）和集成内存控制器技术，使得每个内核都有自己的专用“车道”直通 I/O，也都有自己的高速缓存通路，没有资源争抢的问题，这样实现双内核和多内核更容易。

习　题

9.1　控制器的基本控制原理是什么？控制器由哪些部件组成？试画出控制器框图。

9.2　简答时序发生器在控制器中的作用。

9.3　控制器有哪几种组成方式？其各有什么优、缺点？在组成结构方面它们各有什么主要差异？

9.4　一条指令在 CPU 内的运转过程是怎样的？

9.5　什么是指令周期？它包含几个时间单位？分别是什么？

9.6　拟出下述指令执行流程，前为源操作数，后为目的操作数：

（1）ADD（R_1），R_2；

（2）SUB men，R_O；
（3）AND R_1，men；
（4）OR（R_2），（R_1）；
（5）MOV men，R_1；
（6）MOV（R_2），R_O；
（7）MOV R_1，men；
（8）JMP men；
（9）JC-100（PC）；
（10）INC R_1。

9.7　微程序控制器工作原理的基本思想是什么？

9.8　微指令编码格式有几种？其各有什么特点？

9.9　微操作控制信号的互斥性指什么？如何利用这一性质？举例说明。

9.10　微程序控制器有几种微指令地址提供方式？其各有什么特点？

9.11　试说明程序和微程序，机器指令和微指令各有什么区别和联系？

9.12　机器指令包括哪两个基本要素？微指令又包括哪两个基本要素？程序中如何保证指令顺序执行？靠什么实现转移？微程序的顺序执行和转移是如何实现的？

9.13　微程序控制器的时序系统中采用几级时序系统？其分别叫什么？它们之间存在什么关系？

9.14　何谓同步控制？何谓异步控制？试比较它们的特点及应用场合。

9.15　简述时序控制中联合控制方式的原理。

9.16　写出下列模型机汇编指令对应的二进制机器代码，源操作数在前，目的操作数在后：

（1）ADD R_1，OO3A（PC）；
（2）INC R_1；
（3）JMP 003FH；
（4）MOV XOOFF（R_2）　R_O；
（5）MOV（（R_1））R_O。

9.17　写出下列模型机指令的微程序流程图：

（1）SUB（R_1），（R_2）；
（2）RAL R_O；
（3）OR XOFFF（R_1），（OOAAH）；
（4）MOV（R_1），[（R_2）]；
（5）JZ # 004FH。

9.18　编写下列模型机指令的微程序：

（1）SUB Xdata（R_2），R_1；
（2）JMP 03F0H；
（3）INC R_2；
（4）COM R_1；
（5）MOV R_1，R_2；

（6）MOV（R_1），R_2；

（7）ADD（R_1），（R_2）；

（8）EOR X0033（PC），（(R_1)）。

9.19　何谓指令流水线？超标量与指令流水线的关系是什么？

9.20　何谓双内核CPU？台式机双内核CPU的推出需要什么支持条件？早期的软件在双内核 CPU 上运行能否显著提高运行速度？简单说明。

第10章 输入/输出系统

输入/输出系统是计算机系统的重要组成部分，是沟通计算机与外部世界的桥梁，输入/输出系统包括外部设备（输入/输出设备和辅助存储器）、输入/输出总线——系统总线、输入/输出接口和输入/输出控制方式。下面逐个进行介绍。

10.1 输入/输出设备简介

中央处理器（CPU）和主存储器构成计算机的主机，主机以外的设备称为外部设备，即输入/输出设备。输入/输出设备按功能可分为三类：输入设备、输出设备、输入/输出兼用设备。磁盘存储器、可刻光盘存储器和移动盘存储器，它们既是输入设备也是输出设备，由于前面已介绍过，本节不再介绍。

10.1.1 常用输入设备简介

输入设备可分为文字输入设备、图形输入设备，图像输入设备等。文字输入设备有键盘、磁卡阅读机、条形码阅读机，以及纸带阅读机和卡片阅读机等。文字输入设备主要完成输入程序、数据和操作命令等功能。图形输入设备有光笔、鼠标器和触摸屏等。图像输入设备有摄像机、扫描仪、数字相机等。

1. 键盘

当前键盘由 107 个按键组成，采用电容式按键，它是利用可变电容原理制造的。电容式按键主要由活动电极和固定电极组成。两个固定电极是印刷电路板上互相绝缘的导体。当活动电极被按下去时，活动电极与固定电极间的距离缩小，电容量增大，使接在一个固定电极上的振荡器的脉冲信号经电容的耦合传送到另一个固定电极；而按键释放时，活动电极远离固定电极，信号无法耦合到另一个固定电极。根据另一个电极上是否有脉冲信号可以判断按键是否被按下。这种按键没有触点，简单可靠，使用寿命长。

按键被排列成阵列形式，每按下一个按键，产生一个相应的字符代码（每个按键的位置码），然后将它转换成 ASCII 码或其他码，送入主机。在这个过程当中由键盘内的单片机负责扫描确定按键位置，及其与主机间的通信。键盘设计还要考虑消去重键、自动重发、去抖电路等问题。

2. 鼠标

鼠标是一种相对坐标输入设备，用于输入位移量。它将移位信息传送给主机。鼠标在桌上的移动使屏幕上的光标作相应的移动。鼠标主要有机械式和光电式两种。在机械式鼠标的底部有一个圆球。鼠标移动时，圆球的滚动方向和距离被内部的一个传感器获得并传送给主机。光电式鼠标要和一个网格板配合使用，在鼠标的底部有一个发光管和一个接收光线的光敏管，发光管发出的光线在网格板上反射后被光敏管接收。当鼠标在网格板上移动时，反射光发生变化，对这些变化进行计数就可以算出移动的距离并确定坐标。

3. 数字照相机

数字照相机将光学信号转换成数字式电信号，并存储在内部的存储器中。它有一个输出接口可与计算机相连，通过 Photoshop 等软件工具对照片进行修改编辑，直到满意为止。数字照相机的性能指标有曝光方式、测光方式、对焦方式、分辨率、压缩方案、存储容量等。其中曝光方式如何把光信号通过什么样的传感器变成电信号是关键技术。分辨率决定画面质量，分辨率越高越好，目前已达到千万像素。存储器容量越大存储图像幅数越多，高级产品已达到 16 GB。

4. 条形码

条形码是由一组宽度和反射率不同的、平行相邻的“条”和“空”，按照预先规定的编码规则组合起来，用以表示一组数据的符号。这组数据可以是数字、字母或某些符号。这些符号可由机器自动识别，并送入计算机中。超级市场中的商品，都用条形码识别，它也应用于仓库管理和图书管理等领域。

条形码技术有：条形码编码规则及标准、条形码译码技术、印刷技术、光电扫描技术、通信技术、计算机技术等。其中扫描技术指标包括分辨率和扫描景深。分辨率指条形码符号最窄宽度，现在可达 0.15 mm；扫描景深指扫描器与条形码符号之间要保持的最小工作距离和允许的最大工作距离。条形码译码是指把扫描得到的脉冲数字信号送到译码器，译码器按照一定的编码规则将之解释成计算机可识别的信号，送入计算机中处理。译码器可用微处理器及相应硬件设计完成，也可采用专用芯片形式做成专用译码芯片。

10.1.2 常用输出设备简介

输出设备可分为显示设备、打印设备两种主要类型。

1. 显示设备

显示器是一种将电信号转换为可见光信号的设备。计算机把加工好的文字或图形数据通过显示设备显示给观者。显示设备有几种类型：阴极射线管（CRT）显示器、液晶显示器（LCD）、等离子显示器（PDP）等。衡量显示设备的性能指标有分辨率和灰度级。分辨率是衡量显示器清晰度的指标，以图像点（像素）的个数为标志。显示器中显示的像素越多，分辨率就越高，显示的文字和图像就越清晰。灰度级是指显示器所显示的像素点的亮度差别。显示器的灰度级越多，显示的图像层次就越丰富。CRT 显示器中的显像管工作原理与电视机显像管一样，并且在计算机发展过程中属于逐渐被淘汰产品，本书就不介绍了。

1）液晶显示器（LCD）

液晶是液态晶体的简称，它是一种有机化合物，在一定范围内，既具有液体的流动性，又具有分子排列有序的晶体特性，液晶分子是棒状结构，具有明显的光学各向异性，它本身不发光，但能够调制外照光以实现信息显示，因此使用时需要背光源。

液晶显示器具有低工作电压、微功耗、体轻薄、适于 LSI 驱动、易于实现大画面显示、显示色彩优良等特点。目前广泛应用的是薄膜晶体管液晶显示器（TFT-CLD）。

LCD 的应用领域包括便携式电子产品，包括笔记本 PC、个人数字助理 PDA、手机等。监视器产品、台式 PC 机的显示器正越来越多采用 LCD 产品，它的价格逐年下降，当 LCD 与 CRT 显示器相差无几时，CRT 显示器作为 PC 机的显示器将被淘汰。在大屏幕上 LCD 优于 CRT 显示器，另外摄录机和数字相机也都采用 LCD 产品。

2）彩色等离子显示器（PDP）

等离子显示技术是利用惰性气在一定电压作用下产生气体放电现象的一种发光型平板显示技术。彩色 PDP 技术与荧光灯显示原理相同，即利用气体放电产生紫外线，紫外线激发光至荧光粉，荧光粉发射可见光，使用三基色荧光粉实现红、绿、蓝三色，并使每基色单元实现 256 级灰度，再进行混色达到彩色显示的目的。

制作时，在两块平板玻璃之间，将每个显示单元分隔成一个个密封的方格，充入混合气体和荧光粉并用电极连接，当电极之间放电时，气体发射的紫外线激发三原色荧光粉发光，从而显示图像。等离子显示器的优点是视角宽、色彩还原性好、响应速度快、不受磁场干扰、无闪烁现象等。它适合大屏幕显示。

3）显示适配器

主机中连接显示设备的接口称为显示适配器，插卡形式的显示适配器称为显示卡，如图 10-1 所示。显示适配器除实现一般的总线接口功能外，还可对图形和图像的显示进行缓存和处理。其工作原理为：屏幕上每个像素的信息，都用存储器存起来，然后按地址顺序逐个地刷新显示在屏幕上，存储器有两个，一个称作程序段缓冲存储器，另一个是帧存储器。程序段缓冲存储器中存储由计算机送来的显示文件和交互式图形图像操作命令，如图形的局部放大、平移、旋转、比例变换、图形的检索，以及图像处理等，这些操作在显示处理器中完成，比在主机中用软件实现效率要高得多。

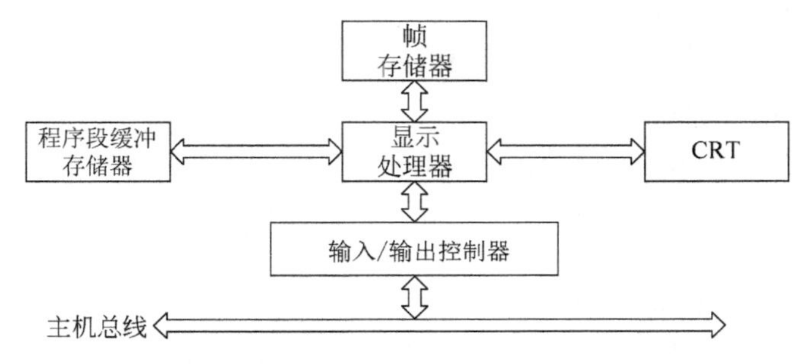

图 10-1　显示适配器的结构

帧存储器中存放了一帧图像或图形信息，和屏幕上的像素一一对应，如果屏幕的分辨率为 1 024×1 024，帧存储器中就要有 1 024×1 024 个单元，如果屏幕上像素的灰度为 256 级，帧存储器中每个单元的字长就应为 8 位。因此，帧存储器的容量直接取决于显示器的分辨率和灰度级，对于本例，帧存储器要有 1 024×1 024×8 bit = 1 MB 的容量。以上未包含颜色信息，如果考虑 256 颜色元素，则帧存储器的容量就更大。

由于显示适配器要处理的数据信息越来越多，传输率也越来越高，早期总线已无法负担，英特尔公司后来提出新型视频标准 AGP，并推出了三维图形/图像加速芯片。当前市场上的显示适配器都采用 AGP 标准。

2. 打印设备

打印机是输出设备的一种，它把信息打印在纸上以便人们阅读和保存，可以说它是人类进行文化与信息传播时使用最多的媒体。打印机有单色打印机和彩色打印机。

1）单色打印机

单色打印机有点阵打印机（针式打印机）、喷墨打印机和激光打印机三种。

（1）点阵打印机（针式打印机）。

最便宜的打印机是点阵打印机，其打印头有 7～24 根电磁驱动的打印针，从左到右移动一次可打印一行。低档打印机一般是 7 根针，可在一行上打印 80 个字符，每个字符由 5×7 的点阵组成。实际上，每个打印行都由 7 条水平线组成，每条水平线有 5×80 = 400 个点。根据被打印的字符来决定是否打印这些点。图 10-2（a）所示是用 5×7 点阵打印的字符“A”。

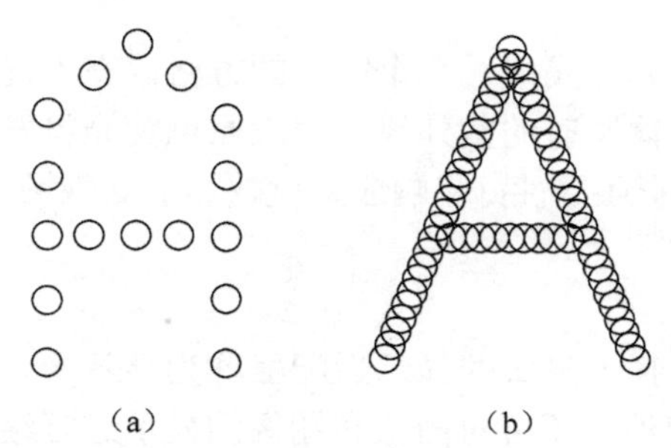

图 10-2　点阵打印机输出的字符“A”

(a) 用 5×7 点阵输出的字符 A”；(b) 用 24 针输出的字符 A”

显然这个“A”是很难看的，为了提高质量，可增加打印针的数量及重叠打印。图 10-2（b）所示是用 24 针互相重叠打印出的字符“A”。

点阵打印机价格低廉（尤其耗材成本），功能可靠，但速度不高，噪音较大，而且图形打印效果很差。目前主要用于银行票据的打印，它可以一次打透三张带有复写纸功能的票据（如存款单），这只有针式打印机的打印针头能办到。它还用于超市收据条的打印，在此场合下只强调低成本。

（2）喷墨打印机。

家用低档打印机中，喷墨打印机比较流行。它的可移动打印头内有一个墨盒，随着打印头在打印纸上水平移动，墨盒里的墨水流入它的小喷管中，墨滴在喷管中被加热到沸腾点，然后被喷到正对着它的打印纸上。接下来喷管进行冷却，吸入下一滴墨水进行下次打印。因此，喷墨打印机的打印速度由对喷管加热/冷却的变换周期决定。它的打印分辨率一般是 300 dpi（每英寸[①]点数）～720 dpi，也有 1 440 dpi 的。喷墨打印机价格不高，无噪声，输出质量不错，但速度比较慢，且墨盒昂贵，墨滴有时会在打印纸上发洇。

（3）激光打印机。

图 10-3 所示是激光打印机的工作原理。其核心部件是可精确定位的硒鼓。开始打印前，硒鼓被加上 1 000 V 左右的电压，并覆盖上一层感光材料，然后，一束激光沿鼓的横向扫过硒鼓，用一面八角镜来控制激光束，调制光束以产生具有亮点和黑点的图案。激光束照在硒鼓表面，被激光照射到的点电压被释放，有电压的点能吸附墨粉（碳粉），没有电压的点则不能。

准备好一条打印线后，硒鼓旋转一个角度，开始准备下一条打印线，随着滚动，第一条打印线上的点遇到了碳粉盒，里面放着可被静电吸附的碳粉，碳粉被还保留静电的点吸附，

① 1 英寸=0.025 米。

在硒鼓表面“显现”出要打印的结果，接着，吸附了碳粉的硒鼓遇到了打印纸，并将吸附的碳粉传给打印纸，打印纸被高温滚筒的烘烤，碳粉被永久固化在纸面上，形成最后的打印结果。滚过纸后，硒鼓被放电，上面剩余的碳粉被清扫干净，以备打印下一页时重复上述过程。这个过程极其复杂，综合了物理、化学、机械工程和光学工程等多门学科的知识。

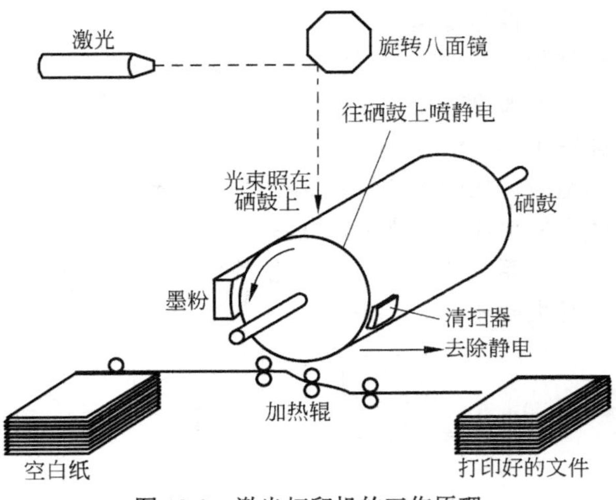

图 10-3　激光打印机的工作原理

打印机的逻辑电路由 CPU 和数兆内存组成，用来存储整页的位图和各种打印字体，有些字体固化在打印机中，有些可下载后装入。多数激光打印机可以接收描述打印页面的命令。

2）彩色打印机

显示器使用红、绿、蓝三种原色，经组合生成各种颜色，彩色打印机则使用青、黄、品红和黑色四种颜色作为原色（称为 CYMK 打印机），生成各种颜色。

目前广泛使用的有三种彩色打印机，都是基于 CMYK 系统的。最低档的是彩色喷墨打印机，其工作原理和单色喷墨打印机相同，只是用四个墨盒（分别为 C、Y、M、K 四种颜色）代替了原来的一个墨盒。这类打印机打出的彩色图形效果不错，该打印机价格适中（打印机便宜，墨盒较贵），彩色相片的打印效果也较好。

第二种彩色打印机是彩色激光打印机。它和单色激光打印机类似，只是将 C、Y、M、K 四种不同颜色的图像分离出来，并用不同的过渡色分别输出。由于所有的点阵都是事先产生的，所以，一页 80 平方英寸的 1 200×1 200 dpi 的彩色图像需要 115 000 000 个像素。如果每个像素用 4 位表示，那么光是点阵就需要 55 MB 的存储器，打印机还需要另外的存储器供其内部的处理器使用并表示不同的字体等。这些基本的要求使彩色激光打印机价格昂贵，但它能够高速打印，打印质量很高，且图像的颜色经久不褪。

第三种彩色打印机是升华染料打印机。这种打印机的墨盒里放有 C、Y、M、K 四种染料，打印头可以加热，且热度可以由程序控制。染料通过打印头时，马上被气化，并被旁边的特制纸吸收。和所有其他种类的打印机不同，升华染料打印机能给每个像素打出几乎连续的色彩，所以可以不用过渡色技术。小型快照打印机经常使用染料升华技术在特别的相纸上打印色彩逼真的彩色相片。

10.2 系统总线

系统总线是计算机系统内各部件（CPU 部件、主存部件、各输入/输出部件）间的公共通信线路。在现代计算机系统中，各大部件均以系统总线为纽带互联，计算机系统总线出现过单总线、双总线和三总线结构。单总线结构如图 10-4（a）所示，CPU、主存，以及所有 I/O 设备均通过这一共享的系统总线进行数据传输，它的优点是结构简单、便于扩充。其缺点是高速部件与低速部件混合使用系统总线，降低了数据传输效率并可能产生瓶颈问题。单总线曾被使用在 DEC 公司的 PDP-11 小型计算机中。

将速度较低的 I/O 设备从系统总线上分出去，而形成系统总线和 I/O 总线的双总线结构如图 10-4（b）所示。随着外围设备的高速发展，有的外设速度提高迅速，原有的 I/O 总线已不适应，如图形、视频和网络等外设已不能在老 I/O 总线上运行，所以在系统总线和 I/O 总线之间增加一条高速总线用以连接高速外围设备，如图 10-4（c）所示。

在系统总线设计中通常要考虑系统总线分类方式、总线通信同步方式以及总线争用控制等几大问题。

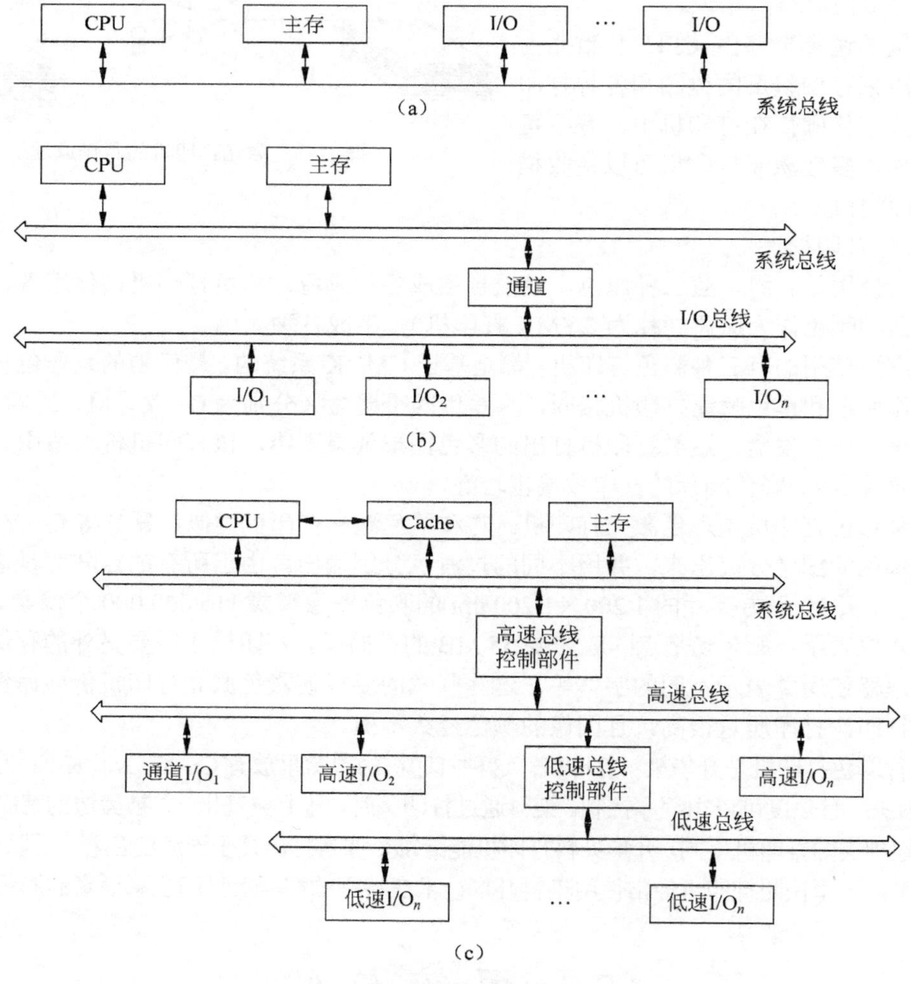

图 10-4　总线结构

（a）单总线结构；（b）双总线结构；（c）三总线结构

10.2.1 系统总线种类

系统总线包括数据总线、地址总线、控制总线和电源线。

1. 数据总线（Data Bus，DB）

数据总线用来实现数据传送，一般为双向传送。数据总线的宽度一般有8位、16位、32位、64位等，它是系统总线的一个重要指标，系统总线宽度就是指数据总线的宽度。

2. 地址总线（Address Bus，AB）

地址总线用于传送地址信号，以确定所访问的存储单元或某个I/O接口，地址总线一般有16位、20位、24位、32位等几种宽度标准。地址总线的宽度确定了可访问存储空间的大小。地址总线为单向总线，只有总线控制的主控部件才能向地址总线送地址信息，如CPU、DMA控制器、I/O处理机等。而没有总线控制权力的部件，如存储器就不能发送地址信号，它只能接收地址信号。

在现代计算机中，有的系统总线把地址总线与数据总线合用，这样能减少芯片引脚数目。这种技术称为地址数据复用技术，即地址信号与数据信息在同一组信号线内传送。它是通过总线周期的时序划分来区别的。当今的PCI总线就使用这个技术，它可以成块传送数据，在一个总线周期中，总线先用于指定地址传送，然后用于数据传输。

3. 控制总线（Control Bus，CB）

控制总线用来传送各类控制/状态信号。控制总线常分为如下几组：

（1）I/O读写命令，它用来在发送端和I/O控制器之间传送数据。

（2）应答信号。如READY信号，表示是否准备好，为“0”表示未准备好，为“1”表示已准备好，这是通知接收设备的信号。ACKNOWLEDGE为应答信号，表示接收设备已接收到数据，发送设备根据它是否为“1”来确定是否作下一次传送。应答信号多应用于异步通信。

（3）地址有效信号。地址锁存信号（如ALE）表示地址有效，常用来锁存地址/数据复用线上的地址信号。DMA（直接存储器存取控制器）地址有效信号（如AEN）有效时表明CPU已放弃总线，地址总线上是DMA控制器发出的内存地址，在DMA方式下它常用于阻止I/O译码。

（4）总线请求与总线使用信号。这组信号用于申请总线及总线占用表示。如PCI总线中的REQ#和GNT#信号，REQ#为申请总线使用权信号，GNT#为得到总线使用权信号。

（5）其他控制信号。常见的有复位信号RESET、时钟信号CLK、多事务锁定信号LOCK、地址和数据校验位信号PAR及从设备立即终止事务信号STOP等。

4. 电源线

许多总线标准中都包含电源线的定义，其主要有+5 V逻辑电源、GND逻辑电源地、−5 V辅助电源、±12 V辅助电源。

10.2.2 总线通信同步方式

总线上的各部件在用总线进行信息交换时，存在时间协调配合问题，这个时间的安排就是通信方式。当把总线接口的各种控制信号和时间安排精确定义后就是总线协议。按照传输定时方法可把通信方式分为同步通信和异步通信。

1. 同步通信

在同步方式中，通信双方由统一的时钟控制数据的传送，时钟通常由CPU发出，并送到总线上的所有部件，经过一段固定时间，本次总线传送周期结束，进入下一个周期。图10-5

所示为 CPU 与主存之间通信方式的简单例子。CPU 在时钟 T_0 的上升沿将主存地址放上地址总线，稍后在 T_0 的下降沿发出读命令，在 T_1 时钟周期的下降沿主存将读出的信息放在数据总线上，CPU 接下来在 T_2 时钟周期的下降沿从数据总线上接收信息。CPU 在 T_2 结束时撤去地址信号，撤去读信号。CPU 在下次总线操作的 T_0 周期的下降沿到来之前撤掉数据信息，不再占用数据总线。

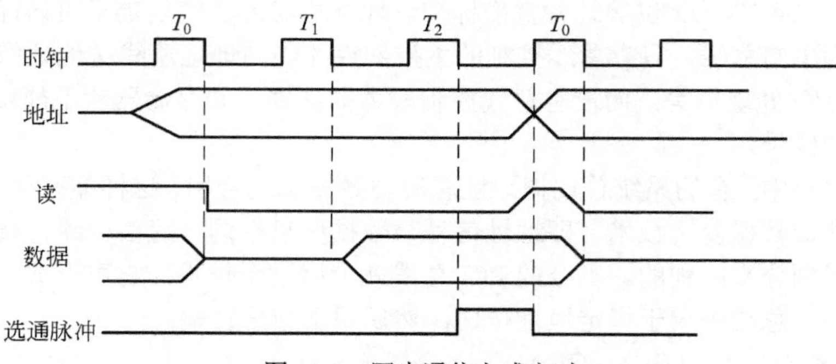

图 10-5　同步通信方式定时

这种通信方式适用于系统中各设备部件对总线操作速度固定而且一致的场合。另外，同步总线长度不能太长，否则将发生时钟相位相移的现象。

2. 异步通信

异步传送方式是指发送和接收双方完全根据自身的工作速度和距离的远近来确定总线时间安排。在异步总线上没有强制遵守的时钟信号，即统一的时钟控制，取而代之的是两根应答信号线，也叫“握手”信号。图 10-6 所示为 CPU 与某 I/O 设备间读操作异步通信方式的例子。在这里两根应答信号线为 MSYN（主同步）和 SSYN（从同步）。t_0 时刻 CPU 将外设端口地址送上地址总线，并发读命令 read，稍后在 t_1 时刻让 MSYN 信号有效（t_1～t_0 这段时间是地址信号到达设备并译码需要花的时间）；在 t_2 时刻某 I/O 设备收到读命令并完成地址译码后，又收到 MSYN 主同步控制信号，开始作动作，将输入给 CPU 的数据放在数据总线上，并让 SSYN 信号有效，作为对主控设备 MSYN 信号的应答；MSYN 有效才引起 SSYN 有效。

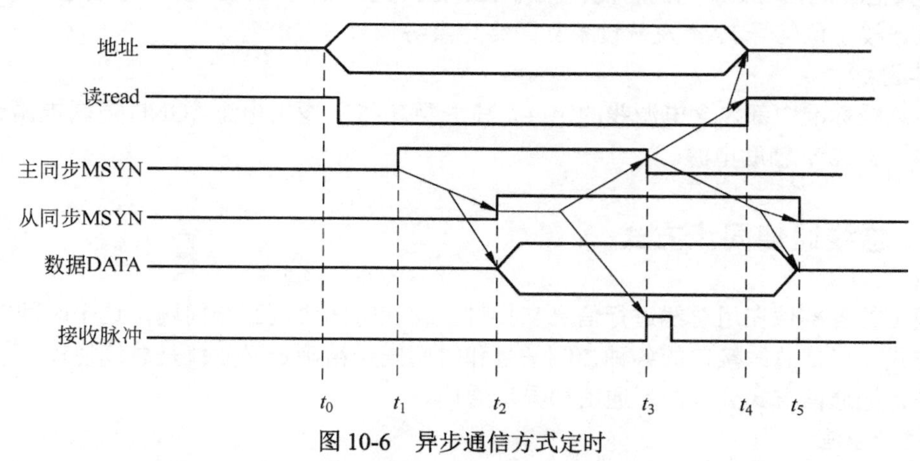

图 10-6　异步通信方式定时

在 t_3 时间 SSYN 信号传到主控设备 CPU，对主控设备来讲，这意味着自己发出的地址信息和读命令已被从设备（某I/O设备）接收，数据已在数据总线上准备好，主控设备CPU在t_3时刻接收数据总线上的数据，与此同时撤下MSYN信号作为应答。在t_4时刻主控设备CPU再撤去地址信息和读命令。在t_5时刻MSYN的下降传到了从设备某I/O设备，从设备知道主设备已接收数据，并撤去总线上的数据，同时降下SSYN信号，至此一次异步总线传送结束。

图中t_1～t_2和t_2～t_3这段时间不固定，取决于主设备与从设备的距离、接口线路工作速度等因素。t_3～t_4与t_0～t_1类似。

异步通信的特点是各设备都依自身固有的速度工作，按需索取时间，所以它便于实现不同速度设备之间的数据传送。

10.2.3　总线争用控制

系统总线上连接着许多设备或部件，它们都共用这条系统总线进行信息传输，这样就存在多个设备或部件同时申请使用总线的情况，为保证同一时刻总线使用者的唯一性，需要设置总线控制器来解决总线争用问题。获得总线控制权的设备称为总线的主设备，被主设备访问的设备称为从设备。通常CPU为主设备，主存储器为从设备，I/O设备可以为主设备或从设备。总线控制器决定由哪个主设备获得控制权，称为总线裁决。

总线裁决控制方式分为集中式和分布式。裁决电路集中在一起的称为集中式控制。裁决电路分散于总线上的各个部件中的称为分布式控制。由于目前计算机系统以集中式为主，本节只讨论集中式控制方式。集中式控制主要有链式查询方式、计数器查询方式和独立请求方式。

1. 链式查询方式

链式查询方式也称菊花链（daisy chain）方式，如图10-7所示。在这种方式中，各申请总线的设备或模块合用一条总线使用的请求信号线BR（Bus Request），而总线控制器的响应信号线则串接在各设备中。只要有一个设备发出总线请求，这条中断请求线就被置为“1”，控制器通过发出总线可用信号BA（Bus Available）允许设备使用总线，这个信号首先被第一个设备收到。如果第一个设备没有发出总线请求，它就把这个信号传递给下一个设备，若第一个设备发出了总线请求，那么内部电路封锁BA信号往下一个设备传递，自己占用总线，下一个设备的总线请求暂时得不到响应。显然在链式查询方式下，越靠近控制器的设备得到总线使用权的机会越多，也就是它的优先级越高。设备在获得总线后发出一个总线忙的信号BB（Bus Busy），直到总线使用完毕后取消这个信号以释放总线。总线释放后其他设备可使用。

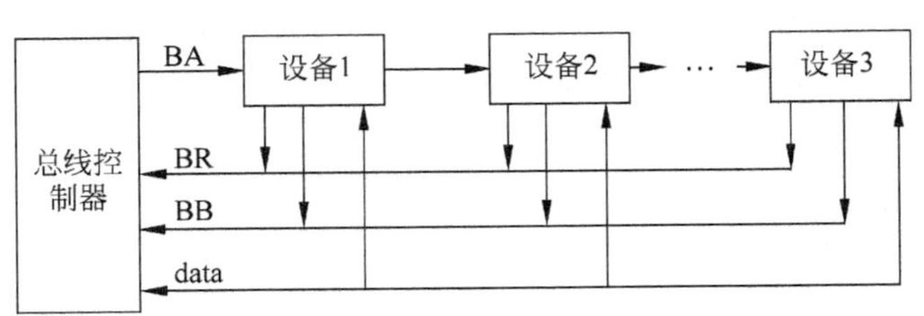

图10-7　链式查询方式

链式查询方式控制逻辑电路简单，扩充设备容易实现。但 BA 信号线的连接方式唯一地确定了各部件的优先顺序，缺乏灵活性，中途一个设备有故障，会影响到后面的各设备。

2. 计数器查询方式

在计数器查询方式中，总线上的任一设备申请使用总线时，通过 BR 线发出总线请求。总线控制器接到请求信号以后，按计数器的值对各设备进行查询，以寻找发出总线请求的设备，计数值与设备号相同的设备可以发出 BB 信号并使用总线，如图 10-8 所示。计数器的计数值可以从某个初始值开始，也可以从上一次计数的终止值开始。如果计数值从一个固定的值开始，则其等效于链式查询方式，各设备使用总线的优先级是固定的。如果计数值从上次终止值开始，则每个设备使用总线的机会相等。计数器查询方式的优先级设置比较灵活，但它需要额外的计数线路，而且计数线路的数量限制了设备的数量。

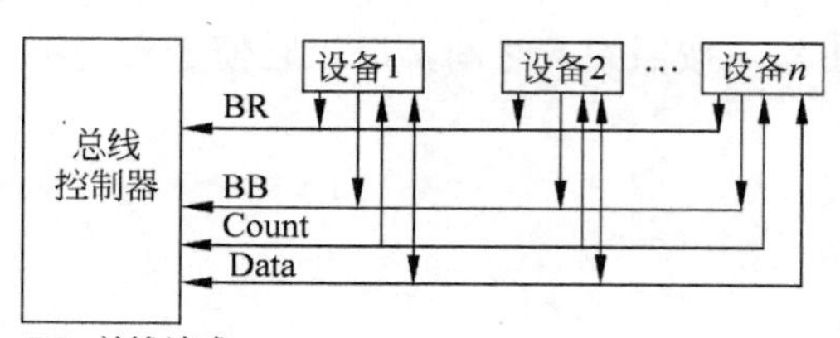

图 10-8　计数器查询方式

3. 独立请求方式

另外一种总线请求方式是独立请求方式，如图 10-9 所示。每个设备都有一个自己的总线请求信号线 BR_i 送到总线控制器，BR_i 之间相互独立，控制器也给各设备分别发送总线可用信号 BA_i。为处理多个总线请求，控制器在设计时可以给各请求线以固定的优先级，也可以设计成可用程序修改优先级。控制器内部有一个优先级裁决电路（主要由带优先权编码器构成）决定优先响应哪一个总线请求。独立请求方式的优点是响应速度快，总线可用信号 BA 直接发送到有关设备，不必在设备间传递或者查询，而且对优先级的控制十分灵活。这种方式的局限性是设备的数量受到请求信号线和总线可用信号线的限制。

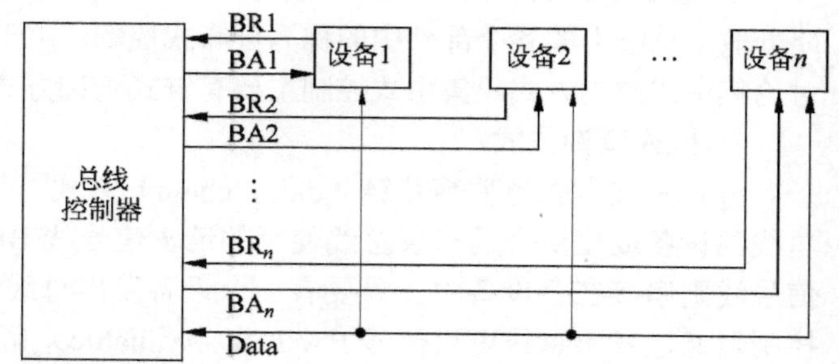

图 10-9　独立请求方式

独立请求方式可以和链式查询方式结合，构成分组链式查询方式，第一级采用独立请求方式，第二级把每个 BA_i 作为一条链，采用链式查询方式，这是许多计算机系统所采用的方式，可灵活设置优先级，并可连接较多的设备。

10.2.4　微机总线

本节讨论现代微机中常用的几种总线：ISA 总线、PCI 总线、通用串行总线 USB 和图形总线 AGP。ISA 总线是对最早 IBM PC 总线稍作扩展后得到的，为向后兼容，它依然存在于现代 PC 机中。PCI 总线是随微机发展的需要，为提高传输速率而发展起来的，它比 ISA 总线宽度更宽，速度更快，适合现代外设的工作速度。USB 总线主要用于连接键盘、鼠标和移动盘等的慢速外设。AGP总线是专门连接显示卡的总线。现代微机总线结构如图10-10所示。

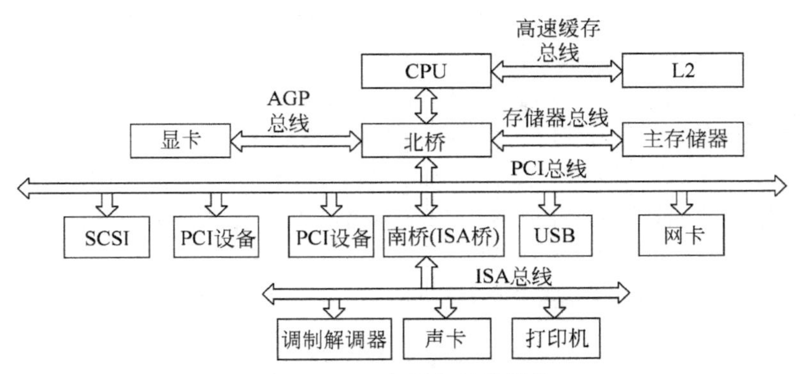

图10-10 现代微机总线结构

1. ISA总线

早期ISA总线适用于8086的IBM PC/XT微机系统，它有62根信号线，其中20根用于内存地址，8根用于数据线，4个读/写信号分别操作内存读、内存写、外设读和外设写，还有6个中断请求线、3路DMA请求，此外还包括时钟、电源线和地址。

20世纪80年代中期，ISA总线扩充到16位，适用于CPU为80286的IBM PC/AT系统。总线信号连接到2个插座，一个是与XT总线兼容的62针插座，引线标以A_1～A_{31}和B_1～B_{31}，另一个为扩充的36针插座，引线标以C_1～C_{18}和D_1～D_{18}。增加信号线后可使数据线达到16位，地址线达到24根，使寻址空间达到16 M内存，另外可有16级中断和7个DMA通道，再加上8位与16位区别控制信号线等就构成了新的ISA-16总线。ISA总线的最高传输速度是8.33 MB/s，每个周期传输2字节，带宽最多也就是16.7 MB/s。

2. PCI总线

ISA总线之后是EISA总线，它在ISA总线的基础上扩展到32位，每总线周期可传4字节，带宽达到了33.3 MB/s，但随着Windows视窗图形界面和全屏图像的使用，原有总线传输速度很难达到要求，所以英特尔公司分别于1992年6月和1995年6月颁布了PCI V1.0和V2.1规范，PCI的英文全称是Peripheral Component Interconnect，译为“外围部件互联”。PCI是一种同步且独立于处理器的32位（V2.1支持64位）局部总线，它除了适用于英特尔公司的芯片外，还适用于其他型号的微处理器芯片。

PCI总线设计成即插即用，即在加电时，BIOS可自动检测机器配置，而给各个外围设备分配中断请求号、存储器的缓冲区等，从而避免了IRQ（中断请求）、DMA（直接存储器存取）和I/O通道之间的冲突。

PCI V1.0支持33 MHz工作频率，最大传输率为133 MB/s，而工作在V2.1支持的66 MHz频率时，其传输率为264 MB/s或528 MB/s。

PCI总线是同步总线，总线事务发生在一个主设备和一个从设备之间，主设备为发起者，从设备为接受者。为降低PCI总线的管脚数目，对地址信号线和数据信号线采用复用技术，这样PCI卡上只需要64位传输线就可同时满足地址信号和数据信号的需求。复用技术是指地址信号与数据信号在同一组信号线上传输，不再分成两组线。

复用的地址信号和数据信号的工作流程为：对读操作，在第一个总线周期，主设备将地址送入总线并传递给从设备。在第二个总线周期，主设备撤销地址信号并将控制权交给从设备。在第三个总线周期，从设备将读出的数据送上总线并传递给主设备。对写操作，主设备不需要交出总线的控制权，因为地址和数据都是由主设备发出的。这样可以看出完成最小事务的一次传输也需要三个总线周期，所以传输有连续关系的数据，效率最高。

PCI 总线体系结构的两个关键部件是两片搭桥芯片，北桥芯片连接了 CPU、内存、AGP 总线和 PCI 总线，南桥芯片将 PCI 总线和 ISA 总线连在一起。主板上留出多个 PCI 扩展槽，供用户增加新的高速外部设备，还有两个 ISA 插槽，可以增加低速外设。

表 10-1 所示为必备的 PCI 总线信号，该表针对 32 位模式，当 PCI 工作在 64 位模式时可使用表 10-2。每个信号线的详细描述请读者查阅有关资料，这里不再介绍。

表 10-1　必备的 PCI 总线信号

信号名	信号线	主设备	从设备	描　述
	1			时钟（33MHz 或 66MHz）
	32	*	*	复用的数据信号和地址信号
	1	*		地址或数据校验位
C/BE#	4	*		总线命令/位图字节选定
FRAME#	1	*		指出 AD 和 C/BE 信号已发出
	1	*		读：主设备可接收数据；写：数据已在总线上
	1		*	选定读配置区，而不是读内存
DEVSEL#	1		*	从设备已对地址译码完毕，正在监听总线
TRDY#	1		*	读：数据已在总线上；写：从设备可接收数据
STOP#	1			从设备需要立即终止事务
PREE#	1			接收方检测到数据校验错
SERR#	1			检测到地址校验错或系统错
	1			总线仲裁：申请总线的使用权
GNT#	1			总线仲裁：得到总线的使用权
RST#	1			重新启动系统和所有设备

表 10-2　可选的 PCI 总线信号

信号名	信号线	主设备	从设备	描　述
REQ64#	1	*		请求 64 位事务
ACK64#	1		*	授权使用 64 位事务
AD	32	*		地址或数据的另外 32 位
PAR64	1	*		附加的 32 位地址/数据的校验位
C/BE#	4	*		字节选定的另外 4 位

续表

信号名	信号线	主设备	从设备	描　述
LOCK	1	*		为实现多个事务而锁定总线
SBO#	1			命中远程高速缓存（好多处理器）
SDONE	1			监听完成（对多处理器）
INTX	4			请求中断
JTAG	5			IEEE 1149.1 JTAG 的测试信号
M66EN	1			接电源或接地（设定时钟为 66 MHz 或 33 MHz）

3. AGP 总线（加速图形接口总线）

随着图形和图像处理速度的提高，即使有图形加速卡帮忙，PCI 总线也难以满足三维图形所需要的传输率，所以产生了 AGP（Accelerated Graphics Port）总线。AGP 总线把主存和显存连接起来，不再走 PCI 总线，同时不再使用图形加速卡，提高了传输率。

4. USB 总线

当用户需要增添新的设备时，要把机箱打开，插入卡后重新启动计算机，这很不方便。另外 ISA 和 PCI 插槽也有限，慢速设备也要占用 PCI 接口。为克服以上缺点，在 20 世纪 90 年代中期，七家公司（Compaq、DEC、IBM、Intel、Microsoft、NEC 和 Northern Telecom）的代表走到一起，设计了一个将低速输入/输出设备连接到计算机的方案，这就是通用串行总线（Universal Serial Bus，USB）。USB 设计的主要目标如下：

（1）用户不必再设置卡上、设备上的开关或跳线；

（2）用户不必再打开机箱来安装新的输入/输出设备；

（3）只需要一根电缆线就可以将所有设备连接起来；

（4）输入/输出设备可以从电缆上得到电源；

（5）单台计算机最多可连接 127 个设备；

（6）系统能支持实时设备（如声卡、电话）；

（7）计算机运行的时候也可以安装设备；

（8）安装新设备后不必重新启动计算机；

（9）新的总线和连接它的输入/输出设备的生产成本不应该太高。

USB 达到了所有这些目标。它是为低速的设备，如键盘、鼠标、照相机、快照扫描仪、数字电话等设计的，带宽为 1.5 MB/s。对许多外设（如键盘、鼠标、扫描仪、打印机等）来说，带宽是足够的，但当同时运行几台高性能外设时，就会发生问题。

10.3　输入/输出接口

总线使主机和外围设备及外围设备之间能进行数据交换，但各个设备由于工作速度不一致，传输数据宽度也不一致，不能直接挂在总线上，所以必须每个设备有一个部件，它的功能就是把设备要传输的数据调整到符合总线要求，再送上总线，这个介于总线与设备之间的部件称为 I/O 接口。I/O 接口的位置如图 10-11 所示。

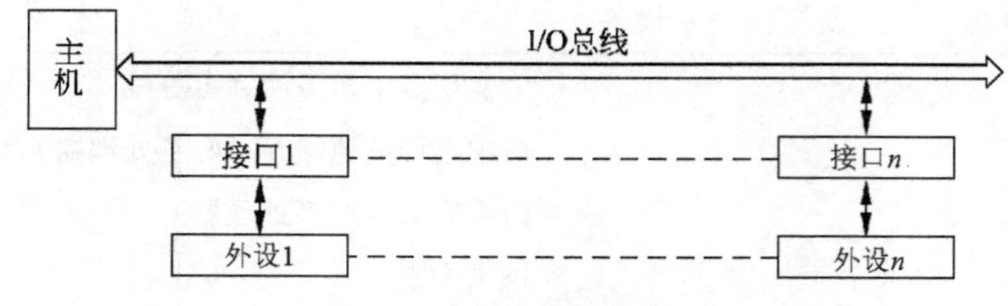

图 10-11　主机与外设的连接

根据接口所处位置，接口应具有如下主要功能：

（1）匹配主机与外设的速度差距。主机传送信息的速度高，外设发送或接收信息的速度低，接口应具有对数据信息传送速度的缓冲作用。

（2）实现数据格式的转换。接口能将串行传送转换成并行传送，或者将并行传送转换成串行传送，以满足主机和外部设备对信息处理格式的不同要求。

（3）传送主机控制命令。接口能记录和识别主机传送来的命令，并将命令传送到设备。这些命令有启动、停止、读、写等。

（4）反映设备的工作状态。进行输入/输出操作时，接口随时采集并保存设备的工作状况，以备主机查询。这些状态有：设备正在工作、停止工作、出现故障、中断请求等。

（5）识别和指示数据传送的地址。接口能通过地址识别线路，判定主机要求交换信息的设备，是否是本接口连接的设备，如果不是，就拒绝交换，当信息传送时，接口能指出信息在主存中的地址。

按照数据信息格式的不同，接口可分为串行接口和并行接口两大类。

10.3.1　串行接口

串行接口：接口和设备之间是一位一位地串行传送数据，而接口和主机之间则是按字或字节并行传送数据。接口能完成“串”转“并”或“并”转“串”的转换。

现在广泛使用的串行接口是通用异步接收器/发送器（UART），如图 10-12 所示。它由接

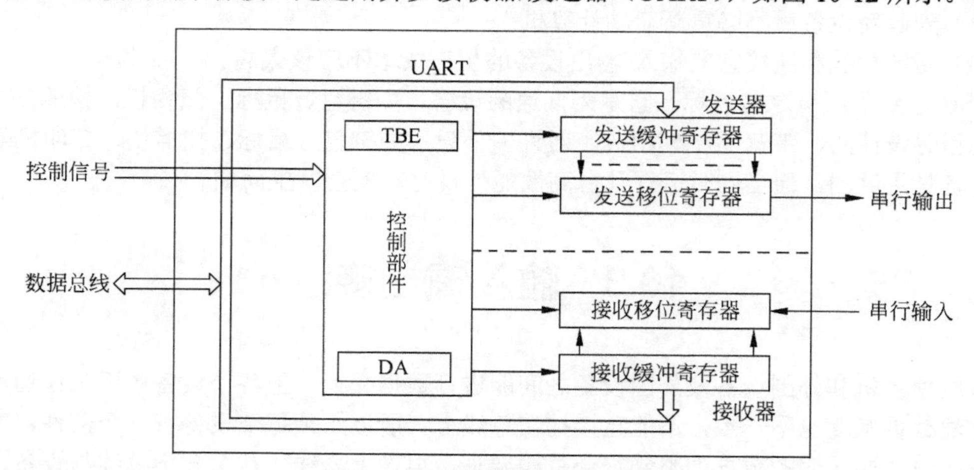

图 10-12　串行接口 UART 原理

收器、发送器和控制部件组成。接收器中的接收移位寄存器，逐位接收设备传送的串行数据，存满后并行送入接收缓冲寄存器，并通过 I/O 总线传给主机。UART 采用的是异步串行数据传送格式，如图 10-13 所示。

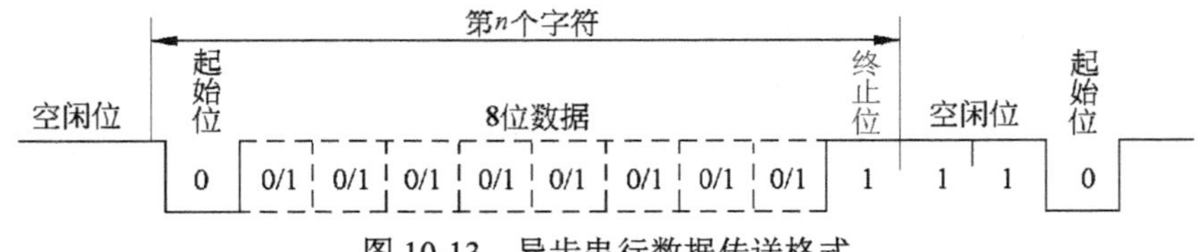

图 10-13 异步串行数据传送格式

每个传送的字符由 1 位起始位、8 个数据位、1 个终止位组成。两个相邻字符之间的间隔叫空闲位，它是任意长度的高电平。

当接收器发现一个起始位时，对一个新字符由低位到高位逐位接收，当计到第 9 位时，应是一个高电平终止位。接收到终止位，则接收移位寄存器已装好传送的字符，UART 控制部件产生装好信号，让接收缓冲寄存器接收数据，同时数据到齐，触发器 DA 置“1”，向 CPU 提出发送数据请求，CPU 取走数据并置 DA 为“0”。

发送器的操作过程与接收器相反。发送器有一个数据取空触发器 TBE。UART 控制部件接收由 CPU 命令形成的“数据输出使能”信号，并将 I/O 总线上的数据打入发送缓冲寄存器，同时置 TBE 为“0”，表示发送缓冲寄存器已被占用，CPU 此时不能再发送新数据。此后发送缓冲寄存器把数据发送到发送移位寄存器，并逐位串行发送输出，同时控制部件置 TBE 为“1”，向 CPU 继续申请新的字符信息。

10.3.2 并行接口

并行接口：不管是接口与设备，还是接口与主机之间都是按字或字节并行传送数据信息。并行接口中使用较普遍的是 Intel 8255A，它是一种通用的可编程的并行接口，可用于打印机、A/D 转换器、D/A 转换器和 CRT 字符显示器等设备接口，如图 10-14 所示。

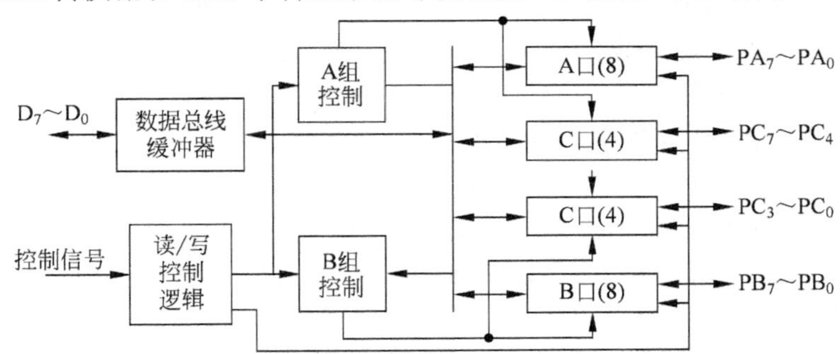

图 10-14 8255A 可编程接口原理

8255A 有 A、B、C 三个数据端口，每个端口有 8 位，其中端口 C 又可分成两个各 4 位的独立端口。另外还有 1 个端口，它接收 CPU 的命令，确定上述 3 个端口的工作方式，这个端口称为控制端口。控制端口分散于 A、B 两组控制部件中。由于 8255A 的工作方式随计算机程序控制方式的不同而改变，因此称之为可编程并行接口。

8255A 有三种基本工作方式。

1. 方式 0

方式 0 提供了一种简单的 I/O 操作功能。3 个端口都能作为输入或输出端口，不需要握手控制信息，而只是简单的输入或输出。

2. 方式 1

端口 A 及端口 B 可作为一般的输入/输出口，而端口 C 用来产生端口 A 及端口 B 的握手控制信号。

3. 方式 2

此方式只适用于端口 A，端口 A 是双向总线，既可向总线发送数据，又可在总线上接收数据。端口 C 有 5 位作为控制信号。

使用 8 255A 时，首先要由 CPU 送来控制字，这个控制字是由用户用程序输入的，它决定了 8 255A 端口的功能，然后再用传送指令完成 CPU 和端口、端口和设备之间的数据传送。

10.3.3 接口寻址

每个设备对应的接口中有数个寄存器，而每个寄存器要能被 CPU 访问到，这样所有接口中的寄存器集合起来，数目就大了，为了唯一找到它们，就产生了接口寻址问题。CPU 对外设接口中的寻址有两种基本方法，一种是统一编址法，一种是单独编址法。

1. 统一编址法

将 I/O 接口中的有关寄存器看作存储器单元，与主存储器单元统一编址，这样对 I/O 接口的访问就如同对主存单元的访问一样。这种编址方法的特点是指令系统中不设专门的 I/O 指令，可通过所有内存的操作指令操作 I/O 接口。其优点是可利用许多访存指令进行输入/输出操作，程序设计比较简单。其缺点是占用了存储器的地址空间，即减小了可访问的内存空间，另外会影响主存储器管理和主存储器空间的扩展。

2. 单独编址法

这种方法把主存储器地址空间和 I/O 接口地址空间分开处理。设置单独的 I/O 地址空间，为 I/O 接口中的每个寄存器分配一个 I/O 地址，使用专门的 I/O 指令，并设置专门的信号线来区分当前是主存储器访问还是 I/O 访问，同时控制器中要增加解释输入/输出指令的电路。例如在 Intel 8086 中有 IN 和 OUT 两条指令表示输入和输出操作，并在 $\overline{M}$/IO 信号线=1 时访问 I/O 端口，$\overline{M}$/IO 信号线=0 时访问主存储器。其优点是不占用主存储器空间，主存空间和 I/O 空间地址可以重叠，两者不会产生混乱。其缺点是增加了硬件开销，I/O 指令（IN，OUT）功能较弱，只能作传送，当对端口进行某些操作时，必须先将端口内容读入到 CPU 内的通用寄存器中（如用“IN AX，端口地址”指令），然后用相应指令进行操作，最后再将结果写回端口（如用“OUT 端口地址，AX”指令）。

10.4 输入/输出控制方式

主机与外围设备进行信息交换的通路——系统总线，和为解决两者进行信息交换中出现的速度与数据格式等问题而设置的接口，前面已介绍过，本节主要研究主机与外围设备进行信息交换时的控制问题。CPU 启动外围设备进行读/写操作时，外设含有机械运动时间（如打印机走纸、磁头移动、人类击键的肌肉运动等），在这段时间内 CPU 是等待，还是为了提高效率而执行别的程序呢？选择前者，则 CPU 执行效率大大降低；选择后者，则设备准备好数据后如何通知 CPU，成为本节讨论的问题。

上述问题的处理方式，称为主机与外围设备间输入/输出控制方式，或称为信息传送控制方式。在计算机发展史中有 5 种常用的控制方式。

10.4.1 程序直接控制方式

程序直接控制方式就是通过 CPU 执行程序来控制主机和外围设备之间的信息传送。其方法是在用户和程序中安排一段由输入/输出指令和其他指令所组成的程序段，直接控制外围设备的工作。

传送数据时，CPU 首先启动设备，发出启动命令，接着 CPU 等待外围设备完成接收或发送数据的准备工作。在等待时间内，CPU 不断地用一条测试指令检测外围设备工作状态触发器。一旦测试到状态触发器已“准备好”，即进行数据传送，否则继续测试，如图 10-15 所示。

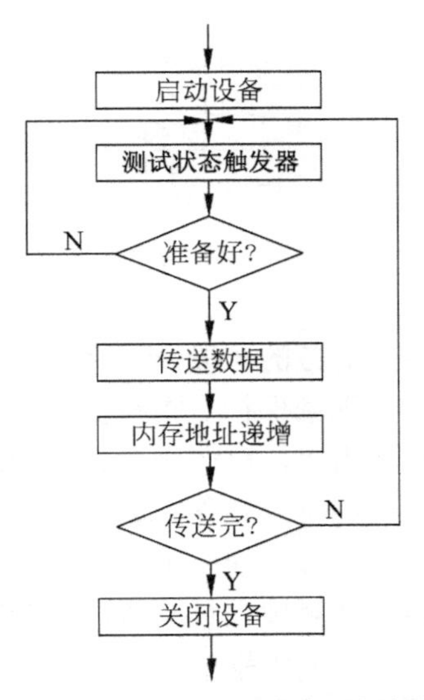

图 10-15 程序直接控制方式流程

这种控制方式的硬件电路简单，但 CPU 和外围设备在时间安排上串行工作，由于 CPU 的速度比 I/O 设备快得多，所以 CPU 在大量时间中都处于等待状态，使系统效率大大降低。它适用于下述场合：CPU 速度本身不高，效率问题不是很重要，因而允许在 I/O 操作中 CPU 不干别的事；CPU 的工作方式使其在 I/O 过程中无别事可干，因而只能处于等待状态。

10.4.2 程序中断控制方式

为了克服程序直接控制方式中 CPU 运行效率低的问题，20 世纪 50 年代中期人们引入了“中断”概念。CPU 启动外围设备后，在等待外围设备的机械准备期间，CPU 继续执行本用户程序或其他用户程序（由操作系统分配任务），不让 CPU 闲置下来。当外围设备准备好数据后主动向 CPU 提出申请，要求传送数据，这时 CPU 暂时停下正在执行的程序，为外围设备传送数据，这就实现了主机与外围设备的并行工作。随着中断技术的扩展与提高，人们又把很多事物处理纳入中断范围，如硬件故障、算术出错、非法指令、实时控制和系统调用等都由中断来管理。CPU 在运行时，出现某种紧急事件，CPU 暂时停下现行程序，转向为该事件服务，待事件处理完毕后，再返回原程序继续执行，这个过程称为中断。

因此，中断过程实质上是程序切换过程，它暂停原来正在执行的程序，切换为针对某种随机事件而编制的处理程序（后面称为中断服务程序），执行完中断服务程序后，又回去继续

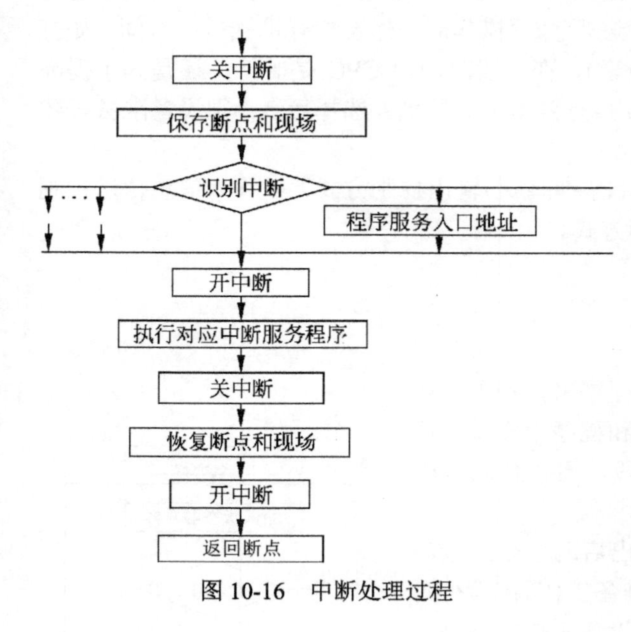

图 10-16 中断处理过程

执行被暂停的原程序。所谓切换就是往程序计数器 PC 里放不同的地址值。

1. 中断处理过程

当 CPU 执行主程序时，产生中断，CPU 的中断处理过程如图 10-16 所示。

（1）关中断。为了保证本次中断响应过程不受干扰，CPU 在进入中断周期后，把中断允许触发器置“0”，不再响应新的中断，这个过程由硬件自动实现（由中断周期对应的一段微程序来实现）。这是为了保存断点和使现场的动作顺利完成，否则不能正确恢复现场继续执行原程序。

（2）保存断点和现场。保存断点即将程序计数器 PC 的内容保存起来，一般是压入堆栈，以便中断处理结束后能正确返回到中断点。高档机中将程序状态字 PSW 也一同保存。这个过程由硬件自动完成，是由中断周期对应的一段微程序完成的。

现场保护是指在执行中断服务程序时，可能使用某些通用寄存器，这样就会破坏原有寄存器内容，因此需要将它们的内容保存起来。现场保护的方法有两种，一种是用硬件完成，另一种是用软件完成。硬件保护执行速度快，在中断周期中完成，但开销大。软件保护通过在中断服务程序中执行指令完成，每个中断服务程序要使用哪些寄存器，它就保护哪些寄存器，针对性强且灵活，但速度较慢。现场保护也是把原有寄存器内容压入堆栈中。

（3）识别中断及转入对应中断服务程序。在多个中断源同时请求中断的情况下，本次实际响应的只能是优先权最高的那个中断源。所以，需进一步识别中断源，并转入相应的中断服务程序入口。中断源优先级排队是硬件电路事先安排好的。

（4）开中断。下面开始进入中断服务程序的执行，此时开中断允许更高级的中断请求，打断正在执行的中断服务程序，实现多重中断处理。

（5）执行对应中断服务程序。每个中断源有自己的服务程序，作相应的处理。此阶段是执行事先编好的服务程序，通常放在 BIOS 中。

（6）服务程序之后的关中断、恢复断点和现场、开中断是为了恢复原来程序的断点和现场，在恢复期间也是不能干扰的，所以用关、开中断来保证恢复过程的正确性。

（7）返回断点。此时程序计数器 PC 里的值为原程序断点值。

以上两个“关→开”的过程都是由微程序自动完成的，常称为“中断隐指令”。

2. 中断申请与识别方法

在中断处理过程中，从硬件设计的角度看，识别中断及转入服务程序入口是比较重要的内容，下面对此展开讨论。

1）中断源与优先级

（1）中断源可有许多种分类方法，本书介绍三种：

① 外中断。由外围设备、定时器/计数器等引起的中断称为外中断，例如打印机、键盘、磁盘申请等引起的中断。

② 内中断。由处理器硬件故障或程序“出错”引起的中断称为内中断。例如，电源故障、算术溢出、虚拟存储器页面失效、总线故障、内存故障、非法指令、除数为零、内存越界和校验错等都是内中断。

③ 软中断。软中断是指在计算机中设置软中断指令，如“INT *n*”，*n* 为中断号。软中断也称自愿中断。执行“INT *n*”指令，将以响应随机中断请求方式进行服务处理，切换到服务程序。早期软中断用于设置程序断点，引出调试跟踪程序，分析原程序执行结果，以帮助调试。现在操作系统为用户提供一种操作界面，称作系统功能调用，即由操作系统软件编制者将用户常用的一些系统功能（如打开文件、拷贝、显示、打印等）事先编成若干中断服务程序模块，纳入操作系统的扩展部分。用户通过执行软中断指令，调用已编制好的用户程序。软中断指令与子程序调用是不同的。软中断指令要进入中断处理，执行中断周期，与中断处理方式一样对待。而子程序调用只是程序切换。

（2）中断优先级的含义是：如果有几个中断请求同时发出，而 CPU 只能在该时刻为一个服务，则 CPU 需要为此时优先级最高的中断事件服务。优先级原则是：根据事件的紧急程度进行裁决。

划分中断源等级的规则如下：

① 故障性中断应列为一级或最高级中断，例如电源故障、主存故障，总线故障等，这些故障中又以电源故障为最高级。当电源出现掉电、断电时，CPU 立即停止所有工作，进入保护处理，尽可能不让刚运行的数据丢失。

② 高速外设的优先级要高于低速外设的优先级，因为高速外设所传输的数据若不及时接收会丢失，如磁盘的优先级高于键盘、打印机等。

③ 信息不可等待的中断源的优先级要高于信息可等待的中断源。

2）链式查询

所有设备的中断请求共用一条请求线 IR，只要有一个设备申请中断，IR 就为“1”，有两个以上的设备申请中断时 IR 也为“1”。CPU 知道有中断请求后，发出 IA 中断响应信号，这个信号首先被第一个设备收到。如果第一个设备没有发出中断请求，它就把这个信号传递给下一个设备，若第一个设备发出了中断请求，那么它不向下一个设备传递中断响应信号（用 IR_i 反相来封锁信号下传），IA 到达设备 2 的接口时为“0”。此时设备 1 将它的设备号码放到数据总线上，CPU 中断机构就知道是哪个设备发的中断请求了，并找到该设备的服务程序入口地址。图 10-17 所示为链式查询原理。图 10-18 所示为设备接口内的响应链电路。越靠近 CPU 的设备优先级越高，这条链体现了优先顺序，它与总线的链式查询类似。

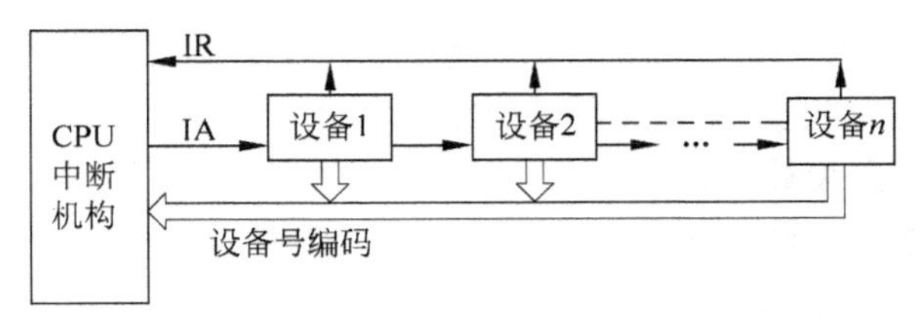

图 10-17　链式查询原理

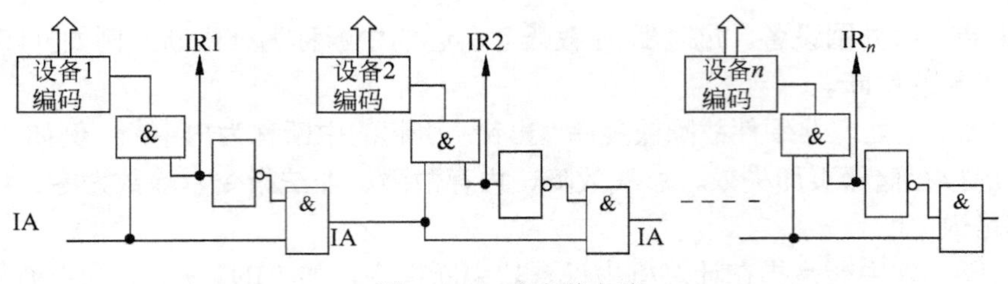

图 10-18　响应链电路

3）独立请求与中断向量

每个中断源有自己单独的中断请求信号线，各中断源通过优先编码线路形成中断向量。通过得到的中断向量，可在中断向量表中寻找到服务程序入口地址。

（1）独立请求电路与中断向量的生成。

图 10-19 所示是用优先级编码器和比较器构成的中断优先级排队电路。图中设有 8 个独立中断请求源，并送入中断请求寄存器，当任一个中断请求时，通过“或”门，即可有一个中断请求信号产生，但它能否送至 CPU 的中断请求线，还要受比较器的控制（若优先权失效，信号为低电平，则“与”门 2 关闭）。

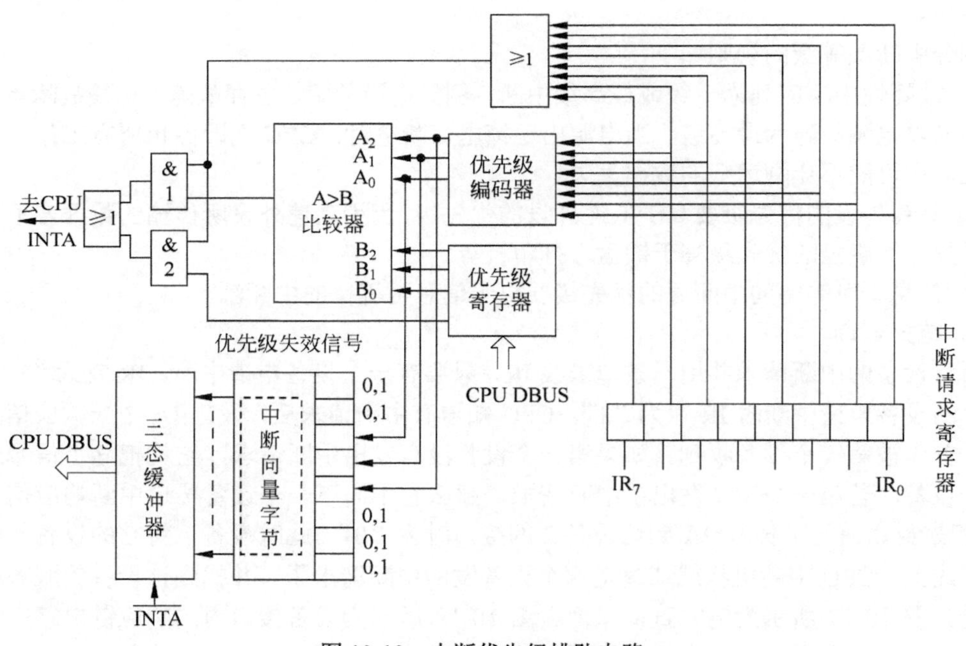

图 10-19　中断优先级排队电路

8 条中断输入线中的任一条线，经过编码器可以产生 3 位二进制优先级编码 A_2、A_1、A_0，优先级最高的线的编码为 111，优先级最低的线的编码为 000。若有多个输入线同时输入，则优先级编码器只输出优先级最高的编码。

正在进行中断处理的外设的优先级编码，先通过 CPU 的数据总线送至优先级寄存器，然后输出编码 B_2、B_1、B_0 至比较器。这些工作在中断周期里由微程序来完成。

比较器比较编码 A_2、A_1、A_0 与 B_2、B_1、B_0 的大小，若 A≤B，则在“A>B”端输出低

电平，封锁“与”门 1，就不向 CPU 发出新的中断申请（即当 CPU 正在处理中断时，若有同级或低级的中断源申请中断，优先级排队线路就屏蔽它们的请求）；只有当 A>B 时，比较器输出端才为高电平，打开“与”门 1，将中断请求信号送至 CPU 的 INTR 输入端，CPU 将中断正在进行的中断处理程序，转去响应更高级的中断。

若 CPU 不在进行中断处理，即正在执行主程序，则优先级寄存器电路给出优先级失效信号为高电平。当有任一中断源请求时，都能通过“与”门 2 发出 INTR 信号。

优先级编码器的 3 位输出值与中断向量字节的其他 5 位拼成 8 位二进制，形成中断向量，在 CPU 响应中断，即 $\overline{\text{INTA}}$ 有效时，中断向量经三态缓冲器送入 CPU，寻找相应中断服务程序入口地址。当优先级编码器的 3 位输出值与中断向量字节某 3 位连接后，其他 5 位可任意设置“0”或“1”，按需设置。

（2）中断服务程序入口地址的形成。

图 10-20 中的中断向量字节，存放的是本次中断的中断向量，每个中断源形成的中断向量值不同。中断向量实际上是中断服务程序入口地址的地址。如图 10-20 所示，每个中断源的服务程序入口地址放在一个中断向量表中（放在 ROM 里），中断向量是这个中断向量表的地址。在响应中断请求时根据中断向量从表中找到服务程序的入口地址，并将这个入口地址装入 PC 程序计数器中，CPU 开始执行服务程序。

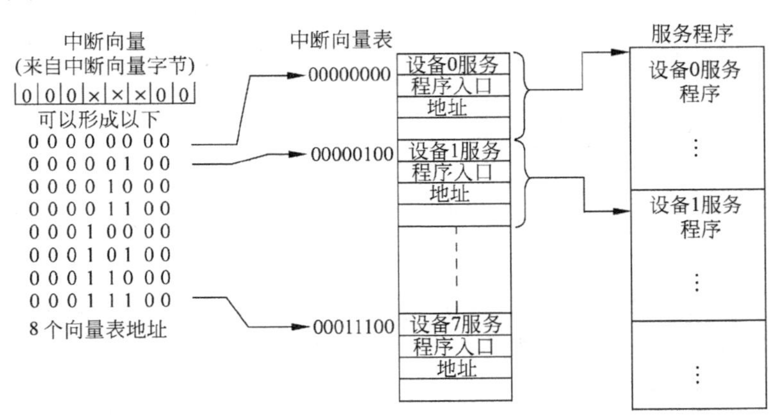

图 10-20 服务程序入口地址的形成

高档 PC 机中采用的就是本节所述原理。有的计算机把中断向量直接当成中断服务程序的入口地址，即服务程序起始地址。

本书讨论的中断向量为中断号乘以 4。例如当 IR_1 发中断后，若无比它更高级的中断，则优先级编码器编出 001 代码。把 001 送入中断向量字节的 2、3、4 位，其他 5 位固定为 0，此时中断向量字节里的 8 位二进制值为 00000100，由于最低两位为 0，所以其值相当于乘以 4。这个值就是中断向量表的地址，在这个地址对应的表中存放着设备 1 的服务程序入口地址。

3. 多重中断与中断屏蔽

如果在处理一个中断请求期间允许被其他中断打断，则称为多重中断。本章前面介绍的中断处理过程就是多重中断的处理流程，由于现代大型机、高档微机都采用多重中断技术，所以单级中断本书不再介绍。计算机采用单级中断还是采用多重中断，曾经是衡量计算机硬件水平的指标之一。

图 10-21 中规定中断优先级排序为 $IR_0 \to IR_1 \to \cdots \to IR_7$，$IR_0$ 最高，IR_7 最低，简单写为 0→1→2→3→4→5→6→7。假定有 2 号、4 号设备同时请求中断，则优先编码器编出 2 号的中断向量，CPU 转去执行 2 号设备的中断服务程序，若此时有 1 号设备发出中断请求，则图 10-21 电路中编出 1 号设备的中断向量，打断正在执行的 2 号服务程序，因为 1 号优先级高；若不是 1 号设备发中断，改为 3 号设备发中断，则优先级寄存器的 2 号此时比 3 号的优先级高，比较器输出为 A>B=0，不会产生 3 号中断申请。优先级编码器随时编出中断请求寄存器中最高中断源的编码。在硬件制作时 0→1→2→3→4→5→6→7 优先顺序已固定死，不能改变，所以多重中断中永远是高级中断能打断低级中断，只有高级中断服务程序执行完毕，才轮到低级中断执行服务程序。为了让低级中断提高处理级别，采用了中断屏蔽技术。

中断屏蔽就是在图 10-21 中的中断请求寄存器下面增加一个中断屏蔽寄存器，用软件的方法修改中断屏蔽寄存器的值，以改变中断响应顺序，即屏蔽某个高的 IR_i 请求，使低级中断不被打断，直到服务完毕。如果上面 2 号设备在进入中断服务程序之前把屏蔽寄存器 Q_1 送 1，则 IR_1 的请求将被屏蔽，对应中断请求寄存器位为 0，无法发中断请求。中断屏蔽寄存器放“1”为屏蔽，放“0”为不屏蔽。

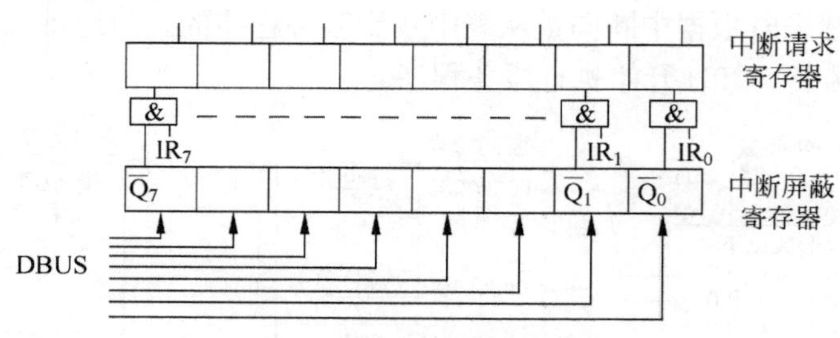

图 10-21　屏蔽原理电路

利用屏蔽技术可以改变设备的优先等级，使计算机适应各种场合的需要。优先级包含两层意思，第一层是识别中断优先级，第二层是执行服务程序优先级。识别中断优先级是 CPU 对各设备中断请求响应后，在中断机构内部的优先级编码器，编出级别最高的中断请求代码传送给 CPU，这个优先级编码器硬件线路是固定的，无法改变。执行服务程序优先级是指 CPU 实际执行了哪个中断服务程序，只有执行了中断服务程序的中断并且执行完，它的优先级才最高。如果不使用屏蔽技术，识别中断优先级等于执行服务程序优先级。屏蔽寄存器的设置会影响中断请求寄存器的内容，从而改变中断服务程序的执行顺序，达到改变优先级次序的目的。CPU 往中断屏蔽寄存器送入的二进制信息，称为屏蔽码。屏蔽码可以安排在中断处理过程中第一个开中断之后送入，也可安排在中断服务程序执行之前送入。例如，在一个 0→1→2→3 的 4 级中断系统中，若在响应 1 级中断时允许第 2 级中断，而禁止第 3 级中断和第 0 级中断，则 1 级中断的屏蔽码为 1101。

例 10-1　假定硬件原来的优先级顺序为 0→1→2→3，设置各自的中断屏蔽码，将中断优先级改为 3→1→0→2，并列出每级中断的屏蔽码。

解　根据要求，0 级中断优先级从最高降到第 3，它的屏蔽码应设置为允许 3 级和 1 级中断，但要屏蔽自己和 2 级中断，0 级中断屏蔽码为 1010。

其中第一位（最左位）表示用“1”屏蔽 0 级中断，第二位用“0”允许 1 级中断申请，第三位用“1”屏蔽 2 级中断，第四位用“0”允许 3 级中断申请。

1 级中断屏蔽码为 1110，因为此时 3 级中断为最高级，1 级中断为第 2，所以 3 级中断允许申请，其他则屏蔽掉，不允许申请中断，这样屏蔽码第 4 位放“0”，其他位放“1”。

2 级中断屏蔽码为 0010。2 级中断为最低，只能屏蔽自己，其他都放“0”，表示允许中断申请。

3 级中断屏蔽码为 1111。3 级中断变为最高级中断后，当 CPU 处理 3 级中断时，不希望任何中断来打断它，所以全放“1”，屏蔽所有中断申请。

本例的屏蔽码设置见表 10-3。如果本例中 4 个中断源同时申请中断，则本例的多重中断处理轨迹如图 10-22 所示。

表 10-3　屏蔽码设置

中断级别	屏　蔽　码			
	0 级	1 级	2 级	3 级
0 级中断	1	0	1	0
1 级中断	1	1	1	0
2 级中断	0	0	1	0
3 级中断	1	1	1	1

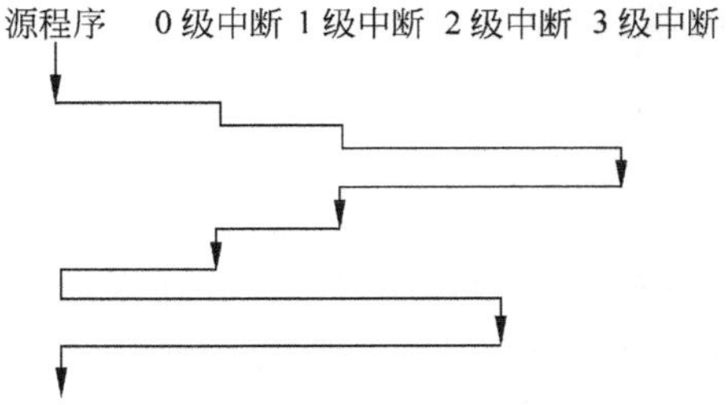

源程序　0 级中断　1 级中断　2 级中断　3 级中断

图 10-22　多重中断处理轨迹

在计算机开始运行时，中断屏蔽寄存器全为“0”，允许任何中断申请，当本例 4 个中断同时来时，按硬件原有顺序，首先响应 0 级中断，0 级中断在进入它的服务程序之前把 0 级中断的屏蔽码“1010”放入屏蔽寄存器中，这时把 0 级和 2 级中断的申请屏蔽，同时修改优先级寄存器的内容。在进入 0 级中断服务程序时，由于中断请求寄存器里有 1 级和 3 级中断申请，优先级编码器编出 1 级中断代码，并大于优先级寄存器内容（在将 0 级屏蔽码“1010”送入的同时，也对优先级寄存器的级别进行修改），又产生新的中断 INTA 信号给予 CPU，此时 CPU 把刚执行的 0 级服务程序打断，转去为 1 级中断处理。在 1 级中断处理过程中，也是进入它的服务程序之前，把 1 级的屏蔽码“1110”送入屏蔽寄存器，只允许 3 级中断申请，这样 CPU 刚执行 1 级服务程序时，被 3 级打断，又转入 3 级中断处理过程，由于 3 级中断的屏蔽码为“1111”，不允许任何申请，这样 3 级中断的服务程序可以顺利完成。完成后返回 1 级中断的服务程序断点，把 1 级中断的服务程序执行完毕，再返回 0 级中断的服务程序，把 0 级服务程序执行完。因 2 级中的断屏蔽码为“0010”，所以最后才能处理 2 级中断的服务程序。

外围设备引起的中断都能被屏蔽，所以称为可屏蔽中断类型。不可屏蔽中断指为及时响应一些最紧急、最重要的事件而设置的中断，如掉电等，这类中断是不能用屏蔽码屏蔽的，硬件设计上就没有，一旦发生立即通知 CPU。

程序中断控制方式适合中、低速外围设备与主机进行信息交换的场合，高速外围设备则要采用 DMA 控制方式。

10.4.3　DMA 控制方式

程序中断控制方式提高了主机和外设并行工作的效率，但是每传送一个字或一个字节的数据就要执行一遍中断服务程序，碰到高速外设连续传送时，这种方式就跟不上传送速度了，可能造成数据丢失，并同时造成CPU浪费大量时间进行数据传输，而不是计算工作。因此人们提出了直接存储器存取方式（DMA），即在外设与主存之间建立一个由硬件管理的数据通路，如图10-23所示，CPU不介入传送时的操作，数据也不经过CPU，这样就减少了CPU的开销，系统效率得到提高。硬磁盘、软磁盘和光盘都是高速外围设备，它们都采用DMA控制方式与主存进行数据交换。

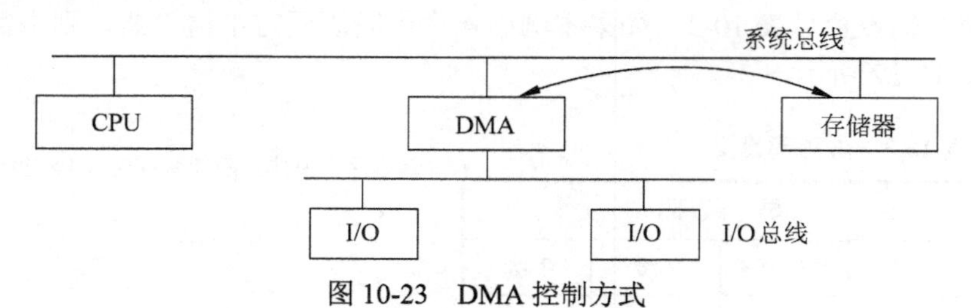

图10-23　DMA控制方式

DMA控制器给出当前正在传送数据的主存地址，并统计传送数据的个数以确定一组数据的传送是否已结束。在主存中要开辟连续地址的专用缓冲区，用于提供或接收传送的数据。在数据传送前和结束后要通过程序或中断方式对缓冲区和DMA控制器进行预处理和后处理。

1. DMA的三种传送方式

DMA方式的特点是传送数据时，CPU仍然执行主程序，那么，DMA控制逻辑与CPU同时有可能访问主存，引起主存使用权的冲突。对这一问题，有如下3种处理方法：

1）停止CPU方式

主机响应DMA请求后，让出存储总线，直到一组数据传送完毕后，DMA控制器才把总线控制权还给CPU，采用这种工作方式的I/O设备，其接口中一般设置有存取速度较快的小容量存储器，I/O设备与小容量存储器交换数据，小容量存储器与主机交换数据，这样缩短DMA占用系统总线的时间和CPU被暂停的时间也减少。在这个过程中总线控制器不需要裁决工作。

2）周期挪用方式

当DMA要求访问主存时，CPU暂时停顿一个存储周期。一个数据传送结束后，CPU立即继续运行。由于CPU现场并没有变动，只是延缓了对指令的执行，因此这种技术称为周期挪用，也称为周期窃取。DMA传送时间可在CPU的任一个机器周期（访问存储器）之后插入。以上是当DMA要访问主存，CPU也要访问主存时所采用的方法。此方法曾是一种被广泛采用的方法。

3）直接访问存储器工作方式

这是标准的DMA工作方式，如传送数据时CPU正好不占用存储总线，则对CPU不产生任何影响。如DMA和CPU同时需要访问存储总线，则总线控制器进行裁决，把使用权交给DMA，即DMA的优先级高于CPU。

在DMA传送数据的过程中，不能占用或破坏CPU硬件资源或工作状态，否则将影响CPU的程序执行。

2. DMA控制器的基本组成

DMA控制器的基本组成如图10-24所示。

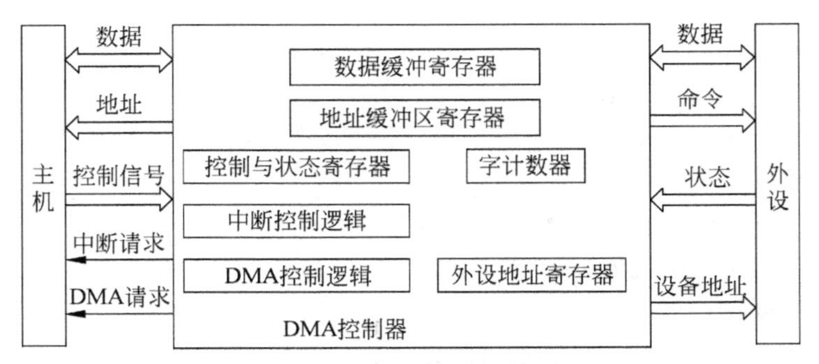

图 10-24 DMA 控制器的基本组成

（1）地址缓冲区寄存器。其用于存放内存中要交换的数据的首地址。在 DMA 传送前，须通过程序送入，主存缓冲区地址是连续的。DMA 传送期间，每交换一次将寄存器内容加 1，准备好下次数据传送的主存地址。

（2）字计数器。其用于记录传送数据块的长度，其值可以是一个由补码表示的负值。在 DMA 传送时，每传送一个字，字计数器就加 1，当计数器溢出即最高位产生进位时，表示这批数据传送完毕。

（3）外设地址寄存器。该寄存器存放 I/O 设备的设备码，或者表示设备信息存储区的寻址信息，如磁盘数据所在的区号、盘面号和柱面号等。其具体内容取决于 I/O 设备的数据格式和地址字编址方式。

（4）数据缓冲寄存器。该寄存器用来暂存 I/O 设备与主存传送的数据。DMA 面向主存时使用高时钟频率，即速度快；DMA 面向 I/O 设备时使用低时钟频率，即速度慢，数据缓冲寄存器在两种不同速度的设备中起缓冲与调节作用。

（5）控制与状态寄存器。该寄存器用来存放控制字和状态字。

（6）中断控制逻辑。其负责申请 CPU 对 DMA 进行预处理和后处理。

（7）DMA 控制逻辑。其包括设备码选择电路、时序电路。它负责 DMA 请求的产生和 DMA 各接口之间的排优，在取得总线控制权后，完成主存和设备之间的数据传送。

3. DMA 的工作过程

DMA 的工作过程分为三个阶段：准备阶段、传送阶段和结束阶段。

1）准备阶段

CPU 执行几条输入/输出指令，向 DMA 控制器送主存缓冲区首地址，送设备地址（如磁盘机号、柱面号和扇区号），送数据传送个数并指出数据传送方向（主存←→外设）。传送完以上几个参数到 DMA 内的相应寄存器后启动 DMA 工作。完成这些工作后，CPU 继续执行原来的程序，不再管理 DMA 控制器，外设开始准备动作。

2）传送阶段

I/O 设备启动后，若为输入数据，进行如下操作：

（1）从 I/O 设备读入一个字到数据缓冲寄存器中。

（2）向 CPU 发 DMA 请求，在取得总线控制权后，将数据缓冲寄存器中的数据送入主存的数据寄存器。

（3）将 DMA 中地址缓冲区寄存器的内容送主存的地址寄存器，启动写操作，将数据写入主存。

（4）将字计数器的内容减 1，将地址缓冲寄存器的内容加 1，给出下一个字的主存地址。

（5）判断字计数器是否为“0”，若不是，说明还有数据需要传送，检查无错后准备下一字的输入；若是，表明一组数据已传送完毕，此时应置结束标志，向 CPU 发中断请求。

输出数据时进行如下操作：

（1）将地址缓冲区寄存器的内容送主存地址寄存器。

（2）读主存对应单元的内容到数据寄存器。

（3）将主存数据寄存器的内容送到 DMA 的数据缓冲寄存器中。

（4）将数据缓冲寄存器的内容送到 I/O 设备。

（5）将字计数器的内容减 1，将地址缓冲区寄存器的内容加 1，为下一个字的输出做好准备。

（6）判字计数器的内容是否为 0，处理内容同上。

3）结束阶段

若需继续交换数据（比如下一扇区内容），则又要对 DMA 控制器进行初始化；若不需交换数据，则停止外设；若为出错，则转错误诊断及处理程序。

10.4.4 通道控制方式

以上介绍了两种实现输入/输出数据传输的方法，即程序控制和 DMA 方法。程序控制的输入/输出要求 CPU 的不断介入，但它连接外设需要的硬件最少，主要适合慢速的设备。在 DMA 方法中 CPU 可以从输入/输出操作中解脱出来，而只需要对数据传输进行初始化和启动，它需要有相应的硬件支持，可用于高速的数据输入/输出。这些方法广泛应用于微型和小型计算机系统中。在大型计算机以及网络服务器中则对输入/输出有更高的要求，为了充分发挥 CPU 的效率，需要有相应的外部设备控制器与之相辅。每个高速设备都配置一个专用的 DMA 控制器是不经济的，而且多个 DMA 的并行工作还会使存储器的访问发生冲突，因此必须多个设备之间共享 DMA 控制器，这样就形成了输入/输出通道的概念。通道是一个具有输入输出处理器控制的输入/输出部件。通道控制器有自己的指令，即通道命令，能够根据程序控制多个外部设备并提供了 DMA 共享的功能。

1. 通道种类

通道控制方式下，一台主机可以连接几个通道，每个通道又可连接多台 I/O 设备，这些设备可具有不同速度，也可以是不同种类。这种输入/输出系统增强了主机与通道操作的并行能力，解放了 CPU，同时也为用户增减外设提供了灵活性。

根据多台设备共享通道的不同情况，可将通道分为三类——字节多路通道、选择通道和数组多路通道，如图 10-25 所示。

1）字节多路通道

字节多路通道用于连接多个慢速的和中速的设备，这些设备的数据传送以字节为单位，每传送一个字节要等待较长时间，如终端设备等。因此，通道可以以字节交叉方式轮流为多个外设服务，以提高通道的利用率。例如通道可执行通道程序不断查询各设备的状态，哪台设备准备好，通道就为哪台设备传送数据。在字节多路通道方式中，它的数据传输率应等于各慢速外设速度之和。

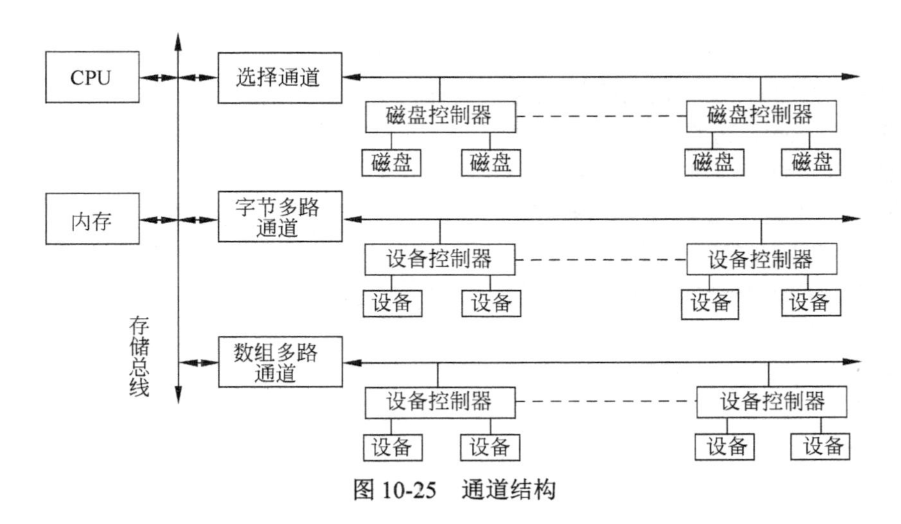

图 10-25　通道结构

2）选择通道

选择通道是每次只能从所连接的设备中选择一台外围设备的通道，该外设独占整个通道，直到完成这次传送。完成传送后，通道才转去为另一台外设服务。因此，连接在选择通道上的若干设备，只能依次使用通道与主存传送数据。数据传送是以成组（数据块）方式进行的，每次传送一个数据块，所以传送速率很高。选择通道多适用于快速设备（如磁盘），这些设备相邻字之间的传送空闲时间极短。

3）数组多路通道

数组多路通道把字节多路通道和选择通道的特点结合起来。数组多路通道也适用于高速外围设备。这些设备的数据以块为单位传输。通道采用块交叉的方法，轮流为多个外设服务，例如磁带机等。以数据块为单位传输时，在传输操作之前，需要寻找记录的位置，而这个时间是比较长的，让通道等待就不合理了，所以数组多路通道可以先向一个设备发出一个寻找的命令，然后在这个设备寻找期间为其他设备服务。当建立连接后通道把刚才的设备传输一块后，转过来传输此设备，直到一块传完，再准备下一块。数组多路通道使吞吐率有较大提高，在实际系统中得到了较多的应用。

2. 通道功能

一般来说，通道应有以下具体功能：

（1）根据 CPU 的要求选择某一指定外设与系统相连，向该外设发出操作命令，并进行初始化。

（2）指出外设读/写信息的位置以及与外设交换信息的主存缓冲区地址。

（3）控制外设与主存之间的数据交换，并完成数据字的分拆与装配。

（4）指定数据传送结束时的操作内容，并检查外设的状态。

通道除了承担 DMA 的全部功能外，还承担设备控制器的初始化工作，并包括低速外设单个字符传送的程序中断功能，因此它分担了计算机系统中全部或大部分 I/O 功能，提高了计算机系统功能分散化程度。通道与 DMA 的显著区别在于，通道有自己的指令系统，有通道程序，而 DMA 只有硬件。

通道之后又出现了功能更强大的输入/输出处理机 IOP（Input Output Processor）结构，它与通道的共同特征是：都具有指令系统，并能构成通道程序对外设进行控制。但是，通道和IOP 也存在着较大的区别。通道仍然依靠中央处理机，只具有功能有限的、面向外设控制和数据传送的指令系统，它的程序存于和 CPU 公用的主存中，通道内部只有用于数据缓冲的小容量存储器，其他许多工作仍然需由 CPU 实现。IOP 是通道结构的进一步发展，它除了继承通道的功能外，还具备如下功能：能处理传送出错及异常情况，能对传送的数据格式进行翻译（将 16 位拆卸为 8 位，或装配），能进行搜索和数变换，能进行整个数据块校验等。可以认为，IOP 将 CPU 大部分的 I/O 控制任务接管过来，它更接近一般独立的处理机的特征。IOP 具有单独的存储器，并可以访问系统的主存储器，还具有独立的运算部件，可执行面向控制的作业程序，从而在更高的水平上发挥整个系统的效率。

习　题

10.1　常用的输入设备有几种？简述鼠标的工作原理。

10.2　条形码的分辨率是什么含义？简述条形码的工作原理。

10.3　显示设备有哪些类型？其各有什么特点？

10.4　简述液晶显示器的工作原理，并说明它目前的应用情况。

10.5　某 CRT 显示器的分辨率为 1 024×1 024 像素，像素的颜色数为 256，问它至少需要多大的显示存储器（帧存储器）。

10.6　某显示器的分辨率为 800×600 像素，每个像素有 256 灰度级，像素的颜色数为 256，问它至少需要多大的显示存储器。

10.7　打印机有哪些类型？其各有什么特点？

10.8　什么是系统总线？连接系统总线的发送端为什么都有三态门？

10.9　总线有哪些类型线？每类的作用各是什么？

10.10　总线通信方式有几种？试比较同步通信方式与异步通信方式的不同处，各自的优点、缺点及它们适用的场合。

10.11　什么是总线的主设备？什么是总线的从设备？下列情况下主设备是什么，从设备是什么？

（1）CPU 执行程序；

（2）CPU 被中断与慢速设备交换数据；

（3）高速 I/O 设备与主存交换数据。

10.12　什么是总线裁决？总线裁决有几种控制方式？目前以哪种控制方式为主？

10.13　集中式总线裁决有几种方法？响应最快的是哪一种？连线最少的是哪一种？可方便地改变优先顺序的是哪一种？

10.14　现代微机中常用的几种总线分别是什么？解释其各自含义。

10.15　什么是 I/O 接口？它的作用是什么？

10.16　I/O 接口有几类？其各自的适用场合是什么？

10.17　在统一编址法中，如何区别内存与外围设备？在单独编址法中，如何区别内存与外围设备？它们各自的优缺点是什么？

10.18 常用的输出控制方式有几种？分别是什么？

10.19 什么是中断？中断源有几类？分别是什么？中断处理过程有几步？分别是什么？

10.20 中断向量识别方法中，如何形成中断服务程序入口地址？

10.21 中断向量方式中，为什么外围设备将识别代码放在数据总线上，而不放在地址总线上？

10.22 中断向量的全过程中，哪些工作由硬件完成？哪些工作由软件完成？

10.23 什么是多重中断？什么是中断屏蔽？中断屏蔽的作用是什么？

10.24 假定硬件原来的优先级顺序为 0→1→2→3→4，设置各自的中断屏蔽码；将中断优先级改为 2→4→3→0→1，写出每级的中断屏蔽码。

10.25 某机有三个外围设备采用程序查询输入/输出方式。假定一个查询操作需要 100 个时钟周期，CPU 的时钟频率为 50MHz。求 CPU 在以下三种情况下输入/输出查询所花费的时间比率（为避免数据丢失要保证足够的查询时间）：

（1）鼠标器必须在每秒进行 30 次查询；

（2）软盘与 CPU 的数据传输以 16 位的单位进行，数据传输速率为 50KB/s；

（3）硬盘传输数据以 32 位的字为单位，传输速率为 2MB/s。

10.26 采用中断控制方式进行输入/输出，假定每次中断传输的开销为 100 个时钟周期。求上题（2）中 CPU 为传输软盘数据所花费的时间比率。

10.27 某硬盘采用 DMA 输入/输出控制方式。设 DMA 的启动准备工作需要量 1 500 个时钟周期，DMA 完成后处理（DMA 停止的中断）需要 500 个时钟周期，以上时间为完成一次 DMA 传输 CPU 需要花费的时间。若硬盘传输速率为 2MB/s，每次传输长度为 2KB，问当 CPU 的时钟频率为 50MHz 时，将用多少时间比率进行硬盘的 DMA 输入/输出操作？

10.28 某外设与主机传输数据的最高速率为 5 万字次/s，采用中断方式传输时每次只能传输一个字，问当中断处理程序执行时间为 25μs 时，该外设与主机能否采用中断方式传输？为什么？

10.29 与程序中断输入/输出方式相比，DMA 方式有什么特点？

10.30 在输入/输出系统中，DMA 方式是否可以替代中断方式？

10.31 DMA 与 CPU 同时要访问主存时，如何避免二者的冲突？

10.32 DMA 方式与通道方式样有哪些不同？

10.33 什么是输入/输出通道？它可分为哪三种类型？每种类型的通道可用于哪些场合？

10.34 IOP 比通道方式在功能上有了哪些提高？

第11章 并行计算机体系结构简介

计算机为提高运行速度和处理能力，都采用并行技术。并行技术之一是针对单片 CPU 的并行技术，包括指令流水线技术、超级标量处理技术、超级流水线处理技术、超长指令字和超线程处理技术等。如 Pentium 4 单片 CPU 就采用了指令流水线、超级标量处理技术和超线程处理技术（两个逻辑运算器轮流使用一个物理运算器）。另一并行技术是针对大型机和巨型机的，它由多处理器（一个处理器指一个单片 CPU 芯片）和多机组成。目前通常把采用第二种技术的结构称为并行计算机体系结构。

11.1 并行计算机的分类

并行计算机可以分成两大类：SIMD 系统和 MIMD 系统（图 11-1）。SIMD（Single Instruction Multiple Data）计算机可以同时在多个数据集上并行执行同一条指令。这种类型的计算机包括阵列和向量。MIMD（Multiple Instruction Multiple Data）计算机可以同时执行多条指令并同时处理多数据集，它是目前并行技术的主流。MIMD 计算机又分成多处理器系统和多计算机系统两大类。

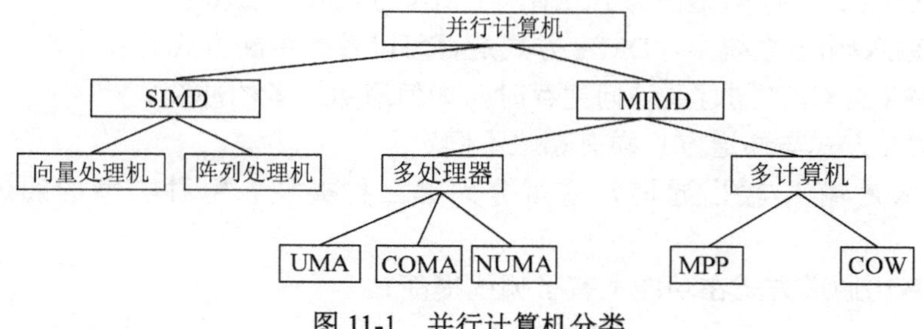

图 11-1　并行计算机分类

在 MIMD 计算机中，多处理器系统共享物理内存，而多计算机系统中物理内存是不共享的。MIMD 计算机里两种系统都通过不同的高速互联网络把 CPU 和内存模块连接起来，使 CPU 之间及 CPU 与内存之间进行通信。互联网络可以采用多种拓扑结构，包括网格、座盘、环形和超立方体。

11.2 SIMD 计算机

SIMD 计算机用于解决使用向量和阵列这样比较规整的数据结构的复杂的科学计算和工程计算问题。这种计算机只有一个控制单元，每次只能执行一条指令，但是每一条指令可同时对多个数据进行操作。SIMD 计算机分为阵列处理机和向量处理机。

11.2.1 阵列处理机

在阵列处理机中，一个单一的控制单元提供信号驱动多个处理单元 PU 同时运行，如图 11-2 所示，图中的 PU 由 1 个处理单元（PE）同它的局部存储器组成。要执行的指令在控制部件中译码后，由控制部件向全体 PE“播送”控制信号，所有 PE 在同一个总的时钟信号下同步工作。一个 PE 的运算结果可能要为另一个 PE 使用，因而 PE 之间有一个互联网络 Inet，数据可以通过 Inet 在各 PE 间传送。PE 可以简单到每个 PE 由 1 位 ALU 组成，也可大到 32 位 ALU，或者带浮点计算能力的 ALU。

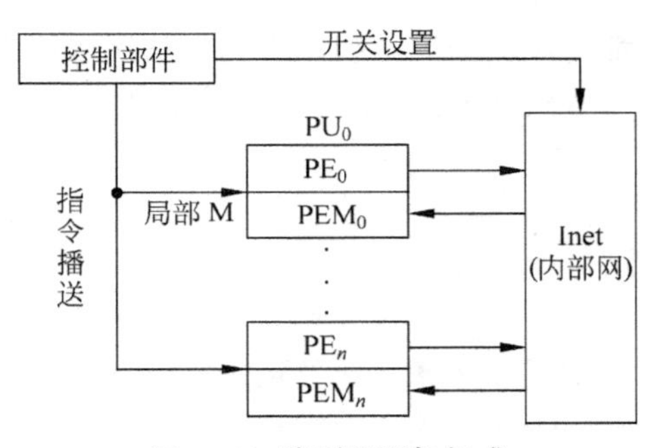

图 11-2 阵列处理机组成

在阵列处理机中要考虑三个问题。第一个是处理单元中 PE 的复杂度，即 ALU 采用多少位或是否带浮点计算功能。第二个是处理单元之间如何连接的问题，通常情况下采用方格型网络。第三个是处理单元的自治能力，即可选择执行该指令还是不执行。由于阵列处理机专用性强，世界上装用的数量有限。Illiac Ⅳ 号是由美国伊利诺大学开发的阵列处理机，被美国空军一直使用到 1983 年。

阵列处理机对于适合它的题目，运算速度比流水线向量处理机要高，但对于不适合它的题目，运算速度将急剧下降，并行工作能力得不到发挥，效率变得极低，所以它的前途不明朗。

11.2.2 向量处理机

SIMD 计算机的另一类型是向量处理机（vector processor），向量处理机在商业上取得了很大成功，其代表机型为 Cray-1。

20 世纪 70 年代前后，为了处理向量计算，人们研发了两种类型的巨型计算机系统：流水线处理机和并行处理机。两者比较，并行处理机的结构复杂，成本高，因而流水线处理机发展很快。它是处理向量计算的主要手段，因此人们已把它称为向量处理机。

由于向量元素主要是浮点数，浮点数的运算比较复杂，需要经过多个节拍才能完成，所以向量很适合用运算流水线处理。当用运算流水线处理一个数组时，对向量中的每个元素都执行相同的操作，而且每个向量的各元素间又是互相无关的，因而流水线就能以每拍送出一个结果的最高速度连续流动。为了配合它，向量处理机都配有一个大容量的、分成多个模块交叉工作的主存储器，并且采用三端口存储器模块。

对向量的处理，要设法避免流水线功能的频繁切换以及操作数元素间的相关，这样才能使流水线达到最高速度，使输出端每拍能送出一个结果元素。这就要求采取一定的处理方式来保证流水线的畅通。

假定有一个向量运算：

$$D=A\times(B+C)$$

式中 A，B，C，D 都是长度为 N 的向量。若按常规处理，则流水线不能连续流动。

$$D_1=A_1\times(B_1+C_1)$$
$$D_2=A_2\times(B_2+C_2)$$
$$\vdots$$
$$D_N=A_N\times(B_N+C_N)$$

计算这个向量流水线要反复进行加法和乘法的切换，即流水线功能切换，每个 D_i 的运算都需从加法流水线切换到乘法流水线，无法发挥流水线的作用。如改变处理顺序，先对所有元素执行加法运算（N 个加法），然后对所有元素执行乘法运算（N 个乘法），其顺序如下：

$$B_i+C_i\rightarrow D_i(i\text{ 从 1 到 }N)$$
$$D_i\times A_i\rightarrow D_i(i\text{ 从 1 到 }N)$$

这样就能保证流水线畅通。

Cray-1 的体系结构与后来的 RISC 体系结构类似，它成了很好的研究范例，许多现代的向量超级计算机都受到它的影响。

Cray-1 的主要部分如图 11-3 所示。它有 120 种指令，向量有 10 种格式，标量有 13 种格式。共有 5 种类型的寄存器，其中有 3 种是基本的寄存器：向量寄存器（V）、标量寄存器（S）和地址寄存器（A），还有两种中间的寄存器：标量存储寄存器（T）和地址存储寄存器组（B）。

8 个 24 位的 A 寄存器用于内存寻址。B 寄存器组中有 64 个 24 位的寄存器，存放在一段时间内要反复使用的地址值。8 个 64 位的 S 寄存器用于保存标量（整数和浮点数）。这些寄存器中的值作为运算的操作数。64 个 64 位的 T 寄存器是 S 寄存器的后备存储器，这样可以减少 LOAD 和 STORE 指令的执行次数。向量寄存器组 V 有 8 组向量寄存器，每组向量寄存器中有 64 个 64 位元素寄存器，所以它是庞大的寄存器组。

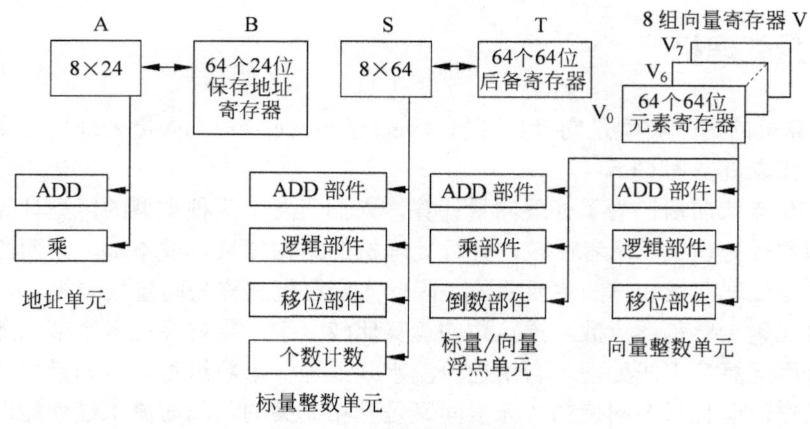

图 11-3　Cray-1 体系结构

Cray-1 机采用多功能部件结构，一共有 12 个功能部件，分为 4 组：3 个向量整数单元部件（加、逻辑、移位）、3 个浮点标量/向量浮点单元部件（加、乘、求倒数）、4 个标量整数单元部件（加、逻辑、移位、“1”个数计数）、2 个地址功能部件（加、乘）。这些功能部件本身都采取流水线结构，只要不发生寄存器冲突，这些功能部件就都能并行工作。

11.3 MIMD 计算机

MIMD 系统可以分为多处理器系统和多计算机系统两大类。多处理器系统的特点是所有 CPU 共享同一个物理内存，每个 CPU 不带自己的内存或少量带有，由统一操作系统管理，整个物理内存空间由许多内存模块组成。多计算机系统的特点是每个 CPU 都有自己的内存，即自己独立的物理地址空间；执行自己的操作系统，具有对外通信的通信处理器。多个有这样特性的计算机互联就构成了多计算机系统。

图 11-4 说明了多处理器系统与多计算机系统的区别。多处理器系统中 16 个 CPU 共享一个物理内存，每个 CPU 都可以通过执行 LOAD 或 STORE 指令读/写内存中的任一个字，并通过内存的读/写操作就可以实现 CPU 之间的通信。从图像处理的角度看，多处理器系统中的每个 CPU 都可以处理图像的任意 1/16，也可以处理整个图像，因为它可以访问整个内存。多计算机系统中的 16 个 CPU 都带有自己独立的内存，相互之间访问必须用 send 和 receive 通信语句进行，不能用 LOAD 或 STORE 指令直接访问其他内存。每个 CPU 只能处理分配的 1/16 任务，当发现图像边沿有问题时，向其他 CPU 发请求获得数据申请来得到数据。

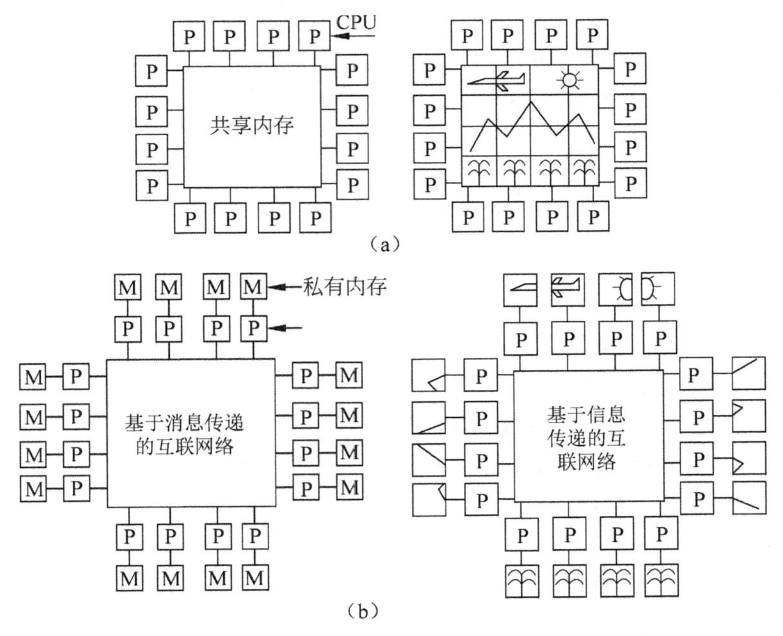

图 11-4 多处理器系统和多计算机系统

（a）多处理器系统；（b）多计算机系统

多处理器系统软件设计简单，易实现，硬件设计则比较复杂。多计算机系统正好相反。例如建造一台具有数百个 CPU 共享内存的多处理器系统计算机是一项很复杂的工作，而实现具有 1 万个 CPU 的多计算机系统则是一项相对简单的工作。目前研究人员正致力于结合两者的优点，设计出混合的系统。

MIMD 并行计算机设计所面临的问题之一是互联网络，多计算机系统中用互联网络把多个计算机连接是显而易见的，多处理器系统同样存在这个问题。多处理器通常有多个内存模块，这些内存模块之间以及内存模块和 CPU 之间都需要通过互联网络连接，所以多处理器系统和多计算机系统在互联网络方面是很类似的。互联网络主要涉及的研究内容为：网络的拓扑结构设计、交换结点方案设计、路由算法等。这些问题请读者查阅有关网络方面的书籍，本书不再介绍。

11.3.1 多处理器系统

根据共享内存的实现方式可以把多处理器系统分成三类：一致性内存访问（Uniform Memory Access，UMA）、非一致性内存访问（Non Uniform Memory Access，NUMA）和基于（Cache）的内存访问（Cache Only Memory Access，COMA）。

1. UMA 多处理器系统

UMA 计算机的特点是 CPU 访问所有的内存模块的时间都相同，即读取每个内存字的时间是相等的。访问速度以最慢内存模块为准。程序员不会感觉有速度问题存在，这就是一致的含义。这种一致性可以保证系统的性能可以预测，也有利于程序员编写高效率代码。

图 11-5 所示是一种基于 UMA 总线的 SMP 体系结构，每个 CPU 带有 Cache，通过单总线与内存连接起来。由于使用单总线连接，挂在总线上的 CPU 个数受到影响，个数太多总线流量受限制，整个系统效率降低，通常这种结构不超过 32 个 CPU。

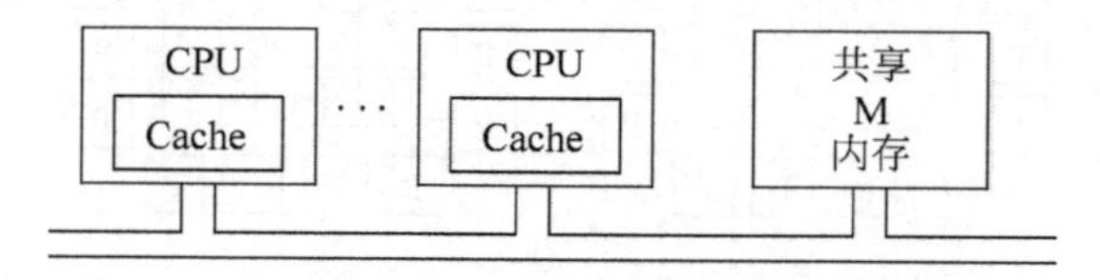

图 11-5 基于总线的多处理器系统

由于每个 CPU 都带有 Cache，当同时操作内存中的某一块数据时，会出现 Cache 一致性问题。例如，CPU_1 与 CPU_2 同时读取内存中的一块数据到自己的 Cache 中，CPU_1 先对 Cache 的内容进行了修改，此后 CPU_2 的 Cache 中数据就已成为旧内容，因为 CPU_1 修改自己的 Cache 后还没有写回内存，而 CPU_2 读的数据相对 CPU_1 来讲是旧数据。解决 Cache 一致性问题有两种方法，一种是使用监听型的 Cache（本书不再详述，请查阅有关书籍），另一种是采用“MESI” Cache 一致性协议。

MESI 协议是一种比较常用的写回 Cache 一致性协议，它是用协议中用到的 4 种状态的首字母（M、E、S、I）来命名的。目前，Pentium 4 和许多其他的 CPU 都使用了 MESI 协议来监听总线。每个 Cache 项都处于下面 4 种状态之一：

（1）无效（Invalid）：该 Cache 项包含的数据无效。

（2）共享（Shared）：多个 Cache 中都有这块数据，内存中的数据是最新的。

（3）独占（Exclusive）：没有其他 Cache 包括这块数据，内存中的数据是最新的。

（4）修改（Modified）：该项的数据是有效的，内存中的数据是无效的，而且在其他 Cache 中没有该数据项的副本。

此协议遇到前面例子情况时作如下动作，CPU_1 把内存中的数据置为无效，使 CPU_2 Cache 中的数据无效，CPU_1 在总线上发送一个信号通知 CPU_2 等待它修改块写回内存。当 CPU_1 写回操作完成后，CPU_2 从内存中取得数据的拷贝，然后 CPU_1 和 CPU_2 的 Cache 中的该块都标记为共享。如果之后 CPU_1 再次写该块，又将使 CPU_2 中的对应块无效。

以上 UMA 多处理器系统是基于 UMA 单总线结构的，它的缺点是 CPU 个数少，这是因为总线带宽的限制。为使用更多的 CPU，出现了“交叉开关的 UMA 多处理器系统”和“多级交换网络的 UMA 多处理器系统”，这两种系统需要大量的硬件成本，同时 CPU 数量也不可能太多，一般为 100 个左右。原因是内存模块要有一致的访问时间。为克服这个难题，又要多连接 CPU 数量，只好放弃一致性内存访问，产生了 NUMA 多处理器系统。

2. NUMA 多处理器系统

NUMA 多处理器系统也为所有 CPU 提供单一的地址空间，它与 UMA 的不同处是靠近 CPU 的内存模块的访问速度比其他的内存模块快得多。UMA 计算机编写的程序，几乎不用修改就可在 NUMA 计算机上运行，这是由多处理器系统共享内存的特点决定的。NUMA 计算机的主要特点如下：

（1）所有的 CPU 都看到一个单一的地址空间；

（2）使用 LOAD 和 STORE 指令访问远程内存；

（3）访问远程内存比访问本地内存慢。

NUMA 计算机也存在 Cache 一致性问题，除前面介绍过的 MESI 协议外，还有一个可伸缩的一致性接口（Scalable Coherent Interface，SCI）的 Cache 一致性协议。商用化产品 Sequent NUMA-Q 2000 就使用的 SCI 协议。SCI 协议的优点是扩展性好，它最多可支持 64 K 个结点，每个结点可达 2^{48} 个字节空间,一个结点可由 4 个 CPU 组成。SCI 协议已经标准化了，定为 IEEE1596。

3. COMA 多处理器系统

在 COMA 多处理器系统中，把每个 CPU 的主存看成 Cache 来处理，物理地址空间被划分成 Cache 块，这些块根据需要在系统中来回移动，Cache 块不再有宿主计算机。把主存作为一个大的 Cache 可以极大地提高命中率，从而提高性能。它要解决的新问题是，如何对 Cache 块进行寻址和将 Cache 块丢弃，如何处理最后一个拷贝。

COMA 系统号称比 NUMA 有更好的性能，但实际建造的 COMA 系统很少。

11.3.2 多计算机系统

多处理器系统的优点在于内存共享，通过 LOAD 和 STORE 两条存取指令就可以操作内存，为多处理器系统编写的程序可以访问内存的任何位置，而不用知道内存的内部拓扑结构和实现机制。多处理器系统的缺点是规模扩展受到限制，同时要用大量硬件实现，它的最大规模是几百个 CPU。

为了建造更大规模的计算机系统，人们提出了多计算机系统，它的特点是每个 CPU 都有自己的私有内存，CPU 不能访问其他 CPU 内存，不能再用 LOAD 和 STORE 指令访问任意内存模块，而要用 send 和 receive 这样的原语相互传递消息。如图 11-6 所示，多计算机系统中的每个结点都由一个或多个 CPU 组成，RAM 在结点内共享，节点内还包括本节点磁盘和输入/输出以及通信处理器。每个节点通过高性能互联网络连接起来。

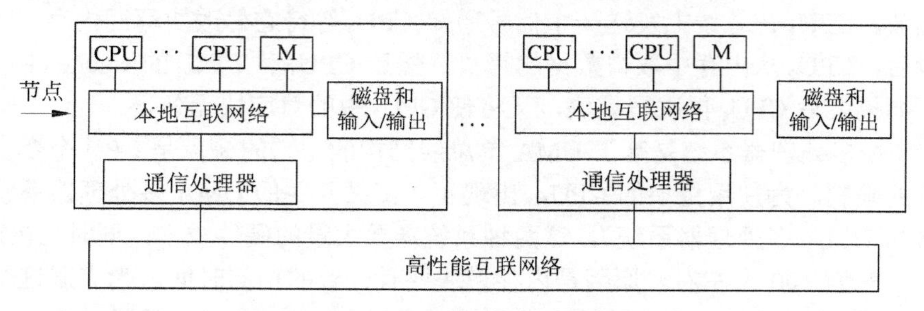

图 11-6　多计算机系统的结构

多计算机系统一般分成两大类：大规模并行处理机和工作站集群。

1. 大规模并行处理机（Massively Parallel Processor，MPP）

这是一种价值数百万到上亿美元的超级计算机系统。它可用于科学计算、工程计算和大量计算的工业部门，每秒可以处理大量的事务，还可用于数据仓库。MPP 系统已取代了 SIMD 计算机、向量超级计算机和阵列处理机，成为当今大型机、巨型机的主流。

大多数 MPP 系统都使用标准的 CPU 作为处理器，常用的有英特尔的 Pentium 系列、SUN Ultra SPARC、DEC Alpha、IBM RS/6000 和 AMD 公司系列产品。大的系统都使用几百片以上的 CPU 集合而成，巨型机使用几千片 CPU 集合而成。

MPP 有三大特点。第一，为它使用了高性能的、私用的互联网络，可以在低时延和高带宽的条件下传递消息。这分别解决大部分消息都很小（通常在 256B 以内）和大部分的流量来自大消息传递（超过 8 KB）的问题。第二，它具有强大的输入/输出能力。它往往要处理大量的数据，常常会达到 T 字节，这些数据因为必须分布在多个磁盘上，因此 I/O 能力要强大。第三，它的容错能力强。在使用数千个 CPU 的情况下，每星期有若干 CPU 失效是常见的事情。一个 CPU 失效导致运行一天的任务被中止是不能容忍的，因此大规模的 MPP 系统总是使用特殊的硬件和软件来监控系统，检测错误并从错误中平滑地恢复。

MPP 系统还需要使用大量定制的软件和库。

20 世纪 90 年代中期，美国国防部和能源部定制的超级计算机之一（Intel / Sandia Option Red）共有 4 536 个计算节点，每个节点由两片 200 MHz 的 Pentium Pro CPU（当时最好的单片 CPU）组成，另外还有 32 个服务节点、32 个磁盘节点、6 个网络结点和 2 个启动节点。

2. 工作站集群（Cluster of Workstation，COW）

它是另一种多计算机系统，也被称为工作站网络。COW 系统是由数百台 PC 或者工作站通过商用网络连接在一起构成的。COW 系统主要有两种：集中式和分散式。集中式的 COW 是装在一个大机架上的工作站或者 PC 的集群，这些计算机都是同构的，而且除了网卡和磁盘之外没有其他外设。这是当今第五代计算机的模型。

分散式的 COW 是由分布在一座大楼或者校园里的工作站或 PC 组成的，它们通过局域网连接起来，计算任务分配给空闲的计算机来做，即充分利用计算机多数情况下是空闲的特点。所有者拥有每台计算机的使用权。分散式的 COW 是目前正在研究的热点之一，有兴趣的读者可参阅有关书籍。

11.3.3 集群机系统

1. 集群机（Cluster）简介

计算机体系结构的研究就是当时的超级计算机的研究。超级计算机共经历了五代。第一代为早期的单芯片系统，第二代为向量处理系统，第三代为大规模并行处理系统，第四代为共享内存处理系统，第五代为集群系统。目前全球五百强超级计算机中已经有半数以上采用集群式系统。

20 世纪 90 年代中后期，开始出现了许多用廉价组件（英特尔和 AMD 的微机芯片、主板、高速内联网）拼凑起来的 Cluster，如洛斯阿拉莫斯实验市的 Avalon、我国的曙光 4000 等都属于第五代超级计算机。第三代计算机（MPP）与第五代计算机（Cluster）在体系结构上是同构的，同属于分布式内存处理方式（Distributed Memory Processing，DMP），其差别在于是否采用物美价廉的普通商品组件。MPP 与 Cluster 从互联的角度看，区别在于 MPP 使用专用高性能互联网络，而 Cluster 使用商用网络。从 CPU 的角度看 MPP 采用单独设计的高性能处理器，而 Cluster 采用高性能成品处理器。从价格方面看，MPP 比 Cluster 贵得多。

集群机系统的主要生命力来自其经济有效性，它采用高性能的普通日用品 IA 芯片、公开系统的主板、免费的公开源码操作系统与并行编程接口，使超级计算机系统的造价告别了天文数字，让具有一般规模的公司都用得起。基于集群机的特点，它的规模可大可小。

集群的基本单位是单独的计算机，称为节点(node)。其可增长的特性，称为延展性(scale)，也就是向集群中加入计算机。集群没有严格的定义，可以说就是许多利用高速连接的、具有高速运算能力的、具有单一用户界面的计算机组合。这并不是集群的定义，而是表面现象的描述。集群中的节点需要硬件尽可能一致，不一致的硬件集群称为异构集群，虽然这并不能改变集群的特性，但是异构会导致集群花费额外的时间来处理异构所带来的延迟，另一方面这也是集群的优势，任何其他的多 CPU 系统都严格要求 CPU 是一致的，集群就有足够的自由度增减节点，不受类型的限制。

2. Linux 集群的特点

集群机根据采用的操作系统不同而称为某某集群，例如采用 Linux 的就称为 Linux 集群，采用 UNIX 的就称为 UNIX 集群。下面介绍 Linux 集群的特点。

Linux 集群可分为三类。第一类是高可用性集群，其运行于两个或多个节点上，目的是在系统出现某些故障的情况下，仍能继续对外提供服务。高可用性集群的设计思想就是最大限度地缩短服务中断时间。第二类是负载均衡集群，其目的是提供和节点个数成正比的负载能力，这种集群很适合提供大访问量的 Web 服务。负载均衡集群往往也具有一定的高可用性特点。第三类是超级计算集群。按照计算关联程度的不同，其又可以分为两种。一种是任务片方式，要把计算任务分成任务片，再把任务片分配给各节点，在各节点上分别计算后再把结果汇总，生成最终计算结果。另一种是并行计算方式，节点之间在计算过程中大量地交换数据，可以进行具有强耦合关系的计算。这两种超级计算集群分别适用于不同类型的数据处理工作。以下具体说明为何在搭建一个集群机时选择 Linux 集群。

（1）卓越的性价比。

集群为许多高性能的工作负载提供了大量的性价比优势。Linux 集群通过充分利用低成本的服务器和源代码开放的软件，进一步拓展了这些优势。当今，许多企业都在使用商品化硬件、标准互联和联网技术，以及源代码开放的软件和自己或第三方的应用程序来构建 Linux 集群。利用基于 Intel® 至强处理器的高级 IBM xSeries ™ 服务器节点、Red Hat 公司的 Red Hat Linux——一种经过证明的集群管理软件以及任选高速互联网，将最佳的 IBM 技术和第三方技术集于一身。因此，它显著地提高了 Linux 集群的安装速度，并简化了支持工作。

（2）一种综合的解决方案。

集群是一种集成产品，配置非常方便，有助于快速部署各种应用。该系统可以按照规范要求来运行，减少了研究、评估、集成、测试和调节 Linux 集群的时间和资源。另外，集群可以在任意时间添加更多的服务器来处理日益增加的工作负载，整合更多的服务器或增加新的应用。

IBM 为集群提供安装支持，还提供了任选的 Linux 集群支持服务，为该服务配备的专家了解整个集群环境，而不是只了解个别组件。这些服务包括 Linux、Linux 的集群系统管理（CSM）和 Linux 软件的通用并行文件系统（GPFS）。

（3）高性能的集群管理。

IBM 为 Linux 提供 CSM，这是一种高级集群管理软件，能够通过单点控制来管理基于英特尔产品的 Linux 系统集群。这样便简化了集群的管理，使其能够很方便地扩展，有助于提高系统管理员的效率。CSM 包括一种能够监控软/硬件事件的基础设施，在适当的时候可以触发自动恢复操作。CSM 的这种可靠性较高的基础设施和事件监控功能，有助于快速检查和解决问题，从而增强了集群的可用性。Linux 的 CSM 结构和设计基于 AIX®软件产品的 IBM 并行系统支持程序，这种产品已经部署在 IBM P 系列（RS/6000）®SP™——全球最普遍使用的超大型计算机中。

CSM 包含多种组件，使 Linux 集群的管理更加容易：

① 分布式管理服务器：为集群中的每个节点提供永久信息库，保持每个节点的状态。

② 事件应答资源管理器：能够运行命令和脚本来应答客户定义的事件。提供一组丰富的预定义条件和应答。可以监控许多资源，包括节点、适配器、文件系统和进程。

③ 远程硬件控制：在节点中使用了集成系统管理处理器。这使管理员能够远程重置、开启和关闭节点。

④ 配置文件管理：为节点间的公共文件提供一个信息库。CSM 可以实现集群中各配置文件的同步。

⑤ 分布式 Shell：能够在集群的所有节点上远程运行命令和脚本，并可以选择组合多个服务器的输出结果。分布式命令执行管理器是一种任选的图形用户界面，集成了分布式 Shell，可以对节点及节点组进行更方便的管理。

CSM 可以对节点进行分组，通过这种方式，可以方便地为集群中的服务器子集应用不同的规则。通过对节点进行分组，可以将管理命令应用到个别节点，或应用到管理员定义的一组特定节点。通过为集群提供单点控制，CSM 可以显著地简化总体系统管理，因此它是服务器整合解决方案的一种有效方法。通过同时运行脚本 CSM 有助于提高集群的可用性。

（4）先进的服务器技术。

基于英特尔至强处理器的高级 IBM xSeries ™ 服务器节点能够以非常吸引人的价位提供用户所渴望的功能、扩展性、控制和服务。集群的标准配置包括管理节点、多达 256 个集群节点以及提供共享文件存储的多达 32 个可选存储节点。对于要求更多或其他非标准配置的用户来说，IBM 提供一种专门的订购流程。所有节点都运行 Red Hat Linux。集群还包括一种可实现节点间安全通信的管理以太网 VLAN、一种可实现应用节点间通信的集群和一种可实现远程控制台功能的终端服务器网络。集群的标准配置具有一个管理 VLAN 的 10/100/1 000 Mb/s 以太网交换机。集群可以配置单个或两个 Intel Xeon ™ 处理器，内存容量为 512 MB～8 GB。每个集群节点都有一个或两个磁盘驱动器，每个节点的磁盘存储量高达 292 GB。管理节点还具有两个 Intel Xeon 处理器，内存容量为 512 MB～8 GB，热插拔磁盘的存储容量高达 880 GB，并带有集群管理适配卡。

通过使用可选的存储节点增加磁盘的容量，可以配置更大的文件系统存储容量。存储节点具有一个或两个 Xeon 处理器，内存容量为 512 MB～8 GB，热插拔磁盘的存储容量高达 880 GB。在容量的增强方面，经配置后，这些节点可以支持外部连接的光通道 RAID 存储子系统。在较高的可用性方面，经配置后，它们可以为所有数据提供冗余路径。标准配置最多可以支持 32 个存储节点。系统要求一个键盘/显示器/鼠标（KVM）交换机。系统通过终端服务器提供远程控制台支持。

（5）可能性变为现实。

各用户可以充分利用 Linux GPFS 的优势。GPFS 是一种高性能、可扩展的共享磁盘文件系统，能够从 Linux 集群环境的所有节点中提供快速数据接入。在多个集群节点中运行的并行应用以及在单个节点上运行的系列应用，可以使用标准 UNIX 文件系统界面随时接入共享文件。而且，经过配置后，GPFS 可以在磁盘和服务器发生故障时实现故障切换。

3. 曙光 4000 A 超级计算机

国产曙光 4000 A 超级计算机在 2004 年完成，具备 11 万亿次运算能力，在当年 500 强计算机中排名第 10。它使用了 2 560 个 AMD 公司的 Opteron 芯片。曙光 4000 A 采用国际高性能计算机主流的集群结构，整个系统规模达到 640 个结点，每个结点为 4CPU 的 SMP 系统，采用 AMD 2.2 GHz Opteron 64 位处理器，峰值运算速度为 11TFLOPS。整个系统通过 4 套网络互联，包括 Myrinet 2000、千兆以太网、百兆以太网和管理网络。系统的一个节点主要配置如下：

（1）2U 机架；

（2）4 个 AMD Opteron2.2 GHz64 位 CPU；

（3）4 GB 内存（可扩展到 20 GB）；

（4）内置一块 73 GB SCSI 320 硬盘（数据盘）；

（5）内置 2 个 1 000 Mb/s 网卡；

（6）内置 SCSI 320 控制器。

它的内存达到 5 TB，存储容量达 95 TB，也采用 Linux 集群平台技术。

11.4 第六代超级计算机概念

这是一个比较超前的概念，目前并没有得到普遍认可，本书介绍两位专家的见解，供读者参考，这两位专家是李晓渝和邓越凡。李晓渝是巨星超级计算技术有限公司总裁，曾任斯坦福大学的首席系统设计师；邓越凡是南开大学计算研究所所长、美国纽约州立大学石溪分校教授。

第六代超级计算机在第五代超级计算机的基础上将性能与规模提升至少一个数量级，向每秒千万亿次浮点运算（Pflops）的目标挺进。第六代超级计算机概念是依据超级计算机的发展历史而提出的。它不针对计算模式和体系结构而定义，本质上还是目前为止作为主流的冯•诺依曼体系和半导体材料芯片为基础。第六代超级计算机的10项指标如下：

（1）高扩展能力（High Scalability）。比如，节点数量达到10 000或者100 000个以上，或者内联网络带宽能非常容易地从10 Gb/s扩展成30 Gb/s，或更高。

（2）高性能节点比（High Performance Node Ratio）。比如，单位节点的运算能力提升到100 Gflops以上，处理器的速率突破"摩尔定律"的限制，必须尽可能以较少的节点去实现较强的运算能力。

（3）高整体系统均衡优化（High Over-all System Balance and Optimization）。超级计算系统不能只考虑运输能力的扩展，它必须综合考虑与之配套的节点总线、存储设备、内联网络、存储网络等系统方面的均衡与优化。

（4）高可用性与可持续性（High Availability and Sustainability）。在复杂程度急剧增加的情况下，系统必须保证高度的可持续运算能力，能进行长时间的运算，不致因为节点或部件的失效而丧失整个系统的运算能力。

（5）高性能密度（High Performance Density）。比如，在单位标准机架空间达到10 Tflops或者100 Tflops的运算能力。

（6）高机动性（High Mobility and Portability）。与高性能密度的要求紧密相关，新一代高性能计算机群（HPC）必须有能力实现机动性，将巨大的运算能力装载上各种运载工具，也只有高性能密度的系统才能实现机动性。

（7）高可管理性（High Manageability）。超大规模的复杂系统必须能实现系统整体的管理和简易的操作。

（8）高标准化与普适性（High Standardization and Commoditization）。公开的系统架构、公开的系统源码和编程接口、工业标准的硬件组件均是现代超级计算机发展的必然趋势。

（9）高经济有效性（High Cost–Effectiveness）。这也意味着高性能价格比，如超过100 Mflops/$。

（10）高性能能耗比（High Performance Power Ratio）。如超过20 Gflops/Watt。

在这些标准中，高标准化与普适性、高经济有效性、高可用性与可持续性、高可管理性等基本上是第五代系统优势的继续或者任何体系结构的超级计算系统的普遍要求。其余的目标应该是下一代超级计算机所要重点努力的方向。

2010年11月，中国"天河一号"超级计算机系统投入使用，以每秒2.57千万亿次的实际运算速度成为当时全球速度最快的超级计算机。2011 年 11 月，由富士通制造的日本超级计算机“京”排名首位，夺得“全球最快超级计算机”桂冠。“京”的每秒运算峰值可达 1.051 亿亿次，这也是人类首次跨越 1 亿亿次计算大关。

两位专家是在 2004 年提出的第六代超级计算机概念，他们所设定的运算速度为千万亿次（Pflops），经过 5 年的努力已达到这个目标，并又超过一个数量级。

目前在全球排名 500 强的超级计算机系统中，有 74 台为中国所有，中国拥有的超级计算机数量仅次于美国，位居全球第二。

习　题

11.1　并行计算机系统可分为几类？简述 SIMD 系统与 MIMD 系统的主要区别。

11.2　何谓阵列处理机？何谓向量处理机？二者属于 SIMD 还是 MIMD？代表机型 Cray-1 用于什么处理？

11.3　MIMD 系统又分为几大类？每类含义是什么？有什么不同？

11.4　解释 MPP 与 COW 的含义，二者的区别是什么？

11.5　什么是集群机？它的优点是什么？

11.6　第六代超级计算机应该具有哪些特点和技术指标？

11.7　解释什么是共享内存并行计算机，什么是分存式并行计算机。

参 考 文 献

［1］王铁峰，等. 计算机原理简明教程［M］. 北京：清华大学出版社，2006.

［2］William Stallings. Computer Organization and Architecture Designing For Performance［M］. 北京：机械工业出版社，Prentice Hall，2010.

［3］Andrew S. Tanenbaum. Structured Computer Organization［M］. 北京：机械工业出版社，Prentice Hall，2001.

［4］William Stallings. Computer Organization and Architecture Designing For Performance［M］. 北京：清华大学出版社，Prentice Hall，1997.

［5］余孟尝. 数字电子技术基础简明教程［M］. 北京：高等教育出版社，1999.

［6］王佩珠，等. 模拟电路与数字电路［M］. 北京：经济科学出版社，2000.

［7］阎石. 数字电子技术基础［M］. 第 4 版. 北京：高等教育出版社，1999.

［8］王闵. 计算机组成原理［M］. 北京：电子工业出版社，2001.

［9］胡越明. 计算机组成原理［M］. 北京：经济科学出版社，2000.

［10］王爱英. 计算机组成与结构［M］. 第 3 版. 北京：清华大学出版社，2001.

［11］俸远祯，阎慧娟，等. 计算机组成原理［M］. 修订本. 北京：电子工业出版社，1996.

［12］李晓渝，邓越凡. 第六代 HPC 必须达到十项指标［J］. 中国计算机报，2004（83）：12-13.

［13］拿什么拯救你，我的“漏水桶”式内存——MRAM 引领一轮存储器革命［J］. 微型计算机，2002（10）：15-16.

［14］薛宏熙，刘素洁，等. MACH 可编程逻辑器件及起开发工具［M］. 第 2 版. 北京：清华大学出版社，1998.